INTERNATIONAL
MATHEMATICAL
OLYMPIADS

IMO 50年

1990～1994 第7卷

● 主　编　佩　捷

● 副主编　冯贝叶

多解 推广 加强

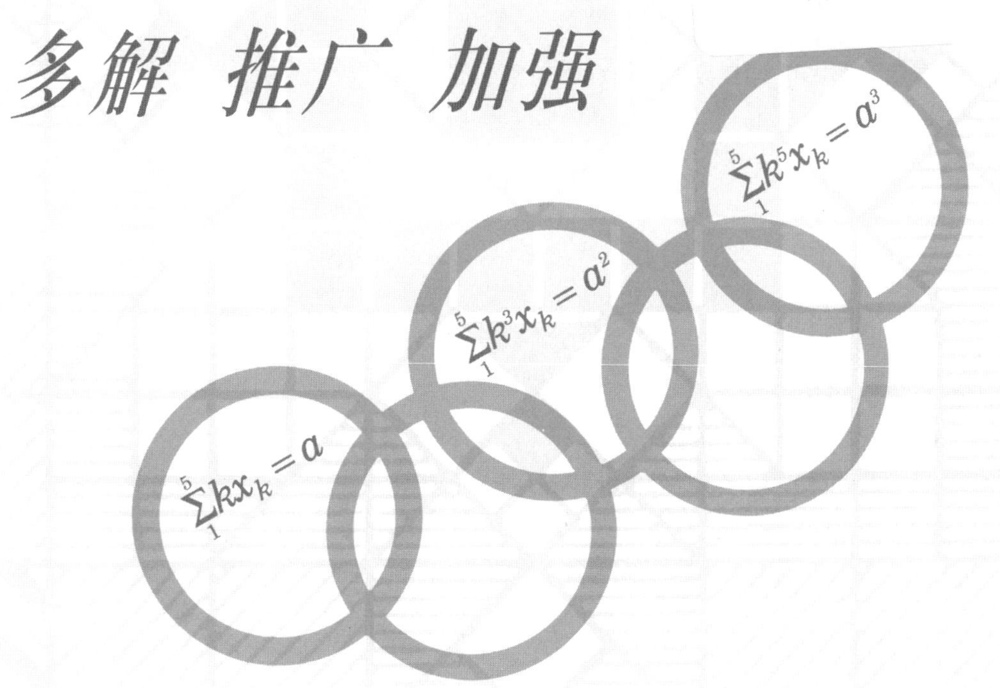

哈爾濱工業大學出版社
HARBIN INSTITUTE OF TECHNOLOGY PRESS

内容简介

本书汇集了第31届至第35届国际数学奥林匹克竞赛试题及解答.本书广泛搜集了每道试题的多种解法,且注重初等数学与高等数学的联系,更有出自数学名家之手的推广与加强.本书可归结出以下四个特点,即收集全、解法多、观点高、结论强.

本书适合于数学奥林匹克竞赛选手和教练员、高等院校相关专业研究人员及数学爱好者使用.

图书在版编目(CIP)数据

IMO 50年.第7卷,1990～1994/佩捷主编.—哈尔滨:
哈尔滨工业大学出版社,2016.1(2020.10重印)
ISBN 978－7－5603－5113－1

Ⅰ.①I… Ⅱ.①佩… Ⅲ.①中学数学课—
题解 Ⅳ.①G634.605

中国版本图书馆CIP数据核字(2014)第303163号

策划编辑 刘培杰 张永芹
责任编辑 张永芹 聂兆慈
封面设计 孙茵艾
出版发行 哈尔滨工业大学出版社
社　　址 哈尔滨市南岗区复华四道街10号 邮编150006
传　　真 0451－86414749
网　　址 http://hitpress.hit.edu.cn
印　　刷 哈尔滨市工大节能印刷厂
开　　本 787mm×1092mm 1/16 印张21 字数512千字
版　　次 2016年1月第1版 2020年10月第2次印刷
书　　号 ISBN 978－7－5603－5113－1
定　　价 48.00元

前言 | Foreword

法国教师于盖特·昂雅勒朗·普拉内斯在与法国科学家、教育家阿尔贝·雅卡尔的交谈中表明了这样一种观点："若一个人不'精通数学',他就比别人笨吗"?

"数学是最容易理解的.除非有严重的精神疾病,不然的话,大家都应该是'精通数学'的.可是,由于大概只有心理学家才可能解释清楚的原因,某些年轻人认定自己数学不行.我认为其中主要的责任在于教授数学的方式".

"我们自然不可能对任何东西都感兴趣,但数学更是一种思维的锻炼,不进行这项锻炼是很可惜的.不过,对诗歌或哲学,我们似乎也可以说同样的话".

"不管怎样,根据学生数学上的能力来选拔'优等生'的不当做法对数学这门学科的教授是非常有害的."(阿尔贝·雅卡尔,于盖特·昂雅勒朗·普拉内斯.《献给非哲学家的小哲学》.周冉,译.广西师范大学出版社,2001,96)

这本题集不是为老师选拔"优等生"而准备的,而是为那些对IMO感兴趣,对近年来中国数学工作者在IMO研究中所取得的成果感兴趣的读者准备的资料库.展示原味真题,提供海量解法(最多一题提供20余种不同解法,如第3届IMO第2题),给出加强形式,尽显推广空间.是我国建国以来有关IMO试题方面规模最大、收集最全的一本题集,从现在看以"观止"称之并不为过.

前中国国家射击队的总教练张恒是用“系统论”研究射击训练的专家,他曾说:“世界上的很多新东西,其实不是‘全新’的,就像美国的航天飞机,总共用了2万个已有的专利技术,真正的创造是它在总体设计上的新意.”(胡廷楣.《境界——关于围棋文化的思考》.上海人民出版社,1999,463)本书的编写又何尝不是如此呢,将近100位专家学者给出的多种不同解答放到一起也是一种创造.

如果说这部题集可比作一条美丽的珍珠项链的话,那么编者所做的不过是将那些藏于深海的珍珠打捞起来并穿附在一条红线之上,形式归于红线,价值归于珍珠.

首先要感谢江仁俊先生,他可能是国内最早编写国际数学奥林匹克题解的先行者(1979年笔者初中毕业,同学姜三勇(现为哈工大教授)作为临别纪念送给笔者的一本书就是江仁俊先生编的《国际中学生数学竞赛题解》(定价仅0.29元),并用当时叶剑英元帅的诗词做赠言:“科学有险阻,苦战能过关.”27年过去仍记忆犹新).所以特引用了江先生的一些解法.江苏师范学院(华东师范大学的肖刚教授曾在该校外语专业读过)是我国最早介入IMO的高校之一,毛振璇、唐起汉、唐复苏三位老先生亲自主持从德文及俄文翻译1～20届题解.令人惊奇的是,我们发现当时的插图绘制居然是我国的微分动力学专家“文化大革命”后北大的第一位博士张筑生教授,可惜天妒英才,张筑生教授英年早逝,令人扼腕(山东大学的杜锡录教授同样令人惋惜,他也是当年数学奥林匹克研究的主力之一).本书的插图中有几幅就是出自张筑生教授之手[22].另外中国科技大学是那时数学奥林匹克研究的重镇,可以说上世纪80年代初中国科技大学之于现代数学竞赛的研究就像哥廷根20世纪初之于现代数学的研究.常庚哲教授、单墫教授、苏淳教授、李尚志教授、余红兵教授、严镇军教授当年都是数学奥林匹克研究领域的旗帜性人物.本书中许多好的解法均出自他们[4],[13],[19],[20],[50].目前许多题解中给出的解法中规中矩,语言四平八稳,大有八股遗风,仿佛出自机器一般,而这几位专家的解答各有特色,颇具个性.记得早些年笔者看过一篇报道说常庚哲先生当年去南京特招单墫与李克正去中国科技大学读研究生,考试时由于单墫基础扎实,毕业后一直在南京女子中学任教,所以按部就班,从前往后答,而李克正当时是南京市的一名工人,自学成才,答题是从后往前答,先答最难的一题,风格迥然不同,所给出的奥数题解也是个性化十足.另外,现在流行的IMO题解,历经多人之手已变成了雕刻后的最佳形式,用于展示很好,但用于教学或自学却不适合,有许多学生问这么巧妙的技巧是怎么想到的,我怎么想不到,容易产生挫败感,就像数学史家评价高斯一样,说他每次都是将脚手架拆去之后再将他建筑的宏伟大厦展示给其他人.使人觉得突兀,景仰之后,倍受挫折.高斯这种追求完美的做法大大延误了数学的发展,使人们很难跟上他的脚步这一点从潘承彪教授,沈永欢教授合译的《算术探讨》中可见一斑.所以我们提倡,讲思路,讲想法,表现思考过程,甚至绕点弯子,都是好的,因为它自然,贴近读者.

中国数学竞赛活动的开展与普及与中国革命的农村包围城市,星星之火可以燎原的方式迥然不同,是先在中心城市取得成功后再向全国蔓延,而这种方式全赖强势人物推进,从华罗庚先生到王寿仁先生再到裘宗沪先生,以他们的威望与影响振臂一呼,应者云集,数学奥林匹克在中国终成燎原之势,他们主持编写的参考书在业内被奉为圭臬,我们必须以此为标准,所以引用会时有发生,在此表示感谢.

中国数学奥林匹克能在世界上有今天的地位,各大学的名家们起了重要的理论支持作用.北京大学王杰教授、复旦大学舒五昌教授、首都师范大学梅向明教授、华东师范大学熊斌教授、中国科学院许以超研究员、合肥工业大学的苏化明教授、杭州师范学院的赵小云教授、陕西师范大学的罗增儒教授等,他们的文章所表现的高瞻周览、探赜索隐的识力,已达到炉火纯青的地步,堪称为中国IMO研究的标志.如果说多样性是生物赖以生存的法则,那么百花齐放,则是数学竞赛赖以发展的基础.我们既希望看到像格罗登迪克那样为解决一批具体问题而建造大型联合机械式的宏大构思型解法,也盼望有像爱尔特希那样运用最少的工具以娴熟的技能做庖丁解牛式剖析型解法出现.为此本书广为引证,也向各位提供原创解法的专家学者致以谢意.

编者为图“文无遗珠”的效果,大量参考了多家书刊杂志中发表的解法,也向他们表示谢意.

特别要感谢湖南理工大学的周持中教授、长沙铁道学院的肖果能教授、广州大学的吴伟朝先生以及顾可敬先生.他们四位的长篇推广文章读之,使我不能不三叹而三致意,收入本书使之增色不少.

最后要说的是由于编者先天不备,后天不足,斗胆尝试,徒见笑于方家.

哲学家休谟在写自传的时候,曾有一句话讲得颇好:“一个人写自己的生平时,如果说得太多,总是免不了虚荣的."这句话同样也适合于一本书的前言,写多了难免自夸,就此打住是明智之举.

刘培杰
2014 年 9 月

目录 Contest

第一编

第 31 届国际数学奥林匹克

第31届国际数学奥林匹克题解

中国，1990

1 圆的两弦 AB 与 CD 交于圆内一点 E. 设 M 是弦 AB 上严格在 E 与 B 之间的一点. 过 D,E,M 作一圆，设在点 E 与该圆相切的直线分别与直线 BC 和 CA 相交于点 F 和 G. 设 $\frac{AM}{AB}=t$，试求 $\frac{EG}{EF}$(用 t 来表示).

印度命题

解法1 用线段将点 D 与点 A,B 联结起来，如图31.1所示.

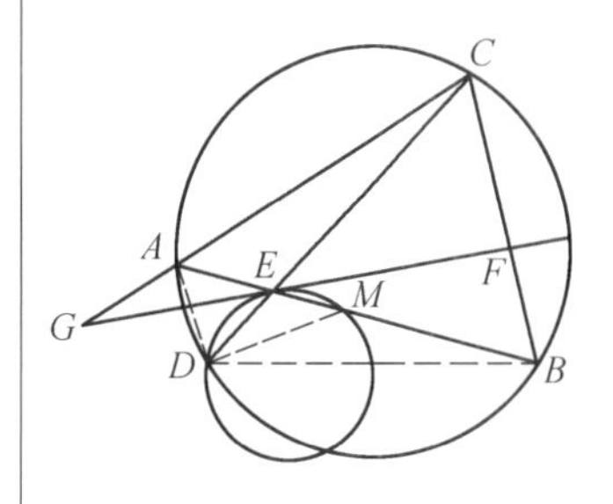

图31.1

因为

$$\angle ECF=\angle MAD, \angle CEF=\angle DEG=\angle EMD$$

所以

$$\triangle CEF \backsim \triangle AMD$$

由此得到

$$CE \cdot MD=EF \cdot AM \quad ①$$

另一方面，因为

$$\angle ECG=\angle MBD$$

$$\angle CGE=\angle CEF-\angle GCE=\angle AMD-\angle MBD=\angle BDM$$

所以

$$\triangle CGE \backsim \triangle BDM$$

因而有

$$GE \cdot MB=CE \cdot MD \quad ②$$

由 ① 和 ② 立即得到

$$GE \cdot MB=EF \cdot AM$$

由此，进一步得到

$$\frac{GE}{EF}=\frac{AM}{MB}=\frac{tAB}{(1-t)AB}=\frac{t}{1-t}$$

注 在上面的讨论中，我们用到了这样的事实：点 G 在 CA 延长线上. 这一事实可证明如下：因为 M 严格在 E 与 B 之间，所以

$$\angle BDE>\angle MDE$$

于是有

$$\angle BAC=\angle BDE>\angle MDE=\angle BEF$$

因而直线 CA 与 FE 的交点 G 应该在线段 CA 的延长线上.

解法 2　如图 31.1 所示，由点 M 严格在 EB 内知 $\angle MEF < \angle MAC$，所以点 G，A 在点 C 的同侧. 同理，点 F，B 在点 C 同侧.

此解法属于余嘉联、汪建华

由面积公式、正弦定理等推出

$$\frac{GE}{EF}=\frac{\sin\angle ECG}{\sin\angle ECF}\cdot\frac{\sin\angle EFC}{\sin\angle EGC}$$

同理推出

$$\frac{BM}{AM}=\frac{\sin\angle BDM}{\sin\angle ADM}\cdot\frac{\sin\angle BAD}{\sin\angle ABD}$$

由关于弦切角、圆周角的定理推出

$$\angle BDM=\angle CGE,\angle ADM=\angle CFE$$

$$\frac{GE}{EF}=\frac{AM}{BM}=\frac{t}{1-t}$$

解法 3　作 AP 平行于 GF，AP 分别交 CD，CB 于点 H，P，如图 31.2 所示，得出

$$\frac{GE}{EF}=\frac{AH}{PH}$$

$$\angle BEF=\angle EDM,\angle HAE=\angle MDE \qquad ③$$

由此推出 A，H，M，D 四点共圆.

由 ③ 及 A，C，B，D 四点共圆推出 $\angle EHM=\angle EAD=\angle ECB$，因而 HM 和 BC 平行，并有

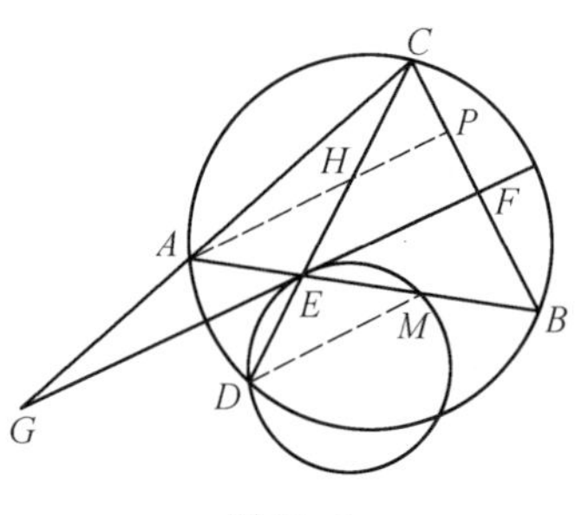

图 31.2

$$\frac{AM}{BM}=\frac{AH}{PH}$$

$$\frac{GE}{EF}=\frac{AM}{BM}=\frac{t}{1-t}$$

解法 4　如图 31.1 所示，根据三角形面积公式，我们有

$$\frac{S_{\triangle BEC}}{S_{\triangle FEC}}=1+\frac{S_{\triangle FEB}}{S_{\triangle FEC}}\cdot\frac{S_{\triangle DME}}{S_{\triangle DME}}=$$

$$1+\frac{FE\cdot BE\cdot\sin\angle FEB}{FE\cdot CE\cdot\sin\angle FEC}\cdot\frac{MD\cdot ME\cdot\sin\angle DME}{MD\cdot DE\cdot\sin\angle MDE}$$

注意到

$$\angle AEG=\angle FEB=\angle MDE,\angle FEC=\angle GED=\angle DME$$

就有

$$\frac{S_{\triangle BEC}}{S_{\triangle FEC}}=1+\frac{BE\cdot ME}{DE\cdot CE}=1+\frac{BE\cdot ME}{BE\cdot AE}=\frac{AM}{AE}$$

同理

$$\frac{S_{\triangle AEC}}{S_{\triangle GEC}}=1-\frac{S_{\triangle GEA}}{S_{\triangle GEC}}\cdot\frac{S_{\triangle DMC}}{S_{\triangle MDC}}=1-\frac{GE\cdot AE}{DE\cdot MD}\cdot\frac{MD\cdot ME}{GE\cdot CE}=$$

$$1-\frac{AE\cdot ME}{DE\cdot CE}=1-\frac{AE\cdot ME}{AE\cdot BE}=\frac{BM}{BE}$$

由此即得

$$\frac{GE}{EF}=\frac{S_{\triangle GEC}}{S_{\triangle FEC}}=\frac{S_{\triangle AEC}}{S_{\triangle BEC}}\cdot\frac{BE}{BM}\cdot\frac{AM}{AE}=\frac{AM}{BM}=\frac{t}{1-t}$$

2 设 $n\geqslant 3$，考查在圆周上给定的由 $2n-1$ 个不相同的点组成的集合 E. 同时，考查将 E 中 k 个点染黑的染色办法. 如果某种染色办法使得某两个染黑的点之间所夹的弧之一的内部恰含有 E 中的 n 个点，那么我们就说这种染色办法是“好的”. 试求具有以下性质的最小的 k：将 E 中任意的 k 个点染黑的染色办法都是“好的”.

捷克斯洛伐克命题

此解法属于张筑生

解法 1 E 中的两个点称为是“相关的”，如果这两点所夹的弧段之一的内部恰含有 E 的 n 个点. 沿顺时针方向依次用 $1,2,\cdots,2n-1$ 给 E 的点标号(从任意指定一点开始). 这样，与点 i 相关的点仅有两个：$i+n+1$(当 $i+n+1>2n-1$ 时，是 $i+n+1-(2n-1)$)，$i+n-2$(当 $i+n-2>2n-1$ 时，是 $i+n-2-(2n-1)$). 所以，E 中两点相关的充要条件是它们的标号相差 $n+1$ 或 $n-2$，本题就是要决定具有以下性质的自然数 k 的最小值：E 的任意 k 个点中至少有两点是相关的.

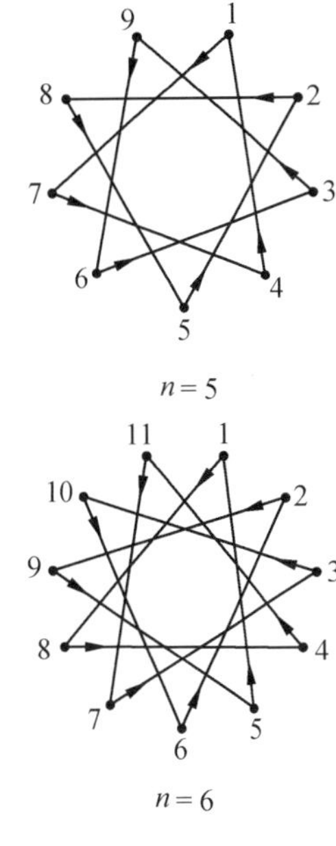

图 31.3

现将 E 中任意两个相关的点都用线段联结起来，我们就得到以 E 中的点为顶点，以这些线段为边的图 G. 由于每一点有且仅有两个点和它相关，所以图 G 在其每一个顶点 p 处的度数 $d(p)$(即以 p 为一个端点的边的个数) 都等于 2. 从任一顶点 i 出发，沿图 G 的边联结与 i 相关的点 $i+n+1$(标号见前约定)，依次这样联结，那么若干步后必回到原顶点 i，这是因为总共只有有限个点，且每点的度数均为 2. 这样就得到了图 G 的一个子图，我们称它为圈. 由于顶点的度数均为 2，所以任意两个不同的圈(如果有的话) 一定没有公共顶点. 因而，图 G 是由一些(可以是一个) 没有公共顶点的圈组成，相关的点就是同一个圈上相邻的点(即一条边的两端点). 图 31.3 画出了 $n=5$ 时，图 G 由三个圈：$\{1,7,4,1\}$，$\{2,8,5,2\}$，$\{3,9,6,3\}$ 组成；$n=6$ 时，图 G 只有一个圈：$\{1,8,4,11,7,3,10,6,2,9,5,1\}$.

下面来证明：对任意两个点 $1\leqslant i,j\leqslant 2n-1$，它们在同一个圈上的充要条件是存在整数 x,y，使得

$$i-j=x(n+1)+y(2n-1)$$

条件的必要性由圈的构造法及标号的约定立即推出. 下证充分性. 不妨设 $x\leqslant 0$. 若 $x=0$，则 $y=0$，即 $i=j$ 为同一点，结论当然成立. 若 $x<0$，因为 i 和

$$i_1=i+(n+1)$$

或 $$i'_1 = i_1 - (2n-1) = i + (n+1) - (2n-1)$$
(当 $i + (n+1) > 2n-1$ 时) 在同一个圈上，所以有
$$i_1 - j = (x+1)(n+1) + y(2n-1)$$
或 $$i'_1 - j = (x+1)(n+1) + (y-1)(2n-1)$$
依此下去，总可得到一点 i'，$1 \leqslant i' \leqslant 2n-1$，它和 $i, i_1, i_2, \cdots$ 在同一个圈上，且满足
$$i' - j = (x + (-x))(n+1) + y'(2n-1) = y'(2n-1)$$
这表明 i' 和 j 为同一点. 这就证明了充分性.

由于
$$(n+1, 2n-1) = (n+1, 2n-1-2(n+1)) = (n+1, -3) = (n+1-3n, -3) = (3, 2n+1)$$
以下分两种情形来讨论.

ⅰ $3 \nmid 2n-1$，这时 $(n+1, 2n-1) = 1$，所以必有整数 s, t 使得
$$s(n+1) + t(2n-1) = 1$$
因此，对任意两点 $1 \leqslant i, j \leqslant 2n-1$，必有整数 x, y，使得
$$i - j = x(n+1) + y(2n-1)$$
所以，E 中所有点在同一个圈上，即 G 是由单独一个圈构成. 沿这圈每隔一个顶点取一个顶点，可得 $\left[\frac{2n-1}{2}\right] = n-1$ 个两两不相邻，即不相关的点. 但是，任取 n 个点，就必定会出现一对相邻，即相关的点. 所以，这时 k 的最小值等于 n.

ⅱ $3 \mid 2n-1$. 这时 $(n+1, 2n-1) = 3$. 所以一定存在整数 s，t 使
$$s(n+1) + t(2n-1) = 3$$
因此，对两个点 $1 \leqslant i, j \leqslant 2n-1$ 存在 x, y，使得有
$$i - j = x(n+1) + y(2n-1)$$
成立的充要条件是 $3 \mid i-j$. 这样就推出：1，2，3 这三个点属于不同的圈，以及任一点必属于其中的一个圈. 因而，G 由三个两两没有公共顶点的圈组成，每个圈含有 $\frac{(2n-1)}{3}$ 个顶点. 在每个圈上分别每隔一个顶点取一个顶点，可在每个圈上得到 $\left[\frac{(2n-1)/3}{2}\right]$ 个两两不相邻，即不相关的点. 这样，总共得到
$$3\left[\frac{(2n-1)/3}{2}\right] = 3 \cdot \frac{(2n-1)/3 - 1}{2} = n-2$$
个两两不相关的点. 但是，任取 $n-1$ 个点，就必定会有 $\left[\frac{(2n-1)/3}{2}\right] + 1$ 个点属于同一个圈，因此，必有两个点相邻，即相关. 所以，这时 k 的最小值等于 $n-1$.

注 本题若利用同余概念来做,可以表述得更简洁.

此解法属于江建华、王崧

解法 2 (1) 按顺时针方向,从某点开始依次将这 $2n-1$ 个点编号为 $1,2,\cdots,2n-1$. 并继续往下重复编号,$2n,2n+1,\cdots$. 这样,每个点有无穷多个编号,但只要

$$i\equiv j(\bmod 2n-1)$$

i 和 j 就代表同一个点,反过来也正确.

(2) 当 $3\nmid 2n-1$ 时,$(2n-1,n-2)=1$. 在这种情形下,我们从点 1 开始,依此将点

$$a_r=1+r(n-2)$$

与点

$$a_{r+1}=1+(r+1)(n-2)$$

联结,取 $r=0,1,\cdots,2n-2$. 由于 $(2n-1,n-2)=1$,所以,当 r 遍历模 $2n-1$ 的一个完全剩余系 $0,1,\cdots,2n-2$ 时,$1+r(n-2)$ 也遍历模 $2n-1$ 的一个完全剩余系. 因此,从点 1 开始的这一条连线连接了所有这 $2n-1$ 个点,且每点恰出现一次. 注意到 a_{2n-1} 和 a_0 是同一点,所以,这一连线形成一个回路 T.

(3) 将点 $a_0,a_1,\cdots,a_{2n-2}$ 中任意 n 个点染黑,则必有两个相邻点 a_{r_0},a_{r_0+1} 同时被染黑,因此,这种染色方式一定是好的.

(4) 将 $a_1,a_3,\cdots,a_{2n-3}$ 这 $n-1$ 个点染黑,这种染色方式不是好的.

(5) 当 $3\nmid 2n-1$ 时,k 的最小值为 n.

(6) 当 $3\mid 2n-1$ 时,$(2n-1,n-2)=3$. 记点

$$a_{1,r}=1+r(n-2)$$
$$a_{2,r}=2+r(n-2)$$
$$a_{3,r}=3+r(n-2)$$

(7) 将点 $a_{1,r}$ 与点 $a_{1,r+1}$ 相连,当依次取 $r=0,1,\cdots,\frac{(2n-1)}{3}-1$ 时得到一个回路 T_1,所有模 3 余 1 的点在 T_1 中恰出现一次. 同样的,将点 $a_{2,r}$ 与 $a_{2,r+1}$ 相连,得到回路 T_2,所有模 3 余 2 的点在 T_2 中恰出现一次;将点 $a_{3,r},a_{3,r+1}$ 相连,得到回路 T_3,所有模 3 余 0 的点在 T_3 中恰出现一次. 此外,回路 T_1,T_2,T_3 两两没有公共点,每个回路中有 $\frac{(2n-1)}{3}$ 个点.

(8) 若将点 $a_0,a_1,\cdots,a_{2n-2}$ 中的任意 $n-1$ 个点染黑,则必有一个回路 T_j 中有 $\left[\frac{n-1}{3}\right]+1=\frac{n-2}{3}+1$(个)点,进而推出在这回路 T_j 中必有相邻两点 a_{j,r_0},a_{j,r_0+1} 都被染黑. 因此,这种染色方式一定是好的.

(9) 若将 $a_{j,1}, a_{j,3}, \cdots, a_{j,2n-1}, j=1,2,3$,这 $n-2$ 个点染黑,则这种染色方法不是好的.

(10) 当 $3 \mid 2n-1$ 时,k 的最小值为 $n-1$.

解法 3　依逆时针方向,将给定的 $2n-1$ 个点顺次记为 A_1, $A_2, \cdots, A_{2n-1}$,为方便计,约定当 $i > 2n-1$ 时

$$A_i = A_{i-(2n-1)} = A_{i-2n+1}$$

对于任意点 A_i,与它相隔 n 个点的点恰有两个,即 A_{i+n+1} 与 A_{i+n-2}. 我们把这两个点称为 A_i 的关联点. 显然,如果在一个染色中,有一对黑色点互为关联点,则这个染色方式就是好的.

我们先证明,k 的最小值不大于 n. 事实上,假定 $2n-1$ 个点中有 n 个点染成了黑色,而且任何一对黑色的点都不是关联点,则从圆周上任一黑点出发,在圆周上沿任何方向的第 $n+1$ 个点都是无色的. 因此,对于每一个黑点,都对应两个无色点. 这样,n 个黑点可共得 $2n$ 个无色点,但其中某些无色点可能被重复计数了. 但任何一个无色点,至多只能是两个黑点的关联点,即最多可被计数两次. 这样,至少有 n 个不同的无色点,与共有 $2n-1$ 个点的题设矛盾. 因此,至少有一对黑色点是关联点,即染色方式是好的,即 k 的最小值不大于 n.

现分两种情况进行讨论.

ⅰ 当 $3 \mid 2n-1$ 时,可设 $2n-1=3m$. 将所给的 $2n-1$ 个点分为三组,即

$$S_i = \{A_j \mid j = 3t+i, t=0,1,\cdots,m-1\}, i=1,2,3$$

注意到 m 为奇数,故

$$n-2 = 3\left(\frac{m-1}{2}\right) = 3\left[\frac{m}{2}\right]$$

$$n+1 = 3\left[\frac{m}{2}\right] + 3$$

都是 3 的倍数,于是 A_{i+n+1} 及 A_{i+n-2} 都与 A_i 同属一个组,即每一个点与它的两个关联点都在同一个组之中,若将 S_1, S_2, S_3 各组中前 $\left[\frac{m}{2}\right]$ 个点染成黑色,则对于任意两个黑点 A_r, A_s 的标号 r, s 都有

$$|r-s| \leqslant 3\left[\frac{m}{2}\right] - 1$$

因而 $|r-s|$ 既不等于 $n-2$,也不等于 $n+1$,所以 A_r, A_s 不是关联点对,这就表明能够将 $3\left[\frac{m}{2}\right] = n-2$ 个点染成黑色,使得任何两个黑点都不满足命题条件. 由此可知 k 的最小值大于或等于 $n-2$.

另一方面,若将 $n-1$ 个点染成黑色,则 S_1, S_2, S_3 中,必有一

个组，至少含有$\left[\frac{m}{2}\right]+1$个黑点，与前面类似的证明，可知这一组中至少有一对黑色点互相关联，即染色方式是好的. 因此k的最小值为$n-1$.

ⅱ 当$3\nmid 2n-1$时，可设$2n-1=3m\pm 1$，将$2n-1$个点分成两组，即

$$S=\{A_j \mid j=3t+1,t=0,1,\cdots,n-2\}$$
$$T=\{A_j \mid j=n-1+3t,t=0,1,\cdots,n-1\}$$

显然S中有$n-1$个点，T中有n个点，$S\cap T=\varnothing$，不难看出，相互关联的点必不在同一组之中，如果把S中的点都染黑色，则任何两个黑点都不满足题设条件，由此可知，k的最小值大于$n-1$，因而这个最小值等于n.

综上所述，当$3\mid 2n-1$时，k的最小值是$n-1$，当$3\nmid 2n-1$时，k的最小值是n.

解法 4　将圆上的点从某一点起按顺时针方向编号为A_1，$A_2,\cdots,A_i,\cdots,A_{2n-1}$，并规定当$j>2n-1$时，$A_j=A_i$，若$j\equiv i(\mathrm{mod}\ 2n-1)$，$1\leqslant i\leqslant 2n-1$，因$A_i$与$A_{i+n+1}$之间恰好有$n$个点，所以，一种染色方式是好的的充分必要条件是至少有一对A_i和A_{i+n+1}同为黑色. 下面分两种情形讨论.

ⅰ 当$(2n-1,n+1)=1$时，则

$$1,(n+1)+1,2(n+1)+1,\cdots,(2n-2)(n+1)+1$$

恰好是模$2n-1$的一个完全剩余系，故点列

$$A_1,A_{(n+1)+1},A_{2(n+1)+1},\cdots,A_{(2n-2)(n+1)+1} \quad ①$$

恰好就是圆上的$2n-1$个点. 将 ① 中处于偶数位置的$n-1$个点染成黑色，处于奇数位置的点都不染色，这时 ① 中将没有任何两个相邻的点同为黑色，染色方式是不好的，故k的值不能小于n. 但如将 ① 中n个点染黑色，则必然至少有两个相邻的点同为黑色（把$A_{(2n-2)(n+1)+1}$与A_1看作相邻的），这时染色方式就是好的. 所以k的最小值等于n.

ⅱ 当$(2n-1,n+1)=h>1$时，则因

$$(2n-1)+(n+1)=3n,h\mid n+1$$

故$h\nmid n$，从而$h\mid 3$，即$h=3$，令$2n-1=3m$，$n+1=3u$，将圆上的$2n-1$个点分成三组，即

$$S_i=\{A_i \mid j=3t+i,t=0,1,\cdots,m-1\},i=1,2,3$$

考虑集

$$S'_i=\{A_i,A_{(n+1)+i},A_{2(n+1)+i},\cdots,A_{(m-1)(n+1)+i}\}=$$
$$\{A_i,A_{3u+i},A_{3(2u)+i},\cdots,A_{3((m-1)u)+i}\},i=1,2,3$$

注意到$(u,m)=1$，故

$$0,u,2u,\cdots,(m-1)u$$

是模 m 的一个完全剩余系,从而

$$S_i=S'_i,i=1,2,3$$

显然在同一个 S'_i 中相邻的两点中恰有 n 个点,不在同一个 S'_i 中的任何两点之间都不可能恰有 n 个点,好的染色的充要条件是在某一个 S'_i 中有两个相邻的点同为黑色.

注意到 m 是奇数,将 $S'_i(i=1,2,3)$ 中处于偶数位置的 $\frac{m-1}{2}$ 个点染成黑色,其余的点不染色,则任一个 S'_i 中都没有两相邻的点同为黑色. 这时共染黑

$$3\cdot\frac{m-1}{2}=\frac{3m-3}{2}=\frac{2n-4}{2}=n-2$$

个点,故 k 不能小于 $n-1$. 若在 S'_1,S'_2,S'_3 中共染黑 $n-1$ 个点,则至少有某一个 S'_i 中有 $\frac{m-1}{2}+1$ 个黑色的点,至少有两个相邻的点同为黑色(A_i 与 $A_{(m-1)(n+1)+i}$ 视为相邻的),故 k 的最小值为 $n-1$.

综上所述,我们有

$$k_{\min}=\begin{cases}n,当(2n-1,n+1)=1 即 3\nmid 2n-1 时\\ n-1,当(2n-1,n+1)>1 即 3\mid 2n-1 时\end{cases}$$

3 试确定能使 $\frac{2^n+1}{n^2}$ 是整数的一切整数 $n,n>1$.

罗马尼亚命题

解法 1 首先,因为 2^n+1 是奇数,所以满足要求的 n 必须是奇数. 其次,显然 $n=3$ 是本题的一个解. 下面将证明本题无其他解,因而 $n=3$ 是唯一解. 因为任何奇整数 n 都可表示成

$$n=3^lm,l\geqslant 0,2\nmid m,3\nmid m$$

所以只需证明:对于能使 $n^2\mid 2^n+1$ 成立的 $n=3^lm$,必有

(1) $l\leqslant 1$;

(2) $m=1$.

为了证明(1),将利用以下事实.

引理 1 对于奇整数 $s>0$,必有

$$2^{2s}-2^s+1\equiv 3(\bmod 9)$$

引理 1 的证明 该引理的结论可以通过观察表 1 而得到.

表 1 $2^{2t}-2^t+1$ 的 mod 9 剩余

t	2^{2t}	-2^t	1	$2^{2t}-2^t+1$
1	4	7	1	3
2	7	5	1	
3	1	1	1	3
4	4	2	1	
5	7	4	1	3
6	1	8	1	
7	4	7	1	3

表 1 是循环的,从 $t=7$ 起重复出现从 $t=1$ 开始的情形,这就证明了引理 1.

(1) **的证明** 设 $l \geqslant 1$,则有

$$2^n+1=2^{3^l m}+1=(2^{3^{l-1}m}+1)(2^{2\cdot 3^{l-1}m}-2^{3^{l-1}m}+1)=\cdots=$$

$$3\prod_{k=0}^{l-1}(2^{2\cdot 3^k m}-2^{3^k m}+1)$$

因为 $n=3^{lm}$,$3^{2l} \mid n^2$,所以

$$3^{2l} \mid 2^n+1=2^{3^l m}+1$$

由引理 1 可知

$$3^l \mid \prod_{k=0}^{l-1}(2^{2\cdot 3^k m}-2^{3^k m}+1)$$

$$3^{l+1} \nmid \prod_{k=0}^{l-1}(2^{2\cdot 3^k m}-2^{3^k m}+1)$$

因而有

$$3^l \mid 3$$

由此得知 $l \leqslant 1$.

为了证明(2),将利用以下简单事实.

引理 2 对于给定的自然数 a 和 h,设 j 是最小的自然数,使得

$$a^j \equiv -1 \pmod h$$

如果非负整数 $r<j$ 使得

$$a^r \equiv \pm 1 \pmod h$$

那么必有 $r=0$.

引理 2 的证明 对于

$$a^r \equiv -1 \pmod h$$

的情形,利用 j 的最小性就能得到结论 $r=0$,对于

$$a^r \equiv 1 \pmod h$$

的情形,我们仍利用 j 的最小性. 注意到

$$a^{j-r} \equiv a^{j-r}\cdot a^r \equiv a^j \equiv -1 \pmod h$$

以及

$$0 \leqslant r < j$$

即可断定 $r=0$.

(2) **的证明** 用反证法. 若 $m \neq 1$,设 $p \geqslant 5$ 是 m 的最小素因数,则

$$2^n \equiv -1 \pmod p$$

设 j 是最小的自然数,使得

$$2^j \equiv -1 \pmod p$$

如果

$$n=qj+r, 0 \leqslant r < j$$

那么

$$(-1)^q 2^r \equiv 2^{qj}\cdot 2^r \equiv -1 \pmod p$$

即

$$2^r \equiv (-1)^{q+1} \pmod p$$

根据引理 2,应有 $r=0$,由此得知

$$j \mid n$$

另一方面,由费马小定理可知

$$2^{p-1} \equiv 1 (\bmod p)$$

因为 $p-1 \neq 0$,根据引理 2 必有

$$p-1 \geqslant j$$

但 $p \geqslant 5$ 是 m 的最小素因数,而 $j \mid n$,所以只能有 $j=1$ 或 $j=3$,对这样的 j,由

$$2^j \equiv -1 (\bmod p)$$

可得 $p \mid 3$ 或 $p \mid 9$,但这与 $p \geqslant 5$ 矛盾.这证明了 $m=1$.

最后的结论:唯一满足要求的解是

$$n=3$$

解法 2　周彤在证明中用了欧拉定理:设 $m \geqslant 1,(a,m)=1$,则有 $a^{\varphi(m)} \equiv 1 (\bmod m)$,这里 $\varphi(m)$ 是欧拉函数,表示 $1,2,\cdots,m$ 中和 m 互素的数的个数.下面介绍周彤解法的思想,但不用欧拉定理.

此证法属于周彤

(Ⅰ)对任意奇整数 m,必有 $1 \leqslant d \leqslant m$ 使得

$$2^d \equiv 1 (\bmod m)$$

设 d_0 是使上式成立的最小正整数.那么,如果

$$2^l \equiv 1 (\bmod m)$$

则必有 $d_0 \mid l$.

(Ⅱ)设 $m>1$,则 $2^m \not\equiv 1 (\bmod m)$.用反证法.若不然,则有 m 是奇数及

$$2^m \equiv 1 (\bmod m) \quad ①$$

设 p 是 m 的最小素因数.d_0 是使

$$2^{d_0} \equiv 1 (\bmod p)$$

成立的最小正整数.由于 $p>1$ 及 $2^{p-1} \equiv 1 (\bmod p)$,所以

$$1<d_0 \leqslant p-1<p$$

因此,d_0 必有素因数 $p_1<p$.但另一方面,$2^m \equiv 1 (\bmod p)$,由 ① 知 $d_0 \mid m$,$p_1 \mid m$,这和 p 的最小性矛盾.

注　周彤是用欧拉定理证(Ⅱ)的.证明如下:设 m_1 是 ① 成立的大于 1 的最小正整数.再设 d_1 是使

$$2^{d_1} \equiv 1 (\bmod m_1)$$

成立的最小正整数.由 ① 知 $d_1 \mid m_1$,因而有

$$2^{d_1} \equiv 1 (\bmod d_1)$$

由 m_1 的最小性知 $d_1=1$ 或 m_1.由 $m_1>1$ 知 $d_1 \neq 1$.由 d_1 的最小性及欧拉定理知 $d_1 \leqslant \varphi(m_1)$.当 $m_1>1$ 时有 $m_1>\varphi(m_1)$,所以 $d_1 \neq m_1$.因此 ① 不

能成立.

(Ⅲ)由(Ⅰ),(Ⅱ)推出,当m是大于1的奇数时,(Ⅰ)中的d_0满足$1<d_0<m$.

(Ⅳ)设正整数n_0满足

$$2^{2n_0}\equiv 1(\bmod n_0) \quad ②$$

t_0是使

$$2^{t_0}\equiv 1(\bmod n_0)$$

成立的最小正整数.若$n_0>1$,则t_0必为偶数.因为,由(Ⅰ)知$t_0\mid 2n_0$.若t_0为奇数,则$t_0\mid n_0$,因而有

$$2^{n_0}\equiv 1(\bmod n_0)$$

但由(Ⅱ)知这是不可能的.设$t_0=2n_1$,则有$n_1\mid n_0$.此外,由(Ⅲ)知$t_0<n_0$,所以$n_1<n_0$.显见,n_1亦满足②,即

$$2^{2n_1}\equiv 1(\bmod n_1)$$

(Ⅴ)由(Ⅳ)的讨论知,只要$n_1>1$,就可重复上面的步骤,得到$n_2\mid n_1$,$n_2<n_1$,且满足

$$2^{2n_2}\equiv 1(\bmod n_2)$$

这样,经有限步后就得到了一串正整数$n_0>n_1>\cdots>n_k>n_{k+1}=1$,满足

$$n_{j+1}\mid n_j$$

及

$$2^{2n_{j+1}}\equiv 1(\bmod n_j),j=0,1,\cdots,k$$

由$n_{k+1}=1$推出$n_k=3$,进而有$n_{k-1}\mid 2^6-1=63$.

(Ⅵ)设$n>1$是本题的解.显然有

$$2^n\equiv -1(\bmod n),2^{2n}\equiv 1(\bmod n)$$

取(Ⅴ)中的$n_0=n$.若$n_0>3$,则由(Ⅴ)知$n_{k-1}\mid n_0$.下面来讨论n_{k-1}的可能取值.

由$n_k=3\mid n_{k-1}$及$n_{k-1}\mid 63$知

ⅰ 若$7\mid n_{k-1}$,则$21\mid n_{k-1}$,$21\mid n$.因而有

$$2^n\equiv (2^3)^{\frac{n}{3}}\equiv 1(\bmod 7)$$

这和由$2^n\equiv -1(\bmod n)$推出的$2^n\equiv -1(\bmod 7)$矛盾.

ⅱ 若$7\nmid n_{k-1}$,则必有$n_{k-1}=9$.因此n_0必可表示为

$$n=n_0=3^l m,l\geqslant 2,2\nmid m,3\nmid m$$

下面来证这是不可能的.

(Ⅶ)设l是正整数.那么使

$$2^h\equiv 1(\bmod 3^l)$$

成立的最小的h为$2\cdot 3^{l-1}$.而且有

$$2^{2\cdot 3^{l-1}}\not\equiv 1(\bmod 3^{l+1})$$

用归纳法证.

(Ⅷ)若$n=n_0>3$是解,则有

$$2^{2n} \equiv 1 (\bmod n^2)$$

由(Ⅵ)知必有 $9 \mid n$. 而由(Ⅰ),(Ⅶ)知上式对这样的 n 不可能成立. 所以,仅有解 $n=3$.

解法 3 显然 n 为奇数,且 $n>1$,故我们只要对 $n \geqslant 3$ 的奇数考虑即可. 设 p 为适合题设条件的 n 的最小素因数,则 $p \mid 2^n+1$,故有

$$2^n \equiv -1 (\bmod p) \quad ③$$

设 α 为使

$$2^\alpha \equiv -1 (\bmod p) \quad ④$$

成立的最小正整数,并令

$$n = k\alpha + r, 0 \leqslant r < \alpha \quad ⑤$$

则

$$2^n = 2^{k\alpha+r} \equiv (-1)^k 2^r (\bmod p) \quad ⑥$$

若 k 为偶数,则由 ③ 与 ⑥ 得

$$2^r \equiv 2^n \equiv -1 (\bmod p)$$

由 α 的最小性,必有 $r=0$.

若 k 为奇数,则由 ③ 与 ⑥ 可得

$$2^r \equiv 1 (\bmod p)$$

从而

$$2^{\alpha-r} \equiv -1 (\bmod p)$$

而 $0 < \alpha - r \leqslant \alpha$,由 α 的最小性,仍有 $r=0$.

总之,$\alpha \mid n$,由费马定理知

$$2^{p-1} \equiv 1 (\bmod p)$$

若 $\alpha > p-1$,则

$$\alpha - (p-1) < \alpha$$

并且

$$2^{\alpha-(p-1)} \equiv -1 (\bmod p)$$

与 α 的最小性矛盾,因此 $\alpha < p$.

由 $\alpha \mid n$ 及 p 是 n 的最小素因数,知 $\alpha = 1$,即

$$2^1 \equiv -1 (\bmod p)$$

从而 $p=3$.

令 $n=3^k d$,$(d,3)=1$,若 $k \geqslant 2$,则

$$2^n + 1 = (3-1)^n + 1 = 3n - \sum_{h=2}^{n} (-1)^h C_n^h 3^h \quad ⑦$$

由于 $h!$ 中 3 的幂指数为

$$\left[\frac{h}{3}\right] + \left[\frac{h}{3^2}\right] + \cdots < \frac{h}{3} + \frac{h}{3^2} + \cdots = \frac{h}{2}$$

所以

$$C_n^h = \frac{n(n-1)\cdots(n-h+1)}{h!}$$

中 3 的幂指数大于 $h-\frac{h}{2}$,⑦ 右边求和符号中的各项都能被

$$3^{k-\frac{h}{2}+h+1}=3^{k+1+\frac{h}{2}},h\geqslant 2$$

整除,而 $3n$ 恰能被 3^{k+1} 整除,从而

$$2^n+1=3^{k+1}C,(3,C)=1$$

由于 $n^2=3^{2k}d^2$,将有 $n^2\nmid 2^{n+1}$,矛盾,所以 $k=1$,即 $n=3d,(3,d)=1$.

再证 $d=1$,若 $d>1$,令 q 为 d 的最小素因数,则

$$2^n\equiv -1(\bmod q)$$

令 β 为使

$$2^\beta\equiv -1(\bmod q) \quad ⑧$$

的最小正整数,与前面的证法类似,可得 $\beta\mid n$,再由 q 是 d 的最小素因数及 $\beta\leqslant q-1$,知 βq 能为 1 或 3,从而,由 ⑧ 知:若 $\beta=1,q\mid 3$;若 $\beta=3,q\mid 9$,均与 $(3,d)=1$ 矛盾.因而 $d=1,n=3$.

将 $n=3$ 代入 $\frac{2^n+1}{n^2}$,确为整数,故适合本题条件的唯一的解是 $n=3$.

4 设 $\mathbf{Q}^+$ 是正有理数的集合.试构造一个函数 $f:\mathbf{Q}^+\to\mathbf{Q}^+$,满足这样的条件

$$f(xf(y))=\frac{f(x)}{y},\forall x,y\in\mathbf{Q}^+ \quad ①$$

土耳其命题

解法 1 首先,我们指出,所求的 f 应该满足以下各条件.

(1) f 是单映射.事实上,设

$$f(y_1)=f(y_2)$$

这等式两边乘以正有理数 x 并以 f 作用之,就可得到

$$f(xf(y_1))=f(xf(y_2))$$

利用 ① 又可得到

$$\frac{f(x)}{y_1}=\frac{f(x)}{y_2}$$

由此可知

$$y_1=y_2$$

这证明了 f 是单映射.

(2) $f(1)=1$.事实上,我们有

$$f(f(1))=f(1\cdot f(1))=\frac{f(1)}{1}$$

也就是

$$f(f(1))=f(1)$$

因为 f 是单映射，所以

$$f(1)=1$$

(3) $f(f(y))=\frac{1}{y}$. 这是因为

$$f(f(y))=f(1\cdot f(y))=\frac{f(1)}{y}=\frac{1}{y}$$

(4) $f\left(\frac{1}{y}\right)=\frac{1}{f(y)}$. 这是因为

$$f\left(\frac{1}{y}\right)=f(f(f(y)))=\frac{1}{f(y)}$$

(5) $f(x\cdot t)=f(x)\cdot f(t)$. 事实上，在 ① 中取

$$y=f\left(\frac{1}{t}\right)$$

就得到 $f\left(x\cdot f(f(\frac{1}{t}))\right)=\frac{f(x)}{f\left(\frac{1}{t}\right)}=\frac{f(x)}{\frac{1}{f(t)}}=f(x)\cdot f(t)$

再利用(3) 就得到

$$f(x\cdot t)=f(x)\cdot f(t)$$

反过来，如果函数 $f:\mathbf{Q}^+\to\mathbf{Q}^+$ 具有上面列举的性质(3) 和(5)，那么显然有

$$f(xf(y))=f(x)\cdot f(f(y))=\frac{f(x)}{y}$$

即函数 f 满足 ①. 我们只需构造一个具有上面性质(1) ～ (5) 的函数 f. 由性质(4)，(5) 知只需对任意素数 p 规定 $f(p)$ 的值.

将全体素数按从小到大的顺序排列，即

$$p_1,p_2,\cdots,p_k,p_{k+1},\cdots$$

首先，我们规定

$$f(p_j)=\begin{cases}p_{j+1},j=2k+1,k=0,1,2,\cdots\\ \frac{1}{p_{j-1}},j=2k,k=0,1,2,\cdots\end{cases}$$

然后，按照关系

$$f(x\cdot t)=f(x)\cdot f(t)$$

$$f\left(\frac{1}{y}\right)=\frac{1}{f(y)}$$

将 f 的定义范围扩充到全体正有理数的集合 $\mathbf{Q}^+$. 显然这样定义的函数

$$f:\mathbf{Q}^+\to\mathbf{Q}^+$$

满足条件(3) 和(5)，因而满足式 ①.

解法 2 将素数依大小顺序排列，即

$$p_1,p_2,p_3,\cdots,p_n,\cdots$$

则对任意 $a \in \mathbf{Q}^+$，可把 a 表示成

$$a = p_1^{\alpha_1} p_2^{\alpha_2} p_3^{\alpha_3} p_4^{\alpha_4} \cdots p_{2k-1}^{\alpha_{2k-1}} p_{2k}^{\alpha_{2k}}, \alpha_i \in \mathbf{Z}, i = 1, 2, \cdots, 2k$$

则令

$$f(a) = p_2^{-\alpha_1} p_1^{\alpha_2} p_4^{-\alpha_3} p_3^{\alpha_4} \cdots p_{2k}^{-\alpha_{2k-1}} p_{2k-1}^{\alpha_{2k}}$$

我们证明 $f(x)$ 即为合于题设条件的函数. 事实上，对于任意的 $a, b \in \mathbf{Q}^+$，令

$$a = p_1^{\alpha_1} p_2^{\alpha_2} \cdots p_{2k-1}^{\alpha_{2k-1}} p_{2k}^{\alpha_{2k}}$$
$$b = p_1^{\beta_1} p_2^{\beta_2} \cdots p_{2k-1}^{\beta_{2k-1}} p_{2k}^{\beta_{2k}}$$

则我们有

$$\begin{aligned} f(ab) &= f(p_1^{\alpha_1+\beta_1} p_2^{\alpha_2+\beta_2} \cdots p_{2k-1}^{\alpha_{2k-1}+\beta_{2k-1}} p_{2k}^{\alpha_{2k}+\beta_{2k}}) = \\ & p_2^{-(\alpha_1+\beta_1)} p_1^{(\alpha_2+\beta_2)} \cdots p_{2k}^{-(\alpha_{2k-1}+\beta_{2k-1})} p_{2k-1}^{(\alpha_{2k}+\beta_{2k})} = \\ & (p_2^{-\alpha_1} p_1^{\alpha_2} \cdots p_{2k}^{-\alpha_{2k-1}} p_{2k-1}^{\alpha_{2k}})(p_2^{-\beta_1} p_1^{\beta_2} \cdots p_{2k}^{-\beta_{2k-1}} p_{2k-1}^{\beta_{2k}}) = \\ & f(a) f(b) \end{aligned}$$

$$\begin{aligned} f(f(a)) &= f(p_2^{-\alpha_1} p_1^{\alpha_2} \cdots p_{2k}^{-\alpha_{2k-1}} p_{2k-1}^{\alpha_{2k}}) = \\ & f(p_1^{\alpha_2} p_2^{-\alpha_1} \cdots p_{2k-1}^{\alpha_{2k}} p_{2k}^{-\alpha_{2k-1}}) = \\ & p_2^{-\alpha_2} p_1^{-\alpha_1} \cdots p_{2k}^{-\alpha_{2k}} p_{2k-1}^{-\alpha_{2k-1}} = \frac{1}{a} \end{aligned}$$

所以，对任意的 $x, y \in \mathbf{Q}^+$，都有

$$f(xf(y)) = f(x) f(f(y)) = \frac{f(x)}{y}$$

5 给定了一个初始整数 $n_0 > 1$，两人 A 与 B 开始做游戏，他们按照以下规则轮流取整数 $n_1, n_2, n_3, \cdots$：

知道了 n_{2k}，游戏者 A 选取一个整数 n_{2k+1}，满足条件

$$n_{2k} \leqslant n_{2k+1} \leqslant n_{2k}^2$$

知道了 n_{2k+1}，游戏者 B 选取整数 n_{2k+2}，使得 $\frac{n_{2k+1}}{n_{2k+2}}$ 是一个素数的正整数次方幂.

根据约定，游戏者 A 取到数 1 990 就获胜，游戏者 B 取到数 1 就获胜.

问对怎样的 n_0：

(1) A 有必胜策略；

(2) B 有必胜策略；

(3) 两游戏者都无必胜策略？

联邦德国命题

解法 1 我们记

$$W = \{n_0 \in \mathbf{N} \mid 从\ n_0\ 开始, A\ 有必胜策略\}$$

因为 $45^2 = 2\ 025 > 1\ 990$，所以显然有

$$\{45, 46, \cdots, 1\ 990\} \subseteq W$$

我们找一个自然数，要求抹去其任何一个素数方幂因子之后所得之数不小于 45. 易见

$$2^2 \times 3 \times 5 \times 7 = 420$$

就是一个合乎要求的数. 若 $n_0 \leqslant 420 \leqslant n_0^2$，则 A 第一次只需取 $n_1 = 420$. 其后不论 B 怎样选取，总有 $n_2 \geqslant 45$. 于是 A 第二次选取就能获胜. 因为

$$21 < 420 < 21^2$$

所以
$$\{21, 22, \cdots, 44\} \subseteq W$$

接着，我们试找一个自然数，要求抹去其任何一个素数方幂因子之后所得的数不小于 21. 易见

$$2^3 \times 3 \times 7 = 168$$

合乎要求. 因为

$$13 < 168 < 13^2$$

所以
$$\{13, 14, \cdots, 20\} \subseteq W$$

再找一个数，要求抹去其任何一个素数方幂因子之后所得的数不小于 13. 易见

$$3 \times 5 \times 7 = 105$$

合乎要求. 因为

$$11 < 105 < 11^2$$

所以
$$\{11, 12\} \subseteq W$$

再找一个数，要求抹去其任何一个素数方幂因子之后所得的数不小于 11. 易见

$$2^2 \times 3 \times 5 = 60$$

合乎要求. 因为

$$8 < 60 < 8^2$$

所以
$$\{8, 9, 10\} \subseteq W$$

对于 $n_0 > 1\,990$ 的情形，总可以选取不小于 3 的自然数 m，使得

$$2^m \cdot 3^2 < n_0 \leqslant 2^{m+1} \cdot 3^2 < n_0^2$$

于是，A 可取 $n_1 = 2^{m+1} \cdot 3^2$. 这时不论 B 怎样选择，总有

$$8 \leqslant n_2 \leqslant n_0$$

若 $n_2 > 1\,990$，则可用 n_2 代替 n_0. 游戏者 A 重复上面所说的策略，又能使得

$$8 \leqslant n_4 \leqslant n_2$$

在有限步之后，A 总能使 n_{2k} 下降到这样一种情形，即

$$8 \leqslant n_{2k} \leqslant 1\,990$$

由此得知：$n_0 > 1\,990$ 时，A 总可获胜.

若 $n_0 \leqslant 5$，而 n_1 满足 $n_0 \leqslant n_1 \leqslant n_0^2$，则 n_1 至多只有两个不同的素数因子（因为最小的三个相异素数之积 $2 \times 3 \times 5 = 30 > 5^2$），并且只要 n_1 不是完全平方数就一定有 n_1 的一个素数方幂因子

$$p^r > \sqrt{n_1}$$

于是,B 可取

$$n_2=\frac{n_1}{p^r}<\sqrt{n_1}\leqslant n_0$$

继续这样的策略,B 能使 n_{2k} 逐步递降,直到取得 1. 因此,只要 $n_0\leqslant 5$,游戏者 B 总可获胜. 注意这里所取 n_1 至多只有两个不同的素因子是关键.

对于 $n_0=6$ 或者 $n_0=7$ 的情形,$n_0^2=36$ 或者 $n_0^2=49$. A 应选取介于 n_0 与 n_0^2 之间的至少有三个相异的素数因子之数(根据刚才的分析,选取少于三个素数因子之数将导致 A 的失败). 于是,n_1 的合理选择只能是

$$n_1=2\times 3\times 5$$

或者

$$n_1=2\times 3\times 7$$

B 取 n_2 的正确策略应是取 n_1 抹去最大素数因子后得到的数(否则将有 $n_2\geqslant 8$,对 B 不利). 于是,B 只能选取 $n_2=6$. 接下来双方不得不轮流选取

$$30,6,30,6,30,6,\cdots$$

游戏将不分胜负.

综上所述,我们得出结论:

(1)$n_0\geqslant 8$ 时,A 有必胜策略;

(2)$n_0\leqslant 5$ 时,B 有必胜策略;

(3)$n_0=6,7$ 时,双方均无必胜策略.

解法 2 当 $n_0=2$ 时,因 $2^2=4$,A 只能取 2,3,4 之一,B 可取 1,B 必胜.

当 $n_0=3$,因 $3^2=9$,A 只能取 3 至 9 中的数,均可以表示为 p^k 或 $2p^k$ 的形式(p 为素数),B 可取 1 或 2,从而 B 必胜.

当 $n_0=4$,因 $4^2=16$,A 只能取 4 至 16 中的数,均可表示为 $2p^k$ 或 $3p^k$(p 为素数)的形式,从而 B 可取 1,2 或 3,B 必胜.

当 $n_0=5$,因 $5^2=25$,A 只能取 5 至 25 中的数,均可表示为 p^k,$2p^k$,$3p^k$ 或 $4p^k$ 的形式(p 为素数),B 可取 1,2,3,4 而获胜.

若 $45\leqslant n_0\leqslant 1\ 990$,因 $45^2=2\ 025>1\ 990$,A 可直接取 1 990,A 必胜.

若 $21\leqslant n_0\leqslant 44$,A 可取

$$n_1=420=2^2\times 3\times 5\times 7$$

则 B 只能取

$$3\times 5\times 7=105,2^2\times 3\times 5=60,2^2\times 3\times 7=84,2^2\times 5\times 7=140$$

均在 45 与 1 990 之间,故 A 必能胜.

若 $13\leqslant n_0\leqslant 20$,则 A 取

$$n_1=2^3\times 3\times 7=168$$

B 只能取

$$3\times7=21,2^3\times3=24,2^3\times7=56$$

均在 21 与 1 990 之间,因而 A 胜.

若 $11\leqslant n_0\leqslant12$,则 A 取

$$n_1=3\times5\times7=105$$

B 只能取

$$3\times5=15,3\times7=21,5\times7=35$$

均在 13 与 1 990 之间,故 A 必胜.

若 $8\leqslant n_0\leqslant10$,则 A 取

$$n_1=2^2\times3\times5=60$$

B 只能取

$$3\times5=15,2^2\times3=12,2^2\times5=20$$

均在 11 与 1 990 之间,A 必胜.

若 $n_0>1\ 990$,A 可取

$$n_1=2^{r+1}\cdot3^2$$

使得
$$2^r\cdot3^2<n_0\leqslant2^{r+1}\cdot3^2<n_0^2$$

则 B 只能取大于 9 的数,若仍大于 1 990,则可继续采取上述方法,经有限多步后,必能做到 $9\leqslant n_{2k}\leqslant1\ 990$,于是 A 胜.

最后,在 $n_0=6$ 或 $n_0=7$ 的情况下,A 取的数若只含有两个不同的素因数,$n_1=p^\alpha q^\beta$,不妨假定 $p^\alpha>q^\beta$,则 B 可取 $n_2=p^\alpha$,则 $q^\beta<7$,只能为 2,3,4,5 四数,从而 B 胜. 故 A 取的数必须有三个不同的素因子,即 A 只能取 $n_1=2\times3\times5=30$,或 $n_1=2\times3\times7=42$,不管 A 取哪一个,B 只能取 $n_2=6$ 才能不失利,下一步 A 与 B 都只能轮番取 30 和 6,谁也无法取胜.

综上所述,可知:

(1) 当 $n_0\geqslant8$ 时,A 有必胜策略;

(2) 当 $n_0\leqslant5$ 时,B 有必胜策略;

(3) 当 $n_0=6,7$ 时,双方均无必胜策略.

6 证明:存在具有以下性质(1) 和(2) 的凸 1 990 边形.

(1) 这多边形的各内角相等;

(2) 这多边形各边的长度是 $1^2,2^2,\cdots,1\ 989^2,1\ 990^2$ 的某一排列.

荷兰命题

证法 1 我们首先通过分析将问题转化成更易于处理的形式. 假设满足上述条件的 1 990 边形存在. 沿逆时针方向给这多边形的各边定向,再将各边的起点移到原点,这样得到 1 990 个向量. 相邻的两边对应的两向量相邻,它们之间的夹角为 $\alpha=$

$\frac{2\pi}{1\ 990}$(这是因为凸多边形的每个内角均为 $\pi-\alpha$). 以复数表示平面向量,原问题转化为:求证存在具有以下性质 i,ii 和 iii 的 1 990 个复数.

i 相邻两复数之间的夹角为 α;

ii 各复数的长度是 $1^2,2^2,\cdots,1\ 990^2$ 的某一排列;

iii 这些复数之和等于 0.

这就是说,我们需要求得 $1^2,2^2,\cdots,1\ 990^2$ 的一个排列 n_0, $n_1,\cdots,n_{1\ 989}$,使得

$$\sum_{s=0}^{1\ 989} n_s e^{is\alpha}=0$$

如果将这些复数的长度 n_s 看成"重量",那么问题又可转述为:给定了一个水平放置的单位圆,设法将 $1^2,2^2,\cdots,1\ 990^2$ 这些"重量"按某种次序放到等分圆周的 1 990 个点上,要求这系统的重心落到圆心上. 下面,我们就来解决这一问题.

首先,依次将 $1^2,2^2,\cdots,1\ 990^2$ 这些"重量"每两个分成一组,这样得到 995 组,即

$$\{1^2,2^2\},\{3^2,4^2\},\cdots,\{1\ 989^2,1\ 990^2\}$$

将同一组中的两个"重量"放到单位圆周的某一对对径点上. 至于哪一组放到哪一条直径的两端,则由下面的讨论来确定. 这样,各组中两复数之和的长度分别为

3,7,11,…,3 979 (首项为 3,公差为 4 的等差数列)

于是,问题进一步转化为:将 3,7,11,…,3 979 这些"重量",放到等分圆周的 995 个点上,要求重心落到圆心上.

其次,我们注意到

$$995=5\times 199$$

由此得到启发,再将 3,7,11,…,3 979 这些"重量"每五个分成一组,共分成 199 组,即

$$\{3,7,11,15,19\},\{23,27,31,35,39\},\{43,47,51,55,59\},\cdots,$$
$$\{3\ 963,3\ 967,3\ 971,3\ 975,3\ 979\} \quad ①$$

记 $\beta=\frac{2\pi}{199}$, $\gamma=\frac{2\pi}{5}$. 我们把顶点在

$$1,e^{i\gamma},e^{2i\gamma},e^{3i\gamma},e^{4i\gamma}$$

的正五边形记为 F_1,并把正五边形 $e^{ik\beta}F_1$ 记为 F_{k+1}. 依次将 ① 中所列的 199 组"重量"放到 $F_1,F_2,\cdots,F_{199}$ 这些正五边形的顶点上,我们得到分成 199 组的 995 个复数,其中第 $k+1$ 组为

$$(20k+3)e^{ik\beta},(20k+7)e^{i(k\beta+\gamma)},(20k+11)e^{i(k\beta+2\gamma)},$$
$$(20k+15)e^{i(k\beta+3\gamma)},(20k+19)e^{i(k\beta+4\gamma)}$$

五次单位根 $e^{i\gamma}$ 有这样的性质,即

$$1+e^{i\gamma}+e^{2i\gamma}+e^{3i\gamma}+e^{4i\gamma}=0$$

因而第 $k+1$ 组中的五个复数之和可以化简为

$$\eta e^{ik\beta}$$

其中 $$\eta=3+7e^{i\gamma}+11e^{2i\gamma}+15e^{3i\gamma}+19e^{4i\gamma}$$

于是,所有这 199 组共 995 个复数之总和为

$$\eta(1+e^{\beta i}+\cdots+e^{198\beta i})=0$$

我们证明了:存在满足条件 ⅰ,ⅱ 和 ⅲ 的 1 990 个复数.因而,确实存在满足题目条件(1) 和(2) 的凸 1 990 边形.

最后,我们指出,可以将上面的解答简单地整理成以下几行式子再加上几句说明的话,即

$$0=\sum_{k=0}^{198}\sum_{l=0}^{4}(20k+4l+3)e^{i(k\beta+l\gamma)}=$$
$$\sum_{k=0}^{198}\sum_{l=0}^{4}((10k+2l+2)^2-(10k+2l+1)^2)e^{i(k\beta+l\gamma)}=$$
$$\sum_{k=0}^{198}\sum_{l=0}^{4}\sum_{m=1}^{2}(10k+2l+m)^2e^{i(k\beta+l\gamma+m\pi)}$$

当指标 k 遍历 $0,1,\cdots,198$,指标 l 遍历 $0,1,\cdots,4$,指标 m 遍历 1,2 的时候,表示式

$$10k+2l+m$$

遍历从 1 到 1 990 的所有自然数.与此同时,表示式

$$e^{i(k\beta+l\gamma+m\pi)}=e^{i\frac{10k+398l+995m}{1\,990}2\pi}$$

遍历 $1,e^{\alpha i},\cdots,e^{1\,989\alpha i}$ 这 1 990 个复数.

注 最后,我们来说明所作的 1 990 边形确实是凸的.

为此,只需指出这样的事实:无论将这封闭折线的哪一条边延长成直线,折线其余所有的顶点都位于该直线的同一侧.

设所作的封闭折线是 $A_0A_1\cdots A_{1\,989}A_0$.在上面的讨论中,我们已将向量 $\overrightarrow{A_sA_{s+1}}$ 表示为复数

$$\overrightarrow{A_sA_{s+1}}=n_se^{is\alpha}$$

其中 $$\alpha=\frac{2\pi}{1\,990},A_{1\,990}=A_0$$

必要时可以将这图形 $A_0A_1\cdots A_{1\,989}A_0$ 旋转 α 的适当倍数并相应地改变各顶点的编号,总可以将我们所关心的任何一边重新标号为 $A'_0A'_1$,并且仍可设

$$\overrightarrow{A'_sA'_{s+1}}=n'_se^{is\alpha}$$

以下为简便起见,我们省去新记号中的"′",直截了当地把这封闭折线的任意一边当作 A_0A_1.并且,还可以认为 $A_0=O$ 是坐标原点,$\overrightarrow{A_0A_1}=\overrightarrow{OA_1}$ 指向实轴的正方向.我们还约定,允许用同一记号来记平面上的点和该点所代表的复数.

于是,我们可以写

$$A_k = \overrightarrow{OA_k} = \sum_{r=0}^{k-1} \overrightarrow{A_rA_{r+1}} = \sum_{r=0}^{k-1} n_r \mathrm{e}^{\mathrm{i}r\alpha} = -\sum_{s=k}^{1\,989} n_s \mathrm{e}^{\mathrm{i}s\alpha}$$

对于 $0 < r < k \leqslant 995$，显然有

$$\sin r\alpha = \sin \frac{r}{1\,990} 2\pi > 0$$

因而 $$\mathrm{Im}(A_k) = \sum_{r=0}^{k-1} n_r \mathrm{Im}(\mathrm{e}^{\mathrm{i}r\alpha}) = \sum_{r=0}^{k-1} n_r \cdot \sin r\alpha > n_1 \cdot \sin \alpha > 0$$

对于 $996 \leqslant k \leqslant s \leqslant 1\,989$，显然有

$$-\sin s\alpha = -\sin \frac{s}{1\,990} 2\pi > 0$$

因而 $$\mathrm{Im}(A_k) = -\sum_{s=k}^{1\,989} n_s \mathrm{Im}(\mathrm{e}^{\mathrm{i}s\alpha}) = -\sum_{s=k}^{1\,989} n_s \cdot \sin s\alpha > -n_{1\,989} \cdot \sin 1\,989\alpha = n_{1\,989} \cdot \sin \alpha > 0$$

我们看到，折线其余所有的顶点都位于 A_0A_1 所在直线的同一侧，而 A_0A_1 可以是这封闭折线的任何一条边. 因此，所作的 1 990 边封闭折线确实构成一个凸多边形.

本题的解法都是归结为求 1，2，…，1 990 的一个排列：$r_1, r_2, \cdots, r_{1\,990}$，使得

$$\sum_{j=1}^{1\,990} r_j^2 \mathrm{e}^{\mathrm{i}\alpha j} = 0$$

其中，$\alpha = \frac{2\pi}{1\,990}$. 注意到 $\mathrm{e}^{2\pi\mathrm{i}} = 1$，更一般地可归结为求 1，2，…，1 990 的一个排列 $r_1, r_2, \cdots, r_{1\,990}$，及模 1 990 的一个完全剩余系 $u_1, u_2, \cdots, u_{1\,990}$，使得

$$\sum_{j=1}^{1\,990} r_j^2 \mathrm{e}^{\mathrm{i}\alpha u_j} = 0 \quad ②$$

下面介绍汪建华、周彤和王崧的证法，王崧的证法与众不同.

证法 2　设

此证法属于汪建华

$$a_{k,j} = 10k + j, 1 \leqslant j \leqslant 10, 0 \leqslant k \leqslant 198$$

$$b_{h,l} = 10l + 199l, 0 \leqslant l \leqslant 9, 0 \leqslant h \leqslant 198$$

显见，$a_{k,j}$ 恰好取 1，2，…，1 990 这些值，且每个一次. 由初等数论知，$b_{h,l}$ 恰好是模 1 990 的一个完全剩余系.

考虑

$$T_k = a_{k,1}^2 \mathrm{e}^{\mathrm{i}ab_{k,0}} + a_{k,2}^2 \mathrm{e}^{\mathrm{i}ab_{k,2}} + a_{k,3}^2 \mathrm{e}^{\mathrm{i}ab_{k,4}} + a_{k,4}^2 \mathrm{e}^{\mathrm{i}ab_{k,6}} + a_{k,5}^2 \mathrm{e}^{\mathrm{i}ab_{k,8}} + a_{k,6}^2 \mathrm{e}^{\mathrm{i}ab_{k,5}} + a_{k,7}^2 \mathrm{e}^{\mathrm{i}ab_{k,7}} + a_{k,8}^2 \mathrm{e}^{\mathrm{i}ab_{k,9}} + a_{k,9}^2 \mathrm{e}^{\mathrm{i}ab_{k,1}} + a_{k,10}^2 \mathrm{e}^{\mathrm{i}ab_{k,3}}$$

显见 $$T = \sum_{k=0}^{198} T_k$$

就给出了式 ② 左边形式的和式. 下面来证明 $T = 0$. 容易算出

$$T_k = -5\mathrm{e}^{\mathrm{i}10k\alpha} \sum_{j=1}^{5} (2j-1) \mathrm{e}^{\frac{\mathrm{i}2\pi(j-1)}{5}}$$

右边的和式是与 k 无关的常数. 由此即得 $T = 0$.

证法 3　设

$$a_{j,k}=199j+k,0\leqslant j\leqslant 9,1\leqslant k\leqslant 199$$

显然,$a_{j,k}$ 恰好每个一次地取 1,2,…,1 990 这些值. 再设

$$b_{0,k}=a_{0,k},b_{1,k}=a_{6,k},b_{2,k}=a_{2,k},b_{3,k}=a_{8,k}$$

$$b_{4,k}=a_{4,k},b_{5,k}=a_{5,k},b_{6,k}=a_{1,k},b_{7,k}=a_{7,k}$$

$$b_{8,k}=a_{3,k},b_{9,k}=a_{9,k}$$

并约定

$$b_{j,k}=b_{l,k},l\equiv j(\bmod 10)$$

对每一个 k 取定一个整数 m_k,考虑和式

$$S_k=\sum_{j=0}^{9}b_{j+m_k,k}^2\mathrm{e}^{\mathrm{i}\alpha a_{j,k}}$$

显然

$$S=\sum_{k=1}^{199}S_k$$

就给出了形如式 ② 左边的和式. 容易算出

$$S_k=(5\cdot 199^2\sum_{j=1}^{4}2_j\mathrm{e}^{\mathrm{i}\alpha 199j})\mathrm{e}^{\mathrm{i}\alpha(199m_k+k)}$$

上式中括号内是和 k 无关的常数. 下面来确定 m_k 的取值. 由于当 $0\leqslant m\leqslant 9,1\leqslant k\leqslant 199$ 时,$199m+k$ 恰好每个一次地取 1,2,…,1 990 这些值. 因此,一定可以取到 $0\leqslant m_k\leqslant 9$,使得 $c_k=199m_k+k$,当 $k=1,2,3,\cdots,199$ 时,恰好取 10,20,30,…,1 990 这 199 个数(次序可以不同),由此即得 $S=0$.

此证法属于周彤

注　请读者比较汪建华、周彤的证法的异同.

证法 4　考虑多项式

此证法属于王崧

$$G(x)=x^{4\times 199}+x^{3\times 199}+x^{2\times 199}+x^{199}+1$$

$$H(x)=x^{5\times 198}+x^{5\times 197}+\cdots+x^{5\times 2}+x^5+1$$

以及

$$M_1(x)=G(x)(199x^{198}+198x^{197}+\cdots+2x+1)$$

$$M_2(x)=H(x)(4\cdot 199x^3+3\cdot 199x^2+2\cdot 199x+199)$$

$$M(x)=M_1(x)+M_2(x)$$

容易看出:$M(x)$ 是 994 次多项式,系数必在 1,2,…,995 这些值之中. 我们来证明 $M(x)$ 的系数两两不同,因此恰好 1,2,…,995 各出现一次.

(1)$M_1(x)$ 中出现 x^j 项,$j=199l+k,0\leqslant l\leqslant 4,0\leqslant k\leqslant 198$,且它的系数 $a_j=k+1$. 所以在 $M_1(x)$ 中 $x^j(0\leqslant j\leqslant 994)$ 都出现,且系数 a_j 满足 $1\leqslant a_j\leqslant 199$.

(2)$M_2(x)$ 中出现 x^j 项,$j=5k+l,0\leqslant l\leqslant 3,0\leqslant k\leqslant 198$,且它的系数 $b_j=199(l+1)$.

(3)$M(x)$ 中没有两项的系数相同. 用反证法. 假若 x^{j_1} 和 x^{j_2}

的系数 c_{j_1} 和 c_{j_2} 相等，$j_1 \neq j_2$. 我们有

$$c_{j_1} = a_{j_1} + b_{j_1}, c_{j_2} = a_{j_2} + b_{j_2}$$

因此

$$a_{j_2} - a_{j_1} = b_{j_1} - b_{j_2}$$

由(1) 知，必有

$$0 \leqslant | a_{j_2} - a_{j_1} | \leqslant 198$$

若 $a_{j_2} - a_{j_1} = 0$，则由(1) 推出

$$199 \mid (j_2 - j_1)$$

另一方面，这时必有 $b_{j_2} = b_{j_1}$，由(2) 知，$5 \mid (j_2 - j_1)$. 因此推出 $995 \mid (j_2 - j_1)$. 但已知 $0 \leqslant j_1, j_2 \leqslant 994$，矛盾.

进而考虑多项式

$$N(x) = 4M(x) - (x^{994} + x^{993} + \cdots + x + 1)$$

$N(x)$ 是 994 次多项式，x^j 的系数是 $4c_j - 1, 0 \leqslant j \leqslant 994$，$c_j$ 恰好每个一次地取值 $1, 2, \cdots, 995$. 因此

$$N(x) = \sum_{j=0}^{994} (4c_j - 1) x^j = \sum_{j=0}^{994} (2c_j)^2 x^j - \sum_{j=0}^{994} (2c_j - 1)^2 x^j$$

取 $x = e^{2i\alpha}$，得

$$N(e^{2i\alpha}) = \sum_{j=0}^{994} (2c_j)^2 e^{i\alpha(2j)} - \sum_{j=0}^{994} (2c_j - 1)^2 e^{i\alpha(2j+995)}$$

显然，右边就是形如 ② 的和式. 但另一方面，由 $N(x)$ 的定义容易推出 $N(e^{2i\alpha}) = 0$.

第 31 届国际数学奥林匹克英文原题

The thirty-first International Mathematical Olympiad was held from July 8th to July 19th 1990 in the capital city of Beijing.

❶ Two chords AB, CD of a circle intersect at point E inside the circle. Let M be an interior point of the segment EB. The tangent line at E to the circle through D, E, M intersects the lines BC, AC at F, G respectively. If $\frac{AM}{AB}=t$, find $\frac{EG}{EF}$ in terms of t.

(India)

❷ Let $n\geqslant 3$ and consider a set E of $2n-1$ distinct points on a circle. Suppose that exactly k of these points are to be coloured black. Such a colouring is "good" if there is at least one pair of black points such that the interior of one of the arcs between them contains exactly point n from E. Find the smallest value of k so that every such colouring of points k of E is good.

(Czechoslovakia)

❸ Determine all integers $n>1$ such that $\frac{2^n+1}{n^2}$ is an integer.

(Romania)

❹ Let $\mathbf{Q}^+$ be the set of positive rational numbers. Construct a function $f: \mathbf{Q}^+ \to \mathbf{Q}^+$ such that $f(xf(y))=\frac{f(x)}{y}$ for all x, y in $\mathbf{Q}^+$.

(Turkey)

❺ Given an initial integer $n_0>1$, two players A and B choose integers $n_1, n_2, n_3, \cdots$ alternately according to the following rules. Knowing n_{2k}, A chooses any integer n_{2k+1} such

(F. R. of Germany)

that $n_{2k} \leqslant n_{2k+1} \leqslant n_{2k}^2$. Knowing n_{2k+1}, B chooses any integer n_{2k+2} such that $\frac{n_{2k+1}}{n_{2k+2}}$ is a positive power of a prime. Player A wins the game by choosing the number 1 990, player B wins by choosing the number 1. For which n_0 does

a) A have a winning strategy;

b) B have a winning strategy;

c) neither player have a winning strategy?

6 Prove that there exists a convex 1 990-gon with the following two properties:

a) all angles are equal;

b) the lengths of the sides are the numbers

$$1^2, 2^2, 3^2, \cdots, 1\ 989^2, 1\ 990^2$$

in some order.

(Netherlands)

第31届国际数学奥林匹克各国成绩表

1990，中国

名次	国家或地区	分数（满分252）	奖牌 金牌	银牌	铜牌	参赛队人数
1.	中国	230	5	1	—	6
2.	苏联	193	3	2	1	6
3.	美国	174	2	3	—	6
4.	罗马尼亚	171	2	2	2	6
5.	法国	168	3	1	—	6
6.	匈牙利	162	1	3	2	6
7.	德意志民主共和国	158	—	4	2	6
8.	捷克斯洛伐克	153	—	5	1	6
9.	保加利亚	152	1	4	1	6
10.	英国	141	2	—	2	6
11.	加拿大	139	—	3	1	6
12.	德意志联邦共和国	138	—	2	4	6
13.	意大利	131	1	1	4	6
14.	伊朗	122	—	4	—	6
15.	澳大利亚	121	—	2	4	6
16.	奥地利	121	—	1	4	6
17.	印度	116	1	1	2	6
18.	挪威	112	—	3	1	6
19.	朝鲜	109	—	1	3	6
20.	日本	107	—	2	1	6
21.	波兰	106	—	2	1	6
22.	中国香港	105	—	—	4	6
23.	越南	104	—	1	3	6
24.	巴西	102	1	—	2	6
25.	南斯拉夫	98	—	1	2	6
26.	以色列	95	—	1	3	6
27.	新加坡	93	—	—	2	6
28.	瑞典	91	—	1	2	6
29.	荷兰	90	—	1	2	6
30.	哥伦比亚	88	—	1	2	6

续表

名次	国家或地区	分数（满分 252）	金牌	银牌	铜牌	参赛队人数
31.	新西兰	83	—	—	2	6
32.	韩国	79	—	1	1	6
33.	泰国	75	—	—	2	6
34.	土耳其	75	—	—	1	6
35.	西班牙	72	—	—	—	6
36.	摩洛哥	71	—	1	—	5
37.	墨西哥	69	—	—	1	6
38.	阿根廷	67	—	—	1	6
39.	古巴	67	—	—	1	6
40.	巴林	65	—	—	—	6
41.	爱尔兰	65	—	—	1	6
42.	希腊	62	—	—	1	6
43.	芬兰	59	—	—	1	6
44.	卢森堡	58	1	—	1	2
45.	突尼斯	55	—	1	1	4
46.	蒙古	54	—	—	—	6
47.	科威特	53	—	—	1	4
48.	塞浦路斯	46	—	—	1	4
49.	菲律宾	46	—	—	1	6
50.	葡萄牙	44	—	—	—	6
51.	印尼	40	—	—	—	6
52.	中国澳门	32	—	—	—	6
53.	冰岛	30	—	—	1	3
54.	阿尔及利亚	29	—	—	—	4

第 31 届国际数学奥林匹克预选题

1 整数 9 可以表示成两个相继的正整数之和：$9=4+5$；此外，9 还恰可用两种方法表示成相继的正整数之和

$$9=4+5=2+3+4$$

试问是否存在正整数，它既可表示成 1 990 个相继的正整数之和，又恰可用 1 990 种方法表示成至少两个相继正整数之和？

解 设 N 是 1 990 个相继的正整数 $m, m+1, \cdots, m+1\ 989$ 之和，则

$$N=995(2m+1\ 989)$$

上式表明 N 是奇数，且 N 具有素因数 5 及 199.

又设 N 恰可用 1 990 种方法表示成至少两个相继正整数之和，即恰有 1 990 个正整数数对 $n, k(k\geqslant 2)$，使得

$$N=\sum_{i=0}^{k-1}(n+i)=k\left(n+\frac{k-1}{2}\right) \tag{1}$$

于是

$$2N=k(2n+k-1), k\geqslant 2 \tag{2}$$

由于 k 与 $2n+k-1$ 的奇偶性相反，且 N 是奇数，因而 k 与 $2n+k-1$ 中，一个是奇数，另一个是奇数的 2 倍. 注意到 $k<2n+k-1$，因此由(1) 及(2) 可知，N 的大于 1 的因数的个数，等于 $2N$ 的大于 1 且小于$\sqrt{2N}$ 的因数的个数. 由此可知，$2N$ 恰有 1 990 个大于 1 且小于$\sqrt{2N}$ 的因数，故 $2N$ 恰有 1 991 个小于$\sqrt{2N}$ 的正因数.

我们已经知道 2,5,199 是 $2N$ 的素因数，于是 $2N$ 可分解成

$$2N=2\cdot 5^{\alpha_1}\cdot 199^{\alpha_2}\cdot p_3^{\alpha_3}\cdot\cdots\cdot p_s^{\alpha_s}$$

这里 α_1, α_2 是正整数，$\alpha_1, \cdots, \alpha_s$ 是非负整数，$p_3, \cdots, p_s$ 是异于 2,5,199 的素数. 这样一来，$2N$ 就有

$$(1+1)(\alpha_1+1)(\alpha_2+1)\cdots(\alpha_s+1)$$

个正因数，从而有$(\alpha_1+1)(\alpha_2+1)\cdots(\alpha_s+1)$ 个小于$\sqrt{2N}$ 的正因数. 于是

$$(\alpha_1+1)(\alpha_2+1)\cdots(\alpha_s+1)=1\ 991$$

注意到 $\alpha_1+1\geqslant 2$，$\alpha_2+1\geqslant 2$，而 $1\ 991=11\times 181$，这里11及181都是素数，于是只能有 $\alpha_3=\cdots=\alpha_s=0$；$\alpha_1=10$，$\alpha_2=180$，或 $\alpha_1=180$，$\alpha_2=10$. 这样一来，满足命题要求的正整数仅有两个

$$N=5^{180}199^{10} \text{ 或 } N=5^{10}199^{180}$$

2 n 个国家，每国3名代表组成的 m 个代表会 $A_n(1)$，$A_n(2)$，$\cdots$，$A_n(m)$ 称为一个会圈，如果有：

(1) 每个会有 n 名代表，每国1名；

(2) 没有两个会，其代表完全相同；

(3) $A_n(i)$ 和 $A_n(i+1)$ 没有公共代表，$i=1,2,\cdots,m$. 并约定 $A_n(m+1)=A_n(1)$；

(4) 若 $1<|i-j|<m-1$，则 $A_n(i)$ 和 $A_n(j)$ 至少有一名公共代表.

试问是否存在一个11国，1 990个会的会圈？

解 我们用 (m,n) 表示一个有 n 个国家 m 个会的会圈，用 $(A_n(i),j)$ 表示由会议 $A_n(i)$ 的所有代表和第 $n+1$ 个国家的第 j 个代表组成的一个会议.

问题的答案是肯定的. 事实上，如果 $A_n(1)$，$A_n(2)$，$\cdots$，$A_n(m)$ 是一个 (m,n) 会圈，那么当 m 是奇数时，$(A_n(1),1)$，$(A_n(2),2)$，$\cdots$，$(A_n(m),1)$，$(A_n(1),2)$，$(A_n(2),1)$，$\cdots(A_n(m),2)$ 就是一个 $(2m,n+1)$ 会圈，这里第二个分量交替地取值1，2；而当 m 是偶数时，$(A_n(1),3)$，$(A_n(2),1)$，$(A_n(3),2)$，$(A_n(4),1)$，$(A_n(5),2)$，$\cdots$，$(A_n(k-2),1)$，$(A_n(k-1),2)$，$(A_n(k),3)$，$(A_n^n(k-1),1)$，$(A_n(k-2),2)$，$\cdots$，$(A_n(5),1)$，$(A_n(4),2)$，$(A_n(3),1)$，$(A_n(2),2)$，是一个 $(2(k-1),n+1)$ 会圈，这里 k 是一个不大于 m 的偶数，并且除了 $A_n(1)$，$A_n(k)$ 对应的第二个分量取值为3外，其余所有对应的第二个分量都交替地取值1，2，我们显然有 $(3,1)$ 会圈. 于是，根据上面构造，就会圈的方法，我们可以依次得到会圈 $(6,2)$，$(10,3)$，$(18,4)$，$(34,5)$，$(66,6)$，$(130,7)$，$(258,8)$，$(514,9)$，$(1\ 026,10)$，再取 $k=996$，就得会圈 $(1\ 990,11)$.

3 设 r 是任意一个自然数. 若将全体自然数所组成的集合 $\mathbf{N}$ 分拆成 r 个两两不相交的子集 $A_1,A_2,\cdots,A_r$

$$\mathbf{N}=A_1\cup A_2\cup\cdots\cup A_r$$

则在这些子集中必存在某个子集 A，具有以下性质(*)：存在 $m\in\mathbf{N}$，使得对任何正整数 k，都能找到 $a_1,a_2,\cdots,a_k\in A$，满足

$$1\leqslant a_{j+1}-a_j\leqslant m, j=1,2,\cdots,k-1$$

解法1 为了方便,我们考虑$\mathbf{N}$的一种特殊的子集.若$\mathbf{N}$的子集P包含有任意有限长度的相继自然数段,则称P为$\mathbf{N}$的"长子集".我们将证明一个加强的命题(Ⅰ):若将$\mathbf{N}$的长子集P分拆成r个两两不相交的子集$A_1,A_2,\cdots,A_r$,则在这些子集中必存在某个子集A具有性质(*).

我们将使用数学归纳法证明命题(Ⅰ).当$r=1$时,命题(Ⅰ)显然成立.设当$r=n$时,命题(Ⅰ)成立,我们来考察$r=n+1$时的情形.

设长子集P分拆成$n+1$个两两不相交的子集$A_1,\cdots,A_n,A_{n+1}$

$$P=A_1\cup\cdots\cup A_n\cup A_{n+1}$$

记$Q=A_1\cup\cdots\cup A_n$.若Q是$\mathbf{N}$的长子集,则由归纳假设知,命题(Ⅰ)已经成立.若Q不是长子集,则存在某正整数m_1,使得Q不包含任何相继的m_1个自然数.由于P是$\mathbf{N}$的长子集,因而对于任意给定的k,集P必定含有长为km_1的相继自然数段.将这个自然数段分成k小段$P_1,P_2,\cdots,P_k$,每小段恰有相继的m_1个自然数.由于Q不包含长为m_1的相继自然数段,因此对于每个P_i,$1\leqslant i\leqslant k$,都至少存在一个$a_i\in P_i$,但$a_i\notin Q$.因$a_i\in P$,故必有$a_i\in A_{n+1}$.这样,我们已有

$$\{a_1,\cdots,a_k\}\subseteq A_{n+1}$$

显然,这样确定的$a_1,\cdots,a_k$必满足

$$1\leqslant a_{j+1}-a_j\leqslant 2m_1,j=1,\cdots,k$$

这就证明了当$r=n+1$时,命题(Ⅰ)也成立.由数学归纳法即知,命题(Ⅰ)对任何自然数r成立.

由于$\mathbf{N}$也是它自身的长子集,于是由加强的命题(Ⅰ)即知原命题成立.

解法2 为了证明所给命题,我们将先证明下面的辅助命题.

辅助命题:设$A_1,A_2,\cdots,A_r$两两不相交,$\mathbf{N}=A_1\cup A_2\cup\cdots\cup A_r$,若$A_i\cup\cdots\cup A_r$包含有任意有限长度的相继自然数段,且$A_i$不具有性质(*),则$A_{i+1}\cup\cdots\cup A_r$必定包含有任意有限长度的相继自然数段.

辅助命题的证明:若A_i不具有性质(*),则对于任给的$m\in\mathbf{N}$,存在$k(m)\in\mathbf{N}$,使得对A_i的任何$k(m)$个数$a_1<a_2<\cdots<a_{k(m)}$,都可找到一个下标$j\in\{1,2,\cdots,k(m)-1\}$,对于此$j$,数$a_j$与$a_{j+1}$之间至少有相继的$m$个自然数不属于$A_i$.

我们在$A_i\cup A_{i+1}\cup\cdots\cup A_r$中选取一个长度为$L(m)=k(m)m$的相继自然数段.若该段有$k(m)$个元素属于$A_i$,则由$A_i$不具有性质(*)可知,在这$k(m)$个元素中,存在两个元素$a_j$与

a_{j+1}，它们之间有相继的 m 个自然数不属于 A_i，因而这 m 个相继的自然数就属于 $A_{i+1}\cup\cdots\cup A_r$. 若选出的长度为 $L(m)$ 的相继自然数段中，属于 A_t 的元素个数小于 $k(m)$，则由于 $L(m)=k(m)m$，当我们把这个长度为 $L(m)$ 的段分拆成 $k(m)$ 个长度为 m 的小段时，必有一个小段的每一个元素都不属于 A_i，因而这个长度为 m 的自然数段就必包含于 $A_{i+1}\cup\cdots\cup A_r$.

上述讨论表明，无论对哪一种情形，$A_{i+1}\cup\cdots\cup A_r$ 都含有长度为 m 的相继自然数段. 由于 m 可以是任意自然数，因而辅助命题成立.

原命题的证明 若 A_1 具有性质(*)，则命题已成立；若 A_1 不具有性质(*)，则由辅助命题知 $A_2\cup A_3\cup\cdots\cup A_r$ 必定包含有任意有限长度的相继自然数段. 若 A_2 具有性质(*)，则命题已成立；若 A_2 不具有性质(*)，则再使用辅助命题的结论. 这样进行下去，或者进行到某一步，出现某个 A_{i_0} 具有性质(*)；或者进行到最后，这时 A_r 包含有任意有限长度的相继自然数段，从而 A_r 具有性质(*). 命题证毕.

注 1 解法 2 是在供题国捷克所提供的原解的基础上整理的. 解法 1 由第 31 届 IMO 选题委员会给出.

注 2 数学中常常使用如下记号：

“$\exists$”，读成“存在”，表示“存在”的意思. 例如，“$\exists m\in\mathbf{N}$，使得 $m^2>a$”表示“存在平方数大于 a 的自然数”.

“$\forall$”，读成“对一切的”或“对任意的”，表示“所有的”，“任意的”等意思. 例如，“$\forall x\in\mathbf{R},x^2\geqslant 0$”表示“对一切实数 x 都有 $x^2\geqslant 0$”.

记号 $\exists$ 与 $\forall$ 常常按一定的顺序组合起来表示较复杂的意思. 这种表示方法往往有书写简洁，表达逻辑关系清晰的优点.

本命题中，性质(*)可写成如下形式：“$\exists m\in\mathbf{N},\forall k\in\mathbf{N},\exists\{a_1,\cdots,a_k\}\subseteq A$，使得 $1\leqslant a_{j+1}-a_j\leqslant m,j=1,\cdots,k-1$.”

相应地，在解法 Ⅱ 中关于“A_i 不具有性质 *”的含义，可写成如下形式：“$\forall m\in\mathbf{N},\exists k(m)\in\mathbf{N},\forall\{a_1,\cdots,a_{k(m)}\}\subseteq A_i,\exists j\in\{1,\cdots,k(m)-1\}$ 使得 a_j 与 a_{j+1} 之间至少有相继的 m 个自然数不属于 A_i.”

必须注意，各记号的先后顺序，有时是至关重要的，不能随意调换. 读者可尝试使用这些记号来叙述本题解.

4 设 $\triangle ABC$ 的三边两两互不相等，其垂心，内心，重心分别为 H,I,G. 试证 $\angle HIG>\dfrac{\pi}{2}$.

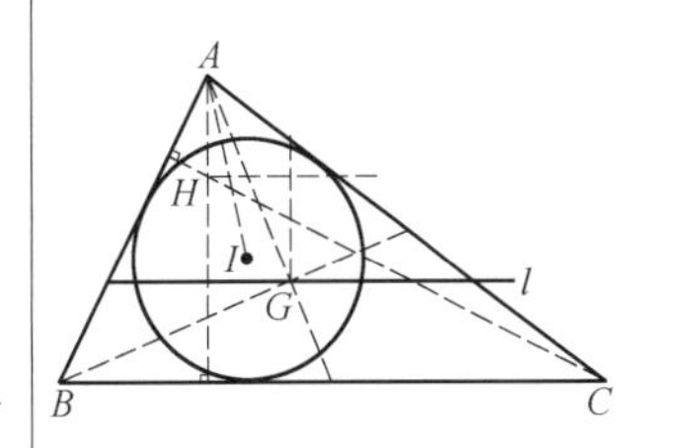

图 31.4

证法 1 如图 31.4 所示，过 G 作直线 $l\parallel BC$. 不失一般性，可设 $BC>AC>AB$. 这时，不难证明射线 AI 必处于 $\angle HAG$ 内部，点 I 在直线 l 上方，在 CH 下方. 于是 I 在以 GH 为直径的圆内，这就证明了 $\angle HIG$ 是钝角或平角.

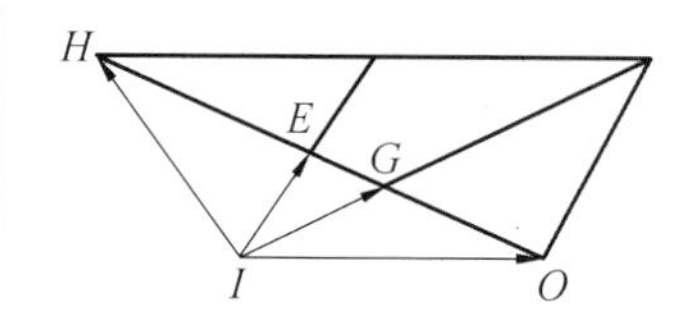

图 31.5

证法 2　设$\triangle ABC$的外心为O,线段OH的中点为E,外接圆半径为R,内切圆半径为r.

由关于欧拉线的熟知事实可得$\overrightarrow{OH}=3\overrightarrow{OG}$;$OI^2=R^2-2rR$.又由费尔巴哈定理得$IE=\frac{R}{2}-r$.如图 31.5 所示,我们有

$$\overrightarrow{IH}=2\overrightarrow{IE}-\overrightarrow{IO}$$

$$\overrightarrow{IG}=\frac{2\overrightarrow{IE}+\overrightarrow{IO}}{3}$$

于是

$$\overrightarrow{IH}\cdot\overrightarrow{IG}=\frac{1}{3}(4IE^2-IO^2)=-\frac{2}{3}r(R-2r)<0$$

从而$\cos\angle HIG<0$,故$\angle HIG>\frac{\pi}{2}$.

注 1　解法 2 为供题国法国提供的原解答.解法 1 为第 31 届 IMO 选题委员会提供的解答.

注 2　三角形的重心G,垂心H,外心O必共线,且G内分线段OH,并有$HG=2GO$.直线HO称为欧拉线.

注 3　费尔巴哈定理:一个三角形的九点圆与该三角形的内切圆及每个旁切圆都相切.

5 设$f(0)=f(1)=0$,且

$$f(n+2)=4^{n+2}f(n+1)-16^{n+1}f(n)+n\cdot 2n^2$$

这里$n=0,1,2,\cdots$.试证$f(1\ 989)$,$f(1\ 990)$,$f(1\ 991)$都可被 13 整除.

解　令$f(n)=g(n)2^{n^2}$,则题设中的递推关系式可写成

$$g(n+2)-2g(n+1)+g(n)=n\cdot 16^{-n-1}$$

即

$$[g(n+2)-g(n+1)]-[g(n+1)-g(n)]=n\cdot 16^{-n-1}$$

对于上式,n取$0,1,\cdots,n-1$,然后求和,可得

$$g(n+1)-g(n)=16^{-1}\sum_{k=1}^{n-1}k\cdot 16^{-k}$$

记$F(n)=\sum_{k=1}^{n-1}k\cdot 16^{-k}$,则

$$\begin{aligned}15F(n)&=16F(n)-F(n)=\\&(1+16^{-1}+\cdots+16^{-(n-2)})-(n-1)16^{-(n-1)}=\\&\frac{16}{15}(1-16^{-(n-1)})-(n-1)16^{-(n-1)}\end{aligned}$$

于是

$$g(n+1)-g(n)=\frac{1}{15^2}[1-(15n+1)16^{-n}]$$

对于上式,再从 0 到 $n-1$ 求和,即得

$$g(n)=\frac{1}{15^3}[15n-32+(15n+2)16^{-n+1}]$$

从而,对于 $n=0,1,2,\cdots$,有

$$f(n)=\frac{1}{15^3}[15n+2+(15n-32)16^{n-1}]2^{(n-2)^2}$$

现取 13 为模,得

$$15n+2+(15n-32)16^{n-1}\equiv$$
$$2[n+1+(n-3)3^{n-1}](\bmod 13)$$

注意到 $1\,990\equiv 1(\bmod 13)$,$3^3\equiv 1(\bmod 13)$,于是

$$15^3 f(1\,990)\equiv 2(1\,991+1\,987\cdot 3^{1\,989})\cdot 2^{(1\,990-2)^2}\equiv$$
$$[2-2\cdot(3^3)^{663}]2^{1\,988^2+1}\equiv 0(\bmod 13)$$

从而 $13\mid 15^3 f(1\,990)$. 但 $(13,15^3)=1$,故 $13\mid f(1\,990)$.

类似地可以证明 $13\mid f(1\,989)$,$13\mid(1\,991)$.

6 对于给定的正整数 k,以 $f_1(k)$ 表示 k 的各位数字和的平方,并设

$$f_{n+1}(k)=f_1(f_n(k))$$

试求 $f_{1\,991}(2^{1\,990})$ 的值.

解法 1 注意到当 k 很大时,$f_1(k)$ 要比 k 小得多,因而我们可以考虑先对 $f_1(k)$ 的取值范围作出一个粗略的估计,进而利用 f_n 的递推式,迅速地缩小这一范围.

设正整数 a 共有 m 位,则将 a 的各位数字全部改换成 9,就有

$$f_1(a)\leqslant 9^2m^2=81m^2$$

若 $a\leqslant b$,则 m 不大于 $\lg b$ 的首数加 1,于是

$$f_1(a)\leqslant 81(1+\lg b)^2<(4\log_2 16b)^2$$

利用上述不等式,我们有

$$f_1(2^{1\,990})<2^4\cdot 1\,994^2<2^{26}$$
$$f_2(2^{1\,990})<(4\cdot 30)^2=14\,400$$

于是 $f_2(2^{1\,990})$ 的各位数字之和不大于 4×9,故

$$f_3(2^{1\,990})<36^2=1\,296$$
$$f_4(2^{1\,990})<(9+9+9)^2=729$$
$$f_5(2^{1\,990})<(6+9+9)^2=576$$

另一方面,我们有

$$f_1(k)\equiv k^2(\bmod 9)$$

于是由 $2^6\equiv 1(\bmod 9)$ 得

$$f_1(2^{1\,990}) \equiv (2^{1\,990})^2 \equiv (2^4)^2 \equiv 4(\bmod 9)$$
$$f_2(2^{1\,990}) \equiv -2(\bmod 9)$$
$$f_3(2^{1\,990}) \equiv 4(\bmod 9)$$

依此类推，一般地，我们有

$$f_n(2^{1\,990}) \equiv \begin{cases} 4(\bmod 9), 2 \nmid n \\ -2(\bmod 9), 2 \mid n \end{cases}$$

于是由 $f_5(2^{1\,990}) < 24^2$，$f_5(2^{1\,990}) \equiv 4(\bmod 9)$，并注意到 f_n 是完全平方数的事实，我们可推得

$$f_5(2^{1\,990}) \in \{4, 49, 121, 256, 400\}$$

对上述 5 个数，求其各位数字和的平方，得

$$f_6(2^{1\,990}) \in \{49, 256\}$$
$$f_8(2^{1\,990}) = 169$$

于是当 $n \geqslant 8$ 时，有

$$f_n(2^{1\,990}) = \begin{cases} 169, 2 \mid n \\ 256, 2 \nmid n \end{cases}$$

特别地，有 $f_{1\,991}(2^{1\,990}) = 256$.

解法 2 为了较快地得到所需的结果，我们在解法 1 的基础上做一点改进：在估计 $f_{n+1}(2^{1\,990})$ 时，同时考虑 $f_n(2^{1\,990})$ 关于模 9 的余数.

因 $2^{1\,990} < 8^{700} < 10^{700}$，故 $2^{1\,990}$ 至多有 700 位. 于是

$$f_1(2^{1\,990}) < (9 \times 700)^2 < 4 \cdot 10^7$$
$$f_2(2^{1\,990}) < (3 + 9 \times 7)^2 < 4\,900$$
$$f_3(2^{1\,990}) < (3 + 9 \times 3)^2 = 30^2$$

由于 $f_3(2^{1\,990})$ 是完全平方数，可设 $f_3(2^{1\,990}) = a^2$，则 $a \equiv f_2(2^{1\,990}) \equiv 7(\bmod 9)$，因此在小于 30 的正整数中，只需考虑 7，16，25. 于是

$$f_3(2^{1\,990}) \in \{7^2, 16^2, 25^2\} = \{49, 256, 625\}$$

注意到 49，256，625 这三个数的各位数字之和都是 13，于是

$$f_4(2^{1\,990}) = 13^3 = 169$$

继续下去，就有 $f_5(2^{1\,990}) = 16^2 = 256$，$f_6(2^{1\,990}) = 13^2 = 169$ 等. 最后，有 $f_{1\,991}(2^{1\,990}) = 256$.

7 设 K 为 $\triangle ABC$ 的内心，C_1，B_1 分别为边 AB，AC 的中点，直线 AC 与 C_1K 交于点 B_2，直线 AB 与 B_1K 交于点 C_2. 若 $\triangle AB_2C_2$ 与 $\triangle ABC$ 面积相等，试求 $\angle CAB$.

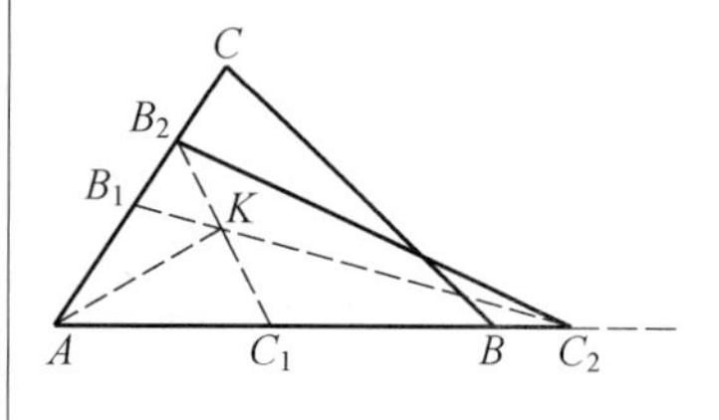

图 31.6

解法 1 记 $a = BC$，$b = CA$，$c = AB$，$b^* = AC_2$，$c^* = AB_2$，$s =$

$\frac{1}{2}(a+b+c)$. 设$\triangle ABC$的内径为r(图31.6). 因

$$S_{\triangle AC_1B_2}=\frac{1}{2}AC_1\cdot AB_2\sin\angle CAB$$

$$S_{\triangle ABC}=\frac{1}{2}AC\cdot AB\sin\angle CAB$$

于是由C_1是AB的中点及$S_{\triangle ABC}=rs$就可推得

$$S_{\triangle AC_1B_2}=\frac{AC_1\cdot AB_2}{AB\cdot AC}S_{\triangle ABC}=\frac{c^*rs}{2b}$$

但

$$S_{\triangle AKB_2}=\frac{c^*r}{2}$$

$$S_{\triangle AKC_1}=\frac{cr}{4}$$

注意到

$$S_{\triangle AC_1B_2}-S_{\triangle AKB_2}=S_{\triangle AKC_1}$$

于是

$$\frac{c^*rs}{2b}-\frac{c^*r}{2}=\frac{cr}{4}$$

故$2c^*(s-b)=bc$,即$(a-b+c)c^*=bc$. 同理可得$(a+b-c)b^*=bc$.

另一方面,由已知条件$S_{\triangle AB_2C_2}=S_{\triangle ABC}$可得$b^*c^*=bc$,于是由

$$(a-b+c)(a+b-c)b^*c^*=b^2c^2$$

即得

$$a^2-(b-c)^2=bc$$

因而$a^2=b^2+c^2-bc$. 这样,由余弦定理知$\cos\angle CAB=\frac{1}{2}$,故$\angle CAB=60°$.

解法2 设E是$\triangle ABC$的内切圆在边AB上的切点,E^*是E关于K的对称点,F是E关于C_1的对称点(图31.7).

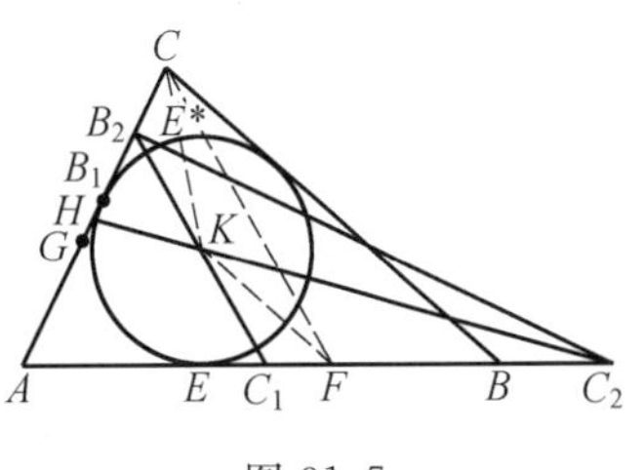

图31.7

由熟知的关于C,E^*及F共线的结论,并注意KC_1是$\triangle EFE^*$的中位线,我们即知$CF\parallel B_2C_1$,从而

$$\frac{AB_2}{AC_1}=\frac{AC}{AF}$$

同理,若设G是边AC上的切点关于H的对称点,则

$$\frac{AC_2}{AB_1}=\frac{AB}{AG}$$

于是

$$\frac{AB_2 \cdot AC_2}{AB \cdot AC}=\frac{AB_1 \cdot AC_1}{AG \cdot AF}$$

但上式左边等于 $\triangle AB_2C_2$ 与 $\triangle ABC$ 的面积之比，由这两个面积相等的已知事实即知上述比值为 1. 于是

$$AB_1 \cdot AC_1 = AG \cdot AF$$

沿用解法 1 中 a,b,c 等记号，我们有 $AB_1=\frac{b}{2}$，$AC_1=\frac{c}{2}$，而且不难得到

$$AF=\frac{c+a-b}{2},AG=\frac{a+b-c}{2}$$

代入前面所得的等式，整理可得

$$a^2=b^2+c^2-bc$$

从而 $\angle CAB=60°$.

注 1 解法 1 为第 31 届选题委员会所提供. 解法 2 是匈牙利供题时所附的原解法.

注 2 解法 2 中关于 C,E^* 及 F 三点共线的结论，原解法未予证明而作为“熟知”的事实直接予以引用. 选题委员会认为这一结论并非为多数读者所熟悉的. 事实上，我们可以避免使用这一结论，而直接证明 $CF \parallel B_2C_1$

$$S_{\triangle KC_1F}=\frac{1}{2}r \cdot C_1F=$$

$$\frac{r}{2}\left(\frac{c}{2}-\frac{b+c-a}{2}\right)=\frac{r}{4}(a-b)$$

$$S_{\triangle KC_1C}=S_{\triangle AC_1C}-S_{\triangle AC_1K}-S_{\triangle AKC}=$$

$$\frac{rs}{4}-\frac{rc}{4}-\frac{rb}{2}=\frac{r}{4}(a-b)$$

故 $S_{\triangle KC_1F}=S_{\triangle KC_1C}$，于是 $CF \parallel B_2C_1$.

8 一个通过正圆锥的高的中点，并与圆锥的底圆圆周相切的平面，将此圆锥截成两部分，试求较小部分与整个圆锥的体积之比.

解 不妨设底圆半径为 1，锥高 $PN=h$. 显然，平面与圆锥相截得一椭圆(图 31.8). 记椭圆长轴的端点为 A,C，其中 A 在底圆圆周上. 设 B 是 A 在底圆圆周上的对径点，M 是高 PN 的中点，O 是 AC 的中点，即椭圆的中心. 又设椭圆上的点 E 使 OE 是椭圆的短半轴. 延长 PE,PO，分别与圆锥的底面相交于 F,G. 显然 $FG \perp AB$，$OE \perp CA$.

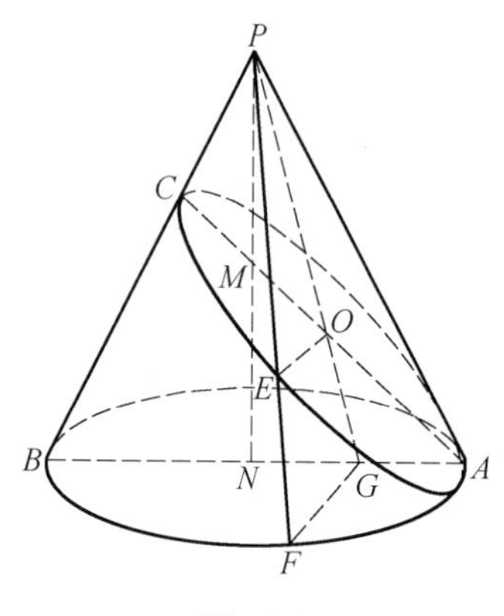

图 31.8

观察 $\triangle APB$(图 31.9)，联结 N,O，延长 NO 交 AP 于 D. 因 N,O 分别是 AB,AC 的中点，故 D 是 AP 的中点，从而 O 是 $\triangle ANP$ 的重心. 由此可知，G 是 AN 的中点，且

$$PC : PB = DO : DN = 1 : 3$$

设点 P 到直线 AC 的距离为 d，圆锥的体积为 V，较小部分的体积为 V_1，则

$$V=\frac{1}{3}\pi h$$

$$V_1=\frac{1}{3}\pi d\cdot OA\cdot OE$$

但

$$d\cdot OA=S_{\triangle PCA}=\frac{1}{3}S_{\triangle PAB}=\frac{1}{3}h$$

故

$$V_1=\frac{1}{9}\pi h\cdot OE=\frac{1}{3}V\cdot OE$$

又因 $FG^2=AG\cdot GB=\frac{1}{2}\cdot\frac{3}{2}=\frac{3}{4}$，故 $FG=\frac{\sqrt{3}}{2}$.

于是由

$$OE:FG=PO:PG=\frac{2}{3}$$

即得 $OE=\frac{1}{\sqrt{3}}$. 最后就得

$$\frac{V_1}{V}=\frac{1}{3}OE=\frac{\sqrt{3}}{9}$$

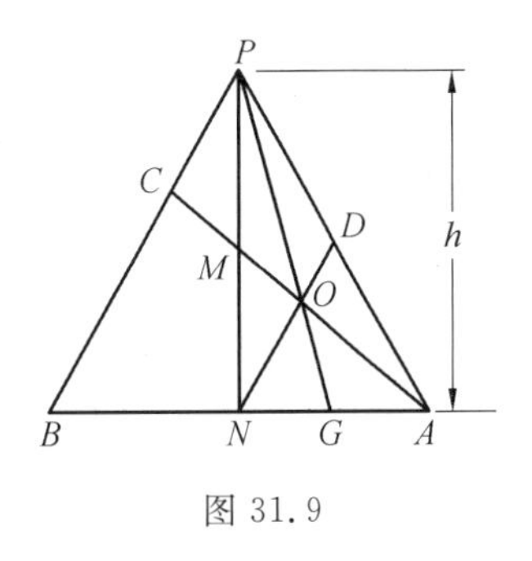

图 31.9

注　椭圆的面积公式

$$S=\pi ab$$

这里 a 为椭圆的长半轴，b 为椭圆的短半轴.

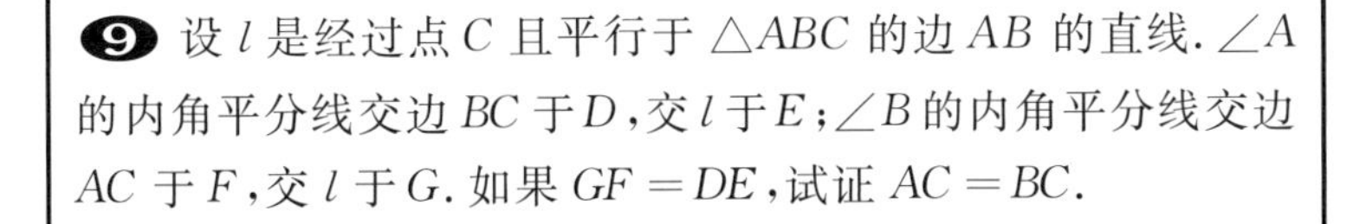
9 设 l 是经过点 C 且平行于 $\triangle ABC$ 的边 AB 的直线. $\angle A$ 的内角平分线交边 BC 于 D，交 l 于 E；$\angle B$ 的内角平分线交边 AC 于 F，交 l 于 G. 如果 $GF=DE$，试证 $AC=BC$.

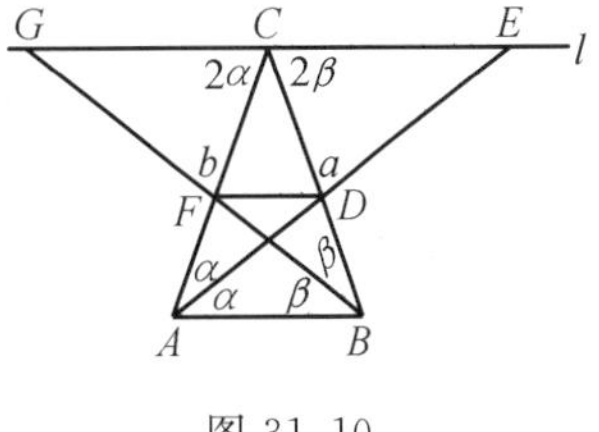

图 31.10

解　记 $BC=a$，$CA=b$，$AB=c$，$\angle A=2\alpha$，$\angle B=2\beta$. 如图 31.10，由内角平分线定理知

$$\frac{CF}{FA}=\frac{a}{c}$$

于是

$$CF=\frac{ab}{a+c}$$

同理可得

$$CD=\frac{ab}{b+c}$$

在 $\triangle CFG$ 中，$\angle CGF=\beta$，$\angle FCG=2\alpha$，故由正弦定理知

$$GF=\frac{CF\sin 2\alpha}{\sin\beta}=\frac{ab\sin 2\alpha}{(a+c)\sin\beta}$$

同理,在 $\triangle CDE$ 中,可得

$$ED=\frac{CD\sin 2\beta}{\sin\alpha}=\frac{ab\sin 2\beta}{(b+c)\sin\alpha}$$

于是由 $GF=ED$ 即得

$$(b+c)\sin\alpha\sin 2\alpha=(a+c)\sin\beta\sin 2\beta$$

利用 $\frac{b}{\sin 2\beta}=\frac{a}{\sin 2\alpha}$ 就有

$$c(\sin\alpha\sin 2\alpha-\sin\beta\sin 2\beta)+a\sin 2\beta(\sin\alpha-\sin\beta)=0$$

若 $\alpha>\beta$,则 $\sin\alpha>\sin\beta$;另一方面,又有 $BC>AC$,故 $\sin 2\alpha>\sin 2\beta$. 因而上式左端两项都是正的. 这是矛盾的,因而 $\alpha>\beta$ 不成立. 同理,$\beta>\alpha$ 也不成立. 于是 $\alpha=\beta$.

注 本题还可以有其他证明方法,例如,利用面积的方法,解析几何的方法等.

10 设 a,b 是给定的正整数. 现有一机器人沿着一个有 n 级的楼梯上下升降. 机器人每上升一次,恰好上升 a 级楼梯;每下降一次,恰好下降 b 级楼梯. 为使机器人经若干次上下升降后,可以从地面到达楼梯顶,然后再返回地面,问 n 的最小值是多少? 证明你的结论.

解 为了方便,我们称地面为楼梯的第 0 级;从下往上数的第 r 级位置,称为楼梯的第 r 级.

首先讨论 $a\geqslant b$ 的情况. 若 $b\mid a$,则可设 $a=sb$,$s\in\mathbf{Z}$. 取 $n=a$,则机器人上升一次,再下降 s 次,就可以从地面上升到楼梯顶再下降返回地面. 显然,若 $n<a$,机器人就无法上升. 这样,n 的最小值就恰为 a.

现考虑 $b\nmid a$ 且 $(a,b)=1$ 的情况. 为使 n 的值尽可能的小,机器人上升一次后就应下降. 设机器人上升一次后再下降,所能达到的最低位置是楼梯的第 r_1 级. 显然,r_1 就是 a 被 b 除所得的余数

$$a=bs_1+r_1,1\leqslant r_1\leqslant b-1 \quad ①$$

因为 $r_1<b$,所以机器人处于第 r_1 级的位置后,已经不能再下降,而只能上升,并到达第 $a+r_1$ 级的位置. 为使这种上升成为可能,就必须 $n\geqslant a+r_1$. 此时,机器人下降后所能到达的最低位置是楼梯的第 r_2 级,这里 r_2 是 $a+r_1$ 被 b 除所得的余数

$$a+r_1=bs_2+r_2,0\leqslant r_2\leqslant b-1$$

机器人继续上下升降,一般地,对已给的 r_i,有整数 r_{i+1},s_{i+1},使得

$$a+r_i=bs_{i+1}+r_{i+1},0\leqslant r_{i+1}\leqslant b-1 \quad ②$$

显然，要使上述升降成为可能，必须 $n \geqslant a + r_i$，$i = 1, 2, \cdots$，而且对任何 r_i，都有 $0 \leqslant r_i \leqslant b-1$.

由 ① 知 $a \equiv r_1 \pmod b$，再由 ② 即可依次证明

$$r_i = ir_1 \pmod b, i = 1, 2, \cdots$$

由于 $(r_1, b) = (a, b) = 1$，故当 i 通过 $1, 2, \cdots, b$ 时，r_i 将通过模 b 的完全剩余系. 注意到 $0 \leqslant r_i \leqslant b-1$，因而 $r_1, r_2, \cdots, r_b$ 仅仅是数 $0, 1, 2, \cdots, b-1$ 的一个排列. 特别地，我们由

$$r_b \equiv br_1 \equiv 0 \pmod b$$

可得 $r_b = 0$；此外，存在唯一的整数 j，$j < b$，使得 $r_j = b-1$. 于是由 $n \geqslant a + r_j$ 得 $n \geqslant a + b - 1$.

若 $n = a + b - 1$，从前文定义 r_i 的意义可知，机器人在上下升降过程中，可逐次到达第 $r_1, r_2, \cdots, r_b$ 级的位置. 特别地，可以到达第 r_j 级的位置. 这时，机器人再上升一次就到达了第 $a + r_j$ 级的位置. 由

$$a + r_j = a + b - 1 = n$$

即知机器人可到达楼梯顶. 机器人继续上下升降，又可以到达第 r_b 级的位置. 由 $r_b = 0$ 即知机器人又返回到了地面. 联系已经得到的结论 $n \geqslant a + b - 1$，我们就证明了 n 的最小值是 $a + b - 1$.

对于 $b \nmid a$，$(a, b) = d > 1$ 的情况，可设 $a = a_1 d$，$b = b_1 d$，则 $(a_1, b_1) = 1$. 对 a_1, b_1 作前文关于式 ① 及 ② 的讨论，再用 d 乘式 ①，② 左右两端，就可以证明 n 的最小值是

$$d(a_1 + b_1 - 1) = a + b - (a, b) \tag{③}$$

显然，③ 右端表达式与 $b \mid a$ 及 $(a, b) = 1$ 的情况所得的结果是一致的. 由这一式关于 a, b 的对称性知，它对 $a < b$ 的情况也是正确的.

综上所述，n 的最小值是 $a + b - (a, b)$.

11 试确定所有的正整数 k，使得集合

$$X = \{1\,990, 1\,990 + 1, \cdots, 1\,990 + k\}$$

可以分成两个不相交的子集 A 与 B 的并集，且 A 中的元素之和等于 B 中的元素之和.

解 设正整数 k 使得

$$X = \{1\,990, 1\,990 + 1, \cdots, 1\,990 + k\}$$

可以分成符合命题要求的子集 A 与 B，则 X 中所有的元素之和必是偶数，即

$$\sum_{n=0}^{k} (1\,990 + n) = 1\,990(k+1) + \frac{k(k+1)}{2}$$

是偶数，于是 $k(k+1) \equiv 0 \pmod 4$. 由此可知，只能有 $k \equiv 0$

(mod 4),或 $k\equiv 3 \pmod 4$.

若 $k\equiv 3 \pmod 4$,则 $4\mid(k+1)$,故可把 X 中的数,从 1 990 起每四个相继整数中的最小者与最大者划归 A,另外两个居中的数划归 B. 这样得到的 A 和 B 显然是满足命题要求的.

若 $k\equiv 0 \pmod 4$,可令 $k=4m$. 用 $|X|$, $|A|$, $|B|$ 分别表示 X,A,B 的元素的个数. 因 $|X|=4m+1$ 是奇数,故 $|A|\neq|B|$. 不妨设 $|A|>|B|$,于是 $|A|\geqslant 2m+1$, $|B|\leqslant 2m$. 这样一来,A 中的元素之和就不小于 $\sum\limits_{n=0}^{2m}(1\,990+n)$;$B$ 中的元素之和就不大于 $\sum\limits_{n=2m+1}^{4m}(1\,990+n)$. 由此即得

$$\sum_{n=0}^{2m}(1\,990+n)\leqslant\sum_{n=2m+1}^{4m}(1\,990+n)$$

于是 $2m^2\geqslant 995$,故 $m\geqslant 23$, $k\geqslant 92$.

我们可以证明,当 $k\equiv 0 \pmod 4$ 且 $k\geqslant 92$ 时,X 存在符合命题要求的子集 A 与 B. 事实上,当 $k=92$ 时,可令

$$A_1=\{1\,990,1\,990+1,\cdots,1\,990+46\}$$

$$B_1=\{1\,990+47,1\,990+48,\cdots,1\,990+92\}$$

由于 A_1 的元素之和小于 B_1 的元素之和,其差为 126,因此 A_1 与 B_1 不符合命题要求. 然而,我们可以调整它们的元素,使这种差缩小成 0. 例如,对换 A_1 中的 1 990 与 B_1 中的 2 053,所得的集合 A 与 B 是满足命题要求的. 当 $k>92$ 时,我们仍将

$$1\,991,1\,992,\cdots,2\,036,2\,053$$

划归 A,将

$$1\,990,2\,037,\cdots,2\,052,2\,054,\cdots,2\,082$$

划归 B. 然后对从 2 083 起的其余的 $k-92$ 个数,每相继的四个数依前文所述的方法分别划归 A 或 B. 由于 $k\equiv 0 \pmod 4$,故 $4\mid(k-92)$,因而上述方法将这 $k-92$ 个数全部归入 A 与 B. 显然,这样的 A 与 B 是符合命题要求的.

综上所述,当且仅当正整数 k 满足条件 $k\equiv 3 \pmod 4$ 时,或者满足条件 $k\equiv 0 \pmod 4$ 且 $k\geqslant 92$ 时,k 是符合命题要求的.

12 是否存在具有以下性质(i)与(ii)的 1 990 边形?

(i) 多边形各内角相等;

(ii) 多边形各边的长度为 $1^2,2^2,\cdots,1\,989^2,1\,990^2$ 的某一排列.

分析 假设存在满足性质(i)与(ii)的 1 990 边形. 我们沿逆时针方向对此多边形定向,再将各边的起点移到原点. 这样,就得

到了 1 990 个向量，相邻两向量之间的夹角都等于 $\alpha=\frac{2\pi}{1\ 990}$. 问题转化为求具有以下性质(1),(2),(3) 的 1 990 个复数：

(1) 相邻两复数之间的夹角都等于 α；

(2) 各复数的模为 $1^2,2^2,\cdots,1\ 990^2$ 的某一排列；

(3) 这些复数之和等于 0.

如果把这 1 990 个复数的模看成"重量"，那么问题又可转化为在等分圆周的 1 990 个点上，分别配置 $1^2,2^2,\cdots,1\ 990^2$ 这些"重量"，使得重心落在原点.

解　第一步，依次将 $1^2,2^2,\cdots,1\ 990^2$ 这些"重量"每两个分成一组，得 995 组

$$\{1^2,2^2\},\{3^2,4^2\},\cdots,\{1\ 989^2,1\ 990^2\}$$

将同一组的两个"重量"放在单位圆周的对径点上. 至于哪一组放在哪一对对径点上，则有待下面通过讨论去确定. 由于各组中的两个复数之和的模分别为等差数列 3,7,…,3 979，因而问题又可进一步转化为将 3,7,…,3 979 这些"重量"，配置于等分圆周的 995 个点上，使得重心落在原点上.

第二步，注意到 $995=5\times 199$. 我们考虑将

$$(20l+19)e^{i(k\beta+4\gamma)}$$

表示为复数和的形式.

由于五次单位根 $e^{i\gamma}$ 满足

$$1+e^{i\gamma}+e^{2i\gamma}+e^{3i\gamma}+e^{4i\gamma}=0$$

故第 $k+1$ 组中的五个复数之和可写成 $\eta e^{ik\beta}$，这里

$$\eta=3+7e^{i\gamma}+11e^{2i\gamma}+15e^{3i\gamma}+19e^{4i\gamma}$$

因而，所有这 199 组共 995 个复数之总和为

$$\eta(1+e^{i\beta}+e^{2i\beta}+\cdots+e^{198i\beta})=0$$

这样，我们就证明了存在满足性质(1),(2),(3) 的 1 990 个向量，从而存在满足条件(i),(ii) 的 1 990 边形.

总结上面论述，可简述如下：当指标 k 通过 0,1,…,198，指标 l 通过 0,1,…,4，指标 m 通过 1,2 时，变数

$$n=10k+2l+m$$

3,7,…,3 979 每五个数分成一组，第 199 组

$$\begin{aligned}&\{3,7,11,15,19\}\{23,27,31,35,39\},\cdots,\\&\{3\ 963,3\ 967,3\ 971,3\ 979\}\end{aligned}\qquad(*)$$

记 $\beta=\frac{2\pi}{199},\gamma=\frac{2\pi}{5}$. 我们把顶点为

$$1,e^{i\gamma},e^{2i\gamma},e^{3i\gamma},e^{4i\gamma}$$

的正五边形记为 F_1. 然后将 F_1 绕原点旋转 $\beta,2\beta,\cdots,198\beta$ 弧度，并把所得的正五边形依次记为 $F_2,F_3,\cdots,F_{199}$，依次将式($*$)中所

列的 199 组“重量”放到 $F_1, F_2, \cdots, F_{199}$ 这些正五边形的顶点上，就得到了分成 199 组的 995 个复数，其中第 $k+1$ 组为

$$(20k+3)e^{ik\beta}, (20k+7)e^{i(k\beta+\gamma)}$$
$$(20k+11)e^{i(k\beta+2\gamma)}, (20k+15)e^{i(k\beta+3\gamma)}$$

通过 $1, 2, \cdots, 1\ 990$；与此同时

$$e^{i(k\beta+l\gamma+m\pi)} = e^{2\pi i\frac{10k+398l+995m}{1\ 990}}$$

通过 $1, e^{i\alpha}, \cdots, e^{1\ 989i\alpha}$ 这 1 990 个单位复数. 于是

$$\sum_{k=0}^{198}\sum_{l=0}^{4}\sum_{m=1}^{2}(10k+2l+m)^2 e^{i(k\beta+l\gamma+m\pi)} =$$
$$\sum_{k=0}^{198}\sum_{l=0}^{4}((10k+2l+2)^2-(10k+2l+1)^2)e^{i(k\beta+l\gamma)} =$$
$$\sum_{k=0}^{198}\sum_{l=0}^{4}(20k+4l+3)e^{i(k\beta+l\gamma)} = 0$$

13 把沿着对角线打了洞的单位立方体看成“念珠”，用软绳穿成串，使它在保持相邻的两个立方体至少有一顶点相接触的条件下，能在空间中自由移动. 设 A 是软绳从第一个立方体穿入的起始顶点，B 是软绳从最后一个立方体穿出的终端顶点，“念珠”串上共有 $p\times q\times r$ 个立方体($p, q, r \in \mathbf{N}$).

1) 为使“念珠串”可砌成边长分别为 p, q, r 的长方体，试问 p, q, r 可取哪些值?

2) 讨论附加 $A=B$ 的要求后的同一问题.

解 为了叙述方便，我们把边长分别为 p, q, r 的长方体称为 $p\times q\times r$ 长方体.

当 $q=r=1$ 时，显然对任何正整数 p，都可以用 p 个立方体的串砌成 $p\times 1\times 1$ 的长方体. 并且当 p 为奇数时，A, B 是长方体的一条对角线的端点；当 p 为偶数时，A, B 是长方体的一条棱的端点.

当 $r=1$，且 p 为奇数时，我们把 $p\times 1\times 1$ 长方体作为一个整体来代替单位立方体. 于是对任何正整数 q，可用 q 个 $p\times 1\times 1$ 长方体砌成一个 $p\times q\times 1$ 长方体. 显然，当 q 为奇数时，A, B 是这个长方体的一条对角线的端点；当 q 为偶数时，A, B 是这个长方体的一条棱的端点.

再深入一步，当 p, q 都是奇数时，我们把 $p\times q\times 1$ 长方体作为一个整体. 于是对任何正整数 r，可用 r 个 $p\times q\times 1$ 长方体砌成一个 $p\times q\times r$ 长方体. 显然，当 r 为奇数时，A, B 是这个长方体的一条对角线的端点；当 r 是偶数时，A, B 是这个长方体的一条棱的端点.

现考虑 p,q,r 中只有一个为奇数的情况. 不妨设 p 为奇数. 我们把偶数 q 表成两个奇数之和 $q=q_1+q_2$. 这时,可先由串上的前 $p\times q_1\times r$ 个立方体砌成一个 $p\times q_1\times r$ 长方体,并把软绳从此长方体穿出的顶点记为 C. 由前面的讨论知 C 与 A 是此 $p\times q_1\times r$ 长方体的一条棱的两端点. 然后,再从 C 出发,用后面的 $p\times q_2\times r$ 个立方体砌成一个 $p\times q_2\times r$ 长方体. 最后,把这两个长方体拼在一起,使 B 与 A 重合而成为终点,就得到一个 $p\times q\times r$ 长方体. 显然,A 与 B 将重合于这个 $p\times q\times r$ 长方体的一条棱上,并且不是棱的端点位置.

如果 p,q,r 都是偶数,我们可把偶数 p 表成两个奇数之和 $p=p_1+p_2$. 先由前 $p_1\times q\times r$ 个立方体砌成一个 $p_1\times q\times r$ 长方体,并把软绳从此长方体穿出的顶点记为 C. 由前面的讨论知 C 与 A 重合. 再从 C 出发把后 $p_2\times q\times r$ 个立方体砌成 $p_2\times q\times r$ 长方体,使得 B 与 C 重合. 然后把这两个长方体拼在一起,就得到一个 $p\times q\times r$ 长方体. 这时,$A=C=B$,因而 A 与 B 重合于长方体的某一侧面的内部.

综上所述,对于任何正整数 p,q,r,共有 $p\times q\times r$ 个立方体的串,都可以砌成 $p\times q\times r$ 长方体. 若 p,q,r 中至少有两个偶数,则"念珠"串可砌成使 A 与 B 重合的 $p\times q\times r$ 长方体. 具体地说,当 p,q,r 中有一个是奇数,两个是偶数时,A 与 B 重合于长方体的一条棱上(非端点位置);当 p,q,r 都是偶数时,A 与 B 重合于长方体一个侧面的内部,或重合于长方体的一个平行侧面的截面的内部. 此外,当 p,q,r 都是奇数时,A 与 B 位于长方体的一条对角线的两端;当 p,q,r 中有两个奇数,一个偶数时,A 与 B 位于长方体的一条棱的两端.

14 设 a,b 是正整数,$1\leqslant a\leqslant b$,$M=\left[\frac{a+b}{2}\right]$. 定义函数 $f:\mathbf{Z}\to\mathbf{Z}$ 为

$$f(n)=\begin{cases}n+a,n<M\\ n-b,n\geqslant M\end{cases}$$

记 $f^1(n)=f(n)$;$f^{i+1}(n)=f(f^i(n))$,$i=1,2,\cdots$. 试求最小正整数 k,使 $f^k(0)=0$.

解 设 S 是满足 $M-b\leqslant n\leqslant M+a-1$ 的整数 n 的集合,则 $f(S)\subseteq S$. 对于任何 k,若 $f^k(0)=0$,根据 f 的定义,可以假定其中有 r 次是依 $f(n)=n+a$ 取值的,有 s 次是依 $f(n)=n-b$ 取值的,这里 $r,s\in\mathbf{Z}$. 于是 $k=r+s$,且

$$ar-bs=0 \quad ①$$

设 $(a,b)=d,a=a_1d,b=b_1d,(a_1,b_1)=1$. 由式 ① 可知 $a_1r=b_1s$,故 $a_1\mid s$. 令 $s=ta_1,t\in\mathbf{Z}$,则 $r=tb_1$. 从而

$$k=r+s=t(a_1+b_1)$$

故 $k\geqslant a_1+b_1$.

另一方面,对于 $fa_1+b_1(0)$,有 $r_1,s_1\in\mathbf{Z}$ 使 $a_1+b_1=r_1+s_1$,且

$$fa_1+b_1(0)=ar_1-bs_1$$

从而

$$fa_1+b_1(0)=(a_1-s_1)(a+b)$$

但 $0\in S,f(S)\subseteq S$,故 $fa_1+b_1(0)\in S$. 而 S 中只有数 0 是 $a+b$ 的倍数,故 $fa_1+b_1(0)=0$.

上述讨论表明所要求的最小正整数 k 为 a_1+b_1,即

$$k=\frac{a+b}{(a,b)}$$

15 设 P 是正四面体 T 内任一点. 过 P 作与 T 的各侧面平行的 4 张平面,把 T 分为 14 块. 从这 14 块中去掉四面体和平行六面体,剩下的各块体积之和记为 $f(p)$. 这里所谓"剩下的各块"是指那些与 T 的某棱邻接,但不和任一顶点邻接的块. 设 T 的体积为 1,试求 $f(p)$ 的最小上界和最大下界.

解法 1 设 P 到 T 的各面距离为 d_1,d_2,d_3,d_4,T 的高为 h,令 $x_i=\frac{d_i}{h}$,得

$$x_1+x_2+x_3+x_4=1$$

在剖分而得的 14 块中,有 4 个四面体,其体积分别为 x_1^3,x_2^3,x_3^3,x_4^3;有 4 个平行六面体,其体积分别为 $6x_2x_3x_4,6x_1x_3x_4,6x_1x_2x_4,6x_1x_2x_3$;剩下各块体积之和为

$$f(P)=1-\sum_{i=1}^{4}x_i^3-6\sum_{1\leqslant i<j<k\leqslant 4}x_ix_jx_k$$

记 $x_1+x_2=t,x_1x_2=u,x_3x_4=v$. 适当选择标号使 $t\leqslant\frac{1}{2}$,则

$$\sum_{i=1}^{n}x_i=(t^2-3tu)+((1-t)^3-3(1-t)v)$$

$$\sum_{i<j<k}x_ix_jx_k=(1-t)u+tv$$

$$1-f(P)=1-3t+3t^2+3(2-3t)u+3(3t-1)v$$

若 $\frac{1}{3}<t\leqslant\frac{1}{2}$,则 $3(2-3t)u+3(3t-1)v\geqslant 0$,故

$$1-f(P)\geqslant 1-3t+3t^2\geqslant\frac{1}{4}$$

其中，当 $t=\frac{1}{2}, u=v=0$ 时，即当 P 是 T 的某棱上的点，但不是 T 的顶点时，等式成立.

若 $0 \leqslant t \leqslant \frac{1}{3}$，则 $2-3t>0, 3t-1 \leqslant 0$，且 $v \leqslant \frac{1}{4}(1-t)^2$. 于是

$$1-f(P) \geqslant 1-3t+3t^2+\frac{3}{4}(3t-1)(1-t)^2=$$
$$\frac{3}{4}(3t^2-3t+1)t+\frac{1}{4} \geqslant \frac{1}{4}$$

其中，当 $t=0, u=0, v=\frac{1}{4}(1-t)^2$ 时，即当 P 是某棱上的点，但不是 T 的顶点时，等号成立.

显然，当 P 是(接近于)某顶点时 $f(P)$ 是(接近于)0.

综上所述，$f(P)$ 的最小上界与最大下界分别为 $\frac{3}{4}$ 与 0.

解法 2 开始的作法与解法 1 相同，但具体估计 $1-f(P)$ 时可以作较清楚的表述.

记 $x_1+x_2=\frac{1}{2}+\delta$，则 $x_3+x_4=\frac{1}{2}-\delta$. 这里不妨设 $0 \leqslant \delta \leqslant \frac{1}{2}$. 我们可得

$$\begin{aligned} x_1^3+x_2^3+x_3^3+x_4^3= & (x_1+x_2)^3+(x_3+x_4)^3- \\ & 3(x_1^2x_2+x_1x_2^2+x_3^2x_4+x_3x_4^2)= \\ & (\frac{1}{2}+\delta)^3+(\frac{1}{2}-\delta)^3- \\ & 3(\frac{1}{2}+\delta)x_1x_2-3(\frac{1}{2}-\delta)x_3x_4= \\ & \frac{1}{4}+3\delta^2-3[(\frac{1}{2}+\delta)x_1x_2+ \\ & (\frac{1}{2}-\delta)x_3x_4] \end{aligned}$$

$$\begin{aligned} & 6(x_1x_2x_3+x_1x_2x_4+x_1x_3x_4+x_2x_3x_4)= \\ & 6x_1x_2(x_3+x_4)+6x_3x_4(x_1+x_2)= \\ & 6(\frac{1}{2}-\delta)x_1x_2+6(\frac{1}{2}+\delta)x_3x_4 \end{aligned}$$

两式相加得

$$\begin{aligned} 1-f(P)= & \frac{1}{4}+3\delta^2+(\frac{3}{2}-9\delta)x_1x_2+(\frac{3}{2}+9\delta)x_3x_4 \geqslant \\ & \frac{1}{4}+3\delta^2+(\frac{3}{2}-9\delta)x_1x_2 \end{aligned}$$

若$\frac{3}{2}-9\delta\geqslant 0$，显然有$1-f(P)\geqslant\frac{1}{4}$.

若$\frac{3}{2}-9\delta<0$，由$x_1+x_2=\frac{1}{2}+\delta$及平均不等式有$x_1x_2\leqslant\frac{1}{4}(\frac{1}{2}+\delta)^2$，故得

$$1-f(P)\geqslant\frac{1}{4}+3\delta^2+(\frac{3}{2}-9\delta)\frac{1}{4}(\frac{1}{2}+\delta)^2=$$
$$\frac{1}{4}+\frac{3}{32}-\frac{3}{16}\delta+\frac{9}{8}\delta^2-\frac{9}{4}\delta^3=$$
$$\frac{1}{4}+\frac{3}{16}(\frac{1}{2}-\delta)+\frac{9}{4}(\frac{1}{2}-\delta)\delta^2\geqslant\frac{1}{4}$$

仍有相同的结果：$f(P)\leqslant\frac{3}{4}$.

当$x_1=1$而$x_2=x_3=x_4=0$时，$f(P)=0$；当$x_1=x_3=\frac{1}{2}$而$x_2=x_4=0$时，$f(P)=\frac{3}{4}$，故$f(P)$的最小上界为$\frac{3}{4}$，最大下界为0.

注 解法1为波兰提供的解答.

16 试证对于每一个整数$k>1$，都存在它的一个小于k^4的倍数，这个倍数的十进制表示中，至多只有4个不同的数码（这些数码可重复出现）.

解 取整数n，使$2^{n-1}\leqslant k<2^n$. 设A_n是由数码1与0组成的不超过n位的整数所成的集合. 显然，A_n有2^n个元素，其中最大者为$\frac{10^n-1}{9}$. 因$2^n>k$，故A_n中存在不同的x,y，满足

$$x\equiv y(\bmod k)$$

令$p=|x-y|$，则p是k的倍数，且p的十进制表示中，只能出现0,1,8或9这四个数码.

另一方面，由$2^{n-1}\leqslant k$得$n\leqslant 1+\log_2k$，故

$$p\leqslant\frac{1}{9}(10^n-1)<\frac{10}{9}10^{\log_2k}=$$
$$\frac{10}{9}k^{\log_2 10}<\frac{16}{10}k^{\log_2 10}=$$
$$2^{4-\log_2 10}k^{\log_2 10}\leqslant$$
$$k^{4-\log_2 10}k^{\log_2 10}=k^4$$

注 证明过程中，可以用数码0,5代替0,1，也可以用0,9代替0,1来构造集合A_n.

17 设 n 是合数，p 是 n 的真因数，试求使

$$(1+2^p+2^{n-p})N-1$$

能被 2^n 整除的最小自然数 N 的二进制表示.

解　显然，所求的 N 就是满足

$$(1+2^p+2^{n-p})N\equiv 1 \pmod{2^n} \quad ①$$

的最小自然数 N. 由于 p 是 n 的真因数，故

$$(1+2^p+2^{n-p},2^n)=1$$

因此，满足 ① 且小于 2^n 的自然数 N 是唯一的，这个 N 就是所求的数.

不难看出，① 等价于

$$(1+2^p+2^{n-p}+2^n)N\equiv 1 \pmod{2^n}$$

即

$$(1+2^p)(1+2^{n-p})N\equiv 1 \pmod{2^n} \quad ②$$

由于 p 是 n 的真因数，我们可设 $n=mp$，$m>1$. 于是

$$(1+2^p)\sum_{k=0}^{m-1}(-1)^k2^{kp}\equiv 1-(-1)^n2^n\equiv 1 \pmod{2^n}$$

另一方面，又有 $n-2p\geqslant 0$，故

$$(1+2^{n-p})(1-2^{n-p})\equiv 1-2^n2^{n-2p}\equiv 1 \pmod{2^n}$$

于是

$$(1+2^p)(1+2^{n-p})(1-2^{n-p})\sum_{k=0}^{m-1}(-1)^k2^{kp}\equiv 1 \pmod{2^n}$$

对比式 ② 即得

$$N\equiv(1-2^{n-p})\sum_{k=0}^{m-1}(-1)^k2^{kp}\equiv$$

$$\sum_{k=0}^{m-1}(-1)^k2^{kp}-2^{n-p}\equiv$$

$$2^n-2^{n-p}+\sum_{k=0}^{m-1}(-1)^k2^{kp} \pmod{2^n}$$

令

$$N=2^n-2^{n-p}+\sum_{k=0}^{m-1}(-1)^k2^{kp} \quad ③$$

则 $1\leqslant N<2^n$，故上式所表示的 N 即为所求之数.

现分两种情况写出 N 的二进制表示. 首先，当 $2\nmid m$ 时，由式 ③ 得

$$N=2^n-2^{n-p}+2^{n-p}-2^{n-2p}+2^{n-3p}-2^{n-4p}+\cdots+2^{4p}-$$

$$2^{3p}+2^{2p}-2^p+1=$$

$$2^{n-p}(2^p-1)+2^{n-2p}(2^p-1)+2^{n-4p}(2^p-1)+\cdots+$$

$$2^{3p}(2^p-1)+2^p(2^p-1)+1=$$

$$\underbrace{(\underbrace{11\cdots1}_{p\text{个}}\underbrace{11\cdots1}_{p\text{个}}\underbrace{00\cdots0}_{p\text{个}}\cdots\underbrace{11\cdots1}_{p\text{个}}\underbrace{00\cdots0}_{p\text{个}}\underbrace{11\cdots1}_{p\text{个}}\underbrace{00\cdots0}_{p\text{个}}1)_2}_{\frac{n}{p}\text{段}}$$

其次,当 $2\mid m$ 时,由式 ③ 得

$$N=2^n-2^{n-p+1}+2^{n-2p}-2^{n-3p}+2^{n-4p}-2^{n-5p}+\cdots+2^{4p}-$$

$$2^{3p}+2^{2p}-2^p+1=$$

$$2^{n-p+1}(2^{p-1}-1)+2^{n-3p}(2^p-1)+2^{n-5p}(2^p-1)+\cdots+$$

$$2^{3p}(2^p-1)+2^p(2^p-1)+1=$$

$$\underbrace{(\underbrace{11\cdots1}_{p-1\text{个}}\underbrace{00\cdots0}_{p+1\text{个}}\underbrace{11\cdots1}_{p\text{个}}\cdots\underbrace{00\cdots0}_{p\text{个}}\underbrace{11\cdots1}_{p\text{个}}\underbrace{00\cdots0}_{p\text{个}}\underbrace{11\cdots1}_{p\text{个}}\underbrace{00\cdots0}_{p-1\text{个}}1)_2}_{\frac{n}{p}\text{段}}$$

18 两个航空公司为 10 个城市通航,使得任意两个城市间恰有一个公司开设直达航班进行往返服务. 试证至少有一个公司能提供两个不相交的旅游圈,每圈可浏览奇数个城市.

解 只需证明下面命题:若把含有 10 个顶点的完全图的各边任意染成红色或蓝色,则必存在两个无公共顶点的同色奇圈.

众所周知,顶点个数不小于 6 的两色完全图必有同色三角形,据此,我们可以从 10 个顶点的两色完全图中,先找出一个同色三角形,记为 $\triangle a_1a_2a_3$. 然后从 10 个顶点中剔除顶点 a_1,a_2,a_3,留下了 7 个顶点. 我们又可从 7 个顶点的两色完全图中,找出另一个同色三角形,记为 $\triangle b_1b_2b_3$. 显然 $\triangle a_1a_2a_3$ 与 $\triangle b_1b_2b_3$ 无公共顶点.

如果 $\triangle a_1a_2a_3$ 与 $\triangle b_1b_2b_3$ 的颜色相同,则命题的要求已被满足. 因此,下面只需考虑 $\triangle a_1a_2a_3$ 与 $\triangle b_1b_2b_3$ 的颜色不相同的情况. 不妨设 $\triangle a_1a_2a_3$ 是红色三角形,$\triangle b_1b_2b_3$ 是蓝色三角形.

由抽屉原理可知,下面的 9 条边

$$a_ib_j,1\leqslant i\leqslant 3,1\leqslant j\leqslant 3$$

中,至少有 5 条边同色,不妨设为蓝色,于是在 a_1,a_2,a_3 中必有一个顶点,由这个顶点引向 b_1,b_2,b_3 的三条边中,有两条是蓝色的. 不妨设 a_1b_1,a_1b_2 是蓝色边. 这样,我们就得到了红色 $\triangle a_1a_2a_3$ 与蓝色 $\triangle a_1b_1b_2$. 把不同于 a_1,a_2,a_3,b_1,b_2 的另外 5 个顶点记为 $c_1,c_2,\cdots,c_5$(其中有一个实际上就是 b_3). 如果存在同色 $\triangle c_ic_jc_k$,则 $c_ic_jc_k$ 或者与 $a_1a_2a_3$ 同为红色三角形,或者与 $a_1b_1b_2$ 同为蓝色三角形. 这时,我们已经得到了同颜色的两个无公共顶点的奇圈. 如果以 $c_1,c_2,\cdots,c_5$ 为顶点的三角形中,没有三边同色的三角形,则也必然没有以它们为顶点的同色四边形. 事实上,若 $c_1c_2c_3c_4$ 是同色四边形,不妨设为蓝色四边形,则对角线 c_1c_3,c_2c_4 必为红色. 这

时，边 c_5c_1，c_5c_2 不能同为蓝色（否则，$\triangle c_1c_2c_5$ 是蓝色三角形）. 设 c_5c_1 为红色，则 c_5c_3 必为蓝色（否则，$\triangle c_1c_3c_5$ 是红色三角形）. 从而 c_5c_2 也必为红色（否则，$\triangle c_2c_3c_5$ 为蓝色三角形）. 最后，若 c_5c_4 是红色的，则 $\triangle c_2c_4c_5$ 是红色三角形；若 c_5c_4 是蓝色的，则 $\triangle c_3c_4c_5$ 是蓝色三角形. 这与前文"没有同色三角形"的前提矛盾.

现在我们可以证明，若以 $c_1,c_2,\cdots,c_5$ 为顶点的三角形中，没有同色三角形，则必有同色五边形. 事实上，$\triangle c_1c_2c_3$ 必有两边同色，不妨设 c_1c_2，c_2c_3 为蓝色，则 c_1c_3 必为红色. 但 $\triangle c_1c_3c_4$ 中必有一条边为蓝色，设 c_3c_4 为蓝色. 由前段讨论知，四边形 $c_1c_2c_3c_4$ 的四边不能全为蓝色，于是 c_1c_4 为红色. 又 $\triangle c_2c_3c_4$ 中，c_2c_3 与 c_3c_4 已为蓝色，因此 c_2c_4 为红色. 类似地，c_1c_5，c_4c_5 中至少有一条为蓝色. 设 c_4c_5 为蓝色，则 c_2c_5，c_3c_5 必为红色，从而 c_1c_5 为蓝色. 从而，我们就找到了蓝色五边形 $c_1c_2c_3c_4c_5$. 与此同时，还找到了红色五边形 $c_1c_3c_5c_2c_4$（图 31.11）. 这样，$\triangle a_1b_1b_2$ 与五边形 $c_1c_2c_3c_4c_5$ 是两个无公共顶点的蓝色奇圈；$a_1a_2a_3$ 与 $c_1c_3c_5c_2c_4$ 是两个无公共顶点的红色奇圈.

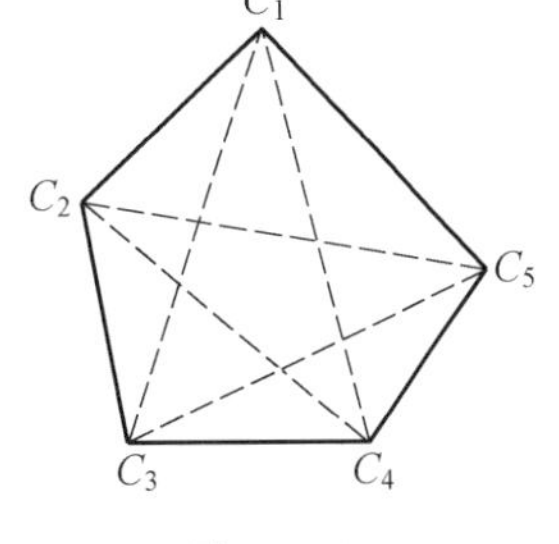

图 31.11

综上所述，从含有 10 个顶点的两色完全图中，或者可找到同颜色的两个无公共顶点的三角形，或者可找到同颜色的且无公共顶点的一个三角形与一个五边形. 命题证毕.

19 设 a,b,c,d 是满足

$$ab+bc+cd+da=1$$

的非负实数，试证

$$\frac{a^3}{b+c+d}+\frac{b^3}{a+c+d}+\frac{c^3}{a+b+d}+\frac{d^3}{a+b+c}\geqslant\frac{1}{3}$$

证明 利用柯西－许瓦茨（Cauchy-Schwarz）不等式可得

$$a^2+b^2+c^2+d^2\geqslant ab+bc+cd+da=1 \quad ①$$

不失一般性，我们可设 $a\geqslant b\geqslant c\geqslant d\geqslant 0$，于是 $a^3\geqslant b^3\geqslant c^3\geqslant d^3\geqslant 0$，且

$$\frac{1}{b+c+d}\geqslant\frac{1}{a+c+d}\geqslant\frac{1}{a+b+d}\geqslant\frac{1}{a+b+c}>0$$

两次利用切比雪夫（Chebyshev）不等式，得

$$\frac{a^3}{b+c+d}+\frac{b^3}{a+c+d}+\frac{c^3}{a+b+d}+\frac{d^3}{a+b+c}\geqslant$$

$$\frac{1}{4}(a^3+b^3+c^3+d^3)\Big(\frac{1}{b+c+d}+$$

$$\frac{1}{a+c+d}+\frac{1}{a+b+d}+\frac{1}{a+b+c}\Big)\geqslant$$

$$\frac{1}{16}(a^2+b^2+c^2+d^2)(a+b+c+d)$$
$$\left(\frac{1}{b+c+d}+\frac{1}{a+c+d}+\frac{1}{a+b+d}+\frac{1}{a+b+c}\right)\geqslant$$
$$\frac{1}{3\times 16}(a^2+b^2+c^2+d^2)[(b+c+d)+(a+c+d)+$$
$$(a+b+d)+(a+b+c)]$$
$$\left(\frac{1}{b+c+d}+\frac{1}{a+c+d}+\frac{1}{a+b+d}+\frac{1}{a+b+c}\right) \quad ②$$

由柯西不等式,得

$$[(b+c+d)+(a+c+d)+(a+b+d)+(a+b+c)]\times$$
$$\left(\frac{1}{b+c+d}+\frac{1}{a+c+d}+\frac{1}{a+b+d}+\frac{1}{a+b+c}\right)\geqslant 16$$

以此代入式 ② 右端,并利用式 ①,即得

$$\frac{a^3}{b+c+d}+\frac{b^3}{a+c+d}+\frac{c^3}{a+b+d}+\frac{d^3}{a+b+c}\geqslant$$
$$\frac{1}{3}(a^2+b^2+c^2+d^2)\geqslant\frac{1}{3}$$

注 切比雪夫不等式:设 $a_1\geqslant a_2\geqslant\cdots\geqslant a_n>0,b_1\geqslant b_2\geqslant\cdots\geqslant b_n>0$,则

$$\sum_{i=1}^{n}a_ib_i\geqslant\frac{1}{n}\left(\sum_{i=1}^{n}a_i\right)\left(\sum_{i=1}^{n}b_i\right)$$

20 设 $P(x)$ 为有理系数三次多项式,$q_1,q_2,\cdots$ 是有理数序列,且对所有自然数 n,都有 $q_n=P(q_{n+1})$. 试证存在自然数 k,使得对任何自然数 n,都有 $q_{n+k}=q_n$.

证明 设 $P(x)=a_0x^3+a_1x^2+a_2x+a_3$,系数 a_0,a_1,a_2,a_3 都是有理数,$a_0\neq 0$. 取

$$M=\left[\frac{1}{|a_0|}(1+|a_1|+|a_2|+|a_3|)+|q_1|\right]+1$$

这里记号$[x]$表示实数 x 的整数部分. 显然 $|q_1|<M$. 当 $|x|\geqslant M$ 时,对于任何自然数 k,都有

$$|P(x)-q_k|\geqslant|a_0||x|^2\left(|x|-\frac{|a_1|}{|a_0|}-\frac{|a_2|}{|a_0||x|}-\right.$$
$$\left.\frac{|a_3|}{|a_0||x|^2}-\frac{|q_k|}{|a_0||x|^2}\right)\geqslant$$
$$|a_0|M^2\left(M-\frac{1}{|a_0|}\left(\frac{|q_k|}{M}+|a_1|+|a_2|+|a_3|\right)\right)$$

因而若 $|q_k|<M$,则对任何 $|x|\geqslant M$,必有

$$|P(x)-q_k|\geqslant$$

$$|a_0|M^2\left(M-\frac{1}{|a_0|}(1+|a_1|+|a_2|+|a_3|)\right)>0$$

但 $P(q_{k+1})-q_k=0$，因而取 $x=q_{k+1}$ 时上式不成立.

这就表明，若 $|q_k|<M$，则必有 $|q_{k+1}|<M$. 于是我们从已知的 $|q_1|<M$ 出发，就可以证明对任何自然数 n，都有 $|q_n|<M$.

现令

$$q_1=\frac{m}{n},P(x)=\frac{1}{e}(ax^3+bx^2+cx+d)$$

这里 a,b,c,d,e,m,n 都是整数，$e>0,n>0$，且 $(m,n)=1,(a,b,c,d)=1$. 令 $N=na$，则 $N\neq 0$，且 $Nq_1=ma$ 是整数. 若 Nq_k 是整数，则

$$\frac{e}{a}N^3(P(\frac{x}{N})-q_k)=x^3+enbx^2+en^2acx+en^2a^2d-en^2aNq_k$$

是首项系数为 1 的整系数多项式. 而 Nq_{k+1} 是这个多项式的根，于是 Nq_{k+1} 也是整数. 这样一来，由 Nq_1 是整数，我们就证明了对任何 n，数 Nq_n 都是整数. 由于对任何 n 都有 $|q_n|<M$，故 $|Nq_k|<M|N|$，因而序列 $Nq_1,Nq_2,\cdots$ 至多只能取 $2M|N|-1$ 个不同的整数值. 记 $j=2M|N|$，则对每一个正整数 i，如下的 $2M|N|$ 个项

$$Nq_{ij+1},Nq_{ij+2},\cdots,Nq_{ij+j}$$

中，必有两项取相同的值. 因而存在 m_i,m_i+k_i，满足

$$ij+1\leqslant m_i<m_i+k_i\leqslant ij+1$$

使得 $Nq_{m_i+k_i}=Nq_{m_i}$，即 $q_{m_i+k_i}=q_{m_i}$. 由于 $0<k_i<j$，而 i 可取无限多个值，因此从 1 到 j 这有限个整数中，必存在整数 k，使得

$$k=k_{i_1}=k_{i_2}=\cdots$$

这里 $1\leqslant i_1<i_2<\cdots$. 于是对任何自然数 t，都有 $q_{m_{i_t}}+k=q_{m_{j_t}}$.

对于任意的自然数 n，选取足够大的 t，就可使 $m=mi_t>n$ 成立，这时 $q_{m+k}=q_m$. 于是

$$q_{m+k-1}=P(q_{m+k})=P(q_m)=q_{m-1}$$

重复 $m-n$ 次上述过程，即得 $q_{n+k}=q_n$.

注 从证明过程可以看出. 对于任何次数大于 1 的有理系数多项式 $P(x)$，都有相同的结论.

21 试求所有的自然数 n，使得由 $n-1$ 个数码 1 与一个数码 7 构成的每一个十进制表示的自然数，都是素数.

解 由 $n-1$ 个数码 1 与一个数码 7 构成的自然数 N 可表为

$$N=A_n+6\times 10^k$$

这里 A_n 是由 n 个 1 所构成的自然数，$0\leqslant k\leqslant n$.

当 $3\mid n$ 时，A_n 的各数码之和可被 3 整除，故 $3\mid A_n$，于是 $3\mid N$. 但 $N>3$，故 N 不是素数.

现考虑 $3 \nmid n$ 的情况. 由费马(Fermat) 定理知,对于任何正整数 t,有 $10^{6t} \equiv 1 \pmod 7$. 于是

$$A_{6t+s} = A_{6t} + A_s 10^0 \equiv A_{6t} + A_s \pmod 7$$

因而由

$$A_1 \equiv 1 \pmod 7, A_2 \equiv 4 \pmod 7, A_3 \equiv 6 \pmod 7$$
$$A_4 \equiv 5 \pmod 7, A_5 \equiv 2 \pmod 7, A_6 \equiv 0 \pmod 7$$

即知,当且仅当 $6 \mid n$ 时 $A_n \equiv 0 \pmod 7$,这就表明,若 $6 \nmid n$,$A_n \equiv r \pmod 7$,则 $r \not\equiv 0 \pmod 7$. 注意到

$$10^0 \equiv 1 \pmod 7, 10^1 \equiv 3 \pmod 7, 10^2 \equiv 2 \pmod 7$$
$$10^3 \equiv 6 \pmod 7, 10^4 \equiv 4 \pmod 7, 10^5 \equiv 5 \pmod 7$$

因而对于上面的 r,必存在一个 k,$0 \leqslant k \leqslant 5$,使 $6 \times 10 \equiv 7 - r \pmod 7$. 从而当 $6 \nmid n$ 且 $n > 6$ 时,有

$$N = A_n + 6 \times 10^k \equiv r + (7 - r) \equiv 0 \pmod 7$$

故 N 不是素数.

最后,还需考虑 $n=1,2,4,5$ 的情况. 对于 $n=1$,数 7 是素数;对于 $n=2$,数 17,71 都是素数,对于 $n=5$,有

$$A_5 + 6 \times 10^2 \equiv 0 \pmod 7$$

即 $7 \mid 11\ 711$;对于 $n=4$,有 $1\ 711 = 29 \times 59$.

综上所述,满足本题要求的自然数共有两个,即 $n=1,2$.

22 试证在一个坐标平面上,不可能作出一条以有理点为顶点,边长为 1 的奇数条边的闭折线.

证明 设有理点 $\left(\frac{a}{b}, \frac{c}{d}\right)$ 与 $\left(\frac{a'}{b'}, \frac{c'}{d'}\right)$ 是折线的一条直线段的两个端点,线段的长为 1. 现设 $\frac{a}{b}, \frac{c}{d}, \frac{a'}{b'}, \frac{c'}{d'}$ 都是既约分数,b,d 是奇数,我们可以证明 b',d' 及 $(a'-c')-(a-c)$ 也都是奇数,为此,令

$$\frac{a'}{b'} - \frac{a}{b} = \frac{p}{q}, \frac{c'}{d'} - \frac{c}{d} = \frac{r}{s}$$

这里 $\frac{p}{q}, \frac{r}{s}$ 都是既约分数. 因线段长为 1,故

$$\left(\frac{p}{q}\right)^2 + \left(\frac{r}{s}\right)^2 = 1$$

从而

$$p^2 s^2 + q^2 r^2 = q^2 s^2 \qquad ①$$

式 ① 表明 $q^2 \mid p^2 s^2$,故 $q \mid ps$. 于是由 p 与 q 互素即知 $q \mid p$. 同理由 ① 可证 $s \mid q$,因而 $s = q$. 于是由 ① 得

$$p^2 + q^2 = q^2 \qquad ②$$

但 p 与 q 互素,因而由 ② 即知 p 与 r 互素,故 p 与 r 不能都是偶数. 若 p,r 都是奇数,则

$$q^2 = p^2 + r^2 \equiv 1+1 \equiv 2 \pmod 4$$

这是不可能的. 这样, p, r 必为一奇一偶, 从而 q 是奇数. 但已知 b 是奇数, 故 bq 是奇数. 注意到

$$\frac{a'}{b'} = \frac{a}{b} + \frac{p}{q} = \frac{aq+bp}{bq} \qquad ③$$

而 $\frac{a'}{b'}$ 是既约分数, 因而 b' 是奇数; 同理, 由

$$\frac{c'}{d'} = \frac{c}{d} + \frac{r}{q} = \frac{cq+dr}{dq} \qquad ④$$

知 d' 也是奇数. 进而, 因 b, d, q 及 $p-r$ 是奇数, 于是

$$(aq+bp)-(cq+dr) \equiv (a-c)+(p-r) \equiv a-c+1 \pmod 2$$

联系式 ③, ④, 即得

$$(a'-c')-(a-c) \equiv 1 \pmod 2 \qquad ⑤$$

故 $(a'-c')-(a-c)$ 是奇数.

如果存在以有理点 $A_0, A_1, \cdots, A_{2n}, A_{2n+1}$ 为顶点, 边长为 1 的闭折线 $A_0A_1\cdots A_{2n}A_{2n+1}$, 则 $A_{2n+1}=A_0$. 不妨设 $A_0=(0,0)$, 并记

$$A_i = \left(\frac{a_i}{b_i}, \frac{c_i}{d_i}\right), 0 \leqslant i \leqslant 2n$$

其中 $a_0=c_0=0$, $b_0=d_0=1$, 分数 $\frac{a_i}{b_i}$, $\frac{c_i}{d_i}$ 是既约分数. 于是由前文结论, 从 b_0, d_0 是奇数出发, 可推得 b_i, d_i 都是奇数, $i=1,2,\cdots,2n+1$. 且由 ⑤ 知

$$a_{2n+1}-c_{2n+1} \equiv a_{2n}-c_{2n}+1 \equiv a_{2n-1}-c_{2n-1}+2 \equiv \cdots \equiv a_0-c_0+2n+1 \equiv 1 \pmod 2$$

这是与 $A_{2n+1}=A_0$, 即与 $c_{2n+1}=a_0=0$, $c_{2n+1}=c_0=0$ 是矛盾的. 这就证明了所说的奇数条边的闭折线是不存在的.

23 设 m, n 是奇数, 将在坐标平面上的一个以 $(0,0)$, $(0,m)$, $(n,0)$, (n,m) 为顶点的矩形剖分成若干个三角形. 剖分所得的三角形的一条边, 如果位于形如 $x=j$ 的直线上, 或者位于形如 $y=k$ 的直线上, 这里 j, k 是整数, 则称这条边是"好的"; 不是"好的"边称为是"坏的".

设所给定的矩形依以下要求剖分成若干三角形:

a) 每个三角形至少有一条"好边", 且该边上的高等于 1.

b) 三角形的一条边如果是"坏边", 则该边必须是两个三角形的公共边.

试证至少存在两个由剖分产生的三角形, 其中每一个都有两条"好边".

证明 剖分所得的三角形，如果只有一条"坏边"，则称该三角形为"好的三角形"；否则，称为"坏的三角形". 设 V 是剖分所成的所有三角形的"坏边"的中点的集合，E 是所有联结"坏三角形"的两条"坏边"中点的直线段的集合，G 是以 V 为顶点集，以 E 为边集的一个图. 不难看出，G 的每一条边都平行于某一坐标轴，且该边的长度是一个"半整数"，即形如 $k+\frac{1}{2}$ 的数，这里 k 是整数. 对于 $P\in V$，我们用 $d(P)$ 表示点 P 的度，即以点 P 为一端的边的个数. 显然，对任何 $P\in V$，都有 $d(P)\leqslant 2$.

我们先考虑下面两种情况：

(1)V 中存在 0 度的点，即存在 $P\in V$，使得 $d(P)=0$. 这时，点 P 必位于两个三角形的公共"坏边"上，因而这两个三角形都是"好三角形". 于是命题结论已成立.

(2) 存在 $Q\in V$，使得 $d(Q)=1$. 这时，必存在以点 Q 为一个端点的一条链. 设 R 为该链的另一端点，则 Q 在某一个"好三角形"的"坏边"上；对 R 也有同样的结论. 因而命题结论也已成立.

为了完成命题的证明，我们使用反证法. 设上述(1) 与(2) 都不出现，即对任何 $P\in V$ 都有 $d(P)=2$. 于是 G 可分解为一些不相交的圈的并集. 将原矩形分成 $m\times n$ 个顶点为整点，边长为 1 的小正方形，并用黑白两色交替地将这些小正方形染色，作成如同国际象棋棋盘那样的 $m\times n$ 棋盘，每一小正方形的中心恰在 G 所分解成的一个圈上. 每一个圈交替地通过黑色方块与白色方块，所以该圈所经过的方块数必定是偶数. 于是这些边长为 1 的小方块的总数也必是偶数. 显然，这是与 $m\times n$ 为奇数矛盾的. 这就表明，(1) 或(2) 之一必定出现. 命题证毕.

第二编
第 32 届国际数学奥林匹克

第 32 届国际数学奥林匹克题解

瑞典,1991

1 设 I 是 $\triangle ABC$ 的内心,三个内角 $\angle BAC$,$\angle CBA$,$\angle ACB$ 的角平分线分别与其对边交于 A',B',C'. 证明

$$\frac{1}{4}<\frac{AI \cdot BI \cdot CI}{AA' \cdot BB' \cdot CC'} \leqslant \frac{8}{27}$$

苏联命题

证法 1　作 AD,$A'E$ 均垂直于 BB',垂足分别为 D,E,如图 32.1 所示.

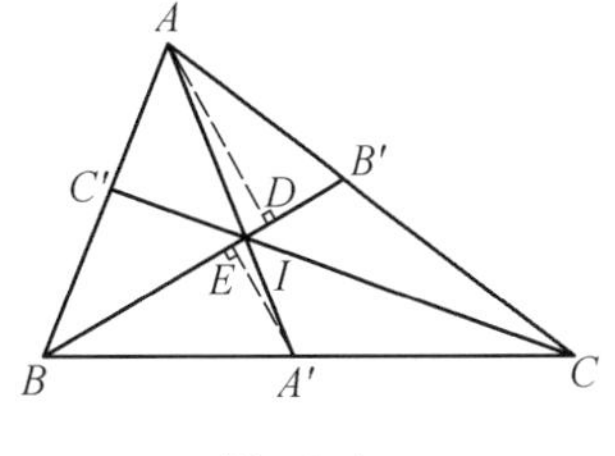

图 32.1

由 $\triangle ABD \backsim \triangle A'BE$ 推出

$$\frac{BA}{BA'}=\frac{AD}{A'E}$$

由 $\triangle A'IE \backsim \triangle AID$ 推出

$$\frac{AD}{A'E}=\frac{AI}{A'I}$$

因而有

$$\frac{BA}{BA'}=\frac{AI}{A'I}$$

同理可得

$$\frac{CA}{CA'}=\frac{AI}{A'I}$$

由以上两式得到

$$\frac{(BA+CA)}{BC}=\frac{AI}{A'I}$$

进而有

$$\alpha=\frac{(BA+CA)}{(BA+CA+BC)}=\frac{AI}{AA'}$$

这就是平面几何中熟知的角平分线定理. 同理可得

$$\beta=\frac{(AB+CB)}{(BA+CA+BC)}=\frac{BI}{BB'}$$

$$\gamma=\frac{(AC+BC)}{(BA+CA+BC)}=\frac{CI}{CC'}$$

因而有

$$\frac{1}{2}<\alpha<1, \frac{1}{2}<\beta<1, \frac{1}{2}<\gamma<1$$

$$\alpha+\beta+\gamma=2$$

根据三个非负数的几何平均值不超过它们的算术平均值，得到

$$(\alpha\beta\gamma)^{\frac{1}{3}}\leqslant\frac{\alpha+\beta+\gamma}{3}=\frac{2}{3}$$

由此就推出所要证的右半不等式.

为证左半不等式，不妨设 $BC\geqslant CA\geqslant AB$，即 $\gamma\geqslant\beta\geqslant\alpha$. 我们有

$$\alpha\beta\gamma=\alpha\beta(2-\alpha-\beta)=\beta\left[\left(\frac{2-\beta}{2}\right)^2-\left(\frac{2-\beta}{2}-\alpha\right)^2\right]$$

由假设知

$$2-\beta=\alpha+\gamma\geqslant 2\alpha$$

由此及 $\alpha>\frac{1}{2}$ 从上式推得

$$\alpha\beta\gamma>\beta\left[\left(\frac{2-\beta}{2}\right)^2-\left(\frac{1-\beta}{2}\right)^2\right]=\frac{1}{2}\left[\frac{9}{16}-\left(\beta-\frac{3}{4}\right)^2\right]$$

利用 $\frac{1}{2}<\beta<1$，从上式得

$$\alpha\beta\gamma>\frac{1}{4}$$

这就证明了所要的左半不等式.

证法 2 设 $BC=a$，$CA=b$，$AC=c$；h_a，h_b，h_c 分别为三边上的高；r 为内切圆半径. 那么

$$\frac{AI}{AA'}=\frac{S_{\triangle ABC}-S_{\triangle BIC}}{S_{\triangle ABC}}=1-\frac{r}{h_a}=$$

$$1-\frac{a}{a+b+c}=\frac{b+c}{a+b+c}$$

同理

$$\frac{BI}{BB'}=\frac{c+a}{a+b+c},\frac{CI}{CC'}=\frac{a+b}{a+b+c}$$

令 $x=\frac{b+c}{a+b+c}$，$y=\frac{c+a}{a+b+c}$，$z=\frac{a+b}{a+b+c}$. 那么 $x+y+z=2$，且由三角形两边之和大于第三边可知，$x>\frac{1}{2}$，$y>\frac{1}{2}$，$z>\frac{1}{2}$. 于是所要证明的不等式可改写为

$$\frac{1}{4}<xyz\leqslant\frac{8}{27} \qquad ①$$

由算术－几何平均不等式，得

$$x+y+z\geqslant 3\sqrt[3]{xyz}$$

所以

$$xyz \leqslant \frac{8}{27}$$

因为

$$xyz > \frac{1}{2}\left(2-\frac{1}{2}-z\right)z = \frac{1}{2}\left(\frac{3}{2}z-z^2\right) = \frac{1}{2}\left[-\left(z-\frac{3}{4}\right)^2+\frac{9}{16}\right]$$

又$\frac{1}{2}<z<1$,所以

$$xyz > \frac{1}{2}\left[-\frac{1}{16}+\frac{9}{16}\right]=\frac{1}{4}$$

证法 3　因为 CI 是 $\triangle AA'C$ 中 $\angle ACA'$ 的角平分线,所以

$$\frac{AI}{AA'}=\frac{b}{b+\frac{ab}{b+c}}=\frac{b+c}{a+b+c}$$

同理

$$\frac{BI}{BB'}=\frac{c+a}{a+b+c},\frac{CI}{CC'}=\frac{a+b}{a+b+c}$$

因此只需证明

$$\frac{1}{4}<\frac{(a+b)(b+c)(c+a)}{(a+b+c)^3}\leqslant\frac{8}{27} \quad ②$$

由算术 — 几何平均不等式,得

$$(a+b)(b+c)(c+a)\leqslant\left(\frac{a+b+b+c+c+a}{3}\right)^3 = \frac{8}{27}(a+b+c)^3$$

即式 ② 的右边成立.

又因为三角形两边之和大于第三边,所以

$$\frac{a+b}{a+b+c}>\frac{1}{2},\frac{b+c}{a+b+c}>\frac{1}{2},\frac{c+a}{a+b+c}>\frac{1}{2}$$

令

$$\frac{a+b}{a+b+c}=\frac{1+\varepsilon_1}{2},\frac{b+c}{a+b+c}=\frac{1+\varepsilon_2}{2},\frac{c+a}{a+b+c}=\frac{1+\varepsilon_3}{2}$$

其中 $\varepsilon_1,\varepsilon_2,\varepsilon_3$ 均为正数,且 $\varepsilon_1+\varepsilon_2+\varepsilon_3=1$. 于是

$$\frac{(a+b)(b+c)(c+a)}{(a+b+c)^3}=\frac{(1+\varepsilon_1)(1+\varepsilon_2)(1+\varepsilon_3)}{8} > \frac{1+\varepsilon_1+\varepsilon_2+\varepsilon_3}{8}=\frac{1}{4}$$

即式 ② 的左边成立.

证法 4 这里仅给出式 ② 左边的另一种证法.

令 $a=y+z,b=z+x,c=x+y$,那么

$$4(a+b)(b+c)(c+a)>(a+b+c)^3\Leftrightarrow$$
$$4(x+y+z+x)(x+y+z+y)\cdot$$
$$(x+y+z+z)>8(x+y+z)^3\Leftrightarrow$$
$$(x+y+z)^3+(x+y+z)^2(x+y+z)+$$
$$(xy+yz+zx)(x+y+z)+xyz>$$
$$2(x+yz)^3$$

因为 $x,y,z>0$,所以上式显然成立.

注 如果 I 改为 $\triangle ABC$ 内任一点,那么式 ② 右边仍然成立.

推广 从两道 IMO 试题谈起[①]

一、引言

首先让我们看两道国际数学奥林匹克(IMO) 竞赛的试题或预选题:

1. 设 I 是 $\triangle ABC$ 的内切圆圆心,A_1,B_1,C_1 分别为 AI,BI,CI 与 $\triangle ABC$ 的外接圆的交点,求证

$$IA_1+IB_1+IC_1\geqslant IA+IB+IC \quad ①$$

(第 31 届 IMO 预选题,南斯拉夫提供,1990 年)

2. 已知 I 为 $\triangle ABC$ 的内心,$\angle A,\angle B,\angle C$ 的内角平分线分别交其对边于 A',B',C',求证

$$\frac{1}{4}<\frac{AI\cdot BI\cdot CI}{AA'\cdot BB'\cdot CC'}\leqslant\frac{8}{27} \quad ②$$

(第 32 届 IMO 试题第 1 题,苏联提供,1991 年)

从这两道试题可以启发我们提出这样的问题:若将试题中三角形的内心改为锐角三角形的外心、垂心及任意三角形的重心,会有怎样的结论?本文将围绕这些问题作初步讨论,同时还给出其他一些有关不等式.

二、有关线段和的不等式

胡大同,陶晓永编,《第 31 届国际数学竞赛预选题》一书(北京大学出版社,1991 年 7 月)给出了不等式 ① 的一个证明,我们首先给出同一问题的一个简便证法,然后再作进一步的讨论.

设 $\triangle ABC$ 的外接圆半径为 R,则通过解三角形,易知 $IA=4R\sin\frac{B}{2}\sin\frac{C}{2},IA_1=2R\sin\frac{A}{2}$ 等,于是不等式 ① 等价于

$$\sin\frac{A}{2}+\sin\frac{B}{2}+\sin\frac{C}{2}\geqslant$$

---

① 苏化明.

$$2\left(\sin\frac{A}{2}\sin\frac{B}{2}+\sin\frac{B}{2}\sin\frac{C}{2}+\sin\frac{C}{2}\sin\frac{A}{2}\right) \quad ③$$

但由 $\triangle ABC$ 中熟知的不等式

$$\sin\frac{A}{2}+\sin\frac{B}{2}+\sin\frac{C}{2}\leqslant\frac{3}{2} \quad ④$$

所以

$$2\left(\sin\frac{A}{2}\sin\frac{B}{2}+\sin\frac{B}{2}\sin\frac{C}{2}+\sin\frac{C}{2}\sin\frac{A}{2}\right)\leqslant$$

$$\frac{2}{3}\left(\sin\frac{A}{2}+\sin\frac{B}{2}+\sin\frac{C}{2}\right)^2\leqslant\sin\frac{A}{2}+\sin\frac{B}{2}+\sin\frac{C}{2}$$

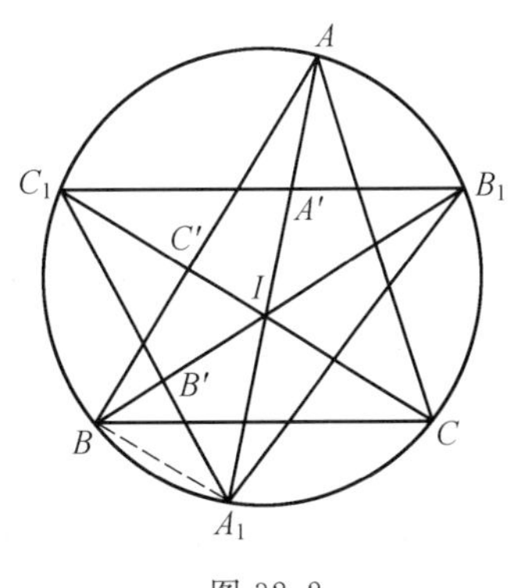

图 32.2

故不等式 ③ 成立，从而

$$IA_1+IB_1+IC_1\geqslant IA+IB+IC \quad ①$$

由于不等式 ④ 中等号当且仅当 $\triangle ABC$ 为正三角形时成立，故 ① 中等号当且仅当 $\triangle ABC$ 为正三角形时成立（为节省篇幅，以下各不等式中等号成立条件的论证均略去）.

若将不等式 ① 中的 $\triangle ABC$ 的内心 I 分别改为 $\triangle ABC$ 的外心 O，垂心 H，重心 G，我们可得如下结论：

1. 设 O 是锐角 $\triangle ABC$ 的外接圆圆心. A_1,B_1,C_1 分别是 AO，BO，CO 与 $\triangle ABC$ 外接圆的交点，则有

$$OA_1+OB_1+OC_1=OA+OB+OC \quad ⑤$$

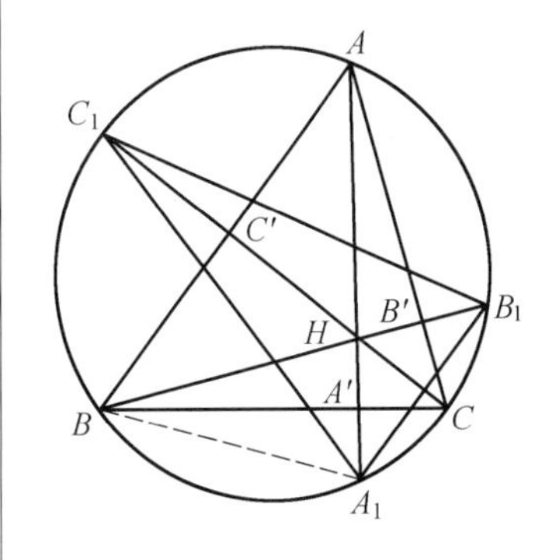

图 32.3

2. 设 H 为锐角 $\triangle ABC$ 的垂心，A_1,B_1,C_1 分别为 AH，BH，CH 与 $\triangle ABC$ 外接圆的交点，则有

$$HA_1+HB_1+HC_1\leqslant HA+HB+HC \quad ⑥$$

其中等号当且仅当 $\triangle ABC$ 为正三角形时成立.

3. 设 G 为 $\triangle ABC$ 的重心，A_1,B_1,C_1 分别为 AG，BG，CG 与 $\triangle ABC$ 的外接圆的交点，则有

$$GA_1+GB_1+GC_1\geqslant GA+GB+GC \quad ⑦$$

其中等号当且仅当 $\triangle ABC$ 为正三角形时成立.

证　等式 ⑤ 成立是显然的.

不等式 ⑥ 的证明：

如图 32.3，设 $\triangle ABC$ 的外接圆半径为 R，通过解三角形，不难求得 $HA=2R\cos A$，$HA_1=4R\cos B\cos C$，等等.

于是不等式 ⑥ 等价于

$$\cos A+\cos B+\cos C\geqslant$$

$$2(\cos B\cos C+\cos C\cos A+\cos A\cos B) \quad ⑧$$

由 $\triangle ABC$ 中熟知的不等式

$$1<\cos A+\cos B+\cos C=1+4\sin\frac{A}{2}\sin\frac{B}{2}\sin\frac{C}{2}\leqslant\frac{3}{2}$$

所以

$$2(\cos B\cos C+\cos C\cos A+\cos A\cos B)\leqslant$$

$$\frac{2}{3}(\cos A+\cos B+\cos C)^2\leqslant\cos A+\cos B+\cos C \tag{9}$$

故
$$HA_1+HB_1+HC_1\leqslant HA+HB+HC \tag{6}$$

不等式 ⑦ 的证明：

如图 32.4，设 AG，BG，CG 分别和 $\triangle ABC$ 的三边 BC，CA，AB 交于 A'，B'，C'，由三角形重心的性质可知

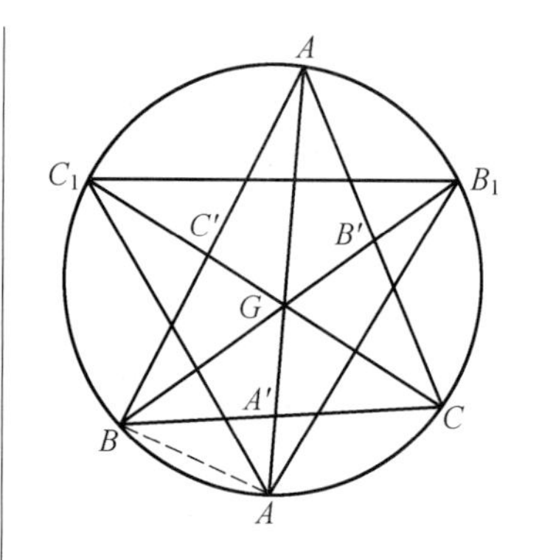

图 32.4

$$AG=2GA'=\frac{2}{3}AA'$$

故要证的不等式 ⑦ 等价于

$$AA_1+BB_1+CC_1\geqslant\frac{4}{3}(AA'+BB'+CC') \tag{10}$$

设 $BC=a$，$CA=b$，$AB=c$，$AA'=m_a$，$BB'=m_b$，$CC'=m_c$，$AA_1=M_a$，$BB_1=M_b$，$CC_1=M_c$，并令 $a^2+b^2+c^2=4k^2(k>0)$.

由三角形中线长公式知

$$4m_a^2=2b^2+2c^2-a^2,4m_b^2=2a^2+2c^2-b^2$$
$$4m_c^2=2a^2+2b^2-c^2$$

所以

$$m_a^2+m_b^2+m_c^2=3k^2=\frac{3}{4}(a^2+b^2+c^2) \tag{11}$$

因为
$$3k^2=m_a^2+m_b^2+m_c^2\geqslant\frac{1}{3}(m_a+m_b+m_c)^2$$

所以
$$4k\geqslant\frac{4}{3}(m_a+m_b+m_c) \tag{12}$$

由相交弦定理知

$$m_a(M_a-m_a)=(\frac{a}{2})^2$$

上式与等式 $4m_a^2=8k^2-3a^2$ 联立消去 a，可得

$$M_a=\frac{2k}{3}\left(\frac{k}{m_a}+\frac{m_a}{k}\right)$$

因为$\frac{k}{m_a}>0$，$\frac{m_a}{k}>0$，所以$\frac{k}{m_a}+\frac{m_a}{k}\geqslant 2$，从而 $M_a\geqslant\frac{4}{3}k$. 同理有

$$M_b\geqslant\frac{4}{3}k,M_c\geqslant\frac{4}{3}k$$

故
$$M_a+M_b+M_c\geqslant 4K \tag{13}$$

由 ⑫，⑬ 即得

$$AA_1+BB_1+CC_1\geqslant\frac{4}{3}(AA'+BB'+CC') \tag{10}$$

从而

$$GA_1+GB_1+GC_1\geqslant GA+GB+GC \tag{7}$$

从不等式 ⑩ 又进一步启发我们提出如下问题

4. 设 $\triangle ABC$ 的内心为 I，AI，BI，CI 的延长线分别交 $\triangle ABC$ 的外接圆于 A_1，B_1，C_1，交三边 BC，CA，AB 于 A'，B'，C'，则有

$$AA_1+BB_1+CC_1\geqslant\frac{4}{3}(AA'+BB'+CC') \quad ⑭$$

其中等号当且仅当 $\triangle ABC$ 为正三角形时成立.

5. 设锐角 $\triangle ABC$ 的垂心为 H，AH，BH，CH 的延长线分别交 $\triangle ABC$ 的外接圆于 A_1，B_1，C_1，交三边 BC，CA，AB 于 A'，B'，C'，则有

$$AA_1+BB_1+CC_1\leqslant\frac{4}{3}(AA'+BB'+CC') \quad ⑮$$

其中等号当且仅当 $\triangle ABC$ 为正三角形时成立.

6. 如图 32.5，设锐角 $\triangle ABC$ 的外心为 O，AO，BO，CO 的延长线分别交 $\triangle ABC$ 的外接圆于 A_1，B_1，C_1，交三边 BC，CA，AB 于 A'，B'，C' 则有

$$AA_1+BB_1+CC_1\leqslant\frac{4}{3}(AA'+BB'+CC') \quad ⑯$$

其中等号当且仅当 $\triangle ABC$ 为正三角形时成立.

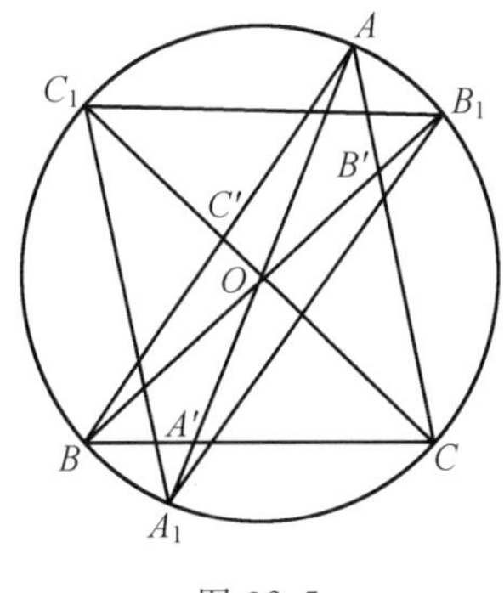

图 32.5

证　不等式 ⑭ 的证明：

经简单计算知 $A'A_1=\dfrac{2R\sin^2\frac{A}{2}}{\cos\frac{B-C}{2}}$（$R$ 为 $\triangle ABC$ 的外接圆半径）. 所以 $A'A_1\geqslant 2R\sin^2\frac{A}{2}$. 同理有 $B'B_1\geqslant 2R\sin^2\frac{B}{2}$，$C'C_1\geqslant 2R\sin^2\frac{C}{2}$，于是

$$A'A_1+B'B_1+C'C_1\geqslant 2R(\sin^2\frac{A}{2}+\sin^2\frac{B}{2}+\sin^2\frac{C}{2})=2R(1-2\sin\frac{A}{2}\sin\frac{B}{2}\sin\frac{C}{2})$$

由熟知的不等式

$$\sin\frac{A}{2}\sin\frac{B}{2}\sin\frac{C}{2}\leqslant\frac{1}{8} \quad ⑰$$

所以

$$A'A_1+B'B_1+C'C_1\geqslant\frac{3}{2}R \quad ⑱$$

由三角形内角平分线公式知

$$AA'=\frac{4R\sin B\sin C}{\sin B+\sin C}\cos\frac{A}{2}\leqslant R(\sin B+\sin C)\cos\frac{A}{2}=2R\cos^2\frac{A}{2}\cos\frac{B-C}{2}\leqslant 2R\cos^2\frac{A}{2}$$

同理有

$$BB' \leqslant 2R\cos^2\frac{B}{2}, CC' \leqslant 2R\cos^2\frac{C}{2}$$

故

$$AA' + BB' + CC' \leqslant 2R\left(\cos^2\frac{A}{2} + \cos^2\frac{B}{2} + \cos^2\frac{C}{2}\right)' = 4R \cdot \left(1 + \sin\frac{A}{2}\sin\frac{B}{2}\sin\frac{C}{2}\right) \leqslant \frac{9}{2}R$$

(利用 ⑰),结合式 ⑱,所以

$$A'A_1 + B'B_1 + C'C_1 \geqslant \frac{1}{3}(AA' + BB' + CC')$$

上式两边同加上 $AA' + BB' + CC'$,即得

$$AA_1 + BB_1 + CC_1 \geqslant \frac{4}{3}(AA' + BB' + CC') \qquad ⑭$$

不等式 ⑮ 的证明:

不难证明 $HA' = A'A_1, HB' = B'B_1, HC' = C'C_1$,故由不等式 ⑥ 可得

$$2(HA' + HB' + HC') \leqslant AH + BH + CH$$

上式两边同加上 $HA' + HB' + HC'$,则有

$$HA' + HB' + HC' \leqslant \frac{1}{3}(AA' + BB' + CC')$$

则

$$A'A_1 + B'B_1 + C'C_1 \leqslant \frac{1}{3}(AA' + BB' + CC')$$

两边同加上 $AA' + BB' + CC'$,即得

$$AA_1 + BB_1 + CC_1 \leqslant \frac{4}{3}(AA' + BB' + CC') \qquad ⑮$$

不等式 ⑯ 的证明:

设 $\triangle ABC$ 的外接圆半径为 R.

因为 $\triangle ABC$ 为锐角三角形,所以 $\cot A, \cot B, \cot C$ 均为正数,由于对任意正数 X_1, X_2, X_3 成立不等式

$$(X_1 + X_2 + X_3)\left(\frac{1}{X_1} + \frac{1}{X_2} + \frac{1}{X_3}\right) \geqslant 9 \qquad ⑲$$

其中等号当且仅当 $X_1 = X_2 = X_3$ 时成立,故有

$$(3 + \cot A\cot B + \cot B\cot C + \cot C\cot A)\left(\frac{1}{1 + \cot A\cot B} + \frac{1}{1 + \cot B\cot C} + \frac{1}{1 + \cot C\cot A}\right) \geqslant 9$$

但 $$\cot A\cot B + \cot B\cot C + \cot C\cot A = 1$$

所以

$$\frac{1}{1 + \cot A\cot B} + \frac{1}{1 + \cot B\cot C} + \frac{1}{1 + \cot C\cot A} \geqslant \frac{9}{4}$$

即

$$\frac{\sin A\sin B}{\cos(A-B)}+\frac{\sin B\sin C}{\cos(B-C)}+\frac{\sin C\sin A}{\cos(C-A)}\geqslant\frac{9}{4} \tag{20}$$

经计算知

$$AA'=\frac{2R\sin B\sin C}{\cos(B-C)}$$

$$BB'=\frac{2R\sin C\sin A}{\cos(C-A)}$$

$$CC'=\frac{2R\sin A\sin B}{\cos(A-B)}$$

故由式⑳可得

$$AA'+BB'+CC'\geqslant\frac{9}{2}R=\frac{3}{4}(AA_1+BB_1+CC_1)$$

于是

$$AA_1+BB_1+CC_1\leqslant\frac{4}{3}(AA'+BB'+CC') \tag{21}$$

三、有关线段比的不等式(Ⅰ)

对于第二段中的有关线段比，我们有如下结论，但限于篇幅，省略其证明：

1.设 $\triangle ABC$ 的内心为 I，AI，BI，CI 的延长线分别交 $\triangle ABC$ 的三边 BC，CA，AB 于 A'，B'，C' 交 $\triangle ABC$ 的外接圆于 A_1，B_1，C_1，则有

$$\frac{AI}{IA_1}+\frac{BI}{IB_1}+\frac{CI}{IC_1}\geqslant 3 \tag{22}$$

$$\frac{A_1I}{IA}+\frac{B_1I}{IB}+\frac{C_1I}{IC}\geqslant 3 \tag{23}$$

$$\frac{AI}{AA_1}+\frac{BI}{BB_1}+\frac{CI}{CC_1}\leqslant\frac{3}{2} \tag{24}$$

$$\frac{A_1I}{A_1A}+\frac{B_1I}{B_1B}+\frac{C_1I}{C_1C}\geqslant\frac{3}{2} \tag{25}$$

$$\frac{AA'}{A'A_1}+\frac{BB'}{B'B_1}+\frac{CC'}{C'C_1}\geqslant 9 \tag{26}$$

$$\frac{A_1A'}{A'A}+\frac{B_1B'}{B'B}+\frac{C_1C'}{C'C}\geqslant 1 \tag{27}$$

$$\frac{AA'}{AA_1}+\frac{BB'}{BB_1}+\frac{CC'}{CC_1}\leqslant\frac{9}{4} \tag{28}$$

$$\frac{A_1A'}{A_1A}+\frac{B_1B'}{B_1B}+\frac{C_1C'}{C_1C}\geqslant\frac{3}{4} \tag{29}$$

㉒～㉙各式中等号均当且仅当 $\triangle ABC$ 为正三角形时成立.

2.设锐角 $\triangle ABC$ 的外心为 O，AO，BO，CO 的延长线分别交 $\triangle ABC$ 的三边 BC，CA，AB 于 A'，B'，C'，交 $\triangle ABC$ 的外接圆于 A_1，B_1，C_1，则有

$$\frac{A_1A'}{A'A}+\frac{B_1B'}{B'B}+\frac{C_1C'}{C'C}=1 \quad ㉚$$

$$\frac{AA'}{A'A_1}+\frac{BB'}{B'B_1}+\frac{CC'}{C'C_1}\geqslant 9 \quad ㉛$$

$$\frac{AA'}{AA_1}+\frac{BB'}{BB_1}+\frac{CC'}{CC_1}\geqslant \frac{9}{4} \quad ㉜$$

$$\frac{A_1A'}{A_1A}+\frac{B_1B'}{B_1B}+\frac{C_1C'}{C_1C}\leqslant \frac{3}{4} \quad ㉝$$

㉛ ～ ㉜ 中等号均当且仅当 $\triangle ABC$ 为正三角形时成立.

3.设锐角 $\triangle ABC$ 的垂心为 H，AH，BH，CH 的延长线分别交 $\triangle ABC$ 的三边 BC，CA，AB 于 A'，B'，C'，交 $\triangle ABC$ 的外接圆于 A_1，B_1，C_1，则有

$$\frac{AH}{HA_1}+\frac{BH}{HB_1}+\frac{CH}{HC_1}\geqslant 3 \quad ㉞$$

$$\frac{A_1H}{HA}+\frac{B_1H}{HB}+\frac{C_1H}{HC}\geqslant 3 \quad ㉟$$

$$\frac{AH}{AA_1}+\frac{BH}{BB_1}+\frac{CH}{CC_1}\geqslant \frac{3}{2} \quad ㊱$$

$$\frac{A_1H}{A_1A}+\frac{B_1H}{B_1B}+\frac{C_1H}{C_1C}\leqslant \frac{3}{2} \quad ㊲$$

$$\frac{A_1A'}{A'A}+\frac{B_1B'}{B'B}+\frac{C_1C'}{C'C}=1 \quad ㊳$$

$$\frac{AA'}{A'A_1}+\frac{BB'}{B'B_1}+\frac{CC'}{C'C_1}\geqslant 9 \quad ㊴$$

$$\frac{AA'}{AA_1}+\frac{BB'}{BB_1}+\frac{CC'}{CC_1}\geqslant \frac{9}{4} \quad ㊵$$

$$\frac{A_1A'}{A_1A}+\frac{B_1B'}{B_1B}+\frac{C_1C'}{C_1C}\leqslant \frac{3}{4} \quad ㊶$$

㉞ ～ ㊲，㊴ ～ ㊶ 中的等号均当且仅当 $\triangle ABC$ 为正三角形时成立.

4. 设 $\triangle ABC$ 的重心为 G，AG，BG，CG 的延长线分别交 $\triangle ABC$ 的三边 BC，CA，AB 于 A'，B'，C'，交 $\triangle ABC$ 的外接圆于 A_1，B_1，C_1，则有

$$\frac{AG}{GA_1}+\frac{BG}{GB_1}+\frac{CG}{GC_1}=3 \quad ㊷$$

$$\frac{A_1G}{GA}+\frac{B_1G}{GB}+\frac{C_1G}{GC}\geqslant 3 \quad ㊸$$

$$\frac{AG}{AA_1}+\frac{BG}{BB_1}+\frac{CG}{CC_1}\leqslant \frac{3}{2} \quad ㊹$$

$$\frac{A_1G}{A_1A}+\frac{B_1G}{B_1B}+\frac{C_1G}{C_1C}\geqslant \frac{3}{2} \quad ㊺$$

$$\frac{AA'}{A'A_1}+\frac{BB'}{B'B_1}+\frac{CC'}{C'C_1}\geqslant 9 \quad ㊻$$

$$\frac{A_1A'}{A'A}+\frac{B_1B'}{B'B}+\frac{C_1C'}{C'C}\geqslant 1 \quad ㊼$$

$$\frac{AA'}{AA_1}+\frac{BB'}{BB_1}+\frac{CC'}{CC_1}\leqslant \frac{9}{4} \quad ㊽$$

$$\frac{A_1A'}{A_1A}+\frac{B_1B'}{B_1B}+\frac{C_1C'}{C_1C}\geqslant \frac{3}{4} \quad ㊾$$

㊸ ～ ㊾ 中等号均当且仅当 $\triangle ABC$ 为正三角形时成立.

四、有关线段比的不等式(Ⅱ)

不等式 ② 的右端可以推广为更一般的情形，即有：

设 P 为 $\triangle ABC$ 内任意一点，AP，BP，CP 的延长线分别交 BC，CA，AB 于 A'，B'，C'. 令 $AP=x$，$BP=y$，$CP=z$，$PA'=u$，$PB'=v$，$PC'=w$，则有

$$8(x+u)(y+v)(z+w)\geqslant 27xyz\geqslant 216uvw \quad ㊿$$

$$\frac{x}{u}+\frac{y}{v}+\frac{z}{w}\geqslant 6 \quad (51)$$

$$\frac{xy}{uv}+\frac{yz}{vw}+\frac{zx}{wu}\geqslant 12 \quad (52)$$

$$\frac{u}{x}+\frac{v}{y}+\frac{w}{z}\geqslant \frac{3}{2} \quad (53)$$

$$\frac{uv}{xy}+\frac{vw}{yz}+\frac{wu}{zx}\geqslant \frac{3}{4} \quad (54)$$

$$\frac{xy}{(x+u)(y+v)}+\frac{yz}{(y+v)(z+w)}+\frac{zx}{(z+w)(x+u)}\leqslant \frac{4}{3} \quad (55)$$

$$\frac{uv}{(x+u)(y+v)}+\frac{vw}{(y+v)(z+w)}+\frac{uw}{(z+w)(x+u)}\leqslant \frac{1}{3} \quad (56)$$

不等式 ㊿ ～ (56) 中等号当且仅当 P 为 $\triangle ABC$ 的重心时成立.

证 如图 32.6，设 $\triangle PBC$，$\triangle PCA$，$\triangle PAB$ 的面积分别为 S_1，S_2，S_3，则由三角形面积比的性质知

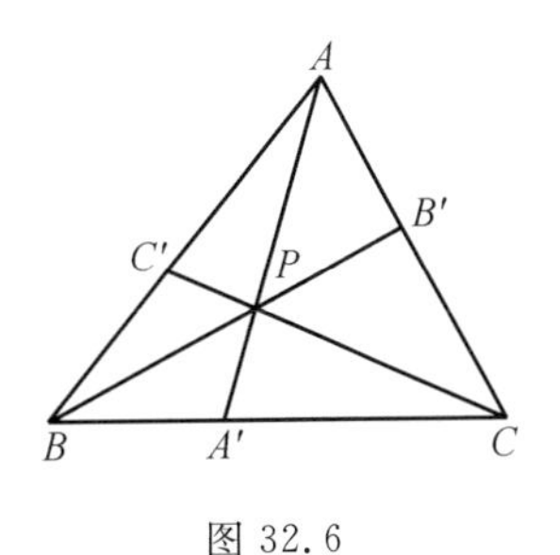

图 32.6

$$\frac{u}{x+u}=\frac{S_1}{S_1+S_2+S_3} \quad (57)$$

$$\frac{v}{y+v}=\frac{S_2}{S_1+S_2+S_3} \quad (58)$$

$$\frac{w}{z+w}=\frac{S_3}{S_1+S_2+S_3} \quad (59)$$

由 (57) 得 $\frac{x}{u}+1=1+\frac{S_2+S_3}{S_1}$，即 $\frac{x}{u}=\frac{S_2+S_3}{S_1}$.

同理由 (58)，(59) 得

$$\frac{y}{v}=\frac{S_3+S_1}{S_2}, \frac{z}{w}=\frac{S_1+S_2}{S_3}$$

于是 $\frac{x}{u}\cdot\frac{y}{v}\cdot\frac{z}{w}=\frac{S_2+S_3}{S_1}\cdot\frac{S_3+S_1}{S_2}\cdot\frac{S_1+S_2}{S_3}$，但

$$S_2+S_3\geqslant 2\sqrt{S_2S_3}, S_3+S_1\geqslant 2\sqrt{S_3S_1}$$

$$S_1+S_2\geqslant 2\sqrt{S_1S_2}$$

故$\frac{x}{u}\cdot\frac{y}{v}\cdot\frac{z}{w}\geqslant 8$,即

$$xyz\geqslant 8uvw \quad ⑥⓪$$

其中等号当且仅当 $S_1=S_2=S_3$ 即 P 为 $\triangle ABC$ 的重心时成立.

将 ⑤⑦,⑤⑧,⑤⑨ 三式相加得

$$\frac{u}{x+u}+\frac{v}{y+v}+\frac{w}{z+w}=1 \quad ⑥①$$

从而

$$\frac{x}{x+u}+\frac{y}{y+v}+\frac{z}{z+w}=2 \quad ⑥②$$

由算术－几何平均不等式得

$$2=\frac{x}{x+u}+\frac{y}{y+v}+\frac{z}{z+w}\geqslant 3\left[\frac{xyz}{(x+u)(y+v)(z+w)}\right]^{\frac{1}{3}}$$

从而

$$8(x+u)(y+v)(z+w)\geqslant 27xyz \quad ⑥③$$

其中等号当且仅当$\frac{x}{x+u}=\frac{y}{y+v}=\frac{z}{z+w}=\frac{2}{3}$ 即 P 为 $\triangle ABC$ 的重心时成立.

由 ⑥⓪,⑥③ 即知不等式 ⑤⓪ 成立,且其中等号当且仅当 P 为 $\triangle ABC$ 的重心时成立.

利用不等式 ⑥⓪ 及算术－几何平均不等式即得不等式 ⑤①,⑤②.

将恒等式 ⑥① 去分母展开并整理得

$$xyz=2uvw+xvw+ywu+zuv \quad ⑥④$$

因为

$$\frac{uv}{xy}+\frac{vw}{yz}+\frac{wu}{zx}=\frac{1}{xyz}(xvw+ywu+zuv)=$$

$$\frac{1}{xyz}(xyz-zuvw)=$$

$$1-\frac{2uvw}{xyz}$$

故由不等式 ⑥⓪ 可得

$$\frac{uv}{xy}+\frac{vw}{yz}+\frac{wu}{zx}\geqslant\frac{3}{4} \quad ⑤④$$

其中等号当且仅当 P 为 $\triangle ABC$ 的重心时成立.

在熟知的不等式

$$(a_1+a_2+a_3)^2\geqslant 3(a_1a_2+a_2a_3+a_3a_1) \quad ⑤⑤$$

$(a_1,a_2,a_3$ 为实数) 中令 $a_1=\frac{u}{x},a_2=\frac{v}{y},a_3=\frac{w}{z}$,并利用不等式 ⑤④ 可得$\left(\frac{u}{x}+\frac{v}{y}+\frac{w}{z}\right)^2\geqslant\frac{9}{4}$,从而$\frac{u}{x}+\frac{v}{y}+\frac{w}{z}\geqslant\frac{3}{2}$. 即得 ⑤③,而其中等号当且仅当 P 为 $\triangle ABC$ 的重心时成立.

在不等式 ⑮ 中令 $a_1=\frac{x}{x+u}, a_2=\frac{y}{y+v}, a_3=\frac{z}{z+w}$，并利用恒等式 ㉜ 即可得到不等式 ⑮.

在不等式 ⑮ 中令 $a_1=\frac{u}{x+u}, a_2=\frac{v}{y+v}, a_3=\frac{w}{z+w}$，并利用恒等式 ㉛ 即可得到不等式 ⑯.

⑮，⑯ 两式中等号当且仅当 $\frac{x}{x+u}=\frac{y}{y+v}=\frac{z}{z+w}=\frac{2}{3}$ 及 $\frac{u}{x+u}=\frac{v}{y+v}=\frac{w}{z+w}=\frac{1}{3}$ 即 P 为 $\triangle ABC$ 重心时成立.

特别取 P 为 $\triangle ABC$ 的内心，则由不等式 ㉝ 知不等式② 右端成立，而其中等号当且仅当 $\triangle ABC$ 的内心与重心重合，即 $\triangle ABC$ 为正三角形时成立.

2 设整数 n 大于 6，$a_1, a_2, \cdots, a_k$ 是所有小于 n 且与 n 互素的正整数. 如果

$$a_2-a_1=a_3-a_2=\cdots=a_k-a_{k-1}>0$$

证明：n 一定是素数或 2 的方幂.

罗马尼亚命题

证法 1 记 $d=a_2-a_1$. 由条件知 $a_1=1, a_k=n-1, d\geqslant 1$ 及 $a_{j+1}=1+jd, j=0,1,\cdots,k-1$. a_2 是素数，且若素数 $p<a_2$，则 $p\mid n$. 由条件知 a_2 是大于 1 且与 n 互素的最小正整数，所以 $a_2>1$ 不可能是合数，即一定是素数. 此外，由最小性推出素数 $p<a_2$，p 与 n 一定不互素，即 $p\mid n$.

下面分 $a_2=2, a_2=3, a_2>3$ 三种情形来讨论.

(1) $a_2=2$. 这时 $d=1, a_{j+1}=1+j, 0\leqslant j\leqslant k-1$. 由于 $n-1=a_k=k$，所以 n 与小于 n 的所有正整数互素，因此，n 必为素数.

(2) $a_2=3$. 这时 $d=2, a_{j+1}=1+2j, 0\leqslant j\leqslant k-1$. 由于 $n-1=a_k=1+2(k-1)$，所以 $k=\frac{n}{2}$. 这时 n 是偶数，且与所有小于它的正奇数互素，因此，除 2 外 n 不能有别的素因数，即 $n=2^s$.

(3) $a_2>3$. 这时由上可知 $3\mid n$，由此及 $n-1=a_k=1+(k-1)d$ 推出 $3\nmid d$. 因此，$3\mid 1+d$ 或 $3\mid 1+2d$ 有且仅有一个成立. 由于 $a_2=1+d>3$ 是素数，所以必有 $3\nmid 1+d$，$3\mid 1+2d$. 因此得 $k=2$，即与 n 互素的且不超过 n 的正整数仅有 1 和 a_2 两个.

下面来证明：当 $n>6$ 时必有 $k>2$. 所以这种情形是不可能出现的. 为此设 $n=2^r m>6, 2\nmid m$.

ⅰ $r=0$. 这时 $m>6$，因此，1，2，4 均与奇数 $n=m$ 互素，因此有 $k>2$；

ⅱ $m=1$.这时 $r\geqslant 3$. 1,3,5,7,… 均与 $n=2^r$ 互素,故有 $k>2$;

ⅲ $m=3$.这时 $r\geqslant 2$. 1,5,7 必与 $n=2^r\cdot 3$ 互素,故有 $k>2$;

ⅳ $r\geqslant 1, m\geqslant 5$.这时 $1, m-2, m+2<n$ 均与 n 互素,故有 $k>2$.这就对所有可能的情形证明了所要的结论.应该指出这里的 k 就是初等数论中的欧拉函数 $\varphi(n)$,但是,用 $\varphi(n)$ 的表示式来证明这结论超出了中学数学范围.

读者不难看出,只要假定 $n\neq 1,6$,本题就成立,而且 n 等于素数或 2^s 时,所有不超过 n 且与 n 互素的正整数按大小顺序排列为 $a_1, a_2, \cdots, a_k$ 时,必满足题中的条件.

证法 2　设 $a_2-a_1=a_3-a_2=\cdots=a_k-a_{k-1}=d$.

(1) 如果 n 含有平方因子,设 $n=n_1^2\cdot n_2(n_1>1)$,那么

$$(n_1n_2-1,n)=1,(n_1n_2+1,n)=1$$

由于 $1\leqslant n_1n_2-1<n_1n_2+1<n_1^2n_2$,且 $(n_1n_2,n)\neq 1$.所以 $d=2$.

因为 $a_1=1$,所以 $a_2=3,\cdots,a_k=2k-1$.

因为 $(n,n-1)=1$,所以 $2k-1=n-1$,n 与小于 n 的奇自然数均互素,且 n 为偶数.

由此可见,n 不含奇素数因子.因此,此时 n 为 2 的幂.

(2) 如果 n 不含平方因子.

① 如果 n 为奇数,那么 $a_1=1, a_2=2$.由题设条件推得 $a_3=3,\cdots,a_k=k$.所以此时 n 为奇素数.

② 如果 n 为偶数,设 $n=2l$(因为 n 不含平方因子,其中 l 为奇数),由 $n>6$,所以 $l\geqslant 4$.

因为 $(l-2,2l)=1,(l+2,2l)=1$,且 $l-1, l+1$ 为偶数,$(l,2l)\neq 1$, $1\leqslant l-2<l+2<2l$,所以 $d=4, a_2=5$.

因为 $n>6$ 且 $(n-1,n)=1$,所以 $a_k>5, a_3>5$.

而 $a_3=a_2+d=5+4=9$,由 $a_2=5$ 可知,$3\mid n$.这与 $a_3=9$ 矛盾.因此,此时 n 无解.

由 ①,② 可知,$n>6$ 且 n 不含平方因子时,n 为奇素数.

综合上述(1),(2) 可知,n 或者是素数或者是 2 的幂.

3 设集合 $S=\{1,2,3,\cdots,280\}$.求最小正整数 n,使得 S 的每个有 n 个元素的子集都含有 5 个两两互素的数.

中国命题

解法 1　怎样的整数集合 M 会使它的任意 5 个数一定不是两两互素?一个容易想到的条件是:存在 4 个不同的素数 p_1, p_2, p_3, p_4,使 M 中的数至少被一个 p_i 整除.如何从 S 中找出满足这样

性质的子集 M,使得 M 有尽可能多的元素. 只有考查了这一点,才可能对题中要求的最小正整数 n 有所了解. 为使 $M\subseteq S$ 按上述条件来构造,且有尽可能多的元素,显然应取尽可能小的 p_1,p_2,p_3,p_4. 现取 $p_1=2,p_2=3,p_3=5,p_4=7$. 设 d 是给定的正整数,记

$$S_d=\{s\mid s\in S,d\mid s\}$$

取

$$M=S_2\cup S_3\cup S_5\cup S_7\subset S$$

M 中任意 5 个数一定有 2 个同属于某一个 S_d,即一定不两两互素. 下面用容斥原理来求集合 M 的元素个数(以 $|A|$ 表示集合 A 的元素个数),即

$$\begin{aligned}|M|=&(|S_2|+|S_3|+|S_5|+|S_7|)-\\&(|S_6|+|S_{10}|+|S_{14}|+|S_{15}|+|S_{21}|+|S_{35}|)+\\&(|S_{30}|+|S_{42}|+|S_{70}|+|S_{105}|)-|S_{210}|=\\&(140+93+56+40)-(46+28+20+18+13+8)+\\&(9+6+4+2)-1=216\end{aligned}$$

由此知必有 $n\geqslant 217$.

另一方面,如果 r 个整数集合 $B_1,\cdots,B_r$,它们两两不相交,每个 B_i 的元素个数不少于 5 个,且每个 B_i 中的整数均两两互素. 设 $B=B_1\cup B_2\cup\cdots\cup B_r$. 显见,在 B 中任取 $4r+1$ 个元素必有 5 个整数属于某一个 B_i,因而必两两互素. 如果这些 $B_i(1\leqslant i\leqslant r)$ 都是 S 的子集,那么,在 S 中任取 $|S|-|B|+4r+1$ 个正整数就必有 $4r+1$ 个属于 B,因而必有 5 个正整数两两互素. 下面我们来构造 B_i. 为使能从 S 中取尽可能少的数达到题中的要求,就需要 $|B|$ 尽可能大而 r 尽可能小. 为此取

$$B_1=\{s\mid s\in S,s=1\text{ 或素数}\}$$

$$B_2=\{2^2,3^2,5^2,7^2,11^2,13^2\}$$

$$B_3=\{2\times 139,3\times 89,5\times 53,7\times 37,11\times 23,13\times 19\}$$

$$B_4=\{2\times 137,3\times 83,5\times 47,7\times 31,11\times 19,13\times 17\}$$

$$B_5=\{2\times 131,3\times 79,5\times 43,7\times 29,11\times 17\}$$

$$B_6=\{2\times 127,3\times 73,5\times 41,7\times 23,11\times 13\}$$

容易验证这些集合满足以上所说的要求.

$$r=6$$

$$|B|=|B_1|+\cdots+|B_5|=60+6+6+6+5+5=88$$

因此,在 S 中任取 $280-88+4\times 6+1=217$(个) 数,必有 5 个是两两互素的. 所以 $n\leqslant 217$.

综合以上两部分即得 $n=217$.

解法 2 令 $A_i=\{S$ 中一切可被 i 整除的自然数$\},i=2,3,5,7$.

记 $A=A_2\cup A_3\cup A_5\cup A_7$，利用容斥原理，得 A 中元素的个数

$$|A|=\left[\frac{280}{2}\right]+\left[\frac{280}{3}\right]+\left[\frac{280}{5}\right]+\left[\frac{280}{7}\right]-\left[\frac{280}{2\times 3}\right]-\left[\frac{280}{2\times 5}\right]-\left[\frac{280}{2\times 7}\right]-\left[\frac{280}{3\times 5}\right]-\left[\frac{280}{3\times 7}\right]-\left[\frac{280}{5\times 7}\right]+\left[\frac{280}{2\times 3\times 5}\right]+\left[\frac{280}{2\times 3\times 7}\right]+\left[\frac{280}{2\times 5\times 7}\right]+\left[\frac{280}{3\times 5\times 7}\right]-\left[\frac{280}{2\times 3\times 5\times 7}\right]=216$$

由于在 A 中任取 5 个数，每一个至少被 2，3，5，7 之一整除，所以必有两个数在同一个 A_i 之中，它们有公因子 i，从而它们不互素. 因此 S 的 216 个元素的子集 A 不满足题意要求. 于是 $n\geqslant 217$.

另一方面，令

$B_1=\{1$ 和 S 中的一切素数$\}$；

$B_2=\{2^2,3^2,5^2,7^2,13^2\}$；

$B_3=\{2\times 131,3\times 89,5\times 53,7\times 37,11\times 23,13\times 19\}$；

$B_4=\{2\times 127,3\times 83,5\times 47,7\times 31,11\times 19,13\times 17\}$；

$B_5=\{2\times 113,3\times 79,5\times 43,7\times 29,11\times 17\}$；

$B_6=\{2\times 109,3\times 73,5\times 41,7\times 23,11\times 13\}$.

易知，$|B_1|=60$. 令 $B=B_1\cup B_2\cup B_3\cup B_4\cup B_5\cup B_6$，那么 $|B|=88$. 从而 $\dfrac{S}{B}$ 中元素的个数为 192. 在 S 中任取 217 个数，由于 $217-192=25>4\times 6$，因此 S 的任一个 217 个元素的子集中必有 5 个元素属于同一 B_i，显然它们两两互素，所以 $n\leqslant 217$.

从而可得 $n=217$.

4 设 G 是一个有 K 条棱的连通图. 证明：可以将 G 的棱标号 $1,2,\cdots,K$，使得对属于两条或更多条棱的顶点，过该顶点的所有棱的标号的最大公约数是 1.

美国命题

证法 1 用以下方法对棱标号就可满足题中的要求. 任取一顶点记作 v_0，由于是连通图，v_0 必至少属于一条棱. 从 v_0 出发沿 G 中的棱不重复地前进，即已通过的棱不允许再次通过，但顶点允许多次经过，直到不能再这样前进为止. 依次记已通过的顶点为 $v_0,v_1,\cdots,v_{l_1}$（注意不同的标号可能对应同一个顶点，但相邻的

v_i, v_{i+1} 不会是同一个顶点)，联结顶点 $v_{i-1}, v_i(1 \leqslant i \leqslant l_1)$，并给棱标号 t. 这样就有 l_1 条棱(它们是两两不同的) 标号为 $1, 2, \cdots, l_1$. 显然 $1 \leqslant l_1 \leqslant K$. 在已通过的顶点中，可能除了 v_0 和 v_{l_1} 外，其余每个顶点至少属于两条已被标号的棱，其标号数中必有两个是相邻正整数. 顶点 v_0 必属于标号为 1 的棱. 顶点 v_{l_1} 要么也至少属于两条已被标号的棱，其标号数中必有两个是相邻正整数，要么它在连通图 G 中只属于一条棱. 若 $l_1 = K$，则所有棱均已标号，由上述说明知标号满足要求.

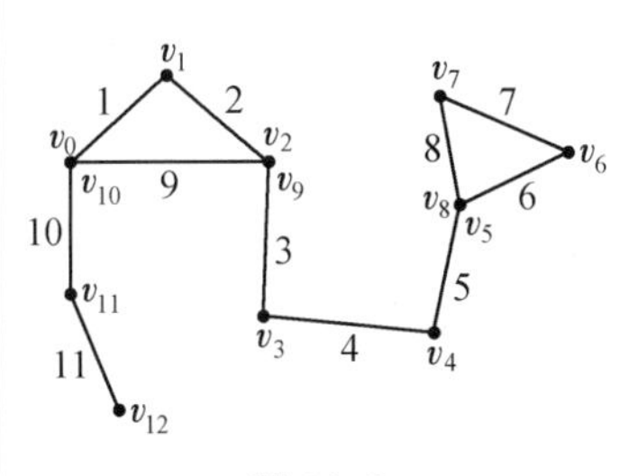

图 32.7

若 $1 \leqslant l_1 < K$. 由图的连通性知，在顶点 $v_0, v_1, \cdots, v_{l_1-1}$ 中必有顶点属于还未标号的棱. 任取这样一个顶点，记为 v_{l_1+1}. 从这一顶点出发，按上述规则，沿 G 中未被通过的棱(即未标号的棱) 不重复地前进，直到不能继续前进为止. 依次记通过的顶点为 v_{l_1+1}, $v_{l_1+2}, \cdots, v_{l_1+l_2+1}$，联结 $v_i, v_{i+1}(l_1 + 1 \leqslant i \leqslant l_1 + l_2)$ 的棱标号 i. 这样，就又有不同的 l_2 条棱标号为 $l_1 + 1, \cdots, l_1 + l_2$，$1 \leqslant l_2 \leqslant K - l_1$. 若 $l_1 + l_2 < K$，则继续用这样的方法标号. 由于总共只有 K 条棱，所以，最后一定将所有的棱标号为 $1, 2, \cdots, K$.

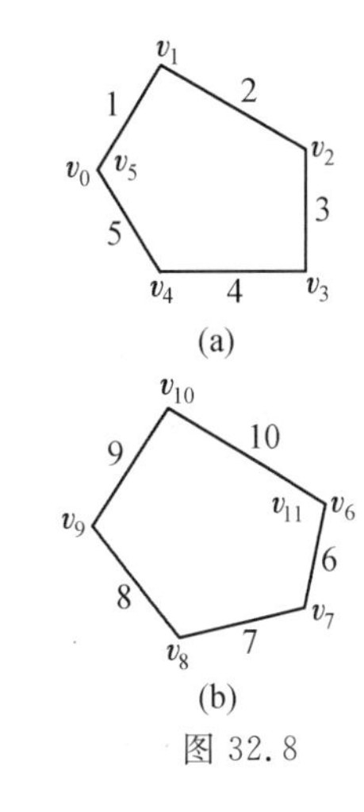

图 32.8

由我们的标号方法知，对 G 的任一顶点，如果它至少属于两条棱，那么，当它为 v_0 时，必有过该点的棱标号为 1；当它不是 v_0 时，必有过该点的两条棱标号为相邻正整数. 因此，过这样的顶点的所有棱的标号数的最大公约数必为 1. 图 32.7 给出了有 11 条棱的连通图，$l_1 = 8, l_2 = 3$. 图 32.8(a)，(b) 中给出的不连通图，无论怎样标号都不会满足题目的要求. 本题不是初等数论题.

证法 2 由 G 的连通性可知，G 中的每一个顶点至少属于一条棱. 任取 G 的一顶点 v_0，从 v_0 出发沿 G 中的棱行走，每条棱至多能通过一次，但每个顶点允许通过多次. 设通过 l_1 条棱后不可能再继续前进，依次通过的顶点记为 $v_0, v_1, v_2, \cdots, v_{l_1-1}, v_{l_1}$(这里不同的 $0 \leqslant i, j \leqslant l_1, v_i, v_j$ 可能对应同一顶点)，将已通过的棱依次标号为 $1, 2, \cdots, l_1$. 显然，$1 \leqslant l_1 \leqslant k$ 且除顶点 v_0，其余任一顶点，如果从它出发有两条或更多条棱被标了号，那么这些标号数必有两个是相邻的自然数.

如果 $l_1 = k$，那么所有的棱均已被标号，否则 $1 \leqslant l_1 < k$. 由 G 的连通性可知，存在一顶点，它或者是 v_0 或者从它出发至少有两条棱已被标过号，从该顶点有尚未标过号的棱. 从这一顶点出发按上述规则沿未标过号的棱行走并从 $l_1 + 1$ 开始依次标号，直到不可能继续前进，设又标了 l_2 条棱，那么 $1 \leqslant l_2 \leqslant k - l_1$. 由于总共有 k 条棱，于是用这种方法可将 G 的所有棱标号为 $1, 2, \cdots, k$.

任取 G 的一顶点 v，设从 v 出发至少有两条棱，如果 $v = v_0$，由于从 v 出发的一条棱标号为 1，从而过该点各棱的标号数的最大公因子为1;如果 $v\neq v_0$,由以上标数的方法可知,过 v 必有两条棱的标号数是相邻的两个自然数,从而过该点各条棱的标号数的最大公因子也是1.

5 设 P 是 $\triangle ABC$ 内的一点,证明:$\angle PAB$,$\angle PBC$,$\angle PCA$ 至少有一个不大于 $30°$.

法国命题

证法1 记 $\alpha=\angle CAB$,$\alpha_1=\angle PAB$,$\beta=\angle ABC$,$\beta_1=\angle PBC$,$\gamma=\angle BCA$,$\gamma_1=\angle PCA$,如图32.9所示.

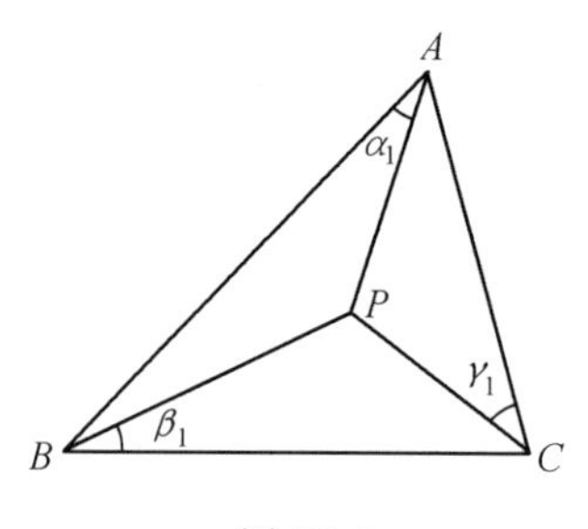

图 32.9

我们有

$$PA\cdot\sin\alpha_1=PB\cdot\sin(\beta-\beta_1)$$
$$PB\cdot\sin\beta_1=PC\cdot\sin(\gamma-\gamma_1)$$
$$PC\cdot\sin\gamma_1=PA\cdot\sin(\alpha-\alpha_1)$$

由以上三式即得

$$\sin\alpha_1\cdot\sin\beta_1\cdot\sin\gamma_1=\sin(\alpha-\alpha_1)\cdot\sin(\beta-\beta_1)\cdot\sin(\gamma-\gamma_1)$$

进而有

$$\sin^2\alpha_1\cdot\sin^2\beta_1\cdot\sin^2\gamma_1=$$
$$\sin\alpha_1\cdot\sin(\alpha-\alpha_1)\cdot\sin\beta_1\cdot$$
$$\sin(\beta-\beta_1)\cdot\sin\gamma_1\cdot\sin(\gamma-\gamma_1)$$

由熟知的不等式得(注意 $0\leqslant\alpha_1\leqslant\alpha<\pi$,$|\alpha-2\alpha_1|<\pi$)

$$(\sin\alpha_1\cdot\sin(\alpha-\alpha_1))^{\frac{1}{2}}\leqslant\frac{\sin\alpha_1+\sin(\alpha-\alpha_1)}{2}=$$
$$\sin\frac{\alpha}{2}\cdot\cos\frac{\alpha-2\alpha_1}{2}\leqslant\sin\frac{\alpha}{2}$$

等号当且仅当 $\alpha_1=\frac{\alpha}{2}$ 时成立.同理可得

$$(\sin\beta_1\cdot\sin(\beta-\beta_1))^{\frac{1}{2}}\leqslant\sin\frac{\beta}{2}$$
$$(\sin\gamma_1\cdot\sin(\gamma-\gamma_1))^{\frac{1}{2}}\leqslant\sin\frac{\gamma}{2}$$

等号分别当且仅当 $\beta_1=\frac{\beta}{2}$,$\gamma_1=\frac{\gamma}{2}$ 时成立.因而有

$$\sin\alpha_1\cdot\sin\beta_1\cdot\sin\gamma_1\leqslant\sin\frac{\alpha}{2}\cdot\sin\frac{\beta}{2}\cdot\sin\frac{\gamma}{2}\quad①$$

再利用三个非负数的几何平均数不大于它们的算术平均数,得到

$$\left(\sin\frac{\alpha}{2}\cdot\sin\frac{\beta}{2}\cdot\sin\frac{\gamma}{2}\right)^{\frac{1}{3}}\leqslant\frac{\left(\sin\frac{\alpha}{2}+\sin\frac{\beta}{2}+\sin\frac{\gamma}{2}\right)}{3}\quad②$$

以下不妨设 $\alpha\leqslant\beta\leqslant\gamma$.我们有

$$\sin\frac{\alpha}{2}+\sin\frac{\beta}{2}+\sin\frac{\gamma}{2}=2\sin\frac{\beta+\alpha}{4}\cdot\cos\frac{\beta-\alpha}{4}+\sin\frac{\gamma}{2}\leqslant$$

$$2\sin\frac{\beta+\alpha}{4}+\sin\frac{\gamma}{2} \tag{3}$$

等号当且仅当 $\alpha=\beta$ 时成立. 注意到 $\alpha+\beta+\gamma=\pi$,及假定 $\alpha\leqslant\beta\leqslant\gamma$,可设

$$\frac{\gamma}{2}=\frac{\pi}{6}+2\theta,\frac{\beta+\alpha}{4}=\frac{\pi}{6}-\theta,0\leqslant\theta<\frac{\pi}{6}$$

得到

$$\begin{aligned}2\sin\frac{\beta+\alpha}{4}+\sin\frac{\gamma}{2}=2\sin(\frac{\pi}{6}-\theta)+\sin(\frac{\pi}{6}+2\theta)=&\\(2\cos\theta+\cos 2\theta)\sin\frac{\pi}{6}+&\\(-2\sin\theta+\sin 2\theta)\cos\frac{\pi}{6}=&\\(2\cos\theta+\cos 2\theta)\sin\frac{\pi}{6}+&\\2(-1+\cos\theta)\sin\theta\cdot\cos\frac{\pi}{6}\leqslant\frac{3}{2}&\end{aligned} \tag{4}$$

等号仅当 $\theta=0$ 时成立. 由式 ②,③,④ 推出

$$\sin\frac{\alpha}{2}+\sin\frac{\beta}{2}+\sin\frac{\gamma}{2}\leqslant\frac{3}{2} \tag{5}$$

$$\sin\frac{\alpha}{2}\cdot\sin\frac{\beta}{2}\cdot\sin\frac{\gamma}{2}\leqslant\frac{1}{8} \tag{6}$$

等号仅当 $\alpha=\beta=\gamma=\frac{\pi}{3}$ 时成立. 由式 ⑥ 和 ① 即得

$$\sin\alpha_1\cdot\sin\beta_1\cdot\sin\gamma_1\leqslant\frac{1}{8}$$

由此推出左边三项至少有一个小于或等于 $\frac{1}{2}$,不妨设 $\sin\alpha_1\leqslant\frac{1}{2}$. 这样,必有 $\alpha_1\leqslant 30^\circ$ 或 $\alpha_1\geqslant 150^\circ$,在后一情形,$\beta_1,\gamma_1$ 均小于 30°. 证毕.

不等式 ⑤ 和 ⑥ 是两个很著名的有关三角形的内角的不等式. 这里给出了与通常不同的证明. (参看 O. Bottema,《几何不等式》,北京大学出版社,1991,§2)

证法 2 若不然,那么

$$30^\circ<\angle PAB,\angle PBC,\angle PCA<120^\circ$$

于是

$$\frac{PF}{PA}=\sin\angle PAB>\sin 30^\circ$$

所以

$$2PF>PA$$

同理

$$2PD > PB, 2PE > PC$$

相加即得

$$PA + PB + PC < 2(PD + PE + PF) \quad (*)$$

这与埃德斯－莫得尔(Erdos-Mordell)不等式矛盾.因此$\angle PAB$,$\angle PBC$,$\angle PCA$中至少有一个小于或等于3°.

注 埃德斯－莫得尔不等式的证明:

过点P作直线交AB,AC(或延长线)于E',F',使得$\angle PE'A=\angle ACB$,那么$\triangle AE'P \backsim \triangle ACB$.

设$AE'=k\cdot CA$(k为相似比),那么

$$PA\cdot E'F' \geqslant 2S_{\triangle AE'F'} = AE'\cdot PF + AF'\cdot PE$$

即

$$PA\cdot k\cdot BC \geqslant k\cdot CA\cdot PF + k\cdot AB\cdot PE$$

$$PA \geqslant \frac{CA}{BC}\cdot PF + \frac{AB}{BC}\cdot PE \quad ⑦$$

同理

$$PB \geqslant \frac{AB}{CA}\cdot PD + \frac{BC}{CA}\cdot PF \quad ⑧$$

$$PC \geqslant \frac{BC}{AB}\cdot PE + \frac{CA}{AB}\cdot PD \quad ⑨$$

由⑦+⑧+⑨得

$$PA + PB + PC \geqslant \left(\frac{CA}{BC} + \frac{BC}{CA}\right)\cdot PF + \left(\frac{AB}{BC} + \frac{BC}{AB}\right)\cdot PE + \left(\frac{AB}{CA} + \frac{CA}{AB}\right)\cdot PD \geqslant 2(PD + PE + PF)$$

证法 3 如图 32.10,设M为$\triangle ABC$的布洛卡点,即使$\angle MAB=\angle MBC=\angle MCA$成立的点,那么根据布洛卡点的性质可知

$$\angle MAB = \angle MBC = \angle MCA \leqslant 30^\circ$$

因此无论点P落在$\triangle MAB$,$\triangle MBC$,$\triangle MCA$中的哪一个内部或边界上,命题均成立.

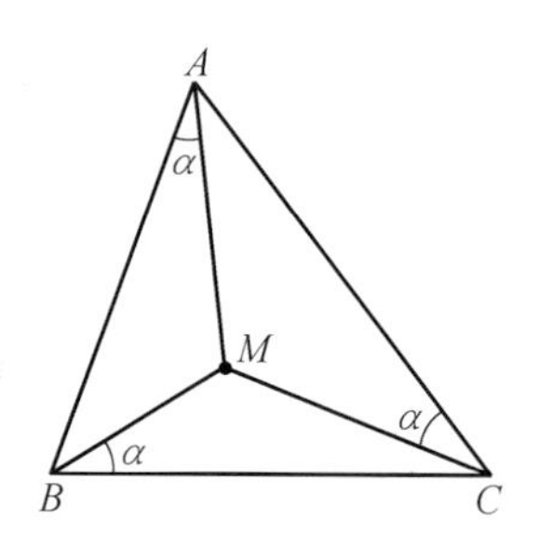

图 32.10

证法 4 如图 32.11,令$\angle PAB=\alpha$,$\angle PBC=\beta$,$\angle PCA=\gamma$,那么P到AB的距离为

$$PA\sin\alpha = PB\sin(B-\beta)$$

P到BC的距离为

$$PB\sin\beta = PC\sin(C-\gamma)$$

P到CA的距离为

$$PC\sin\gamma = PA\sin(A-\alpha)$$

所以

$$\sin\alpha\sin\beta\sin\gamma=\sin(A-\alpha)\sin(B-\beta)\sin(C-\gamma)$$

$$\sin^2\alpha\sin^2\beta\sin^2\gamma=\sin\alpha\sin(A-\alpha)\sin\beta\sin(B-\beta)\cdot \sin\gamma\sin(C-\gamma)$$

由 $\ln\sin x$ 在区间 $(0,\pi)$ 内的凸性可知

$$\sin^2\alpha\sin^2\beta\sin^2\gamma\leqslant\sin\frac{\alpha+A-\alpha+\beta+B-\beta+\gamma+C-\gamma}{6}=\frac{1}{64}$$

所以

$$\sin\alpha\sin\beta\sin\gamma\leqslant\frac{1}{8}$$

由此可知，$\sin\alpha,\sin\beta,\sin\gamma$ 中至少有一个，它的值不超过 $\frac{1}{2}$，不妨设 $\sin\alpha\leqslant\frac{1}{2}$. 因此或者 $\alpha\leqslant 30^\circ$；或者 $\alpha\geqslant 150^\circ$，从而 $\beta+\gamma\leqslant 30^\circ$，$\beta,\gamma$ 都小于 30°.

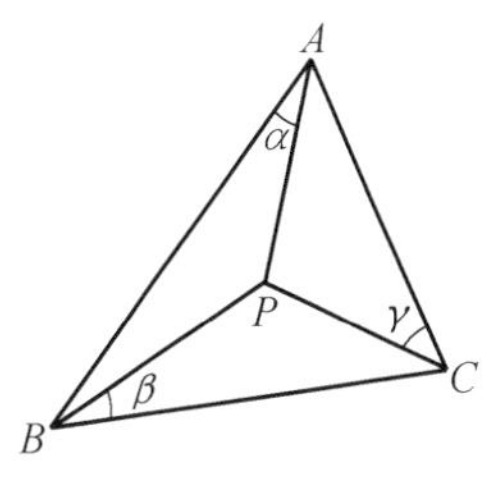

图 32.11

荷兰命题

6 设 $a>1$ 是给定的实数. 试构造一个有界无穷数列 x_0，$x_1,x_2,\cdots$，使得对任意的 $i\neq j$ 有

$$|x_i-x_j|\geqslant|i-j|^{-a}$$

解法 1 由题的要求知，所构造的数列 x_i 应和下标 i 有关，以保证两数之差的绝对值 $|x_i-x_j|$ $(i\neq j)$ 相对于下标之差 $|i-j|$ 不是太小. 一个方法是通过下标的 k 进制表示来给出数列 x_i. 下面利用二进制表示. 设 i 是非负整数，它的二进制表示是

$$i=b_0+b_1\cdot 2+b_2\cdot 2^2+\cdots+b_r\cdot 2^r$$

其中，$b_0,b_1,\cdots,b_r$ 取值 0 或 1. 令

$$y_i=b_0+b_1\cdot 2^{-a}+b_2\cdot 2^{-2a}+\cdots+b_r\cdot 1^{-ra},i=0,1,2,\cdots$$

显然有 $|y_i|<(1-2^{-a})^{-1}$，所以是一有界数列，下面来估计 $|y_i-y_j|,j\neq i$. 设

$$j=c_0+c_1\cdot 2+c_2\cdot 2^2+\cdots+c_s\cdot 2^s$$

由于 $j\neq i$，一定有非负整数 t_0 使得

$$b_{t_0}\neq c_{t_0},b_t=c_t,0\leqslant t<t_0$$

因而有 $|i-j|\geqslant 2^{t_0}$，以及

$$|y_i-y_j|>2^{-t_0a}-(2^{-(t_0+1)a}+2^{-(t_0+2)a}+\cdots)=2^{-t_0a}\cdot\frac{2^a-2}{2^a-1}\geqslant|i-j|^{-a}\cdot\frac{2^a-2}{2^a-1}$$

由上式知，取数列

$$x_i=\frac{2^a-2}{2^a-1}y_i,i\geqslant 0$$

即满足要求.

这里要指出两点:一是用这样的方法构造的数列一定要求题中的 $a>1$;二是这是一个有理数列.

解法 2 这个解答本质上是由我国选手罗炜提出的,而且允许把问题改进为 $a=1$. 他的方法是基于丢番图逼近理论中的这样一个结论:对任意给的实二次无理数 a(即实数 a 不是有理数,且是某个二次整系数多项式的根),一定存在一个正常数 c(可以和 a 有关),使得对任意整数 $p\neq 0$ 及 q,必有

$$|pa-q|\geqslant \frac{c}{|p|} \quad ①$$

即

$$\left|a-\frac{q}{p}\right|\geqslant \frac{c}{p^2} \quad ②$$

这表明这样的无理数 a 用有理数 $\frac{q}{p}$ 来逼近时,不可能逼近得太好(关于这方面的初步知识可参看 R·P·布恩,《数论入门》,第十一章,高等教育出版社,1990. 这是一本很好的初等数论入门书).

我们先来证明:若式 ① 对某个实二次无理数 a 成立,就可推出本题当 $a=1$ 时成立. 取数列

$$x_i=c^{-1}(ai-[ai]),i=0,1,2,\cdots$$

其中,$[t]$ 表示不超过实数 t 的最大整数. 显然有 $0\leqslant x_i<c^{-1}$,所以是有界数列. 若式 ① 成立,则有

$$|x_i-x_j|=c^{-1}|a(i-j)-([ai]-[aj])|\geqslant |i-j|^{-1},i\neq j$$

这就推出有界无穷数列 x_i 满足本题当 $a=1$ 时的要求.

下面来证明:当 $a=\sqrt{2}$,$c=(2+\sqrt{2})^{-1}$ 时,对任意整数 $p\neq 0$ 及 q,式 ①(即 ②) 成立. 先假定

$$1\leqslant \frac{q}{p}\leqslant 2 \quad ③$$

由 $2p^2-q^2\neq 0$ 推出

$$1\leqslant |2p^2-q^2|=|\sqrt{2}p+q||\sqrt{2}p-q|=|p|\left|\sqrt{2}+\frac{q}{p}\right||\sqrt{2}p-q|\leqslant (2+\sqrt{2})|p||\sqrt{2}p-q|$$

最后一步用到了条件 ③. 当 $\frac{q}{p}<1$ 时,显然有

$$\left|\sqrt{2}-\frac{q}{p}\right|>\sqrt{2}-1>(2+\sqrt{2})^{-1}\geqslant\frac{(2+\sqrt{2})^{-1}}{p^2}$$

当 $\frac{q}{p}>2$ 时

$$\left|\sqrt{2}-\frac{q}{p}\right|>2-\sqrt{2}>(2+\sqrt{2})^{-1}\geqslant\frac{(2+\sqrt{2})^{-1}}{p^2}$$

由以上三式就推出所要的结论. 因此,我们可取

$$x_i=(2+\sqrt{2})(\sqrt{2}i-[\sqrt{2}i]),i=0,1,2,\cdots$$

应该指出,这里构造的数列$\{x_i\}$是无理数列,而在解法 1 中构造的是有理数列. 对 $a=1$ 是否也能构造出一个满足条件的有理数列呢? 尚不知晓. 可能回答是否定的.

解法 3　先证一个引理:

对于自然数 p,q,如果 $p<(4-\sqrt{2})q$,那么

$$|p-\sqrt{2}q|>\frac{1}{4q}$$

又

$$|p-\sqrt{2}q|=\frac{|p^2-2q^2|}{p+\sqrt{2}q}>\frac{1}{(4-\sqrt{2})q+\sqrt{2}q}=\frac{1}{4q}$$

构造数列

$$x_n=4(\sqrt{2}n-[\sqrt{2}n]),n=1,2,\cdots$$

显然 $|x_n|\leqslant 4$,即$\{x_n\}$有界.

当 $i>j\geqslant 1$ 时

$$|x_i-x_j|=4|(i-j)\sqrt{2}-([\sqrt{2}i]-[\sqrt{2}j])|$$

因为

$$\begin{aligned}[\sqrt{2}i]-[\sqrt{2}j]&<\sqrt{2}i-\sqrt{2}j+1\leqslant\\&\sqrt{2}(i-j)+(i-j)=\\&(\sqrt{2}+1)(i-j)<\\&(4-\sqrt{2})(i-j)\end{aligned}$$

所以

$$|x_i-x_j|>4\cdot\frac{1}{4(i-j)}$$

即

$$|x_i-x_j|\cdot|i-j|>1$$

解法 4　我国队员罗炜构造出如下数列

$$x_n=9\cdot\left(n-\left[\frac{n}{\sqrt{2}}\right]\sqrt{2}\right),n=0,1,2,\cdots$$

显然

$$|x_n|=9\times\sqrt{2}\left(\frac{n}{\sqrt{2}}-\left[\frac{n}{\sqrt{2}}\right]\right)\leqslant 9\times\sqrt{2}$$

即$\{x_n\}$有界. 然后,证明一个引理:

设 p 为正整数,q 为非负整数,那么

$$|p-\sqrt{2}q|>\frac{1}{9p}$$

于是,对所有自然数 i,j,且 $i\neq j$,不妨设 $i>j$,由此引理可得

$$|x_i-x_j|=9\cdot\left|(i-j)-\left(\left[\frac{i}{\sqrt{2}}\right]-\left[\frac{j}{\sqrt{2}}\right]\right)\sqrt{2}\right|>\frac{1}{|i-j|}$$

即

$$|x_i-x_j||i-j|>1$$

解法 5 对任何非负整数 n,设它的十进制表示为

$$n=b_0+b_1 10+b_2 10^2+\cdots+b_k 10^k$$

其中 $b_0,b_1,\cdots,b_k\in\{0,1,2,\cdots,9\}$. 令

$$y_n=b_0+b_1 10^{-a}+b_2 10^{-2a}+\cdots+b_k 10^{-ka}$$

那么

$$|y_n|\leqslant 9(1+10^{-a}+10^{-2a}+\cdots)=\frac{9}{1-10^{-a}}=\frac{9\times 10^a}{10^a-1}$$

所以数列 $y_0,y_1,y_2,\cdots$ 有界,任取自然数 i,j,且 $i\neq j$,不妨设 $i>j$,令

$$i=c_0+c_1 10+c_2 10^2+\cdots+c_m 10^m$$
$$j=d_0+d_1 10+d_2 10^2+\cdots+d_l 10^l$$

记 $t=\min\{s;c_s\neq d_s\}$,那么 $|i-j|\geqslant 10^i$,且

$$|y_i-y_j|\geqslant 10^{-ia}-9[10^{-(i+1)a}+10^{-(i+2)a}+\cdots]=10^{-ia}-9\times 10^{-(i+1)a}\cdot\frac{1}{1-10^{-a}}$$

所以

$$|y_i-y_j||i-j|^a\geqslant 1-\frac{9}{10^a}\cdot\frac{1}{1-10^{-a}}=1-\frac{9}{10^a-1}=\frac{10^a-10}{10^a-1}$$

令

$$x_n=\frac{10^a-1}{10^a-10}y_n,n=0,1,2,\cdots$$

那么数列 $x_0,x_1,x_2,\cdots$ 满足所要求的条件.

第 32 届国际数学奥林匹克英文原题

The thirty-second International Mathematical Olympiad was held from July 12th to July 23rd 1991 in Upsala and Sigtuna.

❶ Given a $\triangle ABC$, let I be the centre of its inscribed circle. The internal bisectors of the angles A, B, C meet the opposite sides in A', B', C' respectively. Prove that

$$\frac{1}{4}<\frac{AI \cdot BI \cdot CI}{AA' \cdot BB' \cdot CC'}\leqslant\frac{8}{27}$$

(USSR)

❷ Let $n>6$ be an integer and $a_1, a_2, \cdots, a_k$ be all natural numbers less than n and relatively prime to n. If

$$a_2-a_1=a_3-a_2=\cdots=a_k-a_{k-1}>0$$

prove that n must be either a prime number or a power of 2.

(Romania)

❸ Let $S=\{1,2,3,\cdots,280\}$. Find the smallest integer n such that each n-element Subset of S contains five numbers which are pairwise prime.

(China)

❹ Suppose G is a connected graph with k edges. Prove that it is possible to label the edges $1,2,3,\cdots,k$ in such a way that at each vertex which belongs to two or more edges the greatest common divisor of the integers labelling those edges is equal to 1.

(USA)

❺ Let ABC be a triangle and P an interior point in $\triangle ABC$. Show that at least one of the angles $\angle PAB$, $\angle PBC$, $\angle PCA$ is less than or equal to $30°$.

(France)

6 An infinite sequence $x_0, x_1, x_2, \cdots$ of real numbers is said to be bounded if there is a constant C such that $|x_i| \leqslant C$ for every $i \geqslant 0$. Given any real number $a > 1$, construct a bounded infinite sequence $x_0, x_1, x_2, \cdots$ such that

$$|x_i - x_j| |i - j|^a \geqslant 1$$

for every pair of distinct non-negative integers i, j.

(Netherlands)

第 32 届国际数学奥林匹克各国成绩表

1991，瑞典

名次	国家或地区	分数（满分 252）	奖牌 金牌	银牌	铜牌	参赛队人数
1.	苏联	241	4	2	—	6
2.	中国	231	4	2	—	6
3.	罗马尼亚	225	3	2	1	6
4.	德国	222	1	5	—	6
5.	美国	212	1	4	1	6
6.	匈牙利	209	2	3	1	6
7.	保加利亚	192	—	3	3	6
8.	伊朗	191	2	1	2	6
9.	越南	191	—	4	2	6
10.	印度	187	—	3	3	6
11.	捷克斯洛伐克	186	—	4	1	6
12.	日本	180	—	2	2	6
13.	法国	175	1	1	4	6
14.	加拿大	164	1	2	2	6
15.	波兰	161	—	2	4	6
16.	南斯拉夫	160	—	2	3	6
17.	韩国	151	—	1	4	6
18.	奥地利	142	—	2	3	6
19.	英国	142	1	—	2	6
20.	澳大利亚	129	—	—	3	6
21.	瑞典	125	—	2	1	6
22.	比利时	121	—	—	3	6
23.	以色列	115	—	1	2	6
24.	土耳其	111	—	—	4	6
25.	泰国	103	—	1	1	6
26.	哥伦比亚	96	—	—	2	6
27.	阿根廷	94	—	—	3	6
28.	新加坡	94	—	1	1	6
29.	中国香港	91	—	—	2	6
30.	新西兰	91	—	—	2	6

续表

名次	国家或地区	分数（满分 252）	奖牌 金牌	银牌	铜牌	参赛队人数
31.	摩洛哥	85	—	—	1	6
32.	挪威	85	—	—	3	6
33.	希腊	81	—	—	2	6
34.	古巴	80	—	—	2	6
35.	墨西哥	76	—	—	1	6
36.	意大利	74	—	—	1	6
37.	巴西	73	—	—	1	6
38.	荷兰	73	—	—	1	6
39.	突尼斯	69	—	—	2	4
40.	芬兰	66	—	—	1	6
41.	西班牙	66	—	—	1	6
42.	丹麦	49	—	—	—	5
43.	爱尔兰	47	—	—	—	6
44.	特立尼达一多巴哥	46	—	—	—	4
45.	菲律宾	42	—	—	2	4
46.	葡萄牙	42	—	—	—	6
47.	蒙古	33	—	—	—	6
48.	印尼	30	—	—	—	6
49.	卢森堡	30	—	—	1	2
50.	冰岛	29	—	—	1	6
51.	瑞士	29	—	—	1	1
52.	塞浦路斯	25	—	—	—	4
53.	阿尔及利亚	20	—	—	—	6
54.	中国澳门	18	—	—	—	6
55.	巴林	4	—	—	—	6

第 32 届国际数学奥林匹克预选题

1 设 P 是任意 $\triangle ABC$ 内任一点. 从 P 向边 AC 和 BC 作垂线, 垂足分别为 P_1 和 P_2. 联结 AP, BP 且过 C 作 AP 和 BP 的垂线, 垂足分别为 Q_1, Q_2. 证明直线 Q_1P_2, Q_2P_1 和 AB 共点.

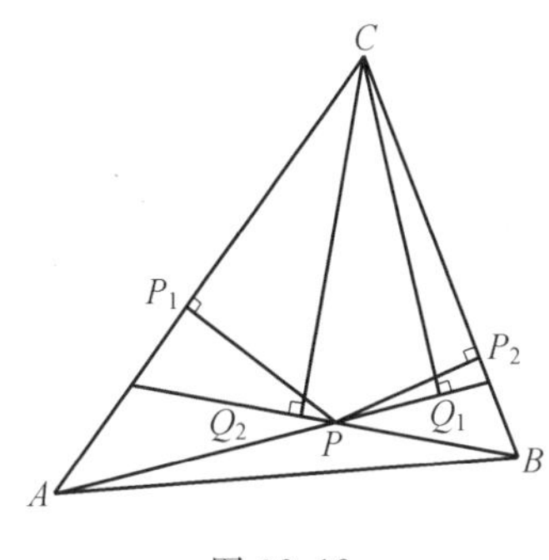

图 32.12

证明 因为 $\angle CP_1P$, $\angle CP_2P$, $\angle CQ_2P$, $\angle CQ_1P$ 都是直角, 所以点 C, P_1, Q_2, P, Q_1, P_2 都在以 CP 为直径的圆上, 即 $CP_1Q_2PQ_1P_2$ 是圆内接六边形, 如图 32.12.

由于 CP_1 与 PQ_1 交于点 A, CP_2 与 Q_2P 交于点 B, 根据帕斯卡(Pascal) 定理知, Q_1P_2 与 Q_2P_1 的交点与 A, B 三点共线, 即 Q_1P_2 与 Q_2P_1 的交点在 AB 上, 从而 Q_1P_2, Q_2P_1 和 AB 三线共点.

注 帕斯卡定理:圆内接六边形的三双对边(如果对边都不平行) 的交点共线.

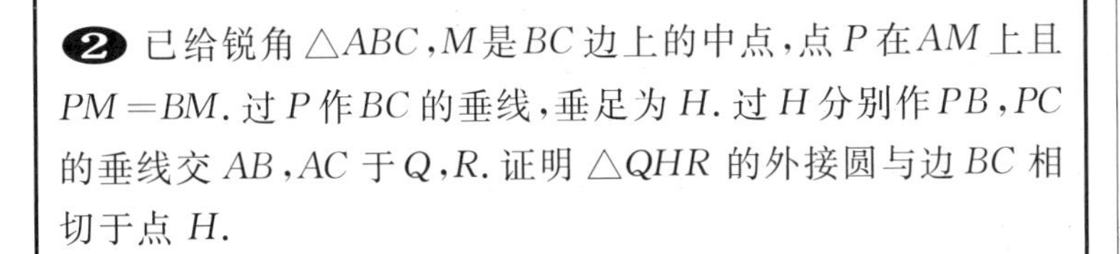
2 已给锐角 $\triangle ABC$, M 是 BC 边上的中点, 点 P 在 AM 上且 $PM=BM$. 过 P 作 BC 的垂线, 垂足为 H. 过 H 分别作 PB, PC 的垂线交 AB, AC 于 Q, R. 证明 $\triangle QHR$ 的外接圆与边 BC 相切于点 H.

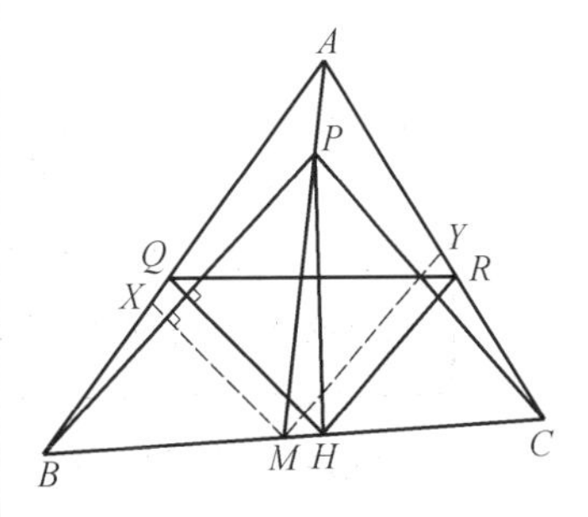

图 32.13

证明 过 M 分别作 PB, PC 的垂线交 AB, AC 于点 X, Y. 在 $\triangle BCP$ 中, 依题意 $PM=BM=MC$, 故 $\angle BPC=90^\circ$, 于是 $\angle QHR=90^\circ$, 如图 32.13.

欲证 BC 切 $\triangle QHR$ 的外接圆于点 H, 只需证

$$\angle RHC=\angle RQH \Leftrightarrow \angle PBC=\angle RQH \Leftrightarrow$$

$$\mathrm{Rt}\triangle PBC \backsim \mathrm{Rt}\triangle HQR \Leftrightarrow \frac{PC}{PB}=\frac{RH}{QH}$$

设 $\frac{PC}{PB}=\frac{1}{t}$. 因 YM 垂直等腰 $\triangle PMC$ 的底边 PC, 故 YM 是 $\angle PMC$ 的角平分线. 同理 XM 是 $\angle PMB$ 的角平分线, 于是

$$\frac{AX}{XB}=\frac{AM}{MB}=\frac{AY}{YC}$$

所以

$$XY \parallel BC$$

$$\mathrm{Rt}\triangle XYM \backsim \mathrm{Rt}\triangle CBP$$

$$\frac{XM}{MY}=\frac{PC}{PB}=\frac{1}{t}$$

$$\frac{CH}{HB}=\frac{CH\cdot BC}{HB\cdot BC}=\frac{PC^2}{PB^2}=\frac{1}{t^2}$$

$$\frac{CH}{CM}=\frac{1}{\frac{1+t^2}{2}}=\frac{RH}{MY}$$

$$\frac{BH}{BM}=\frac{t^2}{\frac{1+t^2}{2}}=\frac{QH}{MX}$$

因此

$$RH=\frac{1}{\frac{1+t^2}{2}}\cdot MY=\frac{2}{1+t^2}\cdot t\cdot MX=$$

$$\frac{2}{1+t^2}\cdot t\cdot\frac{1}{t^2}\cdot\frac{1+t^2}{2}\cdot QH=$$

$$\frac{1}{t}QH$$

故

$$\frac{RH}{QH}=\frac{1}{t}$$

3 设 S 是 $\triangle PQR$ 外接圆上任一点，则从 S 向该三角形三边引垂线所得的三个垂足在一条直线上，用 $l(S,PQR)$ 表示这条直线. $ABCDEF$ 是一个圆内接六边形，证明 $l(A,BDF)$, $l(B,ACE)$, $l(D,ABF)$, $l(E,ABC)$, $l(B,ADF)$ 和 $l(C,ABE)$ 共点的充分必要条件是 $CDEF$ 为矩形.

证明 在复平面上考虑这个问题. 不妨设六边形 $ABCDEF$ 内接于以原点为圆心的单位圆. 我们用同一个字母表示平面上的点和它相应的复数. 先证一个引理：

引理：若 P,Q,R,S 是单位圆上任意四点，则 $l(S,PQR)$ 通过点 $z=\frac{P+Q+R+S}{2}$.

设 P',Q',R' 分别是从 S 到直线 QR,RP,PQ 的垂线的垂足，欲证的是 P',Q',R' 和 z 在同一条直线上.

对单位圆上的任意一点 X，有

$$X\overline{X}=1,\overline{X}=\frac{1}{X} \qquad ①$$

由于 P' 在直线 QR 上,所以 $\frac{P'-Q}{R-Q}$ 为实数,从而

$$\frac{P'-Q}{R-Q}=\overline{\left(\frac{P'-Q}{R-Q}\right)}$$

所以

$$(P'-Q)(\overline{R}-\overline{Q})=(\overline{P}'-\overline{Q})(R-Q) \quad ②$$

因为直线 SP' 通过点 X 垂直直线 QR,所以 $\arg\frac{P'-S}{R-Q}=\pm\frac{\pi}{2}$,即 $\frac{P'-S}{R-Q}$ 是纯虚数,于是

$$\frac{P'-S}{R-Q}+\overline{\left(\frac{P'-S}{R-Q}\right)}=0$$

所以

$$(P'-S)(\overline{R}-\overline{Q})+(\overline{P}'-\overline{S})(R-Q)=0 \quad ③$$

从 ② 和 ③ 中消去 $\overline{P}'$,得

$$P'=\frac{1}{2}\left(Q+R+S-\frac{QR}{S}\right)$$

同样可得

$$Q'=\frac{1}{2}\left(R+P+S-\frac{RP}{S}\right)$$

$$R'=\frac{1}{2}\left(P+Q+S-\frac{PQ}{S}\right)$$

所以

$$z-P'=\frac{1}{2}\left(P+\frac{QR}{S}\right)$$

$$z-Q'=\frac{1}{2}\left(Q+\frac{RP}{S}\right)$$

$$z-R'=\frac{1}{2}\left(R+\frac{PQ}{S}\right)$$

由于 P,Q,R,S 在单位圆上,设 $P=p^2,Q=q^2,R=r^2,S=s^2$,则

$$z-P'=\frac{pqr}{2s}\left(\frac{ps}{qr}+\frac{qr}{ps}\right) \quad ④$$

$$z-Q'=\frac{pqr}{2s}\left(\frac{qs}{rp}+\frac{rp}{qs}\right) \quad ⑤$$

$$z-R'=\frac{pqr}{2s}\left(\frac{rs}{pq}+\frac{pq}{rs}\right) \quad ⑥$$

由 ① 知,④,⑤,⑥ 中括号内的两数之和为实数. 因 $z-P'$,$z-Q'$,$z-R'$ 任两个之比为实数,所以点 z,P',Q',R' 在同一条直线上. 引理证毕.

由上面的证明易知,对于单位圆上任意四个不同的点 P,Q,R,S,$l(S,PQR)$ 和 $l(P,SQR)$ 是同一条直线的充分必要条件是

$S=-P$.

因 $l(A,BDF)$,$l(D,ABF)$,$l(B,ADF)$ 都通过点 $\frac{1}{2}(A+B+D+F)$,$l(B,ACE)$,$l(E,ABC)$,$l(C,ABE)$ 都通过点 $\frac{1}{2}(A+B+C+E)$. 于是上述六条线共点的充分必要条件是

$$C+E=D+F \quad ⑦$$

即 $CDEF$ 为一平行四边形(由 ⑦ 知 $CDEF$ 的对角线互相平分),而 $CDEF$ 内接于圆,故 ⑦ 等价于 $CDEF$ 为矩形.

4 设 P 是 $\triangle ABC$ 内一点,求证:$\angle PAB$,$\angle PBC$,$\angle PCA$ 中至少有一个小于或等于 $30°$.

证明 此题是本届竞赛试题 5.

5 在 $\triangle ABC$ 中,$\angle A=60°$. 过此三角形的内心 I 作直线 IF 平行 AC 交 AB 于 F. 点 P 在 BC 边上且 $3BP=BC$. 证明 $\angle BFP=\frac{1}{2}\angle B$.

证法 1 设 $BC=a$,$AC=b$,$AB=c$. 联接 BI,CI 并延长分别交 AC,AB 于 G,H,如图 32.14.

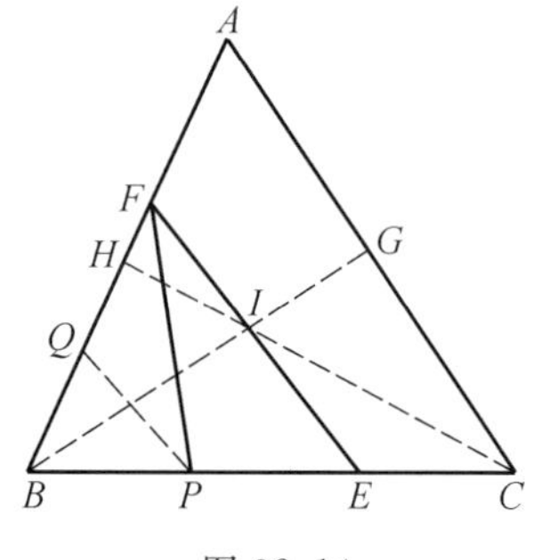

图 32.14

因 I 是内心,故

$$\angle BIC=90°+\frac{1}{2}\angle A=120°=180°-\angle A$$

所以

$$\angle A+\angle HIG=180°$$

于是 A,H,I,G 四点共圆,$\angle AHI+\angle AGI=180°$,由此得

$$\angle BHI+\angle CGI=180°$$

$$\sin\angle BHI=\sin\angle CGI$$

所以

$$\frac{BI}{BH}=\frac{\sin\angle BHI}{\sin\angle HIB}=\frac{\sin\angle CGI}{\sin\angle GIC}=\frac{IC}{CG}$$

即

$$\frac{BI}{IC}=\frac{BH}{CG}$$

由于 BG,CH 为角平分线,所以

$$BH=\frac{ac}{a+b}$$

$$CG=\frac{ab}{a+c}$$

从而

$$\frac{BI}{IC}=\frac{c(a+c)}{b(a+b)} \quad ①$$

作 $PQ \parallel AC$ 交 AB 于 Q，于是 $\angle FQP=120^{\circ}$

$$\frac{PQ}{AC}=\frac{BP}{BC}=\frac{1}{3}$$

所以

$$PQ=\frac{1}{3}b$$

又 $\frac{AF}{AB}=\frac{IG}{BG}=\frac{CG}{BC+CG}=\frac{b}{a+b+c}$，所以

$$AF=\frac{bc}{a+b+c}$$

$$QF=\frac{2}{3}c-\frac{bc}{a+b+c}=\frac{(2a+2c-b)c}{3(a+b+c)}$$

因此

$$\frac{QF}{PQ}=\frac{c(2a+2c-b)}{b(a+b+c)} \quad ②$$

在 $\triangle ABC$ 中，因 $\angle A=60^{\circ}$，由余弦定理得

$$a^{2}=b^{2}+c^{2}-bc$$

所以

$$c(a+c)=(a+b)(a-b+c)$$

$$\frac{c(a+c)}{b(a+b)}=\frac{(a-b+c)c}{bc}=\frac{(a-b+c)c+c(a+c)}{bc+b(a+b)}=\frac{c(2a+2c-b)}{b(a+b+c)} \quad ③$$

由 ①，②，③ 知

$$\frac{BI}{IC}=\frac{QF}{PQ}$$

又因为 $\angle BIC=\angle FQP=120^{\circ}$，所以

$$\triangle BIC \backsim \triangle FQP$$

故

$$\angle BFP=\angle IBC=\frac{1}{2}\angle B$$

证法 2 设 $BC=3$，则 $BP=1$. 又令 $\angle B=\frac{\pi}{3}+2\alpha$，$\angle C=\frac{\pi}{3}-2\alpha$. 三角形的内切圆半径 r 和外接圆半径 R 有熟知的关系式

$$r=4R\sin\frac{A}{2}\sin\frac{B}{2}\sin\frac{C}{2}$$

所以

$$r=4\sin\frac{A}{2}\sin\frac{B}{2}\sin\frac{C}{2}\cdot\frac{a}{2\sin A}=$$

$$\frac{a\sin\frac{B}{2}\sin\frac{C}{2}}{\cos\frac{A}{2}}=$$

$$\frac{a}{\sqrt{3}}\left(\cos 2\alpha-\cos\frac{\pi}{3}\right)=$$

$$\sqrt{3}\left(\cos 2\alpha-\frac{1}{2}\right) \qquad ①$$

作 $FM\perp AC$ 垂足为 M，则 $FM=r$. 在 $\triangle AFM$ 中

$$AF=\frac{r}{\sin A}=\frac{\sqrt{3}\left(\cos 2\alpha-\frac{1}{2}\right)}{\frac{\sqrt{3}}{2}}=$$

$$2\left(\cos 2\alpha-\frac{1}{2}\right)$$

所以

$$BF=AB-AF=\frac{BC\sin\left(\frac{\pi}{3}-2\alpha\right)}{\sin A}-AF=$$

$$\sqrt{3}(\sqrt{3}\cos 2\alpha-\sin 2\alpha)-2\left(\cos 2\alpha-\frac{1}{2}\right)=$$

$$\cos 2\alpha-\sqrt{3}\sin 2\alpha+1=$$

$$2\cos^2\alpha-2\sqrt{3}\sin\alpha\cos\alpha=$$

$$4\cos\alpha\cos\left(\frac{\pi}{3}+\alpha\right) \qquad ②$$

在 $\triangle BFP$ 中用余弦定理，得

$$FP^2=BF^2+BP^2-2BF\cdot BP\cos B=$$

$$16\cos^2\alpha\cos^2\left(\frac{\pi}{3}+\alpha\right)+1-$$

$$8\cos\alpha\cos\left(\frac{\pi}{3}+\alpha\right)\cos\left(\frac{\pi}{3}+2\alpha\right)=$$

$$8\cos\alpha\cos\left(\frac{\pi}{3}+\alpha\right)\left[2\cos\alpha\cos\left(\frac{\pi}{3}+\alpha\right)-\right.$$

$$\left.\cos\left(\frac{\pi}{3}+2\alpha\right)\right]+1=$$

$$8\cos\alpha\cos\left(\frac{\pi}{3}+\alpha\right)\left[\cos\alpha\cos\left(\frac{\pi}{3}+\alpha\right)+\right.$$

$$\left.\sin\alpha\sin\left(\frac{\pi}{3}+\alpha\right)\right]+1=$$

$$8\cos\alpha\cos\left(\frac{\pi}{3}+\alpha\right)\cos\frac{\pi}{3}+1=$$

$$4\cos\alpha\cos\left(\frac{\pi}{3}+\alpha\right)+1=$$
$$2\left[\cos\left(\frac{\pi}{3}+2\alpha\right)+\cos\frac{\pi}{3}\right]+1=$$
$$2\left[\cos\left(\frac{\pi}{3}+2\alpha\right)+1\right]=$$
$$4\cos^2\left(\frac{\pi}{6}+\alpha\right)$$

所以

$$FP=2\cos\left(\frac{\pi}{6}+\alpha\right)$$

在 $\triangle BFP$ 中,用正弦定理,得

$$\frac{2\cos\left(\frac{\pi}{6}+\alpha\right)}{\sin\left(\frac{\pi}{3}+2\alpha\right)}=\frac{1}{\sin\angle BFP}$$

所以

$$\sin\angle BFP=\sin\left(\frac{\pi}{6}+\alpha\right)=\sin\frac{B}{2}$$

由于 $\angle BFP+\frac{\angle B}{2}<180^\circ$,故 $\angle BFP=\frac{1}{2}\angle B$.

6 $\triangle ABC$ 的内心为 I,$\angle A$,$\angle B$,$\angle C$ 的内角平分线分别与它的对边交于 A',B',C'. 证明

$$\frac{1}{4}<\frac{AI\cdot BI\cdot CI}{AA'\cdot BB'\cdot CC'}\leqslant\frac{8}{27}$$

证明 此题为本届竞赛试题 1.

7 设 O 是四面体 $ABCD$ 的外接球球心,L,M,N 分别是 BC,CA,AB 的中点. 设

$$AB+BC=AD+CD,BC+CA=BD+AD$$
$$CA+AB=CD+BD$$

证明 $\angle LOM=\angle MON=\angle NOL$.

证明 由题设

$$AB+BC=AD+CD \quad ①$$
$$BC+AC=BD+AD \quad ②$$
$$AC+AB=CD+BD \quad ③$$

①+②+③ 得

$$AB+BC+AC=AD+BD+CD \quad ④$$

从 ①,②,③,④ 可得

$$BC = AD, AB = CD, AC = BD$$

令 L_1, M_1, N_1 分别是 AD, BD, CD 的中点,则

$$L_1M_1 = \frac{1}{2}AB = LM$$

$$L_1M_1 \parallel AB \parallel LM$$

且

$$L_1M = \frac{1}{2}CD = LM$$

$$L_1M \parallel CD \parallel LM_1$$

所以 L_1, M_1, L, M 在同一平面上,且 L_1M_1LM 为菱形. 同样地,M_1N_1MN, L_1N_1LN 也是菱形. 设 Q 是 L_1L 的中点,则 Q 也是 M_1M, N_1N 的中点,且

$$QN \perp QM, QN \perp QL$$

所以

$$NN_1 \perp AB, NN_1 \perp CD$$

Q 就是外心 O,所以

$$\angle LOM = \angle MON = \angle NOL = 90^\circ$$

8 S 是平面上 $n(n \geqslant 3)$ 个点组成的集合. S 中任意三点不共线. 证明平面上存在一个含有 $2n-5$ 个点的集合 P 满足条件:S 中任意三点所组成的三角形内部至少有一个 P 中的点.

证明 S 中 n 个点每两点连一直线共有 C_n^2 条,故存在与这 C_n^2 条直线不垂直的直线,取一条这样的直线为 x 轴,任取一条与 x 轴垂直的直线为 y 轴. 设 $S=\{P_1, P_2, \cdots, P_n\}$ 中的点 P_i 的坐标为 $(x_i, y_i), i=1,2,\cdots,n$,且不妨设

$$x_1 < x_2 < \cdots < x_n$$

令 $d(P_i, P_jP_k)$ 表示点 P_i 到直线 P_jP_k 的距离,且设

$$d = \frac{1}{2}\min_{i\neq j\neq k} d(P_i, P_jP_k)$$

在平面上取一个有 $2n-4$ 个点的集合 T 为

$$T=\{(x_2, y_2-d), (x_2, y_2+d), (x_3, y_3-d), (x_3, y_3+d), \cdots, (x_{n-1}, y_{n-1}-d), (x_{n-1}, y_{n-1}+d)\}$$

对满足 $1 \leqslant k < l < m \leqslant n$ 的任意三个整数 k, l, m, $\triangle P_kP_lP_m$ 必含有点 (x_l, y_l-d) 和点 (x_l, y_l+d) 中的一个,从而集合 T 具有题设要求的性质. 下证 T 中至少有一点是可以去除的.

事实上,因 S 中无三点共线,故 S 的凸包的顶点至少有三个,取其中的一个 $P_i(1 < i < n)$,则 (x_i, y_i-d) 和 (x_i, y_i+d) 中必有

一个不在 S 的凸包内，去掉这个点，得到的具有 $2n-5$ 个点所组成的集合仍有题设性质.

9 在平面上给定一个由 1 991 个点组成的集合 E，某些点之间有边相连. 设 E 中的每一点都至少和 E 中的另外 1 593 个点有边相连. 证明存在 E 中的六个点，它们两两之间都有边相连.

是否存在一个 1 991 个点组成的点集 E，E 中的每一个点都至少与另外的 1 592 个点有边相连，但 E 中任意的 6 个点中，至少有 2 个点没有边相连？

证明 设 A_1，A_2 是 E 中两个有边相连的点. 在 $E\backslash\{A_1, A_2\}$ 中，至少有 1 592 个点与 A_1 有边相连，从而不与 A_1 相连的点至多有 $1\ 989-1\ 592=397$(个)，同样不与 A_2 相连的点也至多有 397 个. 于是在 $E\backslash\{A_1, A_2\}$ 中，既与 A_1 又与 A_2 有边相连的点至少有 $1\ 989-2\times 397=1\ 195$(个)，取其中的一个设为 A_3. 在 $E\backslash\{A_1, A_2, A_3\}$ 中，与 A_1，A_2 都有边相连的点至少有 1 194 个，与 A_3 不相连的点至多有 397 个，所以与 A_1，A_2，A_3 都有边相连的点至少有 $1\ 194-397=797$(个)，取其中的一个为 A_4. 在 $E\backslash\{A_1, A_2, A_3, A_4\}$ 中，与 A_1，A_2，A_3 都有边相连的点至少有 796 个，而与 A_4 不相连的点至多有 397 个，故与 A_1，A_2，A_3，A_4 都有边相连的点至少有 $796-397=399$(个). 取其中的一个为 A_5. 则与这 5 点 A_1，A_2，A_3，A_4，A_5 都有边相连的点至少有 $398-397=1$(个)，取这个点为 A_6，那么这 6 个点即为所求.

在平面上取 1 991 个点，用 1 到 1 991 这 1 991 个自然数将它们一一标号. 对任意 2 个点 i，j，当且仅当 $i-j$ 是 5 的倍数时，i 与 j 之间没有边相连. 因为 $1\ 991-\left[\frac{1\ 991}{5}\right]-1=1\ 592$，所以每个点都与另外 1 592 或 1 593 个点有边相连，但任取 6 个点，一定有 2 个点 i，j，$i\equiv j \pmod 5$，所以这两点就是两个不相连的点.

10 设 G 是一个有 k 条棱的连通图. 求证：可以将 G 的棱标号为 $1,2,\cdots,k$ 使得在每一个属于两条或更多条棱的顶点，过该顶点各条棱的标号数的最大公因子是 1.

证明 此题是本届竞赛试题 4.

11 证明

$$\frac{1}{1\ 991}C_{1\ 991}^{0}-\frac{1}{1\ 990}C_{1\ 990}^{0}+\frac{1}{1\ 989}C_{1\ 989}^{2}-\cdots+$$
$$\frac{(-1)^{m}}{1\ 991-m}C_{1\ 991-m}^{m}+\cdots-\frac{1}{996}C_{996}^{995}=\frac{1}{1\ 991}$$

证明 对于 $n=1,2,\cdots$,令

$$S(n)=\sum_{m}(-1)^{m}C_{n-m}^{m}$$

这里的和式从 $m=0$ 起,经过所有的非零项(注:当 $x>y$ 时,定义 $C_{y}^{x}=0$).因为

$$\begin{aligned}S(n+1)-S(n)=&\sum_{m}(-1)^{m}(C_{n+1-m}^{m}-C_{n-m}^{m})=\\&\sum_{m}(-1)^{m}C_{n-m}^{m-1}=\\&\sum_{m}(-1)^{m}C_{n-m-(m-1)}^{m-1}=\\&(-1)\sum_{m}(-1)^{m-1}C_{n-1}^{m-1}=\\&-S(n-1)\end{aligned}$$

所以

$$S(n+1)=S(n)-S(n-1) \quad ①$$

因 $S(0)=S(1)=1$,我们有

$$S(2)=0,S(3)=-1,S(4)=-1$$
$$S(5)=0,S(6)=1,S(7)=1$$

由递推公式 ① 便知,若

$$m\equiv n(\bmod 6)$$

则

$$S(m)=S(n)$$

因为

$$\frac{n}{n-m}C_{n-m}^{m}=C_{n-m}^{m}+C_{n-m-1}^{m-1}$$

所以

$$\begin{aligned}&1\ 991\cdot\left\{\frac{1}{1\ 991}C_{1\ 991}^{0}-\frac{1}{1\ 990}C_{1\ 990}^{1}+\frac{1}{1\ 989}C_{1\ 989}^{2}-\cdots+\right.\\&\left.\frac{(-1)^{m}}{1\ 991-m}C_{1\ 991-m}^{m}+\cdots-\frac{1}{996}C_{996}^{995}\right\}=\\&S(1\ 991)-S(1\ 989)=\\&S(5)-S(3)=\\&0-(-1)=1\end{aligned}$$

12 设 $S=\{1,2,3,\cdots,280\}$. 求最小的自然数 n 使得 S 的每个有 n 个元素的子集都含有 S 个两两互素的数.

证明 此题为本届竞赛试题 3.

13 正整数 $n(n\geqslant 2)$,设整数 $a_1,a_2,\cdots,a_n$ 不能被 n 整除,且 n 不整除 $a_1+a_2+\cdots+a_n$. 证明至少存在 n 个由 0 或 1 组成的不同数列 $(e_1,e_2,\cdots,e_n)$,使得 n 整除 $e_1a_1+e_2a_2+\cdots+e_na_n$.

证明 显然 $e_1=e_2=\cdots=e_n=0$ 是满足题意的一个数列,下面考虑的是 $e_1,e_2,\cdots,e_n$ 不全为 0 的情形. 先证这种数列是存在的. 事实上,令

$$b_0=0,b_i=a_1+\cdots+a_i,i=1,2,\cdots,n$$

则 $b_0,b_1,\cdots,b_n$ 这 $n+1$ 个数中一定有两个数 $b_i,b_j(i<j)$,使得

$$b_i\equiv b_j\pmod n$$

即

$$n\mid b_j-b_i,n\mid a_{i+1}+\cdots+a_j$$

现设已有 k 个不同数列

$$(e_{i1},e_{i2},\cdots,e_{ik}),i=1,2,\cdots,k$$

满足题述性质,其中 $1\leqslant k\leqslant n-2$,则这些数列有如下性质:

(1) 每一个数列中至少有一个 0;

(2) 每一个数列中至少有两个 1.

可以找到 $(1,2,\cdots,n)$ 的一个排列 $(\sigma(1),\sigma(2),\cdots,\sigma(n))$,使得每一个数列

$$(e_{i\sigma(1)},e_{i\sigma(2)},\cdots,e_{i\sigma(n)}),i=1,2,\cdots,k$$

中 1 不全相连,即至少有一个 0 把它们隔开.

下用数学归纳法证明这一事实.

当 $k=1$ 时,上述命题对任意的 $n\geqslant 3$ 成立.

设 $1\leqslant k\leqslant s$ 时,命题对任意的 $n\geqslant k+2$ 成立,现考虑 $k=s+1$ 时的情况. 对 $n\geqslant s+3$,在数列 $(e_{i1},e_{i2},\cdots,e_{in})$ 中,如果仅有一个 0 或者仅有两个 1,则称这种 0 和 1 为“特殊的”. 每一个数列中最多有两个特殊的数. 于是,特殊数的总数不超过 $2k=2s+2$. 由于 $n\geqslant k+2=s+3$,故存在 $1\leqslant m\leqslant n$,使得 $e_{1m},e_{2m},\cdots,e_{(s+1)m}$ 都不是特殊数. 于是对任意的 $2\leqslant i\leqslant s+1$,数列 $(e_{i2},\cdots,e_{in})$ 中至少有一个为 0,同时至少有两个 1,且 $n-1\geqslant s+2$. 由归纳假设知,存在 $(2,3,\cdots,n)$ 的一个排列 $(\sigma'(2),\cdots,\sigma'(n))$,使得每一个

$$(e_{i\sigma'(2)},\cdots,e_{i\sigma'(n)}),2\leqslant i\leqslant s+1$$

中的 1 不全相连.

如果$(e_{11},e_{i\sigma'(2)},\cdots,e_{i\sigma'(n)})$中的 1 全相连,当 $e_{11}=1$ 时,令

$$\sigma(i)=\begin{cases}\sigma'(i+1),1\leqslant i\leqslant n-1\\1,i=n\end{cases}$$

则$(e_{i\sigma(1)},e_{i\sigma(2)},\cdots,e_{i\sigma(n)})$,$1\leqslant i\leqslant s+1$ 中所有的 1 不全相连.

当 $e_{11}=0$ 时,则存在 $2\leqslant k<l\leqslant n$,使

$$e_{i\sigma'(j)}=\begin{cases}1,k\leqslant j\leqslant l\\0,\text{其他}\end{cases}$$

此时令

$$\sigma(i)=\begin{cases}\sigma'(i+1),1\leqslant i\leqslant k-1\\1,i=k\\\sigma'(i),k<i\leqslant n\end{cases}$$

则对所有 $1\leqslant i\leqslant s+1$,$(e_{i\sigma(1)},e_{i\sigma(2)},\cdots,e_{i\sigma(n)})$中的 1 也不全相连.这就证明了上述的命题.

令

$$c_0=0,c_i=a_{\sigma(1)}+\cdots+a_{\sigma(i)},i=1,2,\cdots,n$$

则有 $0\leqslant t<k\leqslant n$,使得

$$c_i\equiv c_k\pmod n$$

此即

$$n\mid a_{\sigma(i+1)}+\cdots+a_{\sigma(k)}$$

令

$$e_{(k+1)\sigma(j)}=\begin{cases}1,t+1\leqslant j\leqslant k\\0,\text{其他}\end{cases}$$

显然$(e_{(k+1)\sigma(1)},e_{(k+1)\sigma(2)},\cdots,e_{(k+1)\sigma(n)})$是满足题意的一个数列且与$(e_{i\sigma(1)},e_{i\sigma(2)},\cdots,e_{i\sigma(n)})$,$i=1,2,\cdots,k$ 不同.

由此即知存在 $n-1$ 个不同的非全零数列$(e_1,e_2,\cdots,e_n)$满足题述性质,从而证得了本题.

14 设 a,b,c 是整数,p 是一个奇素数.如果 x 对 $2p-1$ 个连续整数都有 $f(x)=ax^2+bx+c$ 是完全平方数,证明 p 整除 b^2-4ac.

证明 (1) 如果 s,t 是整数且 $p\nmid s$,则存在一个整数 n 使得

$$p\mid ns+t,0\leqslant n\leqslant p-1$$

因为 $p\mid(ns+t)-(ms+t)$ 的充要条件是 $p\mid n-m$,所以数

$$t,s+t,2s+t,\cdots,(p-1)s+t$$

模 p 各不相同,故其中必有一个是 p 的倍数.

(2) 对每个整数 n,存在一个整数 i,使得

$$p \mid n^2 - i^2, 0 \leqslant i \leqslant \frac{p-1}{2}$$

设 r 是 n 除以 p 的余数,则

$$p \mid n^2 - r^2, p \mid n^2 - (p-r)^2$$

而

$$0 < \min(r, p-r) \leqslant \frac{p-1}{2}$$

于是证得了上面的事实.

(3) 我们有如下恒等式

$$f(x) - f(y) = (x-y)(ax + ay + b) \quad ①$$

$$f(x+p) = f(x) + p(2ax+b) + p^2 a \quad ②$$

$$(2ax+b)^2 - 4af(x) = b^2 - 4ac \quad ③$$

现设 f 在 $g, g+1, \cdots, (g+1)(p-2)$ 上的值是完全平方数,但 $p \nmid b^2 - 4ac$.

(4) 若 $p \nmid a$,则存在两个整数 k, l 使得 $0 \leqslant k < l \leqslant p-1$,且

$$p \mid f(g+k), p \mid f(g+l)$$

如果对每个 $i \in [0, p-1]$, $f(g+i)$ 都不能被 p 整除,那么由 (2) 知,对每个 i,存在一个 $a_i \in \left[1, \frac{p-1}{2}\right]$,使得

$$p \mid f(g+i) - a_i^2$$

因为 $a_0, a_1, \cdots, a_{p-1}$ 至多取 $\frac{p-1}{2}$ 个值,所以存在 $u, v, w, 0 \leqslant u < v < w \leqslant p-1$,使得

$$a_u = a_v = a_w = a$$

因而

$$p \mid f(g+u) - f(g+v), p \mid f(g+v) - f(g+w)$$

由于 $p \nmid (u-v)(v-w)$,从式 ① 可得

$$p \mid 2ag + au + av + b$$

$$p \mid 2ag + av + aw + b$$

所以

$$p \mid a(u-w)$$

这是不可能的. 于是存在 $i \in [0, p-1]$,使得

$$p \mid f(g+i)$$

由式 ①,对每个 $j \in [0, p-1]$,有

$$f(g+i) - f(g+j) = (i-j)[a(g+i) + a(g+j) + b] = [aj + a(g+i) + ag + b](i-j)$$

令 $s = a, t = a(g+i) + ag + b$,由 (1) 知,存在 $j \in [0, p-1]$,使得 $p \mid sj + t$,即

$$p \mid aj + a(g+i) + ag + b$$

对这个 j, $p \mid f(g+j)$. 若 $i = j$,则 $p \mid 2a(g+i) + b$,由式 ③

知 $p \mid b^2-4ac$，矛盾．故 $i \neq j$．

(5) 根据(4)，存在 $j \in [0, p-2]$，使得 $p \mid f(g+j)$．由式①，可得 $p \mid f(g+p+j)$．因为 $f(g+j)$ 和 $f(g+p+j)$ 是完全平方数，故它们能被 p^2 整除，由式②，得

$$p \mid 2a(g+j)+b$$

结合式③，得 $p \mid b^2-4ac$，矛盾．

(6) 现设 $p \mid a$，则 $p \nmid b$．由于 p 是奇素数，从而存在 $i \in [2, p-1]$，使得对任何整数 n，$p \nmid n^2-i$．由 $p \nmid b$ 和(1) 知，存在 $j \in [0, p-1]$，使得

$$p \mid b(g+j)+c-i$$

由此得

$$p \mid f(g+j)-i$$

由于 $f(g+j)$ 是平方数，这与 i 的选取矛盾．

综上可知，$p \mid b^2-4ac$．

15 令 a_n 是n! 的十进制表达式中从个位数算起第一个非零数字．问数列 $a_1, a_2, \cdots, a_n$ 是否从某一项起是周期数列？

证明 如果存在一个自然数 N，使得 $a_{N+1}, a_{N+2}, \cdots$ 是周期数列，设其周期为 T，令

$$T = 2^{\alpha} \cdot 5^{\beta} \cdot \gamma$$

其中 α, β, γ 为非负整数，且$(\gamma, 10)=1$．取自然数 $m \geqslant \max\{\alpha, \beta\}$，且 $10^m > N$，$k=m+\varphi(\gamma)$（$\varphi(\gamma)$ 是欧拉函数，即 $\varphi(\gamma)$ 为$[1, \gamma]$ 中与 γ 互素的整数的个数）．由欧拉定理知

$$10^{\varphi(\gamma)}-1 \equiv 0 \pmod{\gamma}$$

所以

$$10^m(10^{\varphi(\gamma)}-1) \equiv 0 \pmod{T}$$

即

$$10^k \equiv 10^m \pmod{T} \quad ①$$

因$(10^k)! = 10^k \cdot (10^k-1)!$，所以

$$a_{10^k-1} = a_{10^k}$$

k 可取得足够大，由数列的周期性，有

$$a_{10^k-1+10^k-10^m} = a_{2 \cdot 10^k-10^m}$$

显然 $2 \cdot 10^k - 10^m$ 的第一个非零数字(从左向右算起) 是 9，又

$$(2 \cdot 10^k - 10^m) = (2 \cdot 10^k - 10^m)(2 \cdot 10^k - 10^m - 1)!$$

设

$$a_{2 \cdot 10^k-10^m-1} = s$$

则 $9 \cdot s$ 的末位数字是 s 的充要条件为 $s=5$，即

$$a_{2 \cdot 10^k-10^m-1} = 5$$

但这是不可能的.因为在 $n!$ 的素因子分解式中

$$n!=2^{\alpha}\cdot 3^{\beta}\cdot 5^{\gamma}\cdot\cdots$$

其中 $\alpha\geqslant\beta\geqslant\gamma\geqslant\cdots$,且

$$\alpha=\left[\frac{n}{2}\right]+\left[\frac{n}{2^2}\right]+\cdots>\left[\frac{n}{5}\right]+\left[\frac{n}{5^2}\right]+\cdots=\gamma$$

所以 $a_1,a_2,\cdots$ 不可能从某项起是周期数列.

16 设 n 是大于 6 的整数,且 $a_1,a_2,\cdots,a_k$ 是所有小于 n 且与 n 互素的自然数.如果

$$a_2-a_1=a_3-a_2=\cdots=a_k-a_{k-1}>0$$

求证:n 或者是素数或者是 2 的幂.

证明 此题为本届竞赛试题 2.

17 求方程

$$3^x+4^y=5^z$$

的所有正整数解.

证明 显然 $x=y=z=2$ 是一组解.下证没有其他的解.将不定方程模 3,可得

$$1\equiv 5^z\equiv 2^z\pmod 3$$

从而 z 是偶数.令 $z=2z_1$,则方程为

$$3^x+4^y=5^{2z_1}$$

$$(5^{z_1}-2^y)(5^{z_1}+2^y)=3^x$$

故

$$5^{z_1}-2^y=3^u$$

$$5^{z_1}+2^y=3^v$$

所以

$$2\cdot 5^{z_1}=3^u+3^v$$

u,v 中一定有一个为 0,易知 $u=0$,从而

$$5^{z_1}-2^y=1$$

$$5^{z_1}+2^y=3^x$$

把上面两个方程分别模 3,得

$$(-1)^{z_1}-(-1)^y\equiv 1\pmod 3$$

$$(-1)^{z_1}+(-1)^y\equiv 0\pmod 3$$

所以

$$2(-1)^{z_1}\equiv 1\pmod 3$$

从而 z_1 是奇数.进而可知 y 为偶数.对方程 $5^{z_1}+2^y=3^x$ 模 4 得

$$1 \equiv (-1)^x \pmod 4$$

所以 x 也是偶数. 如果 $y \geqslant 4$,则对 $5^{z_1}+2^y=3^x$ 模 8 得

$$5 \equiv 1 \pmod 8$$

矛盾. 故 y 只能为 2. 于是

$$5^{z_1}=5, z_1=1$$

$$3^x=5+4=9, x=2$$

即 $x=y=z=2$ 是方程仅有的一组解.

18 求最大的正整数 k,使得 $1\,991^k$ 整除

$$1\,990^{1\,991^{1\,992}}+1\,992^{1\,991^{1\,990}}$$

证明 先证明对每个奇数 $a \geqslant 3$ 和每个正整数 n,有

$$(1+a)^{a^n}=1+S_n a^{n+1} \quad ①$$

其中 S_n 是整数且 a 不整除 S_n.

当 $n=1$ 时

$$(1+a)^a=1+C_a^1+C_a^2a^2+\cdots+C_a^a a^a=$$
$$1+a^2(1+C_a^2+\cdots+a^{a-2})$$

因 a 是奇数,故 $a \mid C_a^2$,从而

$$a \nmid 1+C_a^2+\cdots+a^{a-2}$$

设 ① 对于自然数 n 成立,对 $n+1$ 有

$$(1+a)^{a^{n+1}}=[(1+a)^{a^n}]^a=(1+S_n a^{n+1})^a=$$
$$1+C_a^1S_n a^{n+1}+C_a^2S_n^2a^{2n+2}+\cdots+S_n^a a^{a(n+1)}=$$
$$1+S_{n+1}a^{n+2}$$

其中 $S_{n+1}=S_n+C_0^2S_n^2a^n+\cdots+S_n^a a^{a(n+1)-(n+2)}$. 由于 $a \nmid S_n$,所以 $a \nmid S_{n+1}$.

类似地可以证明,对每个奇数 $b \geqslant 3$ 和每个正整数 n,有

$$(b-1)^{b^n}=-1+t_n b^{n+1}$$

其中 t_n 是整数且 $b \nmid t_n$.

利用上面两个命题我们可得(分别令 $a=1\,991, n=1\,990, b=1\,991, n=1\,992$)

$$1\,991^{1\,991} \mid 1\,992^{1\,991^{1\,990}}-1$$

且

$$1\,991^{1\,992} \nmid 1\,992^{1\,991^{1\,990}}-1$$

$$1\,991^{1\,993} \mid 1\,990^{1\,991^{1\,992}}+1$$

所以

$$1\,991^{1\,991} \mid 1\,992^{1\,991^{1\,990}}+1\,990^{1\,991^{1\,992}}$$

且

$$1\,991^{1\,992} \nmid 1\,992^{1\,991^{1\,990}}+1\,990^{1\,991^{1\,992}}$$

因此所求的最大的 k 值为 1 991.

19 设 a 是有理数且 $0<a<1$. 如果
$$\cos(3\pi a)+2\cos(2\pi a)=0$$
证明 $a=\frac{2}{3}$.

证明 令 $x=\cos(\pi a)$,则原方程为
$$4x^3+4x^2-3x-2=0$$
左边分解因式得
$$(2x+1)(2x^2+x-2)=0$$
如果 $2x+1=0$,则
$$\cos(\pi a)=-\frac{1}{2}$$
所以
$$a=\frac{2}{3}$$
如果 $2x^2+x-2=0$,则 $x=\frac{-1\pm\sqrt{17}}{4}$,所以
$$\cos(\pi a)=\frac{-1\pm\sqrt{17}}{4}$$
下证此时 a 不是有理数. 事实上,对每个整数 $n\geqslant 0$
$$\cos(2^n\pi a)=\frac{a_n+b_n\sqrt{17}}{4}$$
其中 a_n,b_n 是奇整数.

当 $n=0$ 时,命题显然成立. 设对于 $n\geqslant 0$ 有
$$\cos(2^n\pi a)=\frac{a_n+b_n\sqrt{17}}{4}$$
则
$$\cos(2^{n+1}\pi a)=2\cos^2(2^n\pi a)-1=$$
$$\frac{2(a_n^2+17b_n^2+2a_nb_n\sqrt{17})}{16}-1=$$
$$\frac{2[(a_n^2+17b_n^2)-8]+4a_nb_n\sqrt{17}}{16}$$

由归纳假设,a_n,b_n 都是奇数,所以
$$a_n^2+17b_n^2\equiv 1+17\equiv 2(\mathrm{mod}\ 4)$$
于是存在整数 t,使得
$$a_n^2+17b_n^2-8=2+4t$$
从而令
$$a_{n+1}=1+2t,b_{n+1}=a_nb_n$$
则 a_{n+1},b_{n+1} 都是奇数,这就证明了命题.

$$a_{n+1}=\frac{1}{2}(a_n^2+17b_n^2-8)\geqslant\frac{1}{2}(a_n^2+9)>a_n$$

因 a_n 是整数，故数列 $\{a_n\}$ 是严格递增的，由于 $\sqrt{17}$ 是无理数，因此

$$\{\cos(2^n\pi a)\mid n=0,1,2,\cdots\}$$

有无穷个不同的元素. 然而当 a 是有理数时，则

$$\{\cos(m\pi a)\mid m\text{ 是整数}\}$$

只有有限个元素. 所以此时 a 不能是有理数.

综上便知 $a=\frac{2}{3}$.

20 令 a 是方程 $x^2=1\ 991x+1$ 的正实根. 对自然数 m,n，定义

$$m*n=mn+[\alpha m][\alpha n]$$

其中 $[x]$ 表示不超过 x 的最大整数. 证明对所有的自然数 p,q,r，有

$$(p*q)*r=p*(q*r)$$

证明 我们将证明更一般的结论，若 α 是方程

$$x^2-kx-1=0$$

的正根（k 为任意自然数），则

$$\alpha^2=k\alpha+1$$

因 α 是正根，故 $\alpha>k$，$\alpha(\alpha-k)=1$，所以

$$\alpha-k=\frac{1}{\alpha}>0,[\alpha]=k$$

对任意自然数 p,q，有

$$\begin{aligned}\alpha(p*q)=\alpha pq+\alpha[\alpha p][\alpha q]=&\\ &\frac{1}{\alpha}(\alpha^2pq+[\alpha p][\alpha q]+k\alpha[\alpha p][\alpha q])=\\ &\frac{1}{\alpha}(\alpha p-[\alpha p])(\alpha q-[\alpha q])+\\ &k[\alpha p][\alpha q]+p[\alpha q]+q[\alpha p]\end{aligned}$$

因为

$$0<\frac{1}{\alpha}(\alpha p-[\alpha p])(\alpha q-[\alpha q])<1$$

所以

$$[\alpha(p*q)]=k[\alpha p][\alpha q]+p[\alpha q]+q[\alpha p]$$

于是

$$\begin{aligned}(p*q)*r=(p*q)r+[\alpha(p*q)][\alpha r]=&\\ &pqr+[\alpha p][\alpha q]r+p[\alpha q][\alpha r]+\\ &q[\alpha p][\alpha r]+k[\alpha p][\alpha q][\alpha r]\end{aligned}$$

$$p*(q*r)=p(q*r)+[a(q*r)][\alpha p]=$$
$$pqr+p[\alpha q][\alpha r]+q[\alpha r][\alpha p]+$$
$$r[\alpha q][\alpha p]+k[\alpha q][\alpha p][\alpha r]$$

从而

$$(p*q)*r=p*(q*r)$$

21 设 $f(x)$ 是首项系数为 1 的 1 991 次整系数多项式. 令 $g(x)=f^2(x)-9$. 证明 $g(x)$ 的不同的整数根不超过 1 995.

证明 设 $g(x)$ 的不同整数根大于或等于 1 996. 因

$$g(x)=f^2(x)-9=(f(x)-3)(f(x)+3)$$

设 $x_1,x_2,\cdots,x_k$ 是 $f(x)-3=0$ 的不同整数根, $y_1,y_2,\cdots,y_l$ 是 $f(x)+3=0$ 的不同整数根, 且不妨设

$$x_1<x_2<\cdots<x_k$$
$$y_1<y_2<\cdots<y_l$$

因 $k+l\geqslant 1\ 996,k\leqslant 1\ 991,l\leqslant 1\ 991$, 所以 $k\geqslant 5,l\geqslant 5$. 从而一定存在 i 和 j, 使得

$$|x_i-y_j|\geqslant 7 \quad ①$$

令

$$f(x)=x^{1\ 991}+a_{1\ 990}x^{1\ 990}+\cdots+a_0$$

则

$$x_i^{1\ 991}+a_{1\ 990}x_i^{1\ 999}+\cdots+a_0=3$$
$$y_j^{1\ 991}+a_{1\ 990}y_j^{1\ 990}+\cdots+a_0=-3$$

把上面两式相减并利用 $(x_i-x_j)\mid(x_i^m-y_j^m)$, 我们可得

$$(x_i-y_j)\mid 6$$

这与式 ① 矛盾.

22 实常数 a,b,c 使得恰有一个正方形它的顶点都在三次曲线 $y=x^3+ax^2+bx+c$ 上, 证明这个正方形的边长为 $\sqrt[4]{72}$.

证明 利用水平平移 $\left(x'=x+\frac{a}{3}\right)$, 不妨设 $a=0$, 利用垂直平移 $(y'=y-c)$, 可设 $c=0$. 由于曲线 $y=x^3+bx$ 关于原点对称, 因此顶点在此曲线上的正方形的中心必定是原点, 否则将此正方形绕原点旋转 $180°$, 得到另一个顶点在曲线 $y=x^3+bx$ 上的正方形, 与假设矛盾.

将曲线 $y=x^3+bx$ 绕原点旋转 $90°$ 得曲线 $-x=y^3+by$. 则正方形的四个顶点既在曲线 $y=x^3+bx$ 上, 又在曲线 $-x=y^3+by$ 上, 因而是这两个曲线的交点. 反之, 若 P 是这两条曲线的交

点，P 不是原点，P 绕原点旋转 $90°$，$180°$，$270°$ 所得的点都在这两条曲线上，且以这四个点为顶点的四边形是正方形. 由题设，恰有一个正方形的所有顶点在曲线上，因此，$y=x^3+bx$ 与 $-x=y^3+by$ 在每一个象限内都恰有一个交点. 设在第一象限内的交点为 (r,s)，则其余的三个顶点为 $(-s,r)$，$(-r,-s)$，$(s,-r)$.

令 $f(x)=x^3+bx$，则

$$s=f(r),r=f(-s)$$

$$-s=f(-r),-r=f(s)$$

易知 $b<0$，$s\neq r$. 从而 $r,s,-r,-s$ 是方程

$$f(f(x))=-x \quad ①$$

的四个不同的根.

显然，$x=0$ 也是上述方程的根. 若 ① 还有不同于 $r,s,-r,-s,0$ 的实根，设为 t，则 $t,-t,f(t),-f(t)$ 是 ① 的另外四个互不相同的非零实根，从而

$$(t,f(t)),(-f(t),t),(-t,-f(t)),(f(t),-t)$$

是曲线 $y=x^3+bx$ 与 $-x=y^3+by$ 的另外的交点，矛盾.

若 t 是 ① 的非实根，则它的共轭复数 $\bar{t}$ 也是 ① 的根. 由此可得 ① 的八个非零复根

$$t,-t,f(t),-f(t),\bar{t},-\bar{t},\overline{f(t)},-\overline{f(t)}$$

显然 $t,-t,f(t),-f(t)$ 是互不相同的. 但 ① 已有 5 个实根，$f(f(x))=-x$ 是一个 9 次方程，只有 9 个根，从而 $t=-\bar{t}$，即 t 为纯虚数. 又 ① 的方程为

$$(x^3+bx)^3+b(x^3+bx)=-x$$

即

$$x[x^3+3bx^6+3b^2x^4+b(b^2+1)x^2+(b^2+1)]=0$$

当 t 为纯虚数时，由 $b<0$ 可得

$$t^8+3bt^6+3b^2t^4+b(b^2+1)t^2+(b^2+1)>0$$

矛盾.

易知，$r,s,-r,-s$ 都不是 ① 的单根，从而

$$\frac{f(f(x))}{x}=x^8+3bx^6+3b^2x^4+b(b^2+1)x^2+(b^2+1)=$$

$$[(x-r)(x+r)(x-s)(x+s)]^2$$

所以

$$3b=-2(r^2+s^2)$$

$$3b^2=(r^2+s^2)^2+2r^2s^2$$

$$b(b^2+1)=-2r^2s^2(r^2+s^2)$$

$$b^2+1=r^4s^4$$

于是

$$3b(b^2+1)=-2(r^2+s^2)r^4s^4$$

$$3b(b^2+1)=-6r^2s^2(r^2+s^2)$$

因此 $r^2s^2=3,b^2=8,b=-2\sqrt{2}$,故

$$r^2+s^2=3\sqrt{2}$$

由于(0,0)与(r,s)的距离是正方形的对角线长的一半,故正方形的边长为

$$\sqrt{2(r^2+s^2)}=\sqrt[4]{72}$$

23 设 f 和 g 是两个定义在整数集上的整数值函数,使得

(1)对所有的整数 m,n,有

$$f(m+f(f(n)))=-f(f(m+1))-n$$

(2)g 是一个整系数多项式且对所有的整数 n,有

$$g(n)=g(f(n))$$

求 $f(1\ 991)$ 和 g 的一般式.

解法 1 用 $f^{(2)}(n)$ 表示 $f(f(n))$.由(1),用 $f^2(m)$ 代 m,得

$$f(f^2(m)+f^2(n))=-f^2(f^2(m)+1)-n$$

在上式中互换 m,n,得

$$f(f^2(n)+f^2(m))=-f^2(f^2(n)+1)-m$$

从上面两个关系式可得

$$f^2(f^2(m)+1)-f^2(f^2(n)+1)=m-n$$

又从(1)可得

$$f^2(f^2(m)+1)=f(f(f^2(m)+1))=f(-m-f^2(2))$$

同样地有

$$f^2(f^2(n)+1)=f(-n-f^2(2))$$

令 $f^2(2)=k$,我们可得

$$f(-m-k)-f(-n-k)=m-n$$

上式对一切整数 m,n 成立.于是用 m 代替 $-m-k$,n 代替 $-k$,得

$$f(m)-f(0)=-m-k+k=-m$$

所以

$$f(m)=-m+f(0)$$

对所有 $m\in\mathbf{Z}$ 都成立.于是

$$f(f(m))=-f(m)+f(0)=m-f(0)+f(0)=m$$

从而(1)为

$$f(m+n)=-m-1-n$$

令 $m=0$,则

$$f(n)=-n-1$$

所以 $f(1\ 991)=-1\ 992$.

从(2)我们可知,对所有整数 n,$g(n)=g(-n-1)$.由于 g 是

一个整系数多项式，故对任何实数 x 有 $g(x)=g(-x-1)$. 令多项式 $g(x)=P\left(x-\frac{1}{2}\right)$，则

$$g(-x-1)=P\left(-x-\frac{1}{2}\right)$$

所以

$$P\left(x+\frac{1}{2}\right)=P\left(-x-\frac{1}{2}\right)$$

因此 g 是 $\left(x+\frac{1}{2}\right)^2=x^2+x+\frac{1}{4}$ 的多项式，g 的一般形式为

$$g(n)=a_0+a_1n(n+1)+a_2n^2(n+1)^2+\cdots+a_pn^p(n+1)^p$$

其中 $a_0,a_1,\cdots,a_p$ 是整数.

解法2 先证 f 是单射，即对于两个不同整数 n_1,n_2，$f(n_1)\neq f(n_2)$. 若不然，设 $f(n_1)=f(n_2)$，则

$$f(f(f(n_1))+m)=f(f(f(n_2))+m)$$

由(1)知

$$-f(f(m+1))-n_1=-f(f(m+1))-n_2$$

从而 $n_1=n_2$，矛盾.

在(1)中令 $m=0$，得

$$f(f(f(n)))=-f(f(1))-n \quad ①$$

令 $m+1=f(n)$，由(1)得

$$f(f(f(n)))=f(f(m+1))=-n-f(f(n)-1+f(f(n)))$$

由上面两式得

$$f(f(1))=f(f(n)-1+f(f(n)))$$

所以

$$f(1)=f(n)-1+f(f(n)) \quad ②$$

在②中令 $n=1$，得

$$f(1)=f(1)-1+f(f(1))$$

从而

$$g(x)=P\left(x+\frac{1}{2}\right)=a_0+a_1\left(x+\frac{1}{2}\right)^2+\cdots+a_p\left(x+\frac{1}{2}\right)^{2p}$$

24 一个奇整数 $n(n\geqslant 3)$ 称为“好的”当且仅当至少存在一个 $1,2,\cdots,n$ 的排列 $a_1,a_2,\cdots,a_n$，使得下面 n 个和

$$a_1-a_2+a_3-\cdots-a_{n-1}+a_n$$
$$a_2-a_3+a_4-\cdots-a_n+a_1$$
$$\vdots$$
$$a_n-a_1+a_2-\cdots+a_{n-1}$$

证明当 n 为 $4k+1$ 和 $4k-1$ 两种形式时，n 是否为“好的”.

证明 令

$$y_1=a_1-a_2+a_3-\cdots+a_n$$
$$y_2=a_2-a_3+a_4-\cdots+a_1$$
$$\vdots$$
$$y_n=a_n-a_1+a_2-\cdots+a_{n-1}$$

我们有

$$y_1+y_2=2a_1$$
$$y_2+y_3=2a_2$$
$$\vdots$$
$$y_n+y_1=2a_n$$

并且对每一个 $1\leqslant i\leqslant n$，有

$$y_i=s-2(a_{i+1}+a_{i+3}+\cdots+a_{i+n-2})$$

其中 $s=a_1+a_2+\cdots+a_n=1+2+\cdots+n=\frac{n(n+1)}{2}$，$a_{n+l}=a_l$.

(1)n 是具有 $4k+1$ 形式的自然数，$k\geqslant 1$. 由于

$$s=\frac{1}{2}n(n+1)=(4k+1)(2k+1)$$

为奇数，则此时 y_i 均为奇数. 令 $y_1=1,y_2=3,y_3=5,\cdots,y_{2k+1}=4k+1,y_{2k+2}=4k-1,y_{2k+3}=4k-3,y_{2k+4}=4k-5,\cdots,y_{4k-1}=5,y_{4k}=5,y_{4k+1}=1$. 则我们可得 $a_1=2,\cdots,a_{2k}=4k,a_{2k+1}=4k+1,a_{2k+2}=4k-1,a_{2k+3}=4k-3,\cdots,a_{4k-1}=5,a_{4k}=3,a_{4k+1}=1$. 所以，对于 $1,2,3,\cdots,4k,4k+1$ 的排列 $2,4,\cdots,4k,4k+1,4k-1,\cdots,3,1$，所有的 $y_i(1\leqslant i\leqslant n)$ 都是正的，即 $n=4k+1(k\in\mathbf{N})$ 是好的.

(2)n 是具有形式 $4k-1$ 的自然数，$k\geqslant 1$. 由于

$$s=\frac{1}{2}n(n+1)=2k(4k-1)$$

为偶数，故 $y_i(1\leqslant i\leqslant n)$ 都是偶数，若 n 是好的，则 $y_i(1\leqslant i\leqslant n)$ 都是正偶数. 因对某个 $i,1\leqslant t\leqslant 4k-1,a_t=1$，所以 $y_t+y_{t+1}=2a_t=2$，这与 y_t,y_{t+1} 都是正偶数矛盾. 故 $n=4k-1$ 不是好的.

25 设 $n\geqslant 2$，$x_1,x_2,\cdots,x_n$ 是在 0 和 1 之间的实数(包括 0 和 1). 证明存在某个 i，$1\leqslant i\leqslant n-1$，使得

$$x_i(1-x_{i+1})\geqslant\frac{1}{4}x_1(1-x_n)$$

证明 令

$$\min\{x_1,x_2,\cdots,x_n\}=m$$

且设 $x_r=m$，则 $0\leqslant m\leqslant 1$.

如果 $x_2\leqslant\frac{1+m}{2}$，则

$$x_1(1-x_2)\geqslant x_1\left(1-\frac{1+m}{2}\right)=\frac{1}{2}x_1(1-m)\geqslant\frac{1}{4}x_1(1-x_n)$$

于是命题得证.

如果 $x_2>\frac{1+m}{2}$，则有下面两种情形：

(1) $x_1=m,x_2>\frac{1+m}{2},x_3>\frac{1+m}{2},\cdots,x_n>\frac{1+m}{2}$. 设 x_k 为 $x_2,x_3,\cdots,x_n$ 中的最小者，于是

$$x_{k-1}(1-x_k)\geqslant x_1(1-x_n)\geqslant\frac{1}{4}x_1(1-x_n)$$

(2) 存在某个 t，$3\leqslant t\leqslant n$，使得

$$x_t=m\leqslant\frac{1+m}{2}$$

于是一定存在某个 i，$2\leqslant i\leqslant n-1$，使得

$$x_i>\frac{1+m}{2},x_{i+1}\leqslant\frac{1+m}{2}$$

所以对这个 i，有

$$x_i(1-x_{i+1})\geqslant\frac{1+m}{2}\left(1-\frac{1+m}{2}\right)\geqslant\frac{1}{4}(1-m)\geqslant\frac{1}{4}x_1(1-x_n)$$

从而命题得证.

26 设 $n(n\geqslant 2)$ 是自然数,数 $p,a_1,a_2,\cdots,a_n,b_1,b_2,\cdots,b_n$ 满足

$$\frac{1}{2}\leqslant p\leqslant 1$$

$$a_i\geqslant 0,0\leqslant b_i\leqslant p,i=1,2,\cdots,n$$

$$\sum_{i=1}^{n}a_i=\sum_{i=1}^{n}b_i=1$$

证明

$$\sum_{i=1}^{n}b_i\prod_{\substack{j=1\\ j\neq i}}^{n}a_j\leqslant\frac{p}{(n-1)^{n-1}}$$

证明 不失一般性,不妨设

$$b_1\geqslant b_2\geqslant\cdots\geqslant b_n$$

记

$$A_i=a_1\cdots a_{i-1}a_{i+1}\cdots a_n,i=1,2,\cdots,n_0$$

不妨设

$$a_1\leqslant a_2\leqslant\cdots\leqslant a_n$$

则

$$A_1\geqslant A_2\geqslant\cdots\geqslant A_n$$

由排序不等式知,这样所得的

$$\sum_{i=1}^{n}b_i\prod_{\substack{j=1\\ j\neq i}}^{n}a_j$$

最大,故只需让

$$\sum_{i=1}^{n}b_iA_i\leqslant\frac{p}{(n-1)^{n-1}}$$

因为 $0\leqslant b_i\leqslant p$,且 $\sum\limits_{i=1}^{n}b_i=1,\frac{1}{2}\leqslant p\leqslant 1$,所以

$$\begin{aligned}\sum_{i=1}^{n}b_iA_i&\leqslant pA_1+(1-p)A_2=\\&a_3\cdots a_n(pa_2+(1-p)a_1)\leqslant\\&a_3\cdots a_n(a_1+a_2)p\end{aligned}$$

上面最后一个不等式是因为 $1-p\leqslant p$. 用算术 - 几何平均不等式,我们可得

$$\begin{aligned}a_3a_4\cdots a_n(a_1+a_2)&\leqslant\sqrt[n-1]{\frac{a_3+\cdots+a_n+(a_1+a_2)}{n-1}}=\\&\frac{1}{(n-1)^{n-1}}\end{aligned}$$

所以

$$\sum_{i=1}^{n} b_i A_i \leqslant \frac{p}{(n-1)^{n-1}}$$

这就证明了原不等式.

27 设 $x_1, x_2, \cdots, x_n$ 均不小于零,且 $\sum_{i=1}^{n} x_i = 1$. 求和式

$$\sum_{i<j} x_i x_j (x_i + x_j)$$

的最大值.

证明 易知

$$\sum_{i<j} x_i x_j (x_i + x_j) = \sum_{i=1}^{n} (x_i^2 - x_i^3)$$

设 $x_i \neq 0$ 的个数为 k.

当 $k=1$ 时, $\sum_{i=1}^{n} (x_i^2 - x_i^3) = 0$.

当 $k=2$ 时,不妨设 $x_1 \neq 0, x_2 \neq 0$,则 $0 < x_1, x_2 < 1, x_1 + x_2 = 1$. 此时

$$\sum_{i=1}^{n} (x_i^2 - x_i^3) = x_1^2 + x_2^2 - x_1^3 - x_2^3 =$$
$$x_1^2 x_2 + x_2^2 x_1 = x_1 x_2 \leqslant \frac{1}{4}$$

当 $k \geqslant 3$ 时,因

$$(x_1 + x_2) + (x_2 + x_3) + \cdots + (x_n + x_1) = 2$$

不妨设

$$x_1 + x_2 \leqslant \frac{2}{n} \leqslant \frac{2}{3}$$

则

$$\sum_{i=1}^{n} (x_i^2 - x_i^3) = (x_1^2 + x_2^2 - x_1^3 - x_2^3) + \sum_{i=1}^{n} (x_i^2 - x_i^3) \leqslant$$
$$x_1^2 + x_2^2 - x_1^3 - x_2^3 =$$
$$(x_1 + x_2)^2 - (x_1 + x_2)^3 - x_1 x_2 \cdot$$
$$[2 - 3(x_1 + x_2)] \leqslant$$
$$(x_1 + x_2)^2 - (x_1 + x_2)^3$$

令 $u = x_1 + x_2, 0 \leqslant u \leqslant \frac{2}{3}$,则

$$u^2 - u^3 = u^2(1-u) = \frac{1}{2} u \cdot u(2 - 2u) \leqslant$$
$$\frac{1}{2} \cdot \left(\frac{u + u + 2 - 2u}{3}\right)^3 =$$

$$\frac{4}{27}<\frac{1}{4}$$

所以，当 $k\geqslant 3$ 时，有

$$\sum_{i=1}^{n}(x_i^2-x_i^3)<\frac{1}{4}$$

综上所述，$\sum_{i<j}x_ix_j(x_i+x_j)$ 的最大值为$\frac{1}{4}$，且当 x_i 中有两个为$\frac{1}{2}$，其余的为 0 时达到.

28 已给实数 $a>1$，构造一个无穷有界数列 $x_0,x_1,x_2,\cdots$，使得对所有自然数 $i,j,i\neq j$，下列不等式

$$|x_i-x_j||i-j|^a\geqslant 1$$

成立.

证明 此题是本届竞赛试题 6.

29 我们称实直线 R 上的集合 S 是超不变的，如果对任何 $a>0,x_0\in R$，存在 $b\in R$ 使得

$$\{x_0+a(x-x_0);x\in S\}=\{y+b;y\in S\}$$

求所有的超不变集.

解 易知单点集和它的补集、半直线$\{x\in R\mid x\geqslant c\}$ 和 $\{x\in R\mid x\leqslant c\}$ 以及它们的补集、R 都是超不变集. 下证这就是所有的超不变集.

首先

$$\{x_0+a(x-x_0);x\in S\}=\{y+b;y\in S\}\Leftrightarrow$$
$$\{ax;x\in S\}=\{y+b+ax_0-x_0;y\in S\}$$

所以 S 是一个超不变集的充要条件是对每个 $a>0$，存在一个或几个 b，使得对所有 $x\in S,ax+b\in S$.

有以下两种情况：

(1) 对某个 a_1，至少存在两个 b，设为 b_1,b_2，使得

$$x\in S\Leftrightarrow y_1=a_1x+b_1\in S$$

和

$$x\in S\Leftrightarrow y_2=a_1x+b_2\in S$$

于是可知 S 是“周期”的：

$$y\in S\Leftrightarrow y+(b_2-b_1)\in S$$

从而 S 只能为 R.

(2) 对任何 $a>0$，只有唯一的 b，使得

$$x\in S\Leftrightarrow ax+b\in S$$

令 $b=f(a)$，那么对于任何 $a_1,a_2>0$，有

$$x\in S\Leftrightarrow a_1x+f(a_1)\in S\Leftrightarrow a_1a_2x+a_2f(a_1)+f(a_2)\in S$$

$$x\in S\Leftrightarrow a_2x+f(a_2)\in S\Leftrightarrow a_1a_2x+a_1f(a_2)+f(a_1)\in S$$

由 b 的唯一性，知

$$a_2f(a_1)+f(a_2)=a_1f(a_2)+f(a_1)$$

所以

$$f(a)=c(a-1)$$

对所有的 a，其中 $c=f(2)$.

若 $x>-c,x\in S$，则对 $y>-c$，从 $y=ax+c(a-1)$ 中解得

$$a=\frac{y+c}{x+c}>0$$

于是

$$ax+f(a)=ax+c(a-1)\in S$$

即 $\{y\in R\mid y>-c\}\subseteq S$.

同样地，若 $x<-c,x\in S$，则

$$\{y\in R\mid y<-c\}\subseteq S$$

显然 $x=-c\Leftrightarrow ax+f(a)=-c$ 对一切 $a>0$ 成立. 所以 S 只能是

$$\{-c\},\{x\in R\mid x\neq -c\},\{x\in R\mid x>-c\}$$
$$\{x\in R\mid x\geqslant -c\}$$
$$\{x\in R\mid x<-c\},\{x\in R\mid x\leqslant -c\}$$

综上所述，求得了所有的超不变集.

30 两个学生 A 和 B 玩以下游戏：他们各自在一张纸上写上一个正整数后交给裁判，裁判在黑板上写两个整数，其中的一个是学生 A 和 B 所写的数之和. 然后裁判问学生 A："你能知道另一个学生所写的数吗？"如果 A 回答："不知道"，则裁判向 B 问同样的问题，如果 B 回答："不知道"，裁判再问 A，如此继续下去. 假定学生 A 和 B 都是聪明和诚实的，证明经有限次后必有一个学生回答知道.

证明 设 a,b 分别是学生 A 和 B 所写的两个正整数. 裁判在黑板上写的数为 x,y，且不妨设 $x<y$. 首先证明如下两个命题：

(1) 如果 A 和 B 都知道 $\lambda<b<\mu$ 且 A 回答不知道，则 A 和 B 都将知道 $y-\mu<a<x-\lambda$.

(2) 如果 A 和 B 都知道 $\lambda<a<\mu$ 且 B 回答不知道，则 A 和 B 都将知道 $y-\mu<b<x-\lambda$.

其实，若 $a \leqslant y-\mu$，则 $a+b<a+\mu \leqslant y$，所以 $a+b=x$，A 能回答知道. 同样，若 $a \geqslant x-\lambda$，则 $a+b>a+\lambda \geqslant x$，从而 $a+b=y$，A 能回答知道. 这就证明了(1). (2) 同样可证.

如果 A 和 B 一直没有能回答知道，我们将导出矛盾. 起初，A 和 B 都知道 $0<b<y$. 设裁判已向 A，B 问了 k 次，A 和 B 都回答不知道，则 A，B 应知道

$$k(y-x)<b<y-k(y-x)$$

当 x 充分大时，上式不成立.

所以经有限次提问后，A 和 B 中必有一个能回答知道.

第三编
第 33 届国际数学奥林匹克

第 33 届国际数学奥林匹克题解

俄罗斯，1992

新西兰命题

1 求出所有满足如下条件的整数 a,b,c：

(1) $1<a<b<c$；

(2) $(a-1)(b-1)(c-1)$ 是 $abc-1$ 的约数.

解 为简化除数的形式，令

$$x=a-1,y=b-1,z=c-1$$

因此

$$abc-1=xyz+xy+yz+zx+x+y+z$$

这样，题中的两个条件就等价于：

(ⅰ) $1\leqslant x<y<z$；

(ⅱ) $xy+yz+zx+x+y+z=rxyz$，r 为一正整数.

由

$$xy+yz+zx+x+y+z=yz+z(x+1)+y(x+2)+x-y$$

及条件(ⅰ)可得

$$yz<xy+yz+zx+x+y+z<3yz$$

由上式及条件(ⅱ)推出

$$1<rx<3$$

所以 $rx=2$.

若 $x=1$，则 $r=2$，且由(ⅱ)得

$$(y-2)(z-2)=5$$

由此及(ⅰ)知 $y=3,z=7$. 因而有

$$a=2,b=4,c=8 \quad ①$$

若 $x=2$，则 $r=1$，且由(ⅱ)得

$$(y-3)(z-3)=11$$

由此及(ⅰ)知 $y=4,z=14$. 因而有

$$a=3,b=5,c=15 \quad ②$$

显见，求出的 ①，② 两组值都是满足要求的解. 因此，这就是满足本题要求的全部解.

思考 把条件 $1<a<b<c$ 改为 $1<a\leqslant b\leqslant c$，将得到怎样的结果？

2 求出所有满足如下条件的实函数 f,使对一切实数 x,y,有

$$f(x^2+f(y))=y+(f(x))^2 \quad ①$$

印度命题

解法 1 (1) f 应满足更为明显的基本关系式. 令 $x=y=0$,由条件 ① 得

$$f(f(0))=f^2(0)\geqslant 0 \quad ②$$

令 $x=0$,由条件 ① 得

$$f(f(y))=y+f^2(0) \quad ③$$

由式 ① 及式 ③ 推得

$$f(y+f^2(x))=f(f(x^2+f(y)))=x^2+f(y)+f^2(0) \quad ④$$

在式 ① 中取 $x=u,y=f(0)$ 得到

$$f(u^2+f(f(0)))=f^2(u)+f(0)$$

在式 ④ 中取 $y=u^2,x=0$,利用上式及式 ② 就有

$$f^2(u)-f(u^2)=f^2(0)-f(0) \quad ⑤$$

(2) 讨论 $f(0)$ 可能取的值. 在式 ④ 中取 $x=0$,并利用式 ③,得到

$$f(f(y)+f^2(0))=f(f(y+f^2(0)))=y+2f^2(0)$$

在式 ① 中取 $x=f(0)$ 后,和上式比较即得

$$(f(f(0)))^2=2f^2(0)$$

由此及式 ② 就推得

$$f(f(0))=f^2(0)=0 \text{ 或 } 2 \quad ⑥$$

下面分别来讨论这两种情形.

i $f(f(0))=f(0)=0$. 这时式 ③ 变为

$$f(f(y))=y \quad ⑦$$

这表明对任何实数 y_0,必有 x_0 使得 $f(x_0)=y_0$,因为只要取 $x_0=f(y_0)$ 即可. 在式 ④ 中取 $x=f(u)$,利用上式可得

$$f(y+u^2)=f^2(u)+f(y)\geqslant f(y) \quad ⑧$$

现在可由式 ⑤ 推出 $f(u^2)=f^2(u)\geqslant 0$,即

$$f(u)\geqslant 0,u\geqslant 0$$

由此及式 ⑦ 就得到

$$f(u)>0,u>0 \quad ⑨$$

由此及式 ⑧ 就证明了:$f(y)$ 是严格递增函数,即

$$f(y_1)>f(y_2),y_1>y_2 \quad ⑩$$

我们用反证法来证明:必有

$$f(y)=y \quad ⑪$$

若式 ⑪ 不成立,则必有 $y_0\neq 0$ 使

$$y_0\neq f(y_0)$$

若 $y_0 > f(y_0)$,则由式 ⑩ 和 ⑦ 将推出

$$f(y_0) > f(f(y_0)) = y_0$$

和假设矛盾;若 $y_0 < f(y_0)$,则类似地将推出

$$f(y_0) < f(f(y_0)) = y_0$$

也和假设矛盾.因此必有式 ⑪ 成立.

ⅱ $f(f(0)) = f^2(0) = 2$.在式 ⑤ 中取 $u = 2$ 得

$$f^2(2) - f(4) = 2 - f(0) \tag{12}$$

另一方面,在式 ③ 中取 $y = x = 0$ 得

$$f(2) = f(0) + 2 \tag{13}$$

取 $y = 2, x = 0$ 得

$$f(4) = f(2) + 2 \tag{14}$$

由式 ⑫,⑬ 推出

$$f(4) = 5f(0) + 4$$

而由式 ⑬,⑭ 推出

$$f(4) = f(0) + 4$$

进而由以上两式得 $f(0) = 0$,这和 $f^2(0) = 2$ 矛盾.

综上所述,满足本题的函数必为 $f(y) = y$.

解法 2 (1) 设 $f(0) = c$.在式 ① 中,令 $x = 0, y = 0$ 得

$$f(c) = c^2 \tag{15}$$

令 $x = 0, y = c$ 得(利用式 ⑮)

$$f(c^2) = c + c^2 \tag{16}$$

令 $x = c, y = 0$ 得

$$f(c^2 + c) = c^4 \tag{17}$$

令 $x = 0, y = c^2$ 得

$$f(f(c^2)) = c^2 + c^2 = 2c^2 \tag{18}$$

由 ⑯ 和 ⑰ 得

$$f(f(c^2)) = c^4$$

与式 ⑱ 比较得

$$2c^2 = c^4, c = 0, \sqrt{2}, -\sqrt{2}$$

在式 ① 中令 $x = \sqrt[4]{2}, y = 0$ 得

$$f(\sqrt{2} + f(0)) = (f(\sqrt[4]{2}))^2 \geqslant 0$$

因此显然 $f(0) \neq -\sqrt{2}$.

若 $f(0) = \sqrt{2}$,则由 ② 得 $f(\sqrt{2}) = 2$.在式 ① 中令 $x = 2, y = \sqrt{2}$ 得(利用式 ③)

$$f(6) = \sqrt{2} + (\sqrt{2} + 2)^2 = 6 + 5\sqrt{2}$$

令 $x = \sqrt{2}, y = 2 + \sqrt{2}$ 得(利用式 ④)

$$f(6)=2+\sqrt{2}+2^2=6+\sqrt{2}$$

矛盾.因此有 $f(0)=0$.

(2) 在 ① 中令 $x=0$ 得

$$f(f(y))=y \quad ⑲$$

对任意实数 y 成立;令 $y=0$ 得

$$f(x^2)=(f(x))^2\geqslant 0 \quad ⑳$$

对任意实数 x 成立.由上式得

$$f(x^2)=f((-x)^2)=(f(-x))^2$$

因此 $f(x)$ 是偶函数或奇函数.且由式 ⑲ 知,$f(x)$ 是奇函数.由式 ⑲ 知,当 $x\geqslant 0$ 时 $f(x)\geqslant 0$.

设存在 x_1(不妨设 $x_1>0$)使 $x_2=f(x_1)\neq x_1$.显然 $x_2>0$,不妨设 $x_1>x_2$.在式 ① 中令 $x=\sqrt{x_1}$,$y=-x_1$ 得(利用式 ⑳ 及 $f(x)$ 是奇函数)

$$f(x_1-x_2)=-x_1+x_2<0$$

矛盾.因此 $f(x)=x$.

推广 吴伟朝推广了这个函数方程问题,为此他提出了如下的更一般的函数方程,即

此推广属于吴伟朝

$$f(x^l f^{(m)}(y)+x^n)=x^l y+f^n(x),\forall x,y\in \mathbf{R} \quad *$$

其中,$l\in \mathbf{N}=\{0,1,2,3,\cdots\}$,$m,n\in \mathbf{N}_+=\{1,2,3,4,\cdots\}$.

当取 $l=0,m=1,n=2$ 时,* 就变为原问题了.

需要明确指出的是

$$f^{(m)}(y)=f(f(f(\cdots f(y))\cdots)),m \text{ 个 } f$$

它是函数的 m 次叠代,而 $f^n(x)=(f(x))^n$.

方程 * 远比原方程复杂,需要分很多情况进行讨论,不同的情形其解法也不同,因而它的解法呈现出非常有趣的结构.下面我们将给出 * 的完整的解答.为此我们先对下面的这个特殊的方程

$$f(\lambda f(y)+x^2)=xy+(f(x))^2,\forall x,y\in \mathbf{R} \quad ①$$

给出两种不同的解法.

解法 1 由 ① 容易推知,f 既是单射,也是满射,即 f 是从 $\mathbf{R}$ 到 $\mathbf{R}$ 的一一对应.

此解法属于刘炀

在 ① 中取 $x=0$ 得 $f(0)=f^2(0)$,所以 $f(0)=0$ 或 $f(0)=1$.

若 $f(0)=1$,因为 f 是满射,故有 $a\in \mathbf{R}$ 使 $f(a)=0$,则在 ① 中取 $y=0,x=a$ 得

$$f(a+a^2)=f^2(a)=0$$

再由 f 是单射知 $a+a^2=a$,即 $a^2=0,a=0,f(0)=0$,与 $f(0)=1$

矛盾.所以只能有 $f(0)=0$.

由 $f(0)=0$ 可得 $f(x^2)=f^2(x)$,所以 $f^2(-x)=f^2(x)$,再由 f 是单射得 $f(-x)=-f(x)$.

取 $y=0,x=1$ 得 $f(1)=f^2(1)$,所以有 $f(1)=1$.

取 $x=1$ 得

$$f(f(y)+1)=y+1 \tag{②}$$

对每一个 $x\in\mathbf{R}$,都存在相应的 $y\in\mathbf{R}$,使 $f(y)=x-1$,代入②得 $f(x)=y+1,f(x)-1=y$,所以有

$$f(f(x)-1)=x-1 \tag{③}$$

综合②和③得

$$f(f(x-1)+1)=f(f(x+1)-1)=x \tag{④}$$

在①中取 $y=-\frac{f(x^2)}{x}(x\neq 0)$ 得

$$f\left(xf\left(-\frac{f(x^2)}{x}+x^2\right)\right)=0$$

所以

$$xf\left(-\frac{f(x^2)}{x}\right)+x^2=0,f\left(-\frac{f(x^2)}{x}\right)=-x$$

即

$$f\left(\frac{f(x^2)}{x}\right)=x,x\neq 0 \tag{⑤}$$

由④得

$$f(x+1)=f(x-1)+2 \tag{⑥}$$

由④和⑤得

$$f(x-1)+1=\frac{f(x^2)}{x}=f(x+1)-1=\frac{f^2(x)}{x},x\neq 0$$

所以

$$f(x)=\frac{f^2(x+1)}{x+1}-1=\frac{f^2(x-1)}{x-1}+1,x\neq\pm 1$$

即

$$\frac{f^2(x+1)}{x+1}-\frac{f^2(x-1)}{x-1}=2,x\neq\pm 1 \tag{⑦}$$

由⑥和⑦可解得

$$f(x+1)=x+1$$

及

$$f(x-1)=x-1,x\neq\pm 1$$

综合上述,即知①的解为 $f(x)=x(x\in\mathbf{R})$(容易验证此解满足①).

解法2　容易证明 f 是满射,也是单射,且 $f^2(x)=f(x^2)$,也可证明 $f(0)=0,f(-x)=-f(x)$(方法与解法1相同).

此解法属于冯炯

由 $f(x^2)=f^2(x)$ 可知,当 $x>0$ 时必有 $f(x)>0$,从而当

$x<0$ 时必有 $f(x)<0$.

在 ① 中取 $x=-y(y>0)$ 得

$$f(y^2-yf(y))=f^2(-y)-y^2=f^2(y)-y^2 \qquad ⑧$$

对某一个 $y>0$,若 $f(y)>y$,则由 ⑧ 及 $y-f(y)<0$ 知

$$f^2(y)-y^2=f(y(y-f(y)))<0$$

矛盾.若 $f(y)<y$,也由 ⑧ 知

$$f^2(y)-y^2=f(y(y-f(y)))>0$$

也矛盾.所以对每一个 $y>0$,都有 $f(y)=y$.再由 $f(-x)=-f(x)$ 知:对 $y<0$ 有 $-f(y)=f(-y)=-y$,即 $f(y)=y$.

由上述即知 ② 的解为 $f(x)=x(x\in\mathbf{R})$(检验是容易的).

除了上面的两种解法外,还有别的解法,如证明 f 既是单射也是满射,$f(0)=0$(这是一个关键),$f^2(x)=f(x^2)$,$f(-x)=-f(x)$,f 在 $\mathbf{R}^+=\{x\mid x\in\mathbf{R},x>0\}$ 上是严格递增的,再由 ⑤ 得

$$f\left(\frac{f^2(x)}{x}\right)=x,x>0 \qquad ⑨$$

对某一个 $x>0$,若 $f(x)\geqslant x$,则由 ⑨ 得

$$x=f\left(\frac{f^2(x)}{x}\right)\geqslant f\left(\frac{x^2}{x}\right)=f(x)$$

只有 $f(x)=x$;若 $f(x)\leqslant x$,也由 ⑨ 及 $f(x)>0$ 得

$$x=f\left(\frac{f^2(x)}{x}\right)\leqslant f\left(\frac{x^2}{x}\right)=f(x)$$

也只有 $f(x)=x$,再由 $f(-x)=-f(x)$ 即可推知 ① 只有一解 $f(x)=x$.

为了解答方程 *,我们考虑原题及 ① 的尽可能多的不同的解答,希望从中发现能攻克 * 的方法和途径.

1. $l=0$ 的情形

当 $l=0$ 时,方程 * 变为

$$f(f^{(m)}(y)+x^n)=y+f^n(x),\forall x,y\in\mathbf{R} \qquad **$$

在 ** 中取 $x=0$ 得

$$f^{(m+1)}(y)=y+t,t=f^n(0) \qquad ⑩$$

由 ** 和 ⑩ 得

$$\begin{aligned}x^n+f^{(m+m^2)}(y)+t=&f^{(m+1)}(x^n+f^{(m+m^2)}(y))=\\&f^{(m)}(f^{m^2}(y)+f^n(x))=\\&f^{(m-1)}(f^{(m^2-m)}(y)+f^{(2)}(x)^n)=\cdots=\\&f(f^{(m)}(y)+(f^{(m)}(x))^n)=\\&y+(f^{(m+1)}(x))^n=y+(x+t)^n\end{aligned} \qquad ⑪$$

另一方面

$$x^n+f^{(m+m^2)}(y)+t=x^n+f^{((m+1)m)}(y)+t=$$

$$x^n+f^{((m+1)(m-1))}(y)+2t=$$
$$x^n+f^{((m+1)(m-2))}(y)+3t=\cdots=$$
$$x^n+f^{(m+1)}(y)+mt=$$
$$x^n+y+(m+1)t \quad ⑫$$

这样,由 ⑪ 和 ⑫ 得

$$y+(x+t)^n=x^n+y+(m+1)t$$

再由二项式定理得

$$(m+1)t=(x+t)^n x^n=\mathrm{C}_n^1 t x^{n-1}+$$
$$\mathrm{C}_n^2 t^2 x^{n-2}+\cdots+t^n,\forall x\in\mathbf{R} \quad ⑬$$

式 ⑬ 对任何的 $x\in\mathbf{R}$ 都成立,而 t 为常数,这只有在 $t=0$ 时才可能(当 $n>1$ 时,⑬ 是关于 x 的 $n-1$ 次方程,如果 $t\neq 0$;当 $n=1$ 时,由 ⑬ 得 $mt=0$,即 $t=0$),故只有 $t=0,f^n(0)=0$,即 $f(0)=0$(这是第 1 个关键之处),从而有

$$f^{(m+1)}(y)=y,\forall y\in\mathbf{R} \quad ⑭$$

下面分 n 为偶数和奇数两种情形分别讨论.

(1) 当 n 为偶数时,由式 * * 和 ⑭ 得

$$f(y+x^n)=f(y)+f^n(x)\geqslant f(y) \quad ⑮$$

在 ⑮ 中固定 y,让 x 取遍整个 $\mathbf{R}$,则 x^n 取遍所有的非负实数,由此可知:f 在 $\mathbf{R}$ 上是单调递增的.

若对某个 y,有 $f(y)\geqslant y$,则得

$$y=f^{(m+1)}(y)\geqslant f^{(m)}(y)\geqslant\cdots\geqslant f^{(2)}(y)\geqslant f(y)$$

从而 $f(y)=y$;若对某个 y,有 $f(y)\leqslant y$,则得

$$y=f^{(m+1)}(y)\leqslant f^{(m)}(y)\leqslant\cdots\leqslant f^{(2)}(y)\leqslant f(y)$$

也有 $f(y)=y$.

故当 n 为偶数时,$f(y)=y(y\in\mathbf{R})$ 是 * * 的唯一的解.

(2) 当 n 为奇数时,显然 f 既是单射,也是满射,由 $f(0)=0$ 得

$$f(x^n)=f^n(x) \quad ⑯$$

由 ⑮ 和 ⑯ 得

$$f(y+x^n)=f(y)+f(x^n)$$

由此及 n 为奇数推得 f 满足如下著名的柯西方程

$$f(x+y)=f(x)+f(y),\forall x,y\in\mathbf{R} \quad ⑰$$

由 ⑰ 及 $f(0)=0$ 得

$$f(-x)=-f(x) \quad ⑱$$

记 $\mathbf{Q}$ 为全体有理数组成的集合,$\overline{\mathbf{Q}}=\mathbf{R}-\mathbf{Q}$($\overline{\mathbf{Q}}$ 为全体无理数组成的集合).由柯西方程(即式 ⑰)我们知道:当 $x\in\mathbf{Q}$ 时,有 $f(x)=f(1)x$(这是函数方程中著名的经典结果,可以用数学归纳法证明).下面令 $n\geqslant 3$.

在 ⑯ 中取 $x=1$ 得 $f(1)=\pm 1$,所以有

$$f(x)=\begin{cases}x, \text{当 } f(1)=1 \text{ 时} \\ -x, \text{当 } f(1)=-1 \text{ 时}\end{cases}, \forall x \in \mathbf{Q} \tag{19}$$

另外，对于任何的 $k \in \mathbf{Z}$，都有

$$f(kx)=kf(x), \forall x \in \mathbf{R}$$

由 ⑯ 和 ⑰ 及上述性质得

$$f^n(x+y)=(f(x)+f(y))^n$$

即

$$f((x+y)^n)=(f(x)+f(y))^n$$

$$f\left(\sum_{i=0}^{n} C_n^i x^i y^{n-i}\right)=\sum_{i=0}^{n} C_n^i f^i(x) f^{n-i}(y)$$

$$\sum_{i=0}^{n} C_n^i f(x^i y^{n-i})=\sum_{i=0}^{n} C_n^i f^i(x) f^{n-i}(y)$$

再令 y 取整数，则上式就变为

$$\sum_{i=0}^{n} C_n^i y^{n-i} f(x^i)=\sum_{i=0}^{n} C_n^i f^{n-i}(y) f^i(x) \tag{20}$$

i 当 $f(x)=x(\forall x \in \mathbf{Q})$，则由 ⑳ 得

$$\sum_{i=0}^{n} C_n^i y^{n-i} f(x^i)=\sum_{i=0}^{n} C_n^i y^{n-i} f^i(x), y \in \mathbf{Z}$$

即

$$\sum_{i=0}^{n} C_n^i y^{n-i}(f(x^i)-f^i(x))=0 \tag{21}$$

在 ㉑ 中，固定 $x \in \mathbf{R}$，让 y 取遍整个 $\mathbf{Z}$，㉑ 恒成立，又 ㉑ 的左边可看成是关于 y 的多项式，故这是一个零多项式，其所有项的系数必都是 0，即

$$f(x^i)=f^i(x), x \in \mathbf{R}, i=1,2,3,\cdots,n \tag{22}$$

令 $n \geqslant 3$，则由 ㉒ 得 $f(x^2)=f^2(x) \geqslant 0(\forall x \in \mathbf{R})$，从而由 ⑰ 知：$f$ 在 $\mathbf{R}$ 上是严格递增的，再由式 ⑭，用情形 i 的方法即可推出

$$f(y)=y, \forall y \in \mathbf{R}$$

ii 当 $f(x)=-x(\forall x \in \mathbf{Q})$，则由 ⑳ 得

$$\sum_{i=0}^{n} C_n^i y^{n-i} f(x^i)=\sum_{i=0}^{n} C_n^i (-1)^{n-i} y^{n-i} f^i(x)$$

即

$$\sum_{i=0}^{n} C_n^i y^{n-i}(f(x^i)-(-1)^{n-i} f^i(x))=0, y \in \mathbf{Z} \tag{23}$$

因为 ㉓ 对任何整数 y 都成立，所以必有

$$f(x^i)=(-1)^{n-i} f^i(x), \forall x \in \mathbf{R}, i=1,2,3,\cdots,n \tag{24}$$

令 $n \geqslant 3$，则由 ㉔ 得 $f(x^2)=-f^2(x) \leqslant 0$，故当 $x>0$ 时有 $f(x)<0$，从而当 $x<0$ 时 $f(x)=-f(-x)>0$，从而由 ⑰ 得：f 在 $\mathbf{R}$ 上是严格递减的.

若对某个 $y \neq 0$，有 $f(y) \geqslant -y$，则有 $f(-y) \geqslant f^{(2)}(y)$，再由

⑱ 得 $f(y)\leqslant -f^{(2)}(y)$，从而 $f^{(2)}(y)\geqslant -f^{(3)}(y)$，…．一般地有

$$(-1)^i f^{(i)}(y)\geqslant(-1)^{i+1}f^{(i+1)}(y),i=0,1,2,3,\cdots,m$$

其中规定 $f^{(0)}(y)=y$．所以有

$$f(y)\leqslant -f^{(2)}(y)\leqslant f^{(3)}(y)\leqslant\cdots\leqslant(-1)^{i-1}f^{(i)}(y)\leqslant\cdots\leqslant (-1)^m f^{(m+1)}(y)=(-1)^m y$$

如果 m 为奇数，那么由上面可得 $f(y)\leqslant -y$，从而有

$$f(y)=-y$$

若对某个 $y\neq 0$，有 $f(y)\leqslant -y$，则有 $f(-y)\leqslant f^{(2)}(y)$，即 $f(y)\geqslant -f^{(2)}(y)$，…．一般地有

$$(-1)^{i-1}f^{(i)}(y)\geqslant(-1)^i f^{(i+1)}(y),i=0,1,2,3,\cdots,m$$

所以

$$f(y)\geqslant -f^{(2)}(y)\geqslant f^{(3)}(y)\geqslant\cdots\geqslant(-1)^{i-1}f^{(i)}(y)\geqslant\cdots\geqslant (-1)^m f^{(m+1)}(y)=(-1)^m y$$

如果 m 为奇数，那么由上面可得 $f(y)\geqslant -y$，从而有

$$f(y)=-y$$

若对某个 $y\neq 0$，有 $f(y)\leqslant -y$，则有 $f(-y)\leqslant f^{(2)}(y)$，即 $f(y)\geqslant -f^{(2)}(y)$，…．一般地有

$$(-1)^{i-1}f^{(i)}(y)\geqslant(-1)^i f^{(i+1)}(y),i=0,1,2,3,\cdots,m$$

所以

$$f(y)\geqslant -f^{(2)}(y)\geqslant f^{(3)}(y)\geqslant\cdots\geqslant(-1)^{i-1}\cdot f^{(i)}(y)\geqslant\cdots\geqslant (-1)^m f^{(m+1)}(y)=(-1)^m y$$

如果 m 为奇数，那么由上面可得 $f(y)\geqslant -y$，从而有 $f(y)=-y$．

总之，当 m 为奇数时，* * 还有解 $f(x)=-x(\forall x\in\mathbf{R})$，当然 n 是不小于 3 的奇数．

当 m 为偶数时，有 $f(x)=-x(\forall x\in\mathbf{Q})$，代入 * * 得

$$-(y+x^n)=y+(-x)^n,\forall x,y\in\mathbf{Q}$$

即 $y=0$，矛盾．

综合 i 和 ii 即得：当且仅当 $n(n\neq 1)$ 和 m 都为奇数时：* * 共有两个解 $f(x)\equiv x$ 和 $f(x)\equiv -x$；否则 $(n\neq 1)$，式 * * 只有一个解 $f(x)\equiv x$．（这里的解是对 $l=0,n\neq 1$ 而言的）

当 $n=1$ 时，则 * * 等价于 ⑭ 和 ⑰ 的联立方程（其实这也是式 * 的必要条件）

$$\begin{cases}f^{(m+1)}(y)=y\\ f(x+y)=f(x)+f(y)\end{cases},\forall x,y\in\mathbf{R}$$

笔者认为上面的联立方程也许是很难解决的，可能有无穷多个解，因此当 $l=0,n=1$ 时，* 的解还没有解决，请有心的读者．留意这一点．

2. $l>0$ 且 n 为偶数的情形

容易知道方程 * 的函数解 $f:\mathbf{R}\to\mathbf{R}$ 必是单射和满射，因而是从 $\mathbf{R}$ 到 $\mathbf{R}$ 的一一对应（这与 l,m,n 的具体取值无关），关于这一点在以后各节不再一一指出. 当 $l>0$ 且 n 为偶数时，我们首先来证明必有 $f(0)=0$，为此把 l 分为偶数、奇数这两种情况分别讨论.

（1）当 n 为偶数，$l(l>0)$ 为偶数时，在 * 中取 x 为 $-x$ 可得 $f^n(-x)=f^n(x)$，再由 f 为单射得

$$f(-x)=-f(x),\forall x\neq 0 \quad ㉕$$

（否则由 $f(-x)=f(x)$ 得 $-x=x$，$x=0$，与 $x\neq 0$ 矛盾）由 * 可得

$$f(x^lf^{(m)}(y)+x^n)+f(x^lf^{(m)}(-y)+x^n)=2f^n(x) \quad ㉖$$

（请注意下面的进一步讨论与 n,l 的奇偶性无关）

如果有 $x_0\neq 0$ 使 $f(x_0)=0$，那么由 ㉖ 得（用反证法）

$$f(x_0^lf^{(m)}(-y)+x_0^n)=-f(x_0^lf^{(m)}(y)+x_0^n) \quad ㉗$$

取 y 使 $x_0^lf^{(m)}(-y)+x_0^n$ 与 $x_0^lf^{(m)}(y)+x_0^n$ 都不为 0（因为 $f^{(m)}(y)$ 也是从 $\mathbf{R}$ 到 $\mathbf{R}$ 的一一对应.）则由 ㉕ 和 ㉗ 得

$$x_0^lf^{(m)}(-y)+x_0^n=-(x_0^lf^{(m)}(y)+x_0^n)$$

即

$$f^{(m)}(-y)+f^{(m)}(y)=-2x_0^{n-l},x_0\neq 0 \quad ㉘$$

在上面的基础上，再取 y 使 $y,f(y),f(-y),f^{(2)}(y),f^{(2)}(-y),\cdots,f^{(m-1)}(y),f^{(m-1)}(-y)$ 都不为 0，则由 ㉕ 和 ㉘ 得

$$0=f^{(m)}(-y)+f^{(m)}(y)=-2x_0^{n-l}$$

即 $x_0=0$，这与 $x_0\neq 0$ 的假定矛盾. 所以只能有 $x_0=0$，即 $f(0)=0$.

（2）当 n 为偶数，l 为奇数时，由 * 得

$$f(-x^lf^{(m)}(y)+x^n)=-x^ly+f^n(-x) \quad ㉙$$

在 * 和 ㉙ 中取 y 使 $f^{(m)}(y)=0$ 并且两式相加得

$$2f(x^n)=f^n(x)+f^n(-x)\geqslant 0 \quad ㉚$$

所以当 $x>0$ 时有

$$f(x)>0$$

（因为 $f(x)$ 与 $f(-x)$ 不都为 0）. 由 * 和 ㉙ 两式相加得 ㉛

$$f(x^lf^{(m)}(y)+x^n)+f(-x^lf^{(m)}(y)+x^n)=f^n(x)+f^n(-x)$$

所以

$$f(t+x^n)+f(-t+x^n)=f^n(x)+f^n(-x),x\neq 0,t\in\mathbf{R} \quad ㉜$$

其中，t 与 x 无关，在 ㉜ 中取 $t=x^n$ 得

$$f(2x^n)+f(0)=f^n(x)+f^n(-x),x\neq 0 \quad ㉝$$

由 ㉚ 和 ㉝ 得

$$2f(x^n)=f(2x^n)+f(0),x\neq 0 \quad ㉞$$

又因为 n 为偶数，所以有

$$f(2x)=2f(x)-f(0),x>0 \quad ㉟$$

设当 $x>0$ 时，$f(x)$ 的下确界为 a(由 ㉛ 知这样的 a 存在. 当然 $a\geqslant 0$)，则由 ㉟ 可得 $2a=a+f(0)$，即

$$a=f(0)\geqslant 0 \quad ㊱$$

由 ㊱ 和 ㉛ 可知

$$f^{(m)}(0)\geqslant 0 \quad ㊲$$

由 ㊱ 及 f 为单射知：当 $x>0$ 时有

$$f(x)>f(0)=a\geqslant 0 \quad ㊳$$

若 $l>n$，则必有 $f^{(m)}(0)=0$，否则 $f^{(m)}(0)>0$，这时在 * 中取 $y=0$ 得

$$f(x^l f^{(m)}(0)+x^n)=f^n(x)\geqslant 0$$

(因为 n 为偶数) 由 l 为奇数及 $l>n$ 知：$x^l f^{(m)}(0)+x^n$ 可以取遍整个 $\mathbf{R}$，这与 f 为满射矛盾. 所以 $f^{(m)}(0)=0$，再由 ㊱ 和 ㉛ 知有 $f(0)=0$.

上面对 $l>n$ 的解法，对 $l<n$ 就失效了，下面给出更深刻的解法，它与 l 和 n 之间的大小关系无关.

由 * 和 ㉞ 得

$$f(2x^l f^{(m)}(y)+2x^n)=2f(x^l f^{(m)}(y)+x^n)-f(0)=2(x^l y+f^n(x))-f(0)$$

令 $x\neq 0$ 且 $x^l f^{(m)}(y)+x^n>0$，即

$$f(x^l(2f^{(m)}(y)+x^{n-l})+x^n)=2x^l y+2f^n(x)-f(0)$$

令
$$f^{(m)}(y_1)=2f^{(m)}(y)+x^{n-l}$$

则由上式及 * 得

$$x^l y_1+f^n(x)=2x^l y+2f^n(x)-f(0)$$

即
$$y_1=2y+\frac{f^n(x)-f(0)}{x^l},x\neq 0,x^l f^{(m)}(y)+x^n>0$$

所以

$$f^{(m)}\left(2y+\frac{f^n(x)-f(0)}{x^l}\right)=2f^{(m)}(y)+x^{n-l},x\neq 0$$

且

$$x^l f^{(m)}(y)+x^n>0 \quad ㊴$$

在 * 中取 $x=1$ 得

$$f(f^{(m)}(y)+1)=y+f^n(1) \quad ㊵$$

由 ㊴ 和 ㊵ 得

$$f(2f^{(m)}(y)+x^{n-l}+1)=2y+\frac{f^n(x)-f(0)}{x^l}+f^n(1),x\neq 0$$

且

$$x^l f^{(m)}(y)+x^n>0 \quad ㊶$$

由 ㊶ 和 ㉞ 得

$$f\left(f^{(m)}(y)+\frac{x^{n-l}+1}{2}\right)=y+\frac{f^n(x)-f(0)}{2x^l}+\frac{f^n(1)+f(0)}{2}$$

其中

$$x^l f^{(m)}(y)+x^n>0, f^{(m)}(y)+\frac{x^{n-l}+1}{2}>0 \quad ㊷$$

在 ㊷ 中取 $x^{n-l}=3, x=3^{\frac{1}{n-l}}>0$ 得

$$f(f^{(m)}(y)+2)=y+\frac{f^n(3^{\frac{1}{n-l}})-f(0)}{2\cdot 3^{\frac{l}{n-l}}}+\frac{f^n(1)+f(0)}{2}$$

其中

$$f^{(m)}(y)>-2 \quad ㊸$$

由 ㊵ 和 ㊸ 得

$$f(f^{(m)}(y)+2)-f(f^{(m)}(y)+1)=\frac{f^n(3^{\frac{1}{n-l}})-f(0)}{2\cdot 3^{\frac{l}{n-l}}}+$$

$$\frac{f(0)-f^n(1)}{2}, f^{(m)}(y)>-2 \quad ㊹$$

由 ㊹ 及 $f^{(m)}(y)$ 是满射得

$$f(x+1)-f(x)=a_1, a_1 \text{ 为常数}, x>-1 \quad ㊺$$

由 * 和 ㊺ 得

$$f(x^l f^{(m)}(y)+x^n+1)=x^l y+f^n(x)+a_1, a_1 \text{ 为常数}$$

且 $$x^l f^{(m)}(y)+x^n>-1$$

即 $$f(x^l(f^{(m)}(y)+\frac{1}{x^l})+x^n)=x^l y+f^n(x)+a_1$$

其中

$$x^l f^{(m)}(y)+x^n>-1, x\neq 0$$

令 $$f^{(m)}(y)+\frac{1}{x^l}=f^{(m)}(y_1)$$

则由上式及 * 得

$$x^l y_1+f^n(x)=x^l y+f^n(x)+a_1$$

所以

$$y_1=y+\frac{a_1}{x^l}$$

其中 $$x^l f^{(m)}(y)+x^n>-1, x\neq 0$$

从而有

$$f^{(m)}(y+\frac{a_1}{x^l})=f^{(m)}(y)+\frac{1}{x^l} \quad ㊻$$

其中，a_1 为常数，$x\neq 0, x^l f^{(m)}(y)+x^n>-1$.

由 ㊻ 知 $a_1\neq 0$. 若 $a_1<0$，则在 ㊻ 中令 $y>0$，固定 y，$x<0$，且 $x\to 0$，可知式 ㊻ 左边大于0(这是因为 l 为奇数，及 ㊲)，而右边可小于 0，矛盾. 所以必有 $a_1>0$.

在 ㊻ 中令 $y=0, x>0$ 得(注意 $f^{(m)}(0)\geqslant 0$)

$$f^{(m)}\left(\frac{a_1}{x^l}\right)=\frac{1}{x^l}+f^{(m)}(0), x>0$$

所以

$$f^{(m)}(x)=\frac{x}{a_1}+f^{(m)}(0), x>0,\text{常数 } a_1>0 \tag{47}$$

由 ㊵ 和 ㊺ 得

$$y+f^n(1)=f(f^{(m)}(y))+a_1, f^{(m)}(y)>-1$$

即

$$f(f^{(m)}(y))=y+f^n(1)-a_1, f^{(m)}(y)>-1 \tag{48}$$

由 ㊼ 和 ㊽ 得

$$f\left(\frac{x}{a_1}+f^{(m)}(0)\right)=x+f^n(1)-a_1, x>0$$

即
$$f(x+f^{(m)}(0))=a_1x+f^n(1)-a_1, x>0$$

所以

$$f(x)=a_1x+b_1, x>f^{(m)}(0), b_1=f^n(1)-a_1-a_1f^{(m)}(0) \tag{49}$$

由 ㉟ 和 ㊾ 得(令 x 充分大)

$$2a_1x+b_1=2(a_1x+b_1)-f(0)$$

即得

$$b_1=f(0) \tag{50}$$

由 * 和 ㊾ 得

$$a_1(x^l(a_1^my+b_1(1+a_1+a_1^2+a_1^3+\cdots+a_1^{m-1}))+x^n)+b_1=x^ly+(a_1x+b_1)^n, x, y\text{ 充分大} \tag{51}$$

由 ㉛ 容易推出 $b_1=0$,即 $f(0)=0$(这是一个关键).

这样当 n 为偶数时,必有 $f(0)=0$. 下面我们继续前进.

上面已证 $f(0)=0$,所以在 * 中取 $y=0$ 得

$$f(x^n)=f^n(x) \tag{52}$$

在 ㊷ 中取 $x=1$ 得 $f(1)=f^n(1)$,但是 $f(1)\neq 0$,所以 $f^{n-1}(1)=1$,由于 $n-1$ 为奇数,因此 $f(1)=1$. 在 * 中取 $x=1$ 得

$$f(f^{(m)}(y)+1)=y+1 \tag{53}$$

在 ㊷ 中取 $x=-1$ 得

$$1=f(1)=f^n(-1), f(-1)=\pm 1$$

再由 f 为单射知:$f(-1)=-1$.

在 ㊷ 中取 x 为 $-x$ 得

$$f^n(-x)=f(x^n)=f^n(x)$$

所以 $f(-x)=\pm f(x)$,再由 f 为单射知,必有

$$f(-x)=-f(x), \forall x\in\mathbf{R} \tag{54}$$

在 ㊸ 中取 y 为 $-y$,再由 ㊹ 得

$$f(-f^{(m)}(y)+1)=-y+1$$

从而

$$f(f^{(m)}(y)-1)=y-1 \quad ⑤⑤$$

由 ⑤③ 和 ⑤⑤ 得

$$f(f^{(m)}(y)+1)=f(f^{(m)}(y)-1)+2$$

再由 $f^{(m)}(y)$ 为满射即得

$$f(x+2)=f(x)+2, \forall x\in \mathbf{R} \quad ⑤⑥$$

由 * 和 ⑤⑥ 得

$$f(x^l f^{(m)}(y)+x^n+2)=x^l y+f^n(x)+2$$

即 $$f\left(x^l\left(f^{(m)}(y)+\frac{2}{x^l}+x^n\right)\right)=x^l y+f^n(x)+2, x\neq 0$$

令 $$f^{(m)}(y_2)=f^{(m)}(y)+\frac{2}{x^l}$$

(因此 $f^{(m)}(y)$ 是满射),则由上式及 * 得

$$x^l y_2+f^n(x)=x^l y+f^n(x)+2, x\neq 0$$

即得 $y_2=y+\frac{2}{x^l}$,所以有

$$f^{(m)}(y+\frac{2}{x^l})=f^{(m)}(y)+\frac{2}{x^l}, x\neq 0 \quad ⑤⑦$$

在 ⑤⑦ 中取 $y=0$ 得

$$f^{(m)}(\frac{2}{x^l})=\frac{2}{x^l}, x\neq 0, l>0$$

由此可得

$$f^{(m)}(x)=x, x>0 \quad ⑤⑧$$

由 * 和 ⑤② 得

$$f(x^l f^{(m)}(y)+x^n)-f(x^n)=x^l y \quad ⑤⑨$$

且由 ⑤② 知:当 $x>0$ 时,有 $f(x)>0$;再由此及 ⑤④ 知:当 $x<0$ 时,$f(x)<0$. 所以有:当 $x>0$ 时 $f^{(m)}(x)>0$;当 $x<0$ 时有 $f^{(m)}(x)>0$. 因此当 y 取遍 $\mathbf{R}^+=\{x\mid x>0, x\in\mathbf{R}\}$ 时,$f^{(m)}(y)$ 取遍整个 $\mathbf{R}^+$,从而由 ⑤⑨ 可知:f 在 $\mathbf{R}^+$ 上是严格递增的(任取 $x\in\mathbf{R}^+$,再让 y 取遍整个 $\mathbf{R}^+$).

对任意 $y\in\mathbf{R}^+=\{x\mid x>0, x\in\mathbf{R}\}$,若有 $f(y)\geqslant y$,则由 f 在 $\mathbf{R}^+$ 上严格递增可得

$$y\leqslant f(y)\leqslant f^{(2)}(y)\leqslant\cdots\leqslant f^{(m-1)}(y)\leqslant f^{(m)}(y)=y$$

(由式 ⑤⑥). 只有 $f(y)=y$;对任意 $y\in\mathbf{R}^+$,若有 $0<f(y)\leqslant y$,则也有

$$y\geqslant f(y)\geqslant f^{(2)}(y)\geqslant\cdots\geqslant f^{(m-1)}(y)\geqslant f^{(m)}(y)=y$$

也有 $f(y)=y$. 因此对 $y\in\mathbf{R}^+$,有 $f(y)=y$. 再由 $f(0)=0$ 及 ⑤④ 得,对每个 $x\in\mathbf{R}^+$,都有 $f(x)=x$.

总之,对 n 为偶数($l>0$),* 的解只能是唯一的,即

$$f(x)=x, \forall x\in\mathbf{R}$$

(检验是显然满足 * 的).

3. $l>0$,且 n 为奇数的情形

本节来研究 $l>0$,且 n 为奇数的情形,为此对 l 分偶数和奇数这两种情况分别讨论.

(1) 若 l 为偶数,n 为奇数,在 * 中 x 分别取 1 和 -1 得

$$f(f^{(m)}(y)+1)=y+f^n(1),f(f^{(m)}(y)-1)=y+f^n(-1)$$

所以

$$f(f^{(m)}(y)+1)=f(f^{(m)}(y)-1)+f^n(1)-f^n(-1)$$

由此可知

$$f(x+2)=f(x)+f^n(1)-f^n(-1) \tag{60}$$

由 * 和 ⑥⓪ 得

$$f(x^l f^{(m)}(y)+x^n+2)=x^l y+f^n(x)+f^n(1)-f^n(-1)$$

即

$$f\left(x^l\left(f^{(m)}(y)+\frac{2}{x^l}\right)+x^n\right)=x^l y+f^n(x)+f^n(1)-f^n(-1),x\neq 0 \tag{61}$$

令 $$f^{(m)}(y_3)=f^{(m)}(y)+\frac{2}{x^l},x\neq 0$$

则由 ⑥① 和 * 得

$$x^l y_3+f^n(x)=x^l y+f^n(x)+f^n(1)-f^n(-1)$$

所以

$$y_3=y+\frac{f^n(1)-f^n(-1)}{x^l},x\neq 0$$

从而有

$$f^{(m)}\left(y+\frac{f^n(1)-f^n(-1)}{x^l}\right)=f^{(m)}(y)+\frac{2}{x^l},x\neq 0 \tag{62}$$

在 ⑥② 中令 $y=0$ 得

$$f^{(m)}\left(\frac{f^n(1)-f^n(-1)}{x^l}\right)=\frac{2}{x^l}+f^{(m)}(0),x\neq 0$$

因为 $f^n(1)-f^n(-1)\neq 0$,所以由上式可得

$$f^{(m)}(x)=\frac{2x}{f^{(n)}(1)-f^{(n)}(-1)}+f^{(m)}(0),\forall x\in\mathbf{R} \tag{63}$$

由 * 和 ⑥③ 得

$$f\left(\frac{2x^l y}{f^{(n)}(1)-f^{(n)}(-1)}+x^l f^{(m)}(0)+x^n\right)=x^l y+f^n(x) \tag{64}$$

在 ⑥④ 中令 $x=1$ 得

$$f\left(\frac{2y}{f^{(n)}(1)-f^{(n)}(-1)}+f^{(m)}(0)+1\right)=y+f^n(1)$$

所以

$$f(x)=\frac{f^{(n)}(1)-f^{(n)}(-1)}{2}x-\frac{f^{(n)}(1)-f^{(n)}(-1)}{2}\cdot$$

$$(1+f^{(m)}(0))+f^n(1) \quad ⑮$$

由 ⑮ 可知

$$f(x)=ax+b, a, b \text{ 是常数,且 } a\neq 0 \quad ⑯$$

从而

$$f^{(m)}(y)=a^m y+b(1+a+a^2+\cdots+a^{m-1})$$

代入 * 得

$$a(x^l(a^m y+b(1+a+a^2+a^3+\cdots+a^{m-1}))+x^n)+b=$$
$$x^l y+(ax+b)^n, \forall x, y\in \mathbf{R} \quad ⑰$$

由 ⑰ 可知:$b=0$,且当 m 和 n 均为奇数时 $a=-1$ 或 1,否则只有 $a=1$,因此当 m 为奇数时 $f(x)=x$ 或 $f(x)=-x$,当 m 为偶数时 $f(x)=x$,容易检验这些解满足 *.

(2) 若 l 为奇数,n 为奇数时,则在 * 中用 $-x$ 代替 x,再与 * 相加得

$$f(-x^l f^{(m)}(y)-x^n)+f(x^l f^{(m)}(y)+x^n)=f^n(-x)+f^n(x)$$

再由 $f^m(y)$ 是满射可知

$$f(t)+f(-t)=f^n(x)+f^n(-x), x\neq 0, t \text{ 与 } x \text{ 无关} \quad ⑱$$

由 ⑱ 可知

$$f^n(x)+f^n(-x)(x\neq 0)=m_1(\text{对同一个 } f \text{ 而言}) \quad ⑲$$

下面对 n 分大于 1 和等于 1 两种情形分别讨论.

ⅰ 当 $n>1$ 时,记 $a=f(x)$,$b=f(-x)(x\neq 0)$,由 ⑱ 和 ⑲ 得

$$\begin{cases}a+b=m_1\\ a^n+b^n=m_1\end{cases}$$

从这两式中消去 b 得

$$a^n+(m_1-a)^n-m_1=0 \quad ⑳$$

如果 $m_1\neq 0$,显然式 ⑳ 是一个关于 a 的 $n-1$(大于 1) 次方程,它至多有 $n-1$(有限) 个实数根,但由 * 可知:$a=f(x)$ 可取无穷多个不同的值(因为 $f(x^l f^{(m)}(y)+x^n)-f^n(x)=x^l y$ 可取遍整个 $\mathbf{R}$),矛盾.因此只能有 $m_1=0$,从而由 $a+b=m_1$ 得

$$f(-x)=-f(x), x\neq 0 \quad ㉑$$

由 ㉑ 及 f 是满射和单射知

$$f(0)=0 \quad ㉒$$

在 * 中令 $y=0$ 得

$$f^n(x)=f(x^n) \quad ㉓$$

在 ㉓ 中 x 分别取 1 和 -1 可得

$$\begin{cases}f(1)=1\\ f(-1)=-1\end{cases} \quad \text{或} \quad \begin{cases}f(1)=-1\\ f(-1)=1\end{cases}$$

下面再细分为两种情况分别讨论.

a. 当 $f(1)=1, f(-1)=-1$ 时,在 * 中 x 分别取 $1,-1$ 得

$$f(f^{(m)}(y)+1)=y+1 \tag{74}$$

$$f(-f^{(m)}(y)-1)=-y-1 \tag{75}$$

在 ⑮ 中把 y 用 $-y$ 来代替,并由 ⑪ 和 ⑫ 得

$$f(f^{(m)}(y)-1)=y-1 \tag{76}$$

由 ⑭,⑯ 及 $f^{(m)}(y)$ 是满射得

$$f(x+2)=f(x)+2, \forall x \in \mathbf{R} \tag{77}$$

由 * 和 ⑰ 可得(用前面已多次用过的方法)

$$f^{(m)}\left(y+\frac{2}{x^{l}}\right)=f^{(m)}(y)+\frac{2}{x^{l}}, x \neq 0 \tag{78}$$

在 ⑱ 中令 $y=0$ 得

$$f^{(m)}\left(\frac{2}{x^{l}}\right)=\frac{2}{x^{l}}, x \neq 0$$

由此即得

$$f^{(m)}(x)=x, \forall x \in \mathbf{R} \tag{79}$$

由 *,⑲ 和 ⑬ 得

$$f(x^{l}y+x^{n})=x^{l}y+f(x^{n}) \tag{80}$$

在 ⑳ 中令 $x=1$ 得

$$f(y+1)=y+1, \forall y \in \mathbf{R}$$

所以有 $f(x)=x(\forall x \in \mathbf{R})$,显然满足 *.

b. 当 $f(1)=-1, f(-1)=1$ 时,在 * 中 x 分别取 1 和 -1 得

$$f(f^{(m)}(y)+1)=y-1 \tag{81}$$

$$f(-f^{(m)}(y)-1)=-y+1 \tag{82}$$

在 ㉒ 中用 $-y$ 代替 y,并由 ⑪ 和 ⑫ 得

$$f(f^{(m)}(y)-1)=y+1 \tag{83}$$

由 ㉑ 和 ㉓ 得

$$f(f^{(m)}(y)+1)=f(f^{(m)}(y)-1)-2$$

从而有

$$f(x+2)=f(x)-2, \forall x \in \mathbf{R} \tag{84}$$

由 * 和 ㉔ 可得(用前面已用过多次的方法)

$$f^{(m)}\left(y-\frac{2}{x^{l}}\right)=f^{(m)}(y)+\frac{2}{x^{l}}, x \neq 0 \tag{85}$$

在 ㉕ 中令 $y=0$,再由 ⑫ 得

$$f^{(m)}\left(-\frac{2}{x^{l}}\right)=\frac{2}{x^{l}}, x \neq 0$$

由上式及 l 为奇数可知

$$f^{(m)}(x)=-x, \forall x \in \mathbf{R} \tag{86}$$

由 * 和 ㉖ 得

$$f(-x^{l}y+x^{n})=x^{l}y+f^{n}(x)$$

在上式中取 $x=-1$ 得

$$f(y-1)=-y+1$$

即 $f(x)=-x$. 把 $f(x)=-x$ 代入 * 检验知：当 m 为奇数时，$f(x)=-x$ 适合 *；当 m 不为奇数时，$f(x)=-x$ 不适合 *，应舍去.

ⅱ 当 $n=1$ 时，则 * 变为

$$f(x^l f^{(m)}(y)+x)=x^l y+f(x) \qquad ***$$

在 *** 中取 $y=0$ 得

$$f(x^l f^{(m)}(0)+x)=f(x)$$

再由 f 为单射得

$$x^l f^{(m)}(0)+x=x$$

所以

$$f^{(m)}(0)=0 \qquad ⑰$$

下面对 l 再细分为等于 1 和大于 1 这两种情形分别讨论.

a. 当 $l=1$ 时，在 *** 中取 $f^{(m)}(y)=-1$ 得

$$xy+f(x)=f(0)$$

即

$$y=\frac{f(0)-f(x)}{x}, x\neq 0$$

所以有

$$f^{(m)}\left(\frac{f(0)-f(x)}{x}\right)=-1$$

从而有

$$\frac{f(0)-f(x)}{x}=C, C \text{ 为常数}$$

由此即得

$$f(x)=-cx+f(0), \forall x\in \mathbf{R} \qquad ⑱$$

把 ⑱ 代入 *** 可得：$f(0)=0$，且当 m 为奇数时，$c=1$ 或 -1；当 m 为偶数时，$c=-1$. 因此当 m 为奇数时，$f(x)=x$ 或 $f(x)=-x$；当 m 为偶数时，$f(x)=x$.

b. 当 $l>1$ 时，在 *** 中取 $x=1$ 得

$$f(f^{(m)}(y)+1)=y+f(1) \qquad ⑲$$

由 *** 和 ⑲ 得

$$f^{(m)}(x^l f^{(m)}(y)+x)+1=f^{(m-1)}(x^l y+f(x))+1$$

对上式两边取 f 得

$$x^l f^{(m)}(y)+x+f(1)=f(f^{(m-1)}(x^l y+f(x))+1) \qquad ⑳$$

在 ⑳ 中令 $x^l y+f(x)=f(t)$，再由 ⑲ 得

$$x^l f^{(m)}(y)+x+f(1)=f(f^{(m)}(t)+1)=t+f(1)$$

即得

$$f^{(m)}\left(\frac{f(t)-f(x)}{x^l}\right)=\frac{t-x}{x^l},x\neq 0 \tag{91}$$

在 ⑨1 中取 $x=1$ 得

$$f^{(m)}(f(t)-f(1))=t-1 \tag{92}$$

由 * * * 和 ⑨2 得(令 $y=f(t)-f(1)$)

$$f(x^l(t-1)+x)=x^l(f(t)-f(1))+f(x) \tag{93}$$

在 ⑨3 中取 $t=2$ 得

$$f(x+x^l)=f(x)+x^l(f(2)-f(1)) \tag{94}$$

在 ⑨3 中取 $t=0$ 得

$$f(x-x^l)=f(x)+x^l(f(0)-f(1)) \tag{95}$$

由 * * * 和 ⑨2 得(令 $t=x^lf^{(m)}(y)+x$)

$$f^{(m)}(x^ly+f(x)-f(1))=f^{(m)}(f(x^lf^{(m)}(y)+x)-f(1))=x^lf^{(m)}(y)+x-1 \tag{96}$$

在 ⑨6 中取 $x=-1$ 得

$$f^{(m)}(-y+f(-1)-f(1))=-f^{(m)}(y)-2$$

即得

$$f^{(m)}(y)+f^{(m)}(-y+f(-1)-f(1))=-2 \tag{97}$$

由 * * * 和 ⑨7 得

$$\begin{aligned}&x^ly+f(x)=f(x^lf^{(m)}(y)+x)=\\&f(x^l(-2-f^{(m)}(-y+f(-1)-f(1))+x))=\\&f((-x)^l(f^{(m)}(-y+f(-1)-f(1))+x-2x^l))=\\&f\left((-x)^l\left(f^{(m)}(-y+f(-1)-f(1))+\frac{2x-2x^l}{-x^l}\right)+(-x)\right)\end{aligned}$$

令

$$f^{(m)}(y_4)=f^{(m)}(-y+f(-1)-f(1))+\frac{2x-2x^l}{-x^l}$$

则由上式及 * * * 得

$$x^ly+f(x)=(-x)^ly_4+f(-x)$$

即

$$y_4=\frac{f(x)-f(-x)+x^ly}{-x^l},x\neq 0$$

从而有

$$f^{(m)}(-y+f(-1)-f(1))+\frac{2x^l-2x}{x^l}=f^{(m)}\left(-y+\frac{f(-x)-f(x)}{x^l}\right),x\neq 0 \tag{98}$$

在 ⑨8 中令 $\frac{2x^l-2x}{x^l}=1$ 得 $x=2^{\frac{1}{l-1}}$,所以有

$$f^{(m)}\left(-y+\frac{f(-2^{\frac{1}{l-1}})-f(2^{\frac{1}{l-1}})}{2^{\frac{1}{l-1}}}\right)=f^{(m)}(-y+f(-1)-f(1))+1 \tag{99}$$

由 ⑲ 和 ⑱ 得(记常数 $a=\dfrac{f(-2^{\frac{1}{l-1}})-f(2^{\frac{1}{l-1}})}{2^{\frac{1}{l-1}}}$)

$$f^{(m)}(f(-y+a))=-y+f(-1)-f(1)+f(1)=-y+f(-1) \tag{100}$$

在 ⑩ 中令 $y=-t+1+f(-1)$ 得

$$f^{(m)}(f(t-1-f(-1)+a))=t-1 \tag{101}$$

比较 ⑩ 与 ⑫ 得

$$f(t-1-f(-1)+a)=f(t)-f(1)$$

由上式即得(令常数 $b=-1-f(-1)+a$)

$$f(x+b)=f(x)-f(1) \tag{102}$$

下面来证明 $f(1)\neq 0$(从而 $b\neq 0$). 用反证法,假设 $f(1)=0$,则由 ⑫ 得

$$f^{(m)}(f(t))=t-1=f(f^{(m)}(t)) \tag{103}$$

在 ⑩ 中令 $t=y+1$ 得

$$f(f^{(m)}(y+1))=y$$

由 ⑱ 及反证假设 $f(1)=0$ 得

$$f(f^{(m)}(y)+1)=y$$

所以由此两式即得

$$f(f^{(m)}(y+1))=f(f^{(m)}(y)+1)$$

再由 f 为单射即可得

$$f^{(m)}(y+1)=f^{(m)}(y)+1 \tag{104}$$

由 ⑩ 及 ⑱ 得

$$f^{(m)}(x)=x,\forall x\in \mathbf{Z}=\{0,\pm 1,\pm 2,\pm 3,\pm 4,\cdots\} \tag{105}$$

由 ⑩ 及 ⑱ 得

$$f(y+1)=y,\forall y\in \mathbf{Z}=\{0,\pm 1,\pm 2,\pm 3,\pm 4,\cdots\}$$

即

$$f(x)=x-1,\forall x\in \mathbf{Z}=\{0,\pm 1,\pm 2,\pm 3,\cdots\} \tag{106}$$

由 ⑩ 即得

$$f^{(m)}(x)=x-m,\forall x\in \mathbf{Z}=\{0,\pm 1,\pm 2,\pm 3,\cdots\} \tag{107}$$

但是这样 ⑩ 与 ⑩ 产生矛盾. 因此

$$f(1)\neq 0$$

$$f(x^l f^{(m)}(y)+x+b)=f(x^l f^{(m)}(y)+x)-f(1)$$

$$f\left(x^l\left(f^{(m)}(y)+\frac{b}{x^l}\right)+x\right)=x^l y+f(x)-f(1),x\neq 0$$

令 $$f^{(m)}(y_5)=f^{(m)}(y)+\frac{b}{x^l},x\neq 0$$

由上式及 * * * 得

$$x^l y_5+f(x)=x^l y+f(x)-f(1)$$

即 $$y_5=y-\frac{f(1)}{x^l},x\neq 0$$

所以

$$f^{(m)}\left(y-\frac{f(1)}{x^{l}}\right)=f^{(m)}(y)+\frac{b}{x^{l}}, x \neq 0 \tag{108}$$

在 ⑩⑧ 中令 $y=0$，再由 ⑧⑦ 得

$$f^{(m)}\left(-\frac{f(1)}{x^{l}}\right)=\frac{b}{x^{l}}, x \neq 0 \tag{109}$$

由 ⑩⑨，⑧⑦ 及 l 为奇数得

$$f^{(m)}(x)=c_1 x, \forall x \in \mathbf{R}, c_1 \text{ 为非零常数} \tag{110}$$

由 ⑧⑨ 及 ⑪⓪ 得

$$f(c_1 x+1)=x+f(1), \forall x \in \mathbf{R}$$

即得

$$f(x)=a_1 x+b_1, \forall x \in \mathbf{R}, a_1 \text{ 和 } b_1 \text{ 为常数}, a_1 \neq 0 \tag{111}$$

把 ⑪① 代入 * * * 即可得 $b_1=0$，且当 m 为奇数时，$a_1=1$ 或 $a_1=-1$；当 m 不为奇数时，$a_1=1$. 因此，当 m 为奇数时，* * * 有两个解 $f(x)=x$ 和 $f(x)=-x$；当 m 为偶数时，* * * 只有一个解 $f(x)=x$.

4. **总结**

综合 1，2 和 3 可知：除了“$n=1, l=0$”以外，当且仅当 n 和 m 都为奇数时，* 共有两个解 $f(x)=x$ 和 $f(x)=-x$，而当 n 和 m 不全为奇数时，* 只有一个解 $f(x)=x$. 其中“$n=1, l=0$”这种情形，* 的解还没有全部求出，请读者自行研究探讨.

3 给定空间中的 9 个点，其中任意 4 点都不共面，并在每一对点之间都连一线段. 试求出最小值 n，使得在全部所连线段中任意取出 n 条，并将这 n 条中的每一条任意地染为红色或蓝色，则在这 n 条染色线段中必定有同色的三条线段构成一个三角形.

中国命题

解 首先，把问题提得更为一般些，这可以使我们对问题的理解更深入，且易于找到解答. 设给定空间中 s 个点，$s \geqslant 4$，其中任意 4 点都不共面. 我们在每一对点之间都连一条线段，把这样构成的图形称为 s 个点的完全图. 容易算出，这样的完全图有 $\frac{s(s-1)}{2}$ 条线段. 要求最小的值 $n=n(s)$，使得在这完全图中任意取出 $n(s)$ 条线段，并对其每一条线段任意地染上红色或蓝色后，必然会有同色的三条线段构成一个三角形（简称为同色三角形）.

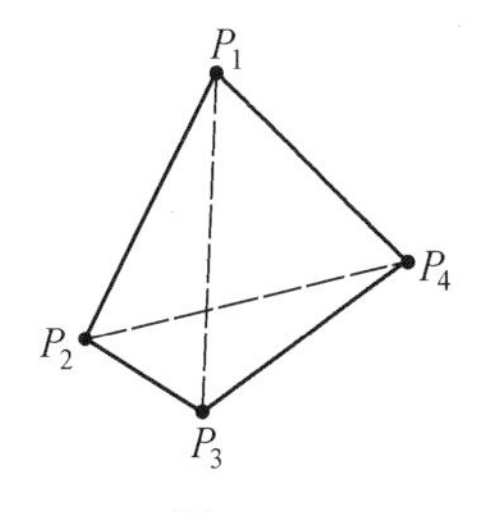

图 33.1

当 $s=4,5$ 时，值 $n(4)$，$n(5)$ 不存在. 因为图 33.1，图 33.2 表明

可以对 4 个点的完全图及 5 个点的完全图的全部线段适当地染色①,而不出现同色三角形.

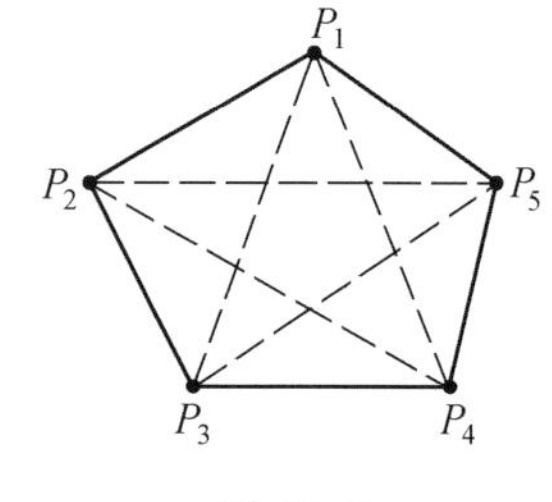

图 33.2

当 $s=6$ 时,这时的完全图有 15 条线段. 图 33.3 表明可对其中 14 条线段适当地染色,而不出现同色三角形. 下面来证明:当对全部 15 条线段任意地染色时必会出现一个同色三角形,即 $n(6)=15$. 设这 6 个点为 P_1,P_2,P_3,P_4,P_5,P_6,并已对它们构成的完全图的全部线段染了色. 先来考虑由 P_1,P_2,P_3,P_4,P_5 这 5 个点构成的完全图. 如果在给出的染色下,已有同色三角形出现在这 5 个点的完全图中,则结论已经证明. 所以,可假定在给出的染色下,这 5 个点的完全图中没有同色三角形. 我们来考虑 $P_6P_1,P_6P_2,P_6P_3,P_6P_4,P_6P_5$ 这 5 条线段被染色的情况. 由于只染红或蓝两色,所以在这 5 条线段中必有 3 条线段被染上了相同颜色. 不妨设 P_6P_1,P_6P_2,P_6P_3 都被染了红色. 由于 $\triangle P_1P_2P_3$ 不是同色三角形,所以 P_1P_2,P_2P_3,P_3P_1 这 3 条线段中必有被染为红色的,不妨设 P_1P_2 被染为红色. 因此 $\triangle P_6P_1P_2$ 的三线段均被染了红色,为一同色三角形. 这就证明了我们的结论②.

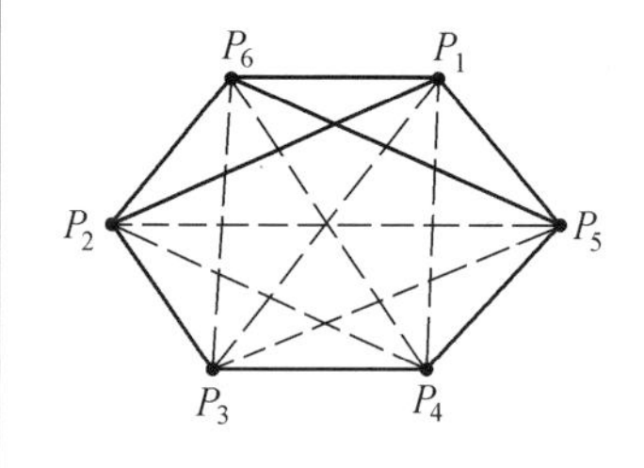

图 33.3

当 $s=7$ 时,完全图共有 21 条线段. 图 33.4 给出了可选出其中 19 条线段适当地染色而不出现同色三角形的例子. 我们来证明:如果任取 20 条线段来任意地染色,则一定出现同色三角形. 设这 7 个点为 $P_1,\cdots,P_7$. 不妨设未染色的一条线段为 P_1P_7. 显见,由 $P_1,\cdots,P_6$ 这 6 个点构成的完全图中的全部线段均被染色,上面已经证明其中必有同色三角形. 因此,$n(7)=20$.

图 33.4

当 $s=8$ 时,完全图共有 28 条线段. 图 33.5 给出了可选出其中 25 条线段适当地染色而无同色三角形的例子. 我们来证明:如果任取 26 条线段来任意地染色,则一定出现同色三角形. 设这 8 个点为 $P_1,\cdots,P_8$. 不妨设未染色的线段中有 P_1P_8. 容易看出:由 $P_1,P_2,\cdots,P_7$ 这 7 个点构成的完全图中至少有 20 条线段被染色,上面已经证明了其中必有同色三角形. 这就证明了要证的结论,即 $n(8)=26$.

图 33.5

当 $s=9$ 时,完全图共有 36 条线段. 图 33.6 给出了可选出其中 32 条线段适当地染色而无同色三角形的例子. 我们来证明:如果

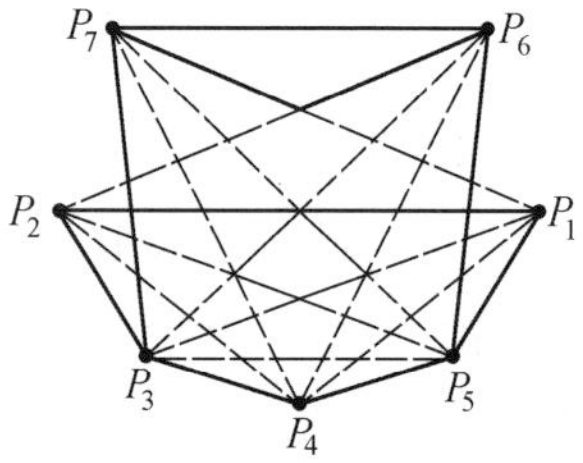

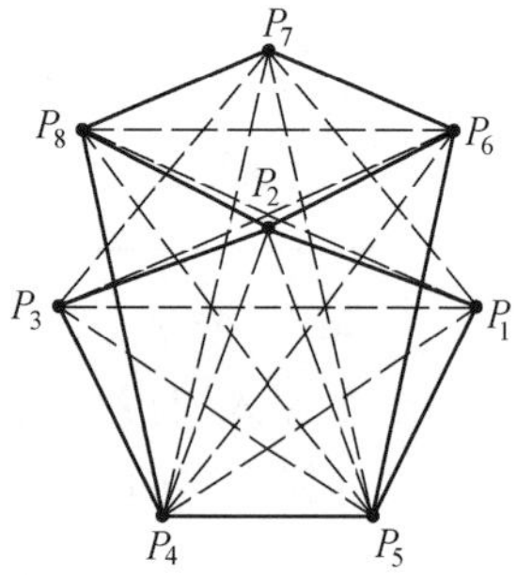

① 我们所说的"染色"均指对所考虑的线段,每一条染以红色或蓝色. 图 33.1—33.6 中实线表示染红色,虚线表示染蓝色.

② 事实上可以证明:6 个点的完全图被染色后,必有两个同色三角形. 请读者试证.

任取 33 条线段来任意地染色,则一定出现同色三角形. 设这 9 个点为 $P_1,\cdots,P_9$. 不妨设未染色的线段中有 P_1P_9. 容易看出:由 $P_1,P_2,\cdots,P_8$ 这 8 个点构成的完全图中至少有 26 条线段被染色,由前证可知其中必有同色三角形,即 $n(9)=33$.

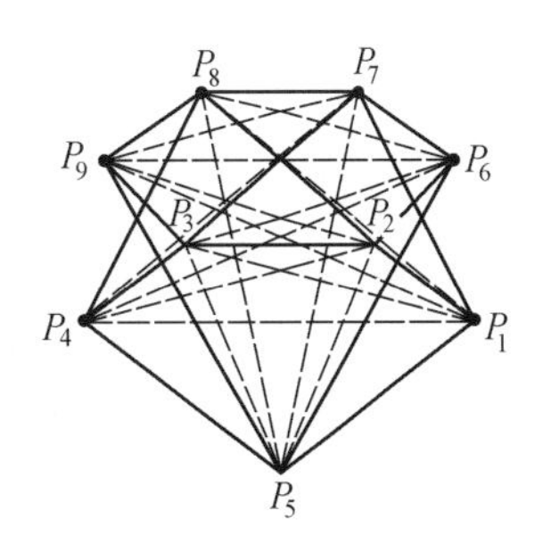

图 33.6

在图 33.1—33.6 中,实线表示染红色,虚线表示染蓝色,不连线表示不染色. 由于任意 4 个点不共面,所以除了给定的点外,这些线段无其他交点. 请读者自己思考画这些图的规律,画出满足条件的不同图形,并作进一步的探讨.

法国命题

4 设在一平面上给定一个圆周 Γ,及 Γ 的一条切线 l 和 l 上的一点 M. 试求出该平面上具有如下性质的点 P 的集合:在直线 l 上存在两个点 Q 和 R,使得 M 是线段 QR 的中点,且 Γ 是 $\triangle PQR$ 的内切圆.

解法 1 建立如下的直角坐标系:取直线 l 为 x 轴,点 M 为坐标原点 O,以及圆周 Γ 在 x 轴的上方,切点为 $T(t,0)$. 切点 T 和 M 的相对位置可能有三种情形:$t>0$, $t=0$, $t<0$,参见图 33.7—33.9. 设圆周 Γ 的圆心为 $A(t,1)$(取圆周 Γ 的半径为坐标系的长度单位). 这样,所讨论的问题就变为:在 x 轴上取所有可能的这样的一对点 $R(s,0)$, $Q(-s,0)$, $s>0$,使得过它们所作的 Γ 的不同于 x 轴的切线必相交,设交点为 P,且使 Γ 为 $\triangle PQR$ 的内切圆. 求点 P 的轨迹.

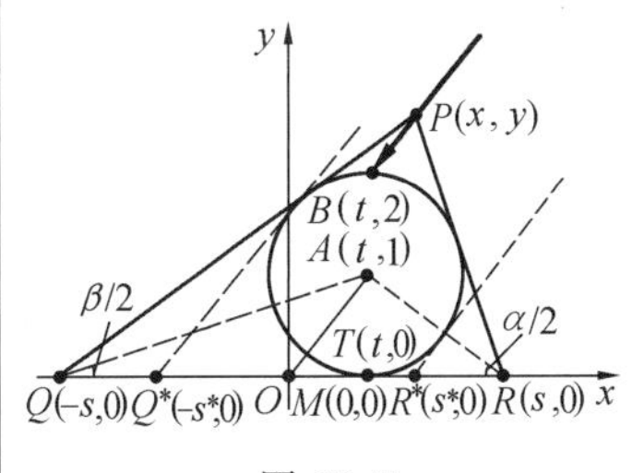

图 33.7

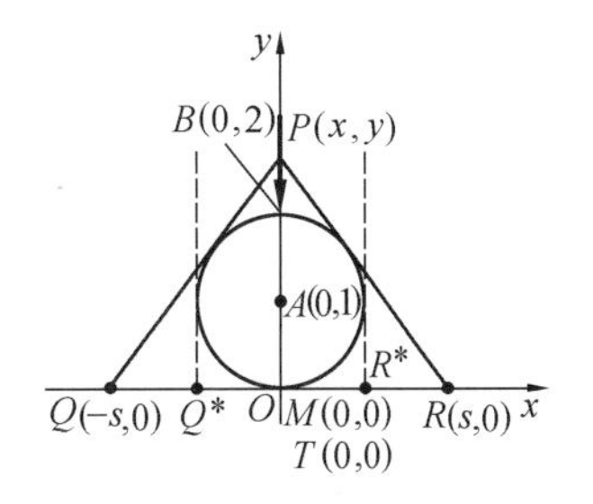

图 33.8

设 Q^*, R^* 是圆周 Γ 的平行于 MA(即 OA)的两条切线与 x 轴的两交点. 显见 Q^*, R^* 分别位于 M 的两侧,且线段 Q^*M, MR^* 的长度相等. 设 Q^*, R^* 的坐标分别为 $(-s^*,0)$, $(s^*,0)$, $s^*>0$,容易看出,为使 $\triangle PQR$ 是 Γ 的外切三角形,必须有 $s>s^*$,且当 $s\to+\infty$ 时,点 P 趋向于点 $B(t,2)$. 我们来证明:点 P 的轨迹是从点 B 出发(不含点 B)平行于 MA 且和 Γ 不相交的射线(在图 33.7—33.9 中均用粗线画出). 记点 P 的坐标为 (x,y),由于点 P 的纵坐标必大于点 B 的纵坐标,所以 $y>2$.

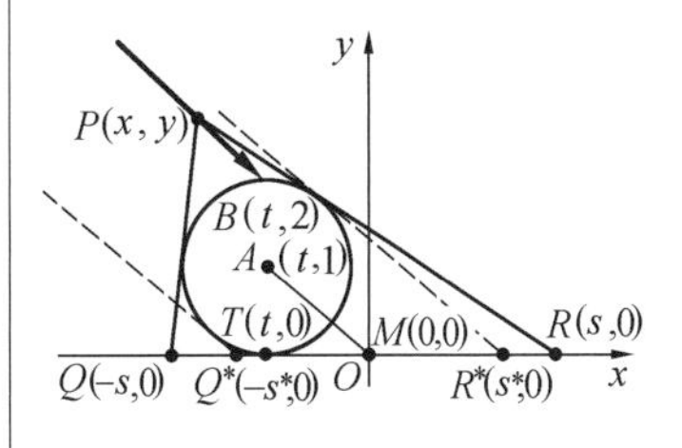

图 33.9

如图 33.7 所示,设 $\angle PRQ=\alpha$, $\angle PQR=\beta$. 显见

$$\cot\frac{\alpha}{2}=s-t,\cot\frac{\beta}{2}=s+t$$

$$\cot\alpha=\frac{(s-x)}{y},\cot\beta=\frac{(s+x)}{y}$$

利用关系式

$$\cot\theta=\frac{1}{2}\left(\frac{\cot\frac{\theta}{2}-1}{(\cot\frac{\theta}{2})}\right)$$

就可推出

$$\frac{s-x}{y}=\frac{1}{2}(s-t-\frac{1}{s-t})$$

$$\frac{s+x}{y}=\frac{1}{2}(s+t-\frac{1}{s+t})$$

由此可得(注意 $s>0$)

$$\frac{2x}{y}=t\left(1+\frac{1}{s^2-t^2}\right),y>2$$

$$\frac{2}{y}=1-\frac{1}{s^2-t^2},y>2$$

进而有

$$x=t(y-1),y>2$$

即
$$\frac{x-t}{t}=\frac{y-2}{1},y>2$$

这就证明了所要的结论.

此解法属于余茂迪、宫宋家

解法 2　设圆 C 与直线 l 相切于点 O,以点 O 为原点,l 为 x 轴建立坐标系,如图 33.10 所示.圆心为 $C(0,b)$,半径 $b>0$,且 b 为定值,设点 $P(x,y)$ 是满足条件的任一点,过点 P 作圆 C 两条切线分别和 x 轴交于点 $Q(m,0)$,$R(n,0)$(其中 m,n 为非零参变量),线段 QR 的中点为 $M(\frac{m+n}{2},0)$,因为 M 是 l 上一定点,所以 $m+n$ 为定值.

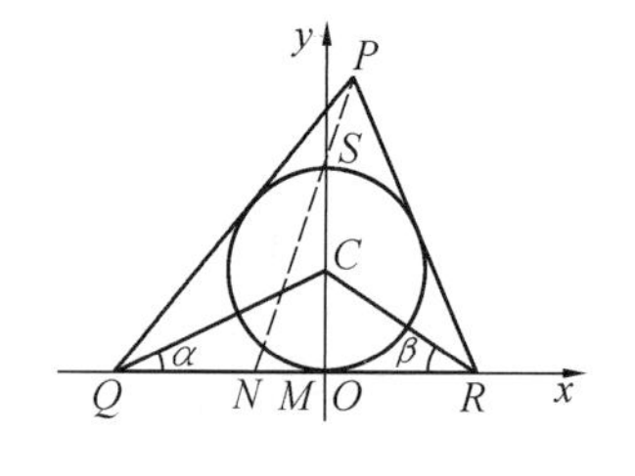

图 33.10

令 $\angle CQR=\alpha$,$\angle CRQ=\beta$,则

$$k_{CQ}=\tan\alpha=-\frac{b}{m},k_{CR}=\tan(\pi-\beta)=-\tan\beta=-\frac{b}{n},\tan\beta=\frac{b}{n}$$

当 $\angle PQR$ 和 $\angle PRQ$ 无一直角时

$$|m|\neq b,\ |n|\neq b$$

$$k_{PQ}=\tan 2\alpha=\frac{2\tan\alpha}{1-\tan^2\alpha}=\frac{2(-\frac{b}{m})}{1-(-\frac{b}{m})^2}=\frac{2bm}{b^2-m^2}$$

$$k_{PR}=\tan(\pi-2\beta)=-\tan 2\beta=\frac{-2\tan\beta}{1-\tan^2\beta}=$$

$$-\frac{-2(\frac{b}{n})}{1-(\frac{b}{n})^2}=\frac{2bn}{b^2-n^2}$$

于是,切线 PQ 和 PR 的方程分别为

$$y=\frac{2bm}{b^2-m^2}(x-m)$$

$$y=\frac{2bn}{b^2-n^2}(x-n)$$

即

$$(b^2-m^2)y=2bm(x-m) \quad ①$$

$$(b^2-n^2)y=2bn(x-n) \quad ②$$

① - ② 得

$$(n^2-m^2)y=2b(m-n)x+2b(n^2-m^2)$$

因为 $m\neq n$,故得

$$2bx+(m+n)y=2b(m+n) \quad ③$$

它就是点 $P(x,y)$ 的轨迹方程.

方程 ③ 的曲线是过两定点 $N(m+n,0)$,$S(0,2b)$ 的一条直线,显然,满足题意的点 P 的集合是落在该直线上位于点 S(点 S 除外) 上方的射线.

特别地,当 $\angle PQR$ 和 $\angle PRQ$ 之一为直角时,不妨设 $\angle PQR=90^\circ$,此时 $|m|=b$,切线 PQ 的方程为

$$x=m \quad ④$$

④ 代入 ② 求得

$$y=\frac{2bn}{m+n} \quad ⑤$$

同时将 ④ 和 ⑤ 代入 ③ 是满足的,所以此时点 P 仍落在所求的射线上.

5 设 $O\text{-}xyz$ 是空间直角坐标系,S 是空间中的一个由有限个点构成的集合.再设 S_x,S_y,S_z 分别是 S 中的所有点在坐标平面 yOz,zOx,xOy 上的正交投影构成的集合(所谓一个点在一个平面上的正交投影是指由这点向该平面所作垂线的垂足).证明

$$|S|^2\leqslant|S_x|\cdot|S_y|\cdot|S_z|$$

其中,$|A|$ 表示有限集合 A 中的元素个数.

意大利命题

证明 因为 S 是有限集,所以可作 K 个平行于 yOz 的平面,使得 S 的所有点都在这 K 个平面上,且每个平面上均有 S 中的点.这样,在第 i 个平面上可作 a_i 条直线垂直于 xOy 平面,使在这第 i 个平面上的 S 中的点都在这些直线上,且每条直线上均有 S 中的点,在这 a_i 条直线的每一条上所有的 S 中的点的个数分别记为 $c_{i1},c_{i2},\cdots,c_{ia_i}$.显见,$a_i>0$,且有

$$|S|=\sum_{i=1}^{K}\sum_{j=1}^{a_i}c_{ij}=\sum_{i=1}^{K}\sqrt{a_i}\ \frac{1}{\sqrt{a_i}}\sum_{j=1}^{a_i}c_{ij}$$

利用熟知的不等式,即得

$$|S|^2\leqslant\left(\sum_{i=1}^{K}a_i\right)\left(\sum_{i=1}^{K}\frac{1}{a_i}\left(\sum_{j=1}^{a_i}c_{ij}\right)^2\right)$$

容易看出

$$S_z=\sum_{i=1}^{K}a_i$$

$$S_y\geqslant\sum_{i=1}^{K}\max_{1\leqslant j\leqslant a_i}(c_{ij})\geqslant\sum_{i=1}^{K}\frac{1}{a_i}\sum_{j=1}^{a_i}c_{ij}$$

以及

$$S_x\geqslant\max_{1\leqslant i\leqslant K}\left(\sum_{j=1}^{a_i}c_{ij}\right)\geqslant\sum_{j=1}^{a_i}c_{ij},1\leqslant i\leqslant K$$

由以上四式立即推出所需要的结论.

6 对每个正整数 n,以 $S(n)$ 表示满足如下条件的最大整数:对每个正整数 $k\leqslant S(n)$,n^2 均可表示为 k 个正整数的平方之和.

(1) 证明:对每个 $n\geqslant 4$,都有 $S(n)\leqslant n^2-14$;

(2) 试找出一个正整数 n,使得 $S(n)=n^2-14$;

(3) 证明:存在无穷多个正整数 n,使得 $S(n)=n^2-14$.

英国命题

解 对每个正整数 a,它当然能表示为 a 个正整数的平方和,即

$$a=\underbrace{1^2+\cdots+1^2}_{a\text{个}}$$

对 $1\leqslant h<a$,a 若可表示为 $a-h$ 个正整数的平方和,则一定是如下的形式,即

$$a=\underbrace{1+\cdots+1}_{a-h-r\text{个}}+b_1^2+\cdots+b_r^2$$

其中,$b_j\geqslant 2,1\leqslant j\leqslant r,1\leqslant r\leqslant a-h$.因此,$a$ 可表示为 $a-h$ 个正整数的平方和的充要条件是 h 可表示为

$$h=(b_1^2-1)+\cdots+(b_r^2-1),b_j\geqslant 2,1\leqslant j\leqslant r\leqslant a-h \quad ①$$

注意到 $2^2-1=3,3^2-1=8$,利用上式可直接验证:a 一定不可表示为 $a-1$ 个,$a-2$ 个,$a-4$ 个,$a-5$ 个,$a-7$ 个,$a-10$ 个,及 $a-13$ 个正整数的平方和(请读者自己验证).

由以上讨论知,当 $a=n^2,n\geqslant 4$ 时,n^2 一定不能表示为 n^2-13 个正整数的平方和,这就证明了 $S(n)\leqslant n^2-14$,即结论(1)成立.

下面来证明(2).注意到 $2^2-1=3$,以及

$$14=(2^2-1)+(2^2-1)+(3^2-1) \quad ②$$

$$15=4^2-1 \quad ③$$

$$16=(3^2-1)+(3^2-1) \quad ④$$

容易看出,当 $h \geqslant 14$ 时必可表示为

$$h=(b_1^2-1)+\cdots+(b_r^2-1), b_j \geqslant 2, 1 \leqslant j \leqslant r \quad ⑤$$

但我们并不能立即断言必有 $r \leqslant a-h$,特别当 $a-h$ 较小时. 因此,关键在于取一个特殊的 $a=n^2$,使得 n^2 必可表示为不多几个的正整数的平方和. 下面来证明当 $n=13$ 时结论(2) 成立[①]. 容易直接验证

$$\begin{aligned}13^2&=12^2+5^2=12^2+4^2+3^2=11^2+4^2+4^2+4^2=\\&10^2+6^2+5^2+2^2+2^2=\\&10^2+6^2+4^2+3^2+2^2+2^2=\\&11^2+4^2+4^2+2^2+2^2+2^2+2^2=\\&10^2+6^2+5^2+2^2+1+1+1+1=\\&10^2+6^2+4^2+3^2+2^2+1+1+1+1=\\&11^2+4^2+4^2+2^2+2^2+2^2+1+1+1+1=\\&10^2+6^2+5^2+1+1+1+1+1+1+1+1=\\&10^2+6^2+4^2+3^2+1+1+1+1+1+1+1+1=\\&11^2+4^2+2^2+2^2+2^2+2^2+2^2+2^2+2^2+\\&1+1+1+1=10^2+6^2+4^2+2^2+2^2+1+1+\\&1+1+1+1+1+1+1\end{aligned}$$

因此,还要证明,当 $14 \leqslant h \leqslant 154$ 时,13^2 可表示为 13^2-h 个正整数的平方和. 由式 ①($a=13^2$) 知,这只要证明:当 $14 \leqslant h \leqslant 154$ 时,必有

$$h=(b_1^2-1)+\cdots+(b_r^2-1), b_j \geqslant 2, 1 \leqslant j \leqslant r \leqslant 13^2-h \quad ⑥$$

这可以直接对 h 分段验证. 我们有

$$14 \leqslant h-(11^2-1) \leqslant 34, 134 \leqslant h \leqslant 154$$

$$14 \leqslant h-(10^2-1) \leqslant 34, 113 \leqslant h \leqslant 133$$

$$14 \leqslant h-(9^2-1) \leqslant 32, 94 \leqslant h \leqslant 112$$

$$14 \leqslant h-(8^2-1) \leqslant 30, 77 \leqslant h \leqslant 93$$

利用式 ②,③,④,$2^2-1=3$,$3^2-1=8$ 及 $4^2-1=15$,从以上各式就可推出当 $77 \leqslant h \leqslant 154$ 时,必有式 ⑥ 成立,且 $r \leqslant 8$. 而当 $14 \leqslant h \leqslant 76$ 时,必有式 ⑤ 成立,且显然有 $r<h \leqslant 13^2-h$,即式 ⑥ 亦成立. 这就证明了当 $n=13$ 时结论(2) 成立.

最后,用归纳法来证明:当 $n=13^l(l=1,2,\cdots)$ 时,结论(3) 成立. 当 $l=1$ 时,由(3) 知结论成立. 假设当 $l=m(m \geqslant 1)$ 时结论成

① 题中的 k 是这里的 $a-h$,当 $a=n^2$ 时,即 n^2-h.

立. 当 $l=m+1$ 时,由

$$n^2=(13^{m+1})^2=13^2\cdot 13^{2m}$$

及归纳假设知,n^2 可表示为 k 个正整数平方和,只要

$$1\leqslant k\leqslant 13^{2m}-14$$

这样,为了证明结论对 $l=m+1$ 成立,只要证明:当

$$13^{2m}-14<k\leqslant 13^{2m+2}-14 \quad ⑦$$

时,13^{2m+2} 一定能表示为 k 个正整数平方之和. 为此,我们利用等式

$$13^{2m+2}=\underbrace{13^2+\cdots+13^2}_{13^{2m}-14-3\text{个}}+13^2\cdot 2^2+13^2\cdot 2^2+13^2\cdot 3^2$$

由 $l=1$ 时结论成立,即每个 13^2 可表示为 $1\sim 13^2-14$ 个正整数平方和,从上式即可推出:当

$$13^{2m}-14<k\leqslant(13^{2m}-14)(13^2-14)=$$
$$13^{2m+2}-14(13^{2m}+13^2)+14^2$$

时,13^{2m+2} 一定可表示为 k 个正整数平方和. 由此及式 ⑦ 知,我们只要证明:当

$$13^{2m+2}-14(13^{2m}+13^2)+14^2<k\leqslant 13^{2m+2}-14 \quad ⑧$$

时,13^{2m+2} 必可表示为 k 个正整数平方和. 显见,这里的 k 就是式 ① 中的 $13^{2m+2}-h$(取 $a=13^{2m+2}$). 因此,上式即

$$14\leqslant h<14(13^{2m}+13^2)-14^2 \quad ⑨$$

当 h 满足上式时,由式 ⑤ 及

$$r<h<28\cdot 13^{2m}<13^{2m+2}-h$$

知,必有式 ① 成立(取 $a=13^{2m+2}$),即 13^{2m+2} 可表示为 $13^{2m+2}-h$(h 满足式 ⑨)个正整数平方和,亦即 13^{2m+2} 可表示为 k(k 满足式 ⑧)个正整数平方和. 这就证明了当 $l=m+1$ 时结论也成立. 所以(3)成立. 证毕.

本题看起来证明繁琐,但思路并不复杂,这就是弄清楚从式 ① 到式 ⑤ 的内容. 请读者仔细考虑.

第 33 届国际数学奥林匹克英文原题

The thirty-third International Mathematical Olympiad was held from July 10th to July 21st 1992 in Moscow.

1 Find all integers a,b,c with $1<a<b<c$ such that $(a-1)\cdot(b-1)\cdot(c-1)$ is a divisor of $abc-1$.

(New Zealand)

2 Let $\mathbf{R}$ denote the set of all real numbers. Find all functions $f:\mathbf{R}\to\mathbf{R}$ such that

$$f(x^2+f(y))=y+(f(x))^2 \text{ for all } x,y \text{ in } \mathbf{R}$$

(India)

3 Consider nine points in space, no four of which are coplanar. Each pair of points is joined by an edge (that is, a line segment) and each edge is either coloured blue or red or left uncoloured. Find the smallest value of n such that whenever exactly n edges are coloured, the set of coloured edges necessarily contains a triangle all of whose edges have the same colour.

(China)

4 In a plane there are a circle C, a tangent line L and a point M on L. Find the set of points P in the plane with the following property: there exist on L points Q and R such that M is the midpoint of QR and C is the inscribed circle in the $\triangle PQR$.

(France)

5 Let S be a finite set of points in a space with an orthogonal system of coordinates $O\text{-}xyz$. Let S_x,S_y,S_z be the sets of orthogonal projection of S on the three planes yOz,zOx,xOy respectively. Prove that

$$|S|^2\leqslant|S_x|\cdot|S_y|\cdot|S_z|$$

where $|A|$ denotes the number of elements of the finite set A.

(Italy)

6 For each positive integer n let $S(n)$ be the greatest integer such that n^2 can be written as a sum of k positive squares for every $k, 1 \leqslant k \leqslant S(n)$.

a) Prove that $S(n) \leqslant n^2 - 14$ for any $n, n \geqslant 4$.

b) Find a positive integer n such that $S(n) = n^2 - 14$.

c) Prove that there are infinitely many positive integers n such that

$$S(n) = n^2 - 14$$

(United Kingdom)

第 33 届国际数学奥林匹克各国成绩表

1992,俄罗斯

名次	国家或地区	分数	奖牌			参赛队
		(满分 252)	金牌	银牌	铜牌	人数
1.	中国	240	6	—	—	6
2.	美国	181	3	3	—	6
3.	罗马尼亚	177	2	2	2	6
4.	独联体	176	2	3	—	6
5.	英国	168	2	2	2	6
6.	俄国	158	2	2	2	6
7.	德国	149	—	4	2	6
8.	匈牙利	142	1	3	1	6
9.	日本	142	1	3	1	6
10.	法国	139	1	3	1	6
11.	越南	139	1	2	3	6
12.	南斯拉夫	136	—	2	4	6
13.	捷克斯洛伐克	134	—	2	3	6
14.	伊朗	133	—	3	2	6
15.	保加利亚	127	1	1	3	6
16.	中国台湾	124	—	3	2	6
17.	韩国	122	1	—	4	6
18.	澳大利亚	118	1	1	2	6
19.	以色列	108	—	2	2	6
20.	印度	107	—	1	4	6
21.	朝鲜	106	—	3	2	6
22.	加拿大	105	1	—	3	6
23.	比利时	100	—	1	2	6
24.	乌克兰	93	—	—	5	5
25.	波兰	90	—	1	3	6
26.	瑞典	90	—	2	—	6
27.	中国香港	89	—	1	2	6
28.	新加坡	89	—	1	3	6
29.	意大利	83	—	—	3	6
30.	哈萨克斯坦	80	—	—	4	6

续表

名次	国家或地区	分数（满分 252）	奖牌 金牌	银牌	铜牌	参赛队人数
31.	挪威	77	—	1	2	6
32.	荷兰	71	—	1	—	6
33.	奥地利	70	—	—	3	6
34.	阿根廷	67	—	1	1	6
35.	突尼斯	64	1	—	1	4
36.	土耳其	63	—	—	2	6
37.	哥伦比亚	55	—	—	1	6
38.	亚美尼亚	53	—	—	2	4
39.	蒙古	51	—	—	—	6
40.	西班牙	50	—	—	1	6
41.	泰国	50	—	1	—	6
42.	巴西	48	—	—	1	6
43.	摩洛哥	45	—	—	—	6
44.	丹麦	42	—	—	—	5
45.	爱尔兰	42	—	—	—	6
46.	新西兰	41	—	—	1	6
47.	菲律宾	40	—	—	1	4
48.	希腊	37	—	—	—	6
49.	白俄罗斯	37	—	—	2	3
50.	中国澳门	35	—	—	—	6
51.	葡萄牙	35	—	—	1	6
52.	塞浦路斯	34	—	—	1	6
53.	芬兰	33	—	—	—	6
54.	墨西哥	32	—	—	—	6
55.	瑞士	30	—	—	—	3
56.	特立尼达一多巴哥	26	—	—	—	6
57.	拉脱维亚	26	—	1	—	2
58.	立陶宛	26	—	—	—	3
59.	印尼	22	—	—	—	6
60.	南非	21	—	—	—	6
61.	爱沙尼亚	18	—	—	—	4
62.	古巴	17	—	—	—	3
63.	冰岛	16	—	—	—	3
64.	阿塞拜疆	10	—	—	—	1

第 33 届国际数学奥林匹克预选题

1 设 m 为自然数,x_0 与 y_0 为整数,有

(i)x_0 与 y_0 互质;

(ii)y_0 整除 x_0^2+m;

(iii)x_0 整除 y_0^2+m.

证明:存在正整数 x 和 y,使得

(1)x 与 y 互质;(2)y 整除 x^2+m;(3)x 整除 y^2+m;(4)$x+y\leqslant m+1$.

组委会注 本题有一组平凡解 $x=y=1$,这一组解还不能从所考察的范围中排除掉,因为有时仅有这样一组解满足条件 $x+y=2\leqslant m+1$,例如,当 $m=3,x_0=19,y_0=4$ 时.

宜将本题改述为:

证明:对任何整数 m,存在无穷多组整数(x,y),使得

(Ⅰ)x 与 y 互质;

(Ⅱ)y 整除 x^2+m;

(Ⅲ)x 整除 y^2+m.

证明 首先,$x=y=1$ 是一组解.其次,如果(x,y)是一组解,有 $y\geqslant x$,那么,考察整数对(x_1,y),其中

$$y^2+m=x\cdot x_1 \quad ①$$

显然,由 ① 可知,x_1 与 y 的任何公约数都是 m 的约数,又由(Ⅱ)知,该公约数亦为 x 的约数,因此,有

$$(x_1,y_1)=1$$

此外,由(Ⅱ)和 ① 可知

$$x^2(x_1^2+m)=(y^2+m)^2+x^2m=y^4+2my^2+m(x^2+m)$$

是 y 的倍数.由于$(x,y)=1$.因此,(x_1,y) 满足题设条件(Ⅰ)—(Ⅲ).再由 ① 知,$x_1>y$,因而这一过程可无限多次进行下去,使我们得到无穷多组合乎条件的整数.

❷ 设 R^{+} 为非负实数的集合,a 和 b 为两个正实数.设映射 $f:R^{0}\to R^{-}$ 满足函数方程

$$f[f(x)]+af(x)=b(a+b)x$$

证明:该函数方程有唯一解.

证明 记 $f^{(n)}(x)=f(f^{(n-1)}(x))$,其中 $n=1,2,\cdots$,且

$$f^{(0)}(x)=x,f^{(1)}(x)=f(x)$$

利用这些记号,有

$$f^{(n-2)}(x)+af^{(n-1)}(x)+b(a+b)f^{(n)}(x)=0$$

$n=1,2,\cdots$.其特征多项式为

$$y^{2}+ay-b(a+b)=(y+a+b)(y-b)$$

所以,有

$$f^{(n)}(x)=\lambda_1 b^{n}+\lambda_2(-a-b)^{n},n=0,1,2,\cdots$$

其中 λ_1 和 λ_2 为常数.但因

$$x=f^{(0)}(x)=\lambda_1+\lambda_2,f(x)=f^{(1)}(x)=\lambda_1 b-\lambda_2(a+b)$$

故知

$$\lambda_1=\frac{(a+b)x+f(x)}{a+2b}$$

$$\lambda_2=\frac{bx-f(x)}{a+2b},\frac{1}{(a+b)^{n}}f^{(n)}(x)=\lambda_1(\frac{b}{a+b})^{n}+(-1)^{n}\lambda_2$$

由于 $f:R^{-}\to R^{-}$,所以 $f^{(n)}:R^{-}\to R^{-}$.因此,有

$$\lambda_1(\frac{b}{a+b})^{n}+(-1)^{n}\lambda_2\geqslant 0,n=1,2,\cdots$$

及
$$\lambda_1(\frac{b}{a+b})^{2n-1}\geqslant\lambda_2\geqslant-\lambda_1(\frac{b}{a+b})^{2n},n=0,1,2,\cdots$$

令 $n\to\infty$.即得 $\lambda_2=0(a+b>b\geqslant 0)$.故知 $f(x)=bx$.显然,$f(x)=bx$ 是

$$f(f(x))+af(x)=b(a+b)f(x)$$

的解.

❸ 设四边形 $ABCD$ 满足条件 $AC\perp BD$.在 $ABCD$ 之外作四个正方形 $ABEF$,$BCGH$,$CDIJ$,$DAKL$.将四条直线 CL,DF,AH,BJ 的交点分别记作 P_1,Q_1,R_1,S_1(图 33.11),将四条直线 AI,BK,CE,DG 的交点分别记作 P_2,Q_2,R_2,S_2.证明:四边形 $P_1Q_1R_1S_1$ 与 $P_2Q_2R_2S_2$ 全等.

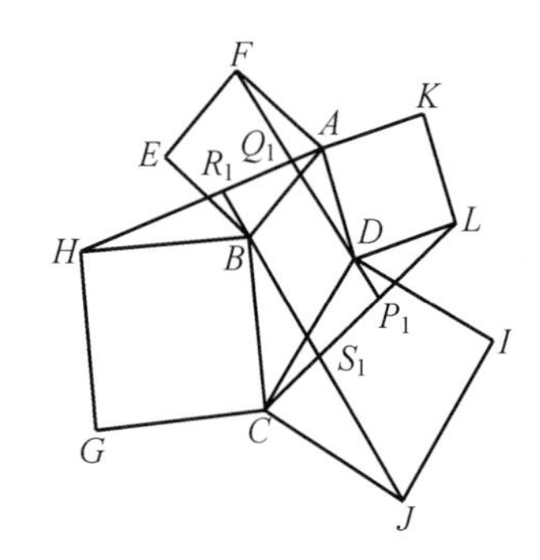

图 33.11

组委会注 可将本题改述为:

凸四边形 $ABCD$ 的两条对角线相互垂直,在凸四边形外作四个正方形 $AEFB$,$BGHC$,$CIJD$,$DKLA$(字母按逆时针方向标注).矩形 Q_1 和 Q_2 的边

依次分别位于直线 AG，BI，CK，DE 和 AJ，BL，CF，DH 之上. 证明：Q_1 与 Q_2 全等.

证明 第一步考察分别以 AC 和 BD 作为对角线的两个正方形 $AB'CD'$ 和 $BC'DA$（见图 33.12）. 由于 $BD\perp AC$，所以，这两个正方形同位相似，因而，AA'，BB'，CC'，DD'，相交于点 O.

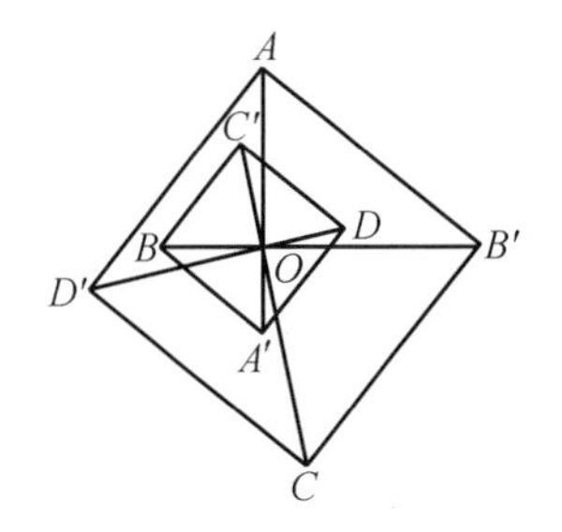

图 33.12

第二步，将直线 DF 与 BK 的交点记作 A''（见图 33.3）. 由于 $AF=AB$，$AD=AK$. 故

$$\angle FAD=\angle FAB+\angle BAD=\angle KAD+\angle BAD=\angle BAK$$

所以，$\triangle AFD\cong\triangle ABK$. 因而 $\angle AFA''=\angle ABA''$，故知 A，F，B，A'' 四点共圆. 这表明，$\angle BA''F=\angle BAF=90^\circ$，亦即

$$FD\perp BK$$

另一方面

$$\angle 3=\angle AA''F=\angle ABF=45^\circ$$

同理，$\angle 4=45^\circ$

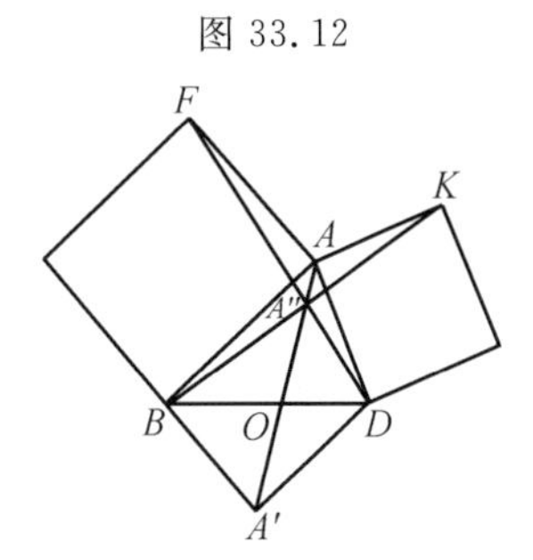

图 33.13

现再指出，$\angle BA''D=90^\circ$ 及 $\angle BA'D=90^\circ$（见图 33.12），所以 B，A'，D，A'' 四点共圆. 因而 $\angle 1=\angle 2$. 于是，$\angle 1=\angle 2=\angle 3=\angle 4=45^\circ$.

由此即知，点 A，A''，A' 共线，且 $A''A'$ 是 $\angle BA''D$ 的平分线. 但点 O 在 AA' 之上，且与 DF 和 BK 的距离相等.

逆时针旋转 90° 可将 DF 变为 BK. 类似地，可证得在这一旋转之下，可分别将 AH，BJ，CL 变为 CE，DG，AI. 因而，四边形 $P_1Q_1R_1S_1$ 变为 $P_2Q_2R_2S_2$，亦即

$$P_1Q_1R_1S_1\cong P_2Q_2R_2S_2$$

注解 第一步，参阅原题之解的第一步.

第二步（略写）将平面绕点 A 顺时针旋转 90°，可将 $\triangle ABL$ 变成 $\triangle AED$，由此知 $BL\perp DE$. 考察平面上具有如下性质的点 X 的集合：当平面绕着点 X 顺时针旋转 90° 时，可将 BL 变成 DE，则点 A 和 T 属于这一集合. 且该集合中的点形成 BL 和 DE 夹角的平分线（见图 33.14）. 由于 A' 及 T 位于 BD 为直径的圆周上，直线 AT 经过 A'. 因而也经过位似中心 O（参阅第一步），绕着点 O 旋转 90° 即将 Q_1 变为 Q_2.

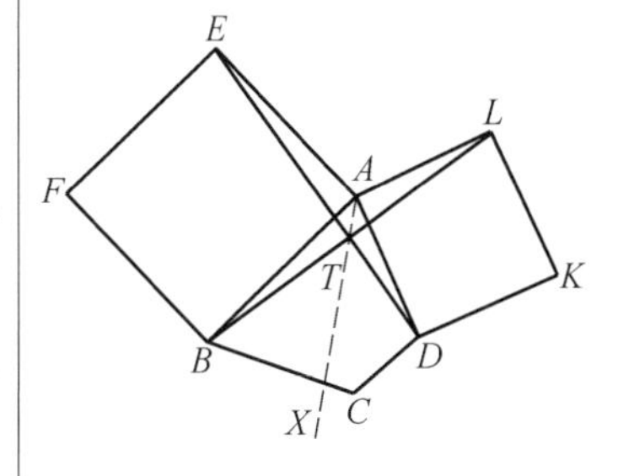

图 33.14

4 给定空间中的 9 个点，其中任意 4 点都不共面，并在每一对点之间都连一线段. 试求出最小值 n，使得在全部所连线段中任意取出 n 条，并将这 n 条中的每一条任意地染为红色或蓝色，则在这 n 条染色线段中必定有同色的三条线段构成一个三角形.

解　此题为第 33 届竞赛题 3 题.

5 设 $ABCD$ 为凸四边形，$AC=BD$. 在它的边 AB，BC，CD，DA 上分别作中心为 O_1，O_2，O_3，O_4 的等边三角形. 证明：$O_1O_3 \perp O_2O_4$.

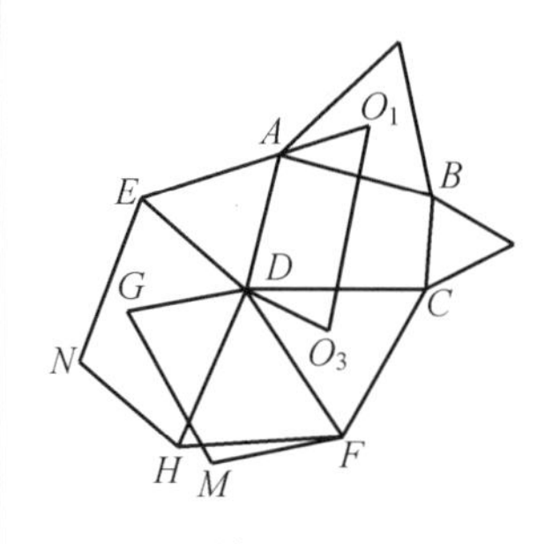

题 33.15

组委会注　本题的另一种陈述方式为：

给定凸四边形 $ABCD$，其两条对角线相等，即 $AC = BD$. 在四边形的各边上各向外作一个正三角形. 证明：分别由两组对边向外所作正三角形的中心的连线相互垂直.

证明　设在边 AD 和 DC 上所作的等边三角形分别为 $\triangle ADE$ 和 $\triangle CDF$. 我们再分别在 DE 和 DF 上各作一个等边三角形 $\triangle GDE$ 和 $\triangle HDF$(图 33.15). 如果将四边形 Q_1ADO_3 绕着中心 A 旋转 $30°$ 角，再将其各边拉长到 $\sqrt{3}$ 倍，则可得到一个新四边形 $BAGM$. 因此，有

$$GM=\sqrt{3}\,DO_3=DF, GM \parallel DF$$

因而知四边形 $GDFM$ 为平行四边形. 通过类似的讨论可知，如将四边形 O_2CDO_4 绕着中心 C_1 旋转 $30°$ 后，再将各边拉长到 $\sqrt{3}$ 倍，即可得到四边形 $BCHN$，其中 $HDEN$ 为平行四边形.

易知，如果将 $\square GDFM$ 以 D 为中心旋转 $60°$，那么，其象即为 $\square EDHN$. 因而，有

$$DN=DM, \angle MDN=60°$$

并且还有 $\angle DGM=180°-\angle GDF=\angle ADC$

$$GD=AD, GM=DC$$

这表明 $\triangle DGM \cong \triangle ADC$，$DM=AC$.

于是，有 $DM=DN=DB$.

因此，若以 D 为圆心，DM 为半径作圆，则点 M，N，B 都在圆上. 此时 $\overset{\frown}{MN}$ 所对圆心角为 $\angle MDN$，这表明 $\angle NBM=30°$. 由于线段 BM，BN 分别是由线段 O_1O_3，O_2O_4 朝相反方向旋转 $30°$. 由于线段 BM，BN 分别是由线段 O_1O_3，O_2O_4 朝相反方向旋转 $30°$ 得到的，因而原先两线段相互垂直，亦即 $O_1O_3 \perp O_2O_4$.

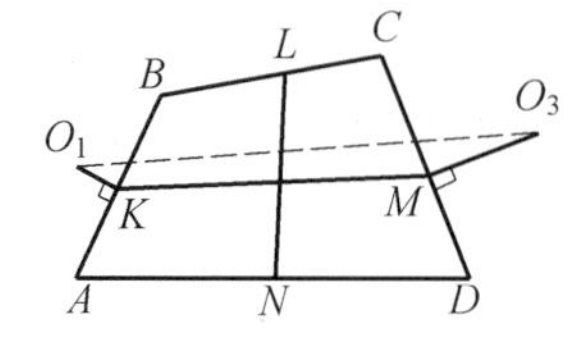

图 33.16

注解　设由边 AB，CD 向外所作正三角形的中心分别为 O_1，O_3. 我们来证明，O_1O_3 平行于四边形 $ABCD$ 的中位线 KM(见图 33.16). 类似地，另一条连线也将平行于另一条中位线 LN. 于是，可由 $KLMN$ 为菱形的事实推出所需的结论(这一事实是显然的).

注意到，作为向量，我们有

$$\overrightarrow{O_1O_3}=\overrightarrow{O_1K}+\overrightarrow{KM}+\overrightarrow{MO_3}$$

因而只需证明

$$\overrightarrow{O_1K}+\overrightarrow{MO_3} \parallel \overrightarrow{KM}$$

而向量$\overrightarrow{O_1K}$可由向量$\overrightarrow{BK}$旋转 90° 并乘以系数 $k=\frac{O_1K}{BK}=\frac{1}{\sqrt{3}}$ 得到. 类似地可由$\overrightarrow{CM}$得出$\overrightarrow{MO_3}$. 所以,在这个变换之下,可由和$\overrightarrow{BK}+\overrightarrow{CM}$得出和$\overrightarrow{O_1K}+\overrightarrow{MO_3}$. 但容易看出$\overrightarrow{BK}+\overrightarrow{CM}=\overrightarrow{LN}$,这是因为

$$\begin{aligned}2\overrightarrow{LN}&=(\overrightarrow{LB}+\overrightarrow{BA}+\overrightarrow{AN})+(\overrightarrow{LC}+\overrightarrow{CD}+\overrightarrow{DN})=\\&\overrightarrow{BA}+\overrightarrow{CD}+(\overrightarrow{LB}+\overrightarrow{LC})+(\overrightarrow{AN}+\overrightarrow{DN})=\\&\overrightarrow{BA}+\overrightarrow{CD}=2(\overrightarrow{BK}+\overrightarrow{CM})\end{aligned}$$

所以,$\overrightarrow{O_1K}+\overrightarrow{MO_2}$垂直于 LN,且平行于 KM,这就是所要证明的.

注 条件 $k=\frac{1}{\sqrt{3}}$ 在解答中并非本质性的,因此本题可以推广. 可将四个正三角形的中心换成四边中垂线上的与各相应边的距离成比例的任意四个点(同在形外或同在形内).

本题还可用复数来解.

6 求出所有满足如下条件的实函数 f:对一切实数 x,y 有

$$f(x^2+f(y))=y+(f(x))^2 \quad ①$$

解 此题为本届竞赛题 2.

7 圆 G,G_1,G_2 的关系如下:G_1 和 G_2 外切于点 W,而这两个圆同时内切于圆 G. 点 A,B,C 分布在 G 上,直线 BC 是圆 G_1 和 G_2 的外公切线,WA 是它们的内公切线,且 W 和 A 在 BC 的同侧(图 33.17). 证明:W 是 $\triangle ABC$ 的内切圆圆心.

组委会注 本题的另一种陈述方式为:

两圆 G_1 和 G_2 内切于圆 G 的一段弧,并且两圆彼此外切于点 W. 设 A 是 G_1 和 G_2 的内公切线与该段弧的交点,而 B 和 C 是弦的端点(图 33.17). 证明:W 是 $\triangle ABC$ 的内切圆圆心.

证明 设 AW 与 BC 的交点为 D. G_1,G_2 与 BC 的切点分别为 E,F. 并设各线段之长为

$$BE=x,CF=y,BD=\beta,CD=\gamma,AD=d$$

于是,有

$$DE=\beta-x,DF=\gamma-y$$

又因 $DE=DW=DF$,故 $\beta-x=\gamma-y$,$AW=d-\beta+x=d-\gamma+y$.

考察如下的四个圆:$(A,0)$,G,$(B,0)$,$(C,0)$,其中(X,r)表示以 X 为圆心,以 r 为半径的圆. 因此,上述四圆中有三个圆为点,即半径为零的圆. 存在着一个圆,这里指的是 G,与这四个圆中的每三个都相切,此外所有的相切均可理解为内切. 于是,各条公切

线的长度应当满足广义托勒密定理所给之比.而这些切线的长度分别为:

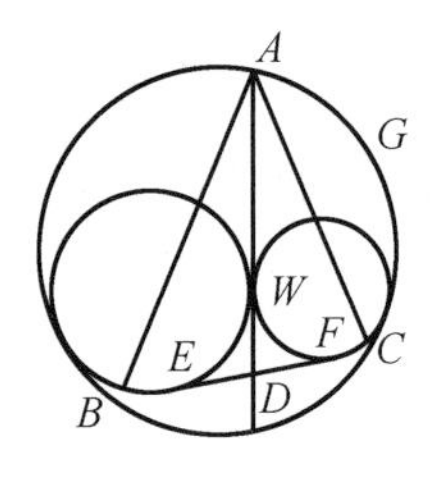

图 33.17

$(A,0)$ 对 G_1:$d-\beta+x$;

$(A,0)$ 对$(B,0)$:c;

$(A,0)$ 对$(C,0)$:b;

G_1 对$(B,0)$:x;

G_1 对$(C,0)$:$a-x$;

$(B,0)$ 对$(C,0)$:a.

所以,由托勒密之比知

$$(d-\beta+x)\cdot a+b\cdot x=c\cdot(a-x)$$

从而,有

$$x=\frac{a}{2s}(\beta+c-d) \quad ①$$

其中 $2s=a+b+c$ 为 $\triangle ABC$ 的周长.类似地考察 G_2 与前述三个半径为零的圆,亦可得

$$y=\frac{a}{2s}(\gamma+b-d) \quad ②$$

前已指出

$$\beta-x=\gamma-y$$

于是,利用 ① 和 ②,有

$$\beta-\frac{a}{2s}(\beta+c-d)=\gamma-\frac{a}{2s}(\gamma+b-d)$$

化简,有

$$(b+c)\cdot\beta-ac=(b+c)\cdot\gamma-ab$$

即

$$(b+c)\cdot(\beta-\gamma)=a\cdot(c-b)$$

现因 $BD+DC=BC$,也就是 $\beta+\gamma=a$,故有

$$(b+c)\cdot(\beta-\gamma)=(\beta+\gamma)\cdot(c-b)$$

化简后即为 $c\cdot\gamma=b\cdot\beta$,亦即

$$\frac{\beta}{\gamma}=\frac{c}{b}$$

这表明

$$\frac{BD}{CD}=\frac{AB}{AC}$$

因而知 AD 是 $\angle BAC$ 的平分线,所以,$\beta=\frac{ac}{b+c}$,$\gamma=\frac{ab}{b+c}$.

由此,得

$$\beta-x=\frac{ac}{b+c}-\frac{a}{2s}\left(\frac{ac}{b+c}+c-d\right)$$

将 $2s=a+b+c$ 代入,并化简,即得 $\beta-x=\frac{ad}{2s}$.

因而，$\dfrac{d}{\beta-x}=\dfrac{d}{\dfrac{ad}{2s}}=\dfrac{2s}{a}=\dfrac{a+b+c}{a}$.

于是

$$\frac{AW}{DW}=\frac{AD}{DW}-1=\frac{d}{\beta-x}-1=\frac{a+b+c}{a}-1=\frac{b+c}{a}=\frac{c}{\dfrac{ac}{b+c}}=\frac{BA}{BD}$$

这表明 $\dfrac{AW}{DW}=\dfrac{BA}{BD}$. 因此，$BW$ 是 $\angle ABC$ 的平分线.

综合上述，即知 W 是 $\triangle ABC$ 的内切圆圆心.

注解 设 G_1 与弦及弧的切点分别为 P,Q，并设圆 G 上 $\overset{\frown}{BC}$ 的补弧的中点为 D（见图 33.18），而 DL 与圆 G_1 相切于点 L.

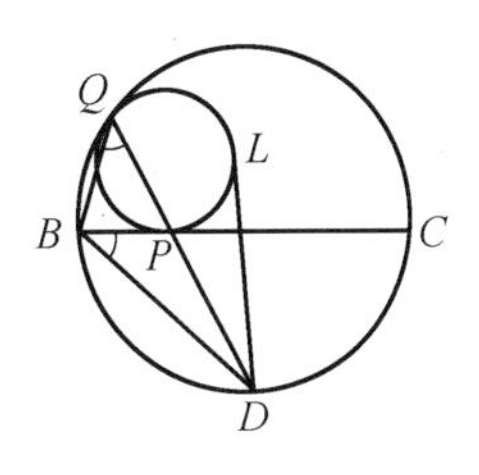

33.18

考察将 G_1 映射为 G 的以 Q 为中心的位似变换，于是知 Q,P,D 三点共线. 又因 $\angle BQD$ 与 $\angle CBD$ 所对之弧相等，故知

$$\triangle BQD \backsim \triangle PBD$$

从而，$DB = DP \cdot DQ = DL$.

由此得

$$DL = DB = DC$$

再对 G_2 作同样的讨论，即可知 $L = W$.

由于 $\overset{\frown}{BD} = \overset{\frown}{DC}$，所以，$AW$ 是 $\angle BAC$ 的平分线，并且

$$\angle ABW = \angle BWD - \angle BAD = \angle WBD - \angle CBD = \angle CBW$$

因此，BW 亦为 $\angle ABC$ 的平分线. 故而 W 是 $\triangle ABC$ 的内心（图 33.19）.

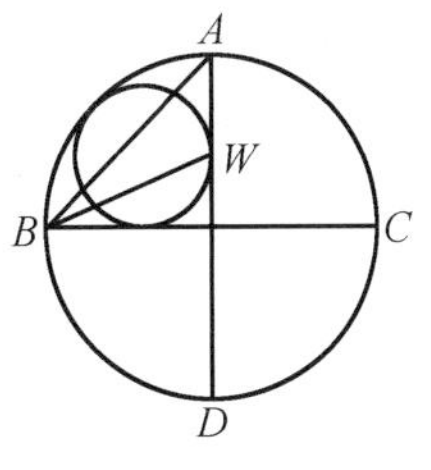

33.19

注 证明中的第一部分也可利用反演来做，即考察以 D 为中心的使得半径为 $DB = DC$ 的圆不动的平面反演. 在该反演下，$\overset{\frown}{BC}$ 与弦 BC 互相映射，而圆 G_1 和 G_2 互为反演，因此，W 为不动点，DW 与两个圆都相切.

8 证明：平面上存在具有如下两条性质的凸 1 992 边形：

a) 它的 1 992 条边的长度分别为 1，2，3，…，1 992（不一定按顺序）；

b) 它外切于某个圆周.

组委会注 本题的另一种陈述方式为：

是否存在外切于某个圆的边长为 1，2，3，…，1 992 的 1 992 边形？是否存在具有类似性质的 1 990 边形？

证明 为方便计，记 $1\ 992=n$.

第一步，对于数 $1,2,\cdots,n$ 的某个排列 $(a_1,a_2,\cdots,a_n)$，方程组

$$\begin{cases} x_1+x_2=a_1 \\ x_2+x_3=a_2 \\ \quad\vdots \\ x_n+x_1=a_n \end{cases} \qquad ①$$

有正数解，这是所求的多边形存在的必要条件. 事实上，如果这样

的多边形 $A_1A_2\cdots A_n$ 存在,而点 $P_1,P_2,\cdots,P_n$ 分别是边

$$a_1=A_1A_2,a_2=A_2A_3,\cdots,a_n=A_nA_1$$

与圆周的切点,那么,令

$$x_1=A_1P_1=A_1P_n$$
$$x_2=A_2P_2=A_2P_1$$
$$\vdots$$
$$x_n=A_nP_n=A_nP_{n-1}$$

第二步,方程组 ① 的正数解的存在性也是多边形存在的充分条件.以充分大的半径 r 作一圆周,将折线 $A_1A_2\cdots A_nA_{n-1}$ 绕在圆周外侧,其中 $A_iA_{i-1}=a_i$(图 33.20).由于 r 充分大,所以该折线不会自交,并且最为重要的是,有 $OA_1=OA_{n-1}$,因为 $OA_1^2=x_1^2+r^2=OA_{n+1}^2$.

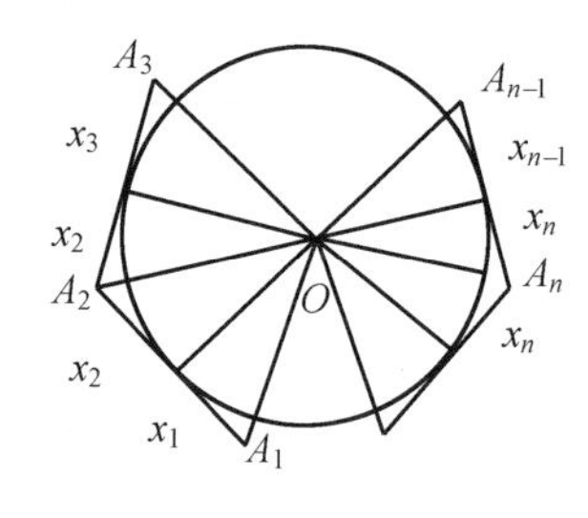

图 33.20

逐渐缩小 r,将可达到

$$\arctan\frac{x_1}{r}+\arctan\frac{x_2}{r}+\cdots+\arctan\frac{x_n}{r}=\pi$$

因为上式左端是 r 的连续函数,此时,由于 $OA_1=OA_{n-1}$,即得到了所需的多边形.

第三步,方程组 ① 对于 $n=4k$(由于 $1\ 992=4\times498$)的解存在.事实上,此时对于

$$a_n=\begin{cases}s,如果\ s=4t+1\ 或\ 4t+2\\ s+1,如果\ s=4t+3\\ s-1,如果\ s=4t\end{cases}$$

存在如下的解

$$x_n=\begin{cases}s-1,如果\ s\ 为奇数\\ 1\dfrac{1}{2},如果\ s=2t,t\ 为奇数\\ \dfrac{1}{2},如果\ s=4t\end{cases}$$

注解 对于 $n=4k+2$,由 ① 可推出

$$a_1+a_3+\cdots+a_{n+1}=a_2+a_4+\cdots+a_n$$

由此可知 $a_1+a_2+a_3+\cdots+a_n$ 为偶数.另一方面

$$a_1+a_2+\cdots+a_n=1+2+3+\cdots+(4k+2)=(2k+1)(4k+3)$$

为奇数.因此,此时方程组 ① 对于任何排列$(a_1,a_2,\cdots,a_n)$均无解,因而所求之多边形不存在.

9 设 $f(x)$ 为有理系数多项式,α 为实数,使得

$$\alpha^3-\alpha=[f(\alpha)]^3-f(\alpha)=33^{1\ 992}$$

证明:$[f^{(n)}(\alpha)]^3-f^{(n)}(\alpha)=33^{1\ 992}$,其中 $f^{(n)}(x)=f(f(\cdots f(x)))$,$n$ 为整数.

证明 考察方程

$$x^3 - x - 33^{1\,992} = 0$$

显然，α 和 $f(\alpha)$ 是该方程的两个根. 如果 β 是该方程的有理根，那么 β 就应是能整除 $33^{1\,992}$ 的整数. 于是，$\beta^3 - \beta$ 就应当是偶数，但 $33^{1\,992}$ 却是奇数，此为不可能. 故知 α 与 $f(\alpha)$ 皆为无理数，且 α 不可能是二次有理系数多项式的根. 事实上，如果 $g(\alpha) = 0$，而 $g(x)$ 为有理系数多项式，且次数为 2. 那么，就有

$$l(x) = x^3 - x - 3^{1\,992} = g(x)h(x) + r(x)$$

其中 $r(x)$ 为次数不大于 1 的有理系数多项式. 由于 $r(\alpha) = l(\alpha) - g(\alpha)h(\alpha) = 0$，而 α 又是无理数，故必有 $r(x) = 0$. 从而 $l(x) = g(x)h(x)$.

由于 $h(x)$ 为一次有理系数多项式，故再次导致方程 $x^3 - x - 33^{1\,992} = 0$ 有有理根，矛盾.

下面证明，对任何整数 $n \geqslant 2$，有

$$(f^{(n)}(\alpha))^3 - f^{(n)}(\alpha) = 33^{1\,992}$$

我们将证明多项式 $(f^{(n)}(\alpha))^3 - f^{(n)}(\alpha) - 33^{1\,992}$ 是多项式 $x^3 - x - 33^{1\,992}$ 的倍数.

假设不然，则有

$$(f^{(n)}(x))^3 - f^{(n)}(x) - 33^{1\,992} = (x^3 - x - 33^{1\,992})h(x) + r(x)$$

其中，$h(x)$ 和 $r(x)$ 是有理系数多项式，且 $r(x)$ 的次数不大于 2. 代入 α，得 $r(\alpha) = 0$. 因此，$r(x) = 0$，于是

$$(f^{(n)}(x))^3 - f^{(n)}(x) - 33^{1\,992} = (x^3 - x - 33^{1\,992})h(x)$$

再将 $x = f(\alpha)$ 代入其中，即得所证.

组委会注 解法 2 由于多项式 $x^3 - x - 33^{1\,992}$ 有唯一实根（此结论不难证明），而 α 和 $f(\alpha)$ 又都是该多项式的实根，故必 $f(\alpha) = \alpha$.

由此即可推知题目中的断言.

注解 如果将形式较怪的多项式 $x^3 - x - 33^{1992}$ 换成形式比较普通的在有理数集中不可约而又具有 3 个实根的 3 次多项式，例如：$x^3 + x^2 - 2x - 1$，$x^3 - 3x + 1$ 或 $x^3 - 1992x + 33$ 等，那么，题目更具内涵. 此时，解法 2 便不适用了，因为此时 f 在解集上的作用不再保持恒同.

10 设 $O\text{-}xyz$ 是空间直角坐标系，S 是空间中的一个由有限个点构成的集合. 再设 S_x，S_y，S_z 分别是 S 中的所有点在坐标平面 yOz，zOx，xOy 上的正交投影构成的集合（所谓一个点在一个平面上的正交投影是指由这点向该平面所作垂线的垂足）. 证明

$$|S|^2 \leqslant |S_x| \cdot |S_y| \cdot |S_z|$$

其中，$|A|$ 表示有限集合 A 中的元素个数.

证明 因为 S 是有限集,所以可作 K 个平行于 yOz 的平面,使得 S 的所有点都在这 K 个平面上,且每个平面上均有 S 中的点.这样,在第 i 个平面上作 a_i 条直线垂直于 xOy 平面,使在这第 i 个平面上的 S 中的点都在这些直线上,且每条直线上均有 S 中的点,在这 a_i 条直线的每一条上所有的 S 中的点的个数分别记为 c_{i1},c_{i2},$\cdots$,c_{ia_i}.显见,$a_i>0$,且有

$$|S|=\sum_{i=1}^{K}\sum_{j=1}^{a_i}c_{ij}=\sum_{i=1}^{K}\sqrt{a_i}\ \frac{1}{\sqrt{a_i}}\sum_{j=1}^{a_i}c_{ij}$$

利用熟知的不等式,即得

$$|S|^2\leqslant(\sum_{i=1}^{K}a_i)(\sum_{i=1}^{K}\frac{1}{a_i}(\sum_{j=1}^{a_i}c_{ij})^2)$$

容易看出

$$S_y\geqslant\sum_{i=1}^{K}\max_{1\leqslant j\leqslant a_i}(c_{ij})\geqslant\sum_{i=1}^{K}\frac{1}{a_i}\sum_{j=1}^{a_i}c_{ij}$$

以及

$$S_x\geqslant\max_{1\leqslant i\leqslant K}(\sum_{j=1}^{a_i}c_{ij})\geqslant\sum_{j=1}^{a_i}c_{ij},1\leqslant i\leqslant K$$

由以上四式立即推出所需要的结论.

11 在 $\triangle ABC$ 中,$\angle ABC$ 和 $\angle ACB$ 的平分线分别与边 AC 和 AB 相交于点 D 和 E.如果 $\angle BDE=24^\circ$,$\angle CED=18^\circ$,试求 $\angle A$,$\angle B$,$\angle C$.

解 设 BD 和 CE 的交点为 I,则

$$\angle IBC+\angle ICB=\angle IDE+\angle IED=24^\circ+18^\circ=42^\circ$$

$$\angle A=180^\circ-2(\angle IBC+\angle ICB)=96^\circ$$

在边 BC 上取两点 D',E',使它们分别是 D 和 E 关于角平分线 CE 和 BD 的对称点.设 ED' 与 BD 的交点为 S.有

$$\angle ESB=\angle SED+\angle SDE=18^\circ\times2+24^\circ=60^\circ$$

$$\angle E'SD'=180^\circ-2\angle ESB=\angle ESB=\frac{1}{2}\angle E'SE$$

及

$$\angle E'DD'=\angle EDD'-\angle EDE'=(90^\circ-18^\circ)-24^\circ\times2=24^\circ=\angle SDE'$$

E' 为 $\triangle SDD'$ 的旁切圆圆心.于是,$\angle DD'C=\angle SD'E'$.

因而

$$\angle DD'C=\frac{1}{2}(\angle DD'C+\angle SD'E')=\frac{1}{2}(\angle DED'+\angle EDD')=18^\circ+36^\circ=54^\circ$$

$\angle ACB=180^\circ-2\angle DD'C=72^\circ, \angle ABC=180^\circ-96^\circ-72^\circ=12^\circ$

12 设 f 和 g 都是实系数的单变量多项式,而 a 是两个变量的多项式,使得对一切 $x,y\in\mathbf{R}$,都有

$$f(x)-f(y)=a(x,y)[g(x)-g(y)] \quad ①$$

证明:存在多项式 h,使得对一切 $x\in\mathbf{R}$,都有 $f(x)=h[g(x)]$.

解法 1 对 $f(x)$ 的次数作归纳.

首先,如果 f 的次数严格小于 g 的次数,那么 $f(x)-f(y)$ 的次数严格小于 $g(x)-g(y)$ 的次数. 但 $g(x)-g(y)$ 能整除 $f(x)-f(y)$,因此,$f(x)=f(y)$,因而 f 为常数,所求之多项式 h 显然存在.

下设 f 的次数不小于 g 的次数. 于是,$f(x)=q(x)g(x)+r(x)$,其中 $r(x)$ 的次数小于 $g(x)$ 的次数,且

$$q(x)g(x)-q(y)g(y)+r(x)-r(y)=$$
$$f(x)-f(y)=a(x,y)[g(x)-g(y)]$$

从而

$$r(x)-r(y)=v(x,y)g(x)+w(x,y)g(y)$$

其中,$v(x,y)=a(x,y)-q(x), w(x,y)=q(y)-a(x,y)$.

将 $v(x,y)$ 写成如下形式:$v(x,y)=b(x,y)g(y)+c(x,y)$.

其中,$c(x,y)$ 对 y 的次数小于 $g(y)$ 的次数. 再令 $d(x,y)=w(x,y)+b(x,y)g(x)$,有

$$r(x)-r(y)=c(x,y)g(x)+d(x,y)g(y)$$

且 $g(y)$ 整除 $r(x)-r(y)-c(x,y)g(y)$.

由于 $g(y)$ 的次数大于 $r(x)-r(y)-c(x,y)g(y)$ 对 y 的次数,所以

$$r(x)-r(y)-c(x,y)g(x)=0$$

即

$$r(x)-r(y)=c(x,y)g(x)$$

因而 $g(x)$ 整除 $r(x)-r(y)$.

但因 $g(x)$ 的次数大于 $r(x)-r(y)$ 的次数,所以,$r(x)=r(y)$,即 r 为常数. 现记 $r(x)=\alpha,\alpha\in R$,有

$$f(x)-f(y)=q(x)g(x)-q(y)g(y)=$$
$$q(x)[g(x)-g(y)]+g(y)[q(x)-q(y)]=$$
$$a(x,y)[g(x)-g(y)]$$

所以,$g(y)[q(x)-q(y)]=[a(x,y)-q(x)][g(x)-g(y)]$,故 $g(y)$ 整除 $[a(x,y)-q(x)][g(x)-g(y)]$,因而它整除 $[a(x,y)-q(x)]g(x)$,于是它整除 $a(x,y)-q(x)$,因此

$$a(x,y)-q(x)=g(y)p(x,y)$$

从而

$$q(x)-q(y)=p(x,y)[g(x)-g(y)]$$

其中 $q(x)$ 的次数小于 $f(x)$ 的次数. 于是由归纳假设知,存在多项式 $k(x)$,使得 $q(x)=k(g(x))$. 不妨定义 $h(x)=xk(x)+\alpha$,就有

$$f(x)=q(x)g(x)+r(x)=k(g(x))g(x)+\alpha=h(g(x))$$

解法 2　仍对 f 的次数作归纳. 由于可转为考虑多项式

$$f_1(x)=f(x)-f(0), g_1(x)=g(x)-g(0)$$

所以不失一般性,可假定 $f(0)=g(0)=0$.

在 $f(x)-f(y)=a(x,y)[g(x)-g(y)]$ 中令 $y=0$,得

$$f(x)=a(x,0)g(x)=h(x)\cdot g(x)$$

因此 $g(x)$ 整除 $f(x)$. 记

$$f(x)-f(y)=k(x)g(x)-k(y)g(y)=$$
$$(k(x)-k(y))g(x)+k(y)(g(x)-g(y))$$

由于 $f(x)-f(y)$ 可被 $g(x)-g(y)$ 整除,而 $g(x)$ 显然与 $g(x)-g(y)$ 互质,故得

$$k(x)-k(y)=b(x,y)(g(x)-g(y))$$

由于 $k(x)$ 的次数小于 $f(x)$ 的次数,故由归纳假设知 $k(x)=k_1(g(x))$,因此,有

$$f(x)=k(x)\cdot g(x)=g(x)\cdot h_1(g(x))=h(g(x))$$

其中 $h(x)=xh_1(x)$,即为所证.

13 求出所有满足如下条件的整数 a,b,c:

(1)$1<a<b<c$;

(2)$(a-1)(b-1)(c-1)$ 是 $abc-1$ 的约数.

解　为简化除数的形式,令

$$x=a-1, y=b-1, z=c-1$$

因此

$$abc-1=xyz+xy+yz+zx+x+y+z$$

这样,题中的两个条件就等价于:

(3)$1\leqslant x<y<z$;

(4)$xy+yz+zx+x+y+z=rxyz$,r 为一整数.

由 $xy+yz+zx+x+y+z=yz+z(x+1)+y(x+2)+x-y$ 及条件(3)可得

$$yz<xy+yz+zx+x+y+z<3yz$$

由上式及条件(4)推出

$$1<rx<3$$

所以

$$rx=2$$

若 $x=1$，则 $r=2$，且由(4)得

$$(y-2)(z-2)=5$$

由此及(3)知 $y=3,z=7$. 因而有

$$a=2,b=4,c=8 \quad ①$$

若 $x=2$，则 $r=1$，且由(4)得

$$(y-3)(z-3)=11$$

由此及(3)知 $y=4,z=14$. 因而有

$$a=3,b=5,c=15 \quad ②$$

显见，求出的①，②两组值都是满足要求的解. 因此，这就是满足本题要求的全部解.

思考 把条件 $1<a<b<c$ 改为 $1<a\leqslant b\leqslant c$，将得到怎样的结果？

14 对于每个正整数 x，定义 $g(x)=x$ 的最大奇约数

$$f(x)=\begin{cases}\dfrac{x}{2}+\dfrac{x}{g(x)}, & \text{如果 } x \text{ 为偶数}\\ 2^{\frac{x+1}{2}}, & \text{如果 } x \text{ 为奇数}\end{cases}$$

构造序列：$x_1=1,x_{n+1}=f(x_n)$. 证明：数 1 992 将出现在该序列中；试确定使得 $x_n=1\ 992$ 的最小的 n，并说明这样的 n 是否唯一.

解 易见，f 之值恰好沿着如下的三角数表作字典式运动

$$\begin{array}{llllll}1\\2&3\\4&6&5\\8&12&10&7\\16&24&20&14&9\\32&48&40&28&18&11\\\cdots&\cdots\end{array}$$

(奇数在对角线上；表中其余各数均为其上方邻数的 2 倍). 每一个正整数都恰好在表中出现一次. 因此，仅有唯一的 n 可使 x_n 等于 1 992.

注意到 $2k-1=x_{\frac{1}{2}k(k-1)}$，$k=1,2,3,\cdots$. 令 $x_n=1\ 992$，则有 $x_{n+1}=4\times 251$，$x_{n+2}=2\times 253$，$x_{n+3}=255=2\times 128-1=x_{\frac{1}{2}\times 128\times(128+1)}=x_{8\ 256}$. 因此，所求之 n 为 8 253.

组委会注 为论证前述三角数表，只需用归纳法证明，对 $s=1,2,\cdots,k$，都有

$$f^{(s)}(2^k) = (2s+1)2^{k-s}$$

并注意到 $f(2s+1) = 2^{k+1}$ 即可.

15 是否存在具有如下性质的集合 M:

(1) 集合 M 由 1 992 个自然数所构成;

(2) M 中的任何元素以及其中任意个元素之和都具有 m^k 的形式($m,k \in \mathbf{N}, k \geqslant 2$).

解 我们考察更一般的问题:"对于任何正整数 n,都存在由 n 个自然数所构成的集合 M_n 满足条件(2)."

下面通过对 n 使用归纳法来证明这个命题.

命题对于 $n=2$ 是成立的,例如可取 $M_2=\{9,16\}$. 假设对于 $k \geqslant 2$,集合 $M_k=\{a_1,a_2,\cdots,a_k\}$ 满足条件(2),并假定其中元素的所有 2^k-1 个不同的和数可分别地表示为

$$S_1^{\alpha_1}, S_2^{\alpha_2}, \cdots, S_{2^k-1}^{\alpha_{2^k-1}}$$

其中 $\alpha_i \geqslant 2, i=1,2,\cdots,2^k-1$.

设 $\alpha_1,\alpha_2,\cdots,\alpha_{2^k-1}$ 的最小公倍数是 m. 取 2^k-1 个不同的质数 $p_i, i=1,2,\cdots,2^k-1$,使得 $(m,p_i)=1, i=1,2,\cdots,2^k-1$,这是能做到的,因为质数有无穷多个. 令

$$c_i = \prod_{j=1,j\neq i}^{2^k-1} p_j, i=1,2,\cdots,2^k-1$$

有 $(mc_i,p_i)=1$. 再令

$$mc_ik+1=q_kp_i+r_k, k=1,2,\cdots,p_i, 0\leqslant r_k<p_i$$

则所有这些 r_k 各不相同. 事实上,如果 $r_{k_1}=r_{k_2}, 1\leqslant k_1<k_2\leqslant p_i$,则有

$$p_i \mid [(mc_ik_2-1)-(mc_ik_1-1)]$$

矛盾. 因此,在这些 r_k 中必有一个为 0,于是相应的数可被 p_i 整除,设该数为 mc_ik_i+1.

另一方面,由中国剩余定理(孙子定理)知,存在自然数 x,使得

$$x \equiv k_i \pmod{p_i}, i=1,2,\cdots,2^k-1$$

于是,$p_i \mid (mc_ix+1), i=1,2,\cdots,2^k-1$.

令 $b=\prod_{i=1}^{2^k-1}(S_i^{\alpha_i}+1)^{mc_ix}$,并以 M_k 为基础构造集合 M_{k+1}

$$M_{k+1}=\{a_1b,a_2b,\cdots,a_kb,b\}$$

下面证明 M_{k+1} 满足条件(2). 考察两种情形.

(i) b 不参与求和. 这样的和均具有形式 $S_i^{\alpha_i}b$,由于 b 是一个自然数的 m 次方幂,而 m 是 $(\alpha_1,\alpha_2,\cdots,\alpha_{2^k-1})$ 的最小公倍数,所以 b 是某个自然数的 α_i 次方幂,$i=1,2,\cdots,2^k-1$. 因此,所有这样的

和数均符合要求,即满足条件(2).

(ⅱ)b参与求和.此时各和数均具有形式$(S_i^{\alpha_i}+1)b$.该数的因数具有下列形式

$$(S_i^{\alpha_i}+1)^{mc_ix+1},\text{对于 } i$$
$$(S_j^{\alpha_j}+1)^{mc_jx},\text{对于所有 } j\neq i$$

但由于 $p_i\mid(mc_ix+1)$,$p_i\mid mc_jx$,因此,这种和数是自然数 p_i 次方幂.

组委会注 本题还可有如下解答:

此解答蕴涵在如下的引理中.

引理:对于每个自然数 n,都存在自然数 d,使得数列 d,$2d$,$\cdots$,nd 中的各数都具有形式 m^k,$m,k\in\mathbf{N}$,$k\geqslant 2$.

本引理可用归纳法证明.

$n=1$ 时显然,可取 $d=1$,于是 $d=m^k$,$m=1$,$k=2$.

假设对于 n,已有相应的 d 及 $i\cdot d=m_i^{k_i}$,$i=1,2,\cdots,n$;m_i,$k_i\in\mathbf{N}$,$k_i\geqslant 2$.

设 $k_1,k_2,\cdots,k_n$ 的最小公倍数是 k,并令 $d'=d\cdot[(n+1)d]^k$,则有

$$i\cdot d'=\{m_i\cdot[(n+1)d]^{\frac{k}{k_i}}\}^{k_i},i=1,2,\cdots,n$$
$$(n+1)d'=[(n+1)d]^{k+1}$$

可见引理的结论对 $n+1$ 也成立,引理证毕.

为解本题,只需取 $n=\dfrac{1\ 992\times 1\ 991}{2}$,并将 d 取作与该相应的数,其存在性已由引理所证,再令 $M=\{d,2d,\cdots,1\ 992d\}$ 即可.

16 证明:$N=\dfrac{5^{125}-1}{5^{25}-1}$ 不是质数.

证明 令 $x=5^{25}$,则有

$$N=x^4+x^3+x^2+x+1=(x^2+3x+1)^2-5x(x+1)^2=$$
$$[(x^2+3x+1)-5^{13}(x+1)]\cdot[(x^2+3x+1)+5^{13}(x+1)]$$

其两个因数都是大于 1 的自然数.

17 以$\alpha(n)$表示正整数n的二进制表达式中1的个数.证明:

(1)$\alpha(n^2)\leqslant\dfrac{1}{2}\alpha(n)[\alpha(n)+1]$;

(2)上式中的等号可对无穷多个正整数成立;

(3)存在数列$(n_i)_i^{\infty}$,使得

$$\frac{\alpha(n_i^2)}{\alpha(n_i)}\to 0,i\to\infty$$

组委会注 本题的变形之一：

设 $\alpha(n)$ 为自然数 n 的二进制表达式中 1 的个数. 证明：存在数列 $(n_i)_i^{\infty}$，使得 $\dfrac{\alpha(n_i^2)}{\alpha(n_i)}$ 趋于：a) ∞；b) $\dfrac{1}{2}$；c) 0（在 $i\to\infty$ 时）.

本题的变形之二：

设 $\alpha(n)$ 是自然数 n 的二进制表达式中 1 的个数. 证明：存在数列 $(n_i)_i^{\infty}$，使得当 $i\to\infty$ 时，$\dfrac{\alpha(n_i^2)}{\alpha(n_i)}$ 趋于：a) 0；b) 任何 $r\in(0,1)$；c) 任何 $r\geqslant 0$.

证明 (1) 首先可证得（例如，用归纳法）：α 具有半可加性，亦即

$$\alpha(n+m)\leqslant\alpha(n)+\alpha(m)$$

下面利用这一事实及归纳法证明 ① 中的不等式.

如果 $n=1$，则两端均等于 1.

假设对一切 $1\leqslant n<N$，不等式均成立. 则当 $N=2n$，有

$$\alpha(N^2)=\alpha(4n^2)=$$
$$\alpha(n^2)<\frac{1}{2}\alpha(n)[\alpha(n)+1]=$$
$$\frac{1}{2}\alpha(N)[\alpha(N)+1]$$

当 $N=2n+1$ 时，有

$$\alpha(N^2)=\alpha(4n^2+4n+1)\leqslant$$
$$\alpha(n^2+n)+1\leqslant\alpha(n^2)+\alpha(n)+1<$$
$$\frac{1}{2}\alpha(n)[\alpha(n)+1]+\alpha(n)+1=$$
$$\frac{1}{2}[\alpha(n)+1][\alpha(n)+2]=\frac{1}{2}[\alpha(2n)+1][\alpha(2n)+1+1]=$$
$$\frac{1}{2}\alpha(2n+1)[\alpha(2n+1)+1]=\frac{1}{2}\alpha(N)[\alpha(N)+1]$$

(2) 取 $n=2+\sum\limits_{j=2}^{m}2^{2^j}$，则有 $\alpha(n)=m$，且

$$n^2=2^2+\sum_{j=2}^{m}2^{2^{j+1}}+\sum_{j=2}^{m}2^{2+2^j}+\sum_{2<i<j<m}2^{1+2^i+2^j}$$

该和式中的所有项互不相同，因此

$$\alpha(n^2)=1+(m-1)+(m-1)+\frac{1}{2}(m-1)(m-2)=$$
$$\frac{1}{2}m(m+1)=\frac{1}{2}\alpha(n)[\alpha(n)+1]$$

(3) 取 $n=2^{2^m}-1-\sum\limits_{j=1}^{m}2^{2^m-2^j}$，其中 $m>1$. 则 $\alpha(n+\sum\limits_{j=1}^{m}2^{2^m-2^j})=2^m-1$. 这表明 $\alpha(n)=2^m-m$. 平方并化简得

$$n^2=1+\sum_{1<i<j<m}2^{1+2^{m+i}+2^i+2^j}$$

及 $$\alpha(n^2)=1+\frac{1}{2}m(m+1)$$

因此当 $m\to\infty$ 时,有$\frac{\alpha(n^2)}{\alpha(n)}\to 0$.

变形之一的证明　a) 设 n 为自然数,使得 n^2 的二进制表达式中有 k 个 1. 对于某个 $m\geqslant k-1$,定义 $n_1=(2^m+1)n$,则

$$n_1^2=(2^{2m}+2^{m+1}+1)n^2$$

且 $\alpha(n_1)=2\alpha(n)$,$\alpha(n_1^2)=3\alpha(n^2)$. 于是

$$\frac{\alpha(n_1^2)}{\alpha(n_1)}=\frac{3}{2}\ \frac{\alpha(n^2)}{\alpha(n)}$$

重复这一过程,即得所求之数列.

b) 设 $k<m,2k\geqslant m+1$. 对 $n=2^m-2^k-1$ 求平方,有

$$n^2=2^{2m}+2^{2k}+1-2^{m+k+1}-2^{m+1}+2^{k+1}=$$
$$2^{m+k+1}(2^{m-k-1}-1)+2^{m+1}(2^{2k-m-1}-1)+2^{k+1}+1$$

于是,$\alpha(n^2)=(m-k-1)+(2k-m-1)+2=k$,而 $\alpha(n)=m-1$. 取 $m_i=2i+1,k_i=i+1$,就有

$$\frac{\alpha(n_i^2)}{\alpha(n_i)}=\frac{i+1}{2i}\to\frac{1}{2},i\to\infty$$

c) 见原题之解.

变形之二的证明　a) 参阅原题中 c) 小题的解答.

b) 注意到在上一小题解答的数列$(n_i)_1^\infty$ 全是由奇数所组成的,现在我们就利用这种数列的存在性. 令

$$\theta=\frac{1+r}{1-\theta},m_i=[\theta\alpha(n_i)]+1$$

当 i 充分大时,数 m_i 将大于 n_i 的位数,因此,对于 $N_i=n_i2^{m_i}-1$,有

$$\alpha(N_i)=\alpha(n_i)+m_i-1$$

亦有 $\alpha(N_i^2)=\alpha(n_i^2)+m_i-\alpha(n_i)$. 于是

$$\lim_{i\to\infty}\frac{\alpha(N_i^2)}{\alpha(N_i)}=\lim_{i\to\infty}\frac{\alpha(n_i^2)+m_i-\alpha(n_i)}{\alpha(n_i)+m_i-1}=$$
$$\lim_{i\to\infty}\frac{\frac{\alpha(n_i^2)}{\alpha(n_i)}+\frac{m_i-1}{\alpha(n_i)}-1}{1+\frac{m_i-1}{\alpha(n_i)}}=\frac{\theta-1}{\theta+1}=r$$

c)$r=1$ 显然,只要取 $n_i=2-1$ 即可.

假设已有数列$(n_i)_1^\infty$ 使得$\frac{\alpha(n_i^2)}{\alpha(n_i)}\to r$,要构造一个数列$(k_i)_1^\infty$ 满足$\frac{\alpha(k_i^2)}{\alpha(k_i)}\to r+1$. 令 $k_i=n_i\cdot 2^{m_i}+1$,其中 m_i 是大于 n_i 的位数的任一自然数,有

$$k_i^2=n_i^2\cdot 2^{2m_i}+n_i\cdot 2^{m_i+1}+1,\alpha(k_i^2)=\alpha(n_i^2)+\alpha(n_i)+1$$

从而

$$\frac{\alpha(k_i^2)}{\alpha(k_i)}=\frac{\alpha(n_i^2)+\alpha(n_i)+1}{\alpha(n_i)+1}\to r+1$$

18 设$[x]$表示不超过实数 x 的最大整数. 自某个 $x_1\in[0,1)$ 开始定义数列 $x_1,x_2,x_3,\cdots$ 如下:如果 $x_n=0$,则令 $x_{n+1}=0$;否则,就令 $x_{n+1}=\frac{1}{x_n}-[\frac{1}{x_n}]$. 证明

$$x_1+x_2+\cdots+x_n<\frac{F_1}{F_2}+\frac{F_2}{F_3}+\cdots+\frac{F_n}{F_{n+1}}$$

其中 $F_1=F_2=1$,且对 $n\geqslant 1$,有 $F_{n+2}=F_{n+1}+F_n$.

解 设 $f(x)=\frac{1}{1+x}$,并设

$$g_n(x)=x+f(x)+f(f(x))+\cdots+f(f(\cdots f(x)))$$

其中最后一项是以 x 为自变量的函数 f 的 n 重复合.

引理 (1) 对于 $0\leqslant x,y\leqslant 1$,只要 $x\neq y$,则差数 $f(x)-f(y)$ 的绝对值严格小于 $x-y$ 的绝对值,且符号与之相反.

(2) 函数 $g_n(x)$ 在$[0,1]$中递增.

(3) $g_{n-1}(1)=\frac{F_1}{F_2}+\frac{F_2}{F_3}+\cdots+\frac{F_n}{F_{n+1}}$.

证明 (1) 由 $f(x)-f(y)=\frac{y-x}{(1+x)(1+y)}$ 显见结论成立.

(2) 如果 $x>y$,则由(1),知

$$g_n(x)-g_n(y)=(x-y)+[f(x)-f(y)]+\cdots+\\ [f(f(\cdots f(x)))-f(f(\cdots f(y)))]$$

中,每一差数的绝对值都小于前一差数,且符号相反. 由第一项为正,因此整个代数和为正.

(3) 只需注意到$\frac{F_1}{F_2}=1$,而 $f(\frac{F_i}{F_{i+1}})=\frac{F_{i+1}}{F_{i+1}+F_i}=\frac{F_{i+1}}{F_{i+2}}$ 即可.

基本结论的证明 如果有某个 $x_i=0$,则 $x_n=0$,于是由关于前 $n-1$ 项的归纳假设即得结论. 若反之,则对 $2\leqslant i\leqslant n$,可写 $x_{i-1}=\frac{1}{a_i+x_i}$,其中 $a_i=[\frac{1}{x_{i-1}}]$ 为自然数,于是

$$x_n+x_{n-1}+x_{n-2}+\cdots+x_1=$$

$$x_n+\frac{1}{a_n+x_n}+\frac{1}{a_{n-1}+\frac{1}{a_n+x_n}}+\cdots+$$

$$\cfrac{1}{a_2+\cfrac{1}{a_3+\cfrac{1}{\ddots+\cfrac{1}{a_n+x_n}}}}$$

对 i 作归纳证明:对于固定的 $x_n\in[0,1)$,上式右端在对一切 i 都有 $a_i=1$ 时达到最大.

首先,不依赖于 $x_n,a_n,a_{n-1},\cdots,a_3$ 之值,在令 $a_2=1$ 时,可使表达式达到最大,因为 a_i 仅出现在最后一项中.现设对 $i>2$,表达式在 $a_{i-1}=a_{i-2}=\cdots=a_2=1$ 时,不依赖于 $x_n,a_n,a_{n-1},\cdots,a_{i+1},a_i$ 之值而取最大值.此时仅在后面 $i-1$ 项中含有 a_i,且这些项的和确切地等于

$$g_{i-2}\left(\cfrac{1}{a_i+\cfrac{1}{a_{i+1}+\cfrac{1}{\ddots+\cfrac{1}{a_n+x_n}}}}\right)$$

但由引理(2) 中所证,g_{i-2} 是递增函数,其值在 a_i 的最小可能值处达到最大,也就是在 $a_i=1$ 时达到最大.因此,有

$$\begin{aligned}&x_n+x_{n-1}+\cdots+x_1\leqslant\\&x_n+\frac{1}{1+x_n}+\cfrac{1}{1+\cfrac{1}{1+x_n}}+\cdots+\\&\cfrac{1}{1+\cfrac{1}{1+\cfrac{1}{\ddots+\cfrac{1}{1+x_n}}}}=\\&g_{n-1}(x_n)<g_{n-1}(1)=\\&\frac{F_1}{F_2}+\frac{F_2}{F_3}+\cdots+\frac{F_n}{F_{n+1}}\end{aligned}$$

上式中的最后两步分别得自引理的(2) 和(3).

注解 所证不等式中的上界估计是精确的,如果取 x_n 接近于1,并用归纳方式(反向) 定义其余的值 $x_{i-1}=\frac{1}{1+x_i}$,则上界是可以达到的.

19 设在一平面上给定一个圆周 Γ 及 Γ 的一条切线 l 和 l 上的一点 M. 试求出该平面上具有如下性质的点 P 的集合:在直线 l 上存在两个点 Q 和 R,使得 M 是线段 QR 的中点,且 Γ 是 $\triangle PQR$ 的内切圆.

解 设圆 C 与直线 l 相切于点 O,以点 O 为原点,l 为 x 轴建立坐标系,如图 33.21 所示.圆心为 $C(0,b)$,半径 $b>0$,且 b 为定

值，设点 $P(x,y)$ 是满足条件的任一点，过点 P 作圆 C 的两条切线分别和 x 轴交于点 $Q(m,0)$，$R(n,0)$（其中 m，n 为非零参变量），线段 QR 的中点为 $M(\frac{m+n}{2},0)$，因为 M 是 l 上一定点，所以 $m+n$ 为定值.

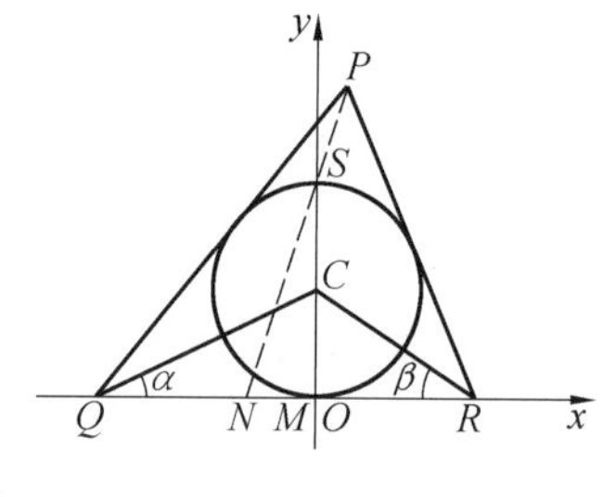

题 33.21

令 $\angle CQR=\alpha$，$\angle CRQ=\beta$，则

$k_{CQ}=\tan\alpha=-\frac{b}{m}$，$k_{CR}=\tan(\pi-\beta)=-\tan\beta=-\frac{b}{n}$，$\tan\beta=\frac{b}{n}$

当 $\angle PQR$ 和 $\angle PRQ$ 无一直角时

$$|m|\neq b,\ |n|\neq b$$

$$k_{PQ}=\tan 2\alpha=\frac{2\tan\alpha}{1-\tan^2\alpha}=\frac{2(-\frac{b}{m})}{1-(-\frac{b}{m})^2}=\frac{2bm}{b^2-m^2}$$

$$k_{PR}=\tan(\pi-2\beta)=-\tan 2\beta=\frac{-2\tan\beta}{1-\tan^2\beta}=$$

$$-\frac{-2(\frac{b}{n})}{1-(\frac{b}{n})^2}=\frac{2bn}{b^2-n^2}$$

于是，切线 PQ 和 PR 的方程分别为

$$y=\frac{2bm}{b^2-m^2}(x-m),\ y=\frac{2bn}{b^2-n^2}(x-n)$$

即

$$(b^2-m^2)y=2bm(x-m) \quad ①$$

$$(b^2-n^2)y=2bn(x-n) \quad ②$$

① − ② 得

$$(n^2-m^2)y=2b(m-n)x+2b(n^2-m^2)$$

因为 $m\neq n$，故得

$$2bx+(m+n)y=2b(m+n) \quad ③$$

它就是点 $P(x,y)$ 的轨迹方程.

方程 ③ 的曲线是过两定点 $N(m+n,0)$，$S(0,2b)$ 的一条直线，显然，满足题意的点 P 的集合是落在该直线上位于点 S（点 S 除外）上方的射线.

特别地，当 $\angle PQR$ 和 $\angle PRQ$ 之一为直角时，不妨设 $\angle PQR=90^\circ$，此时 $|m|=b$，切线 PQ 的方程为

$$x=m \quad ④$$

④ 代入 ② 求得

$$y=\frac{2bn}{m+n} \quad ⑤$$

同时将 ④ 和 ⑤ 代入 ③ 是满足的，所以此时点 P 仍落在所求之处.

20 对每个正整数 n，以 $S(n)$ 表示满足如下条件的最大整数：对每个正整数 $k\leqslant S(n)$，n^2 均可表示为 k 个正整数的平方之和.

(1) 证明：对每个 $n\geqslant 4$，都有 $S(n)\leqslant n^2-14$；

(2) 试找出一个正整数 n，使得 $S(n)=n^2-14$；

(3) 证明：存在无穷多个正整数 n，使得 $S(n)=n^2-14$.

解 对每个正整数 a，它当然能表示为 a 个正整数的平方和，即

$$a=\underbrace{1^2+\cdots+1^2}_{a\text{个}}$$

对 $1\leqslant h<a$，a 若可表示为 $a-h$ 个正整数的平方和，则一定是如下的形式，即

$$a=\underbrace{1+\cdots+1}_{a-h-r\text{个}}+b_1^2+\cdots+b_r^2$$

其中，$b_j\geqslant 2(1\leqslant j\leqslant r)$，$1\leqslant r\leqslant a-h$. 因此，$a$ 可表示为 $a-h$ 个正整数的平方和的充要条件是 h 可表示为

$$h=(b_1^2-1)+\cdots+(b_r^2-1),b_j\geqslant 2,1\leqslant j\leqslant r\leqslant a-h \quad ①$$

注意到 $2^2-1=3$，$3^2-1=8$，利用上式可直接验证：a 一定不可表示为 $a-1$ 个，$a-2$ 个，$a-4$ 个，$a-5$ 个，$a-7$ 个，$a-10$ 个，及 $a-13$ 个正整数的平方和(请读者自己验证).

由以上讨论知，当 $a=n^2(n\geqslant 4)$ 时，n^2 一定不能表示为 n^2-13 个正整数的平方和，这就证明了 $S(n)\leqslant n^2-14$，即结论(1) 成立.

下面来证明(2). 注意到 $2^2-1=3$，以及

$$14=(2^2-1)+(2^2-1)+(3^2-1) \quad ②$$

$$15=4^2-1 \quad ③$$

$$16=(3^2-1)+(3^2-1) \quad ④$$

容易看出，当 $h\geqslant 14$ 时必可表示为

$$h=(b_1^2-1)+\cdots+(b_r^2-1),b_j\geqslant 2,1\leqslant j\leqslant r \quad ⑤$$

但我们并不能立即断言必有 $r\leqslant a-h$，特别当 $a-h$ 较小时. 因此，关键在于取一个特殊的 $a=n^2$，使得 n^2 必可表示为不多几个的正整数的平方和. 下面来证明当 $n=13$ 时结论(2) 成立*. 容易直接验证

$$\begin{aligned}13^2&=12^2+5^2=12^2+4^2+3^2=11^2+4^2+4^2+4^2=\\&10^2+6^2+5^2+2^2+2^2=10^2+6^2+4^2+3^2+2^2+2^2=\\&11^2+4^2+4^2+2^2+2^2+2^2+2^2=\\&10^2+6^2+5^2+2^2+1+1+1+1=\end{aligned}$$

$$10^2+6^2+4^2+3^2+2^2+1+1+1+1=$$
$$11^2+4^2+4^2+2^2+2^2+2^2+1+1+1+1=$$
$$10^2+6^2+5^2+1+1+1+1+1+1+1+1=$$
$$10^2+6^2+4^2+3^2+1+1+1+1+1+1+1+1=$$
$$11^2+4^2+2^2+2^2+2^2+2^2+2^2+2^2+2^2+1+1+1+1=$$
$$10^2+6^2+4^2+2^2+2^2+1+1+1+1+1+1+1+1+1$$

因此，还要证明，当 $14\leqslant h\leqslant 154$ 时，13^2 可表示为 13^2-h 个正整数的平方和. 由式 ①($a=13^2$) 知，这只要证明：当 $14\leqslant h\leqslant 154$ 时，必有

$$h=(b_1^2-1)+\cdots+(b_r^2-1),b_j\geqslant 2,1\leqslant j\leqslant r\leqslant 13^2-h \quad ⑥$$

这可以直接对 h 分段验证. 我们有

$$14\leqslant h-(11^2-1)\leqslant 34,134\leqslant h\leqslant 154$$
$$14\leqslant h-(10^2-1)\leqslant 34,113\leqslant h\leqslant 133$$
$$14\leqslant h-(9^2-1)\leqslant 32,94\leqslant h\leqslant 112$$
$$14\leqslant h-(8^2-1)\leqslant 30,77\leqslant h\leqslant 93$$

利用式 ②,③,④,$2^2-1=3,3^2-1=8$ 及 $4^2-1=15$，从以上各式就可推出当 $77\leqslant h\leqslant 154$ 时，必有式 ⑥ 成立，且 $r\leqslant 8$. 而当 $14\leqslant h\leqslant 76$ 时，必有式 ⑤ 成立，且显然有 $r<h\leqslant 13^2-h$，即式 ⑥ 亦成立. 这就证明了当 $n=13$ 时结论(2) 成立.

最后，用归纳法来证明：当 $n=13^l(l=1,2,\cdots)$ 时，结论(3) 成立. 当 $l=1$ 时，由(3) 知结论成立. 假设当 $l=m(m\geqslant 1)$ 时结论成立. 当 $l=m+1$ 时，由

$$n^2=(13^{m+1})^2=13^2\times 13^{2m}$$

及归纳假设知，n^2 可表示为 k 个正整数平方和，只要

$$1\leqslant k\leqslant 13^{2m}-14$$

这样，为了证明结论对 $l=m+1$ 成立，只要证明：当

$$13^{2m}-14<k\leqslant 13^{2m+2}-14 \quad ⑦$$

时，13^{2m+2} 一定能表示为 k 个正整数平方之和. 为此，我们利用等式

$$13^{2m+2}=\underbrace{13^2+\cdots+13^2}_{13^{2m}-14-3\text{个}}+13^2\times 2^2+13^2\times 2^2+13^2\times 3^2$$

由 $l=1$ 时结论成立，即每个 13^2 可表示为 $1\sim 13^2-14$ 个正整数平方和，从上式即可推出：当

$$13^{2m}-14<k\leqslant(13^{2m}-14)(13^2-14)=$$
$$13^{2m+2}-14(13^{2m}+13^2)+14^2$$

时，13^{2m+2} 一定可表示为 k 个正整数平方和. 由此及式 ⑦ 知，我们只要证明，当

$$13^{2m+2}-14(13^{2m}+13^2)+14^2<k\leqslant 13^{2m+2}-14 \quad ⑧$$

时，13^{2m+2} 必可表示为 k 个正整数平方和. 显见，这里的 k 就是式 ①

中的 $13^{2m+2}-h$(取 $a=13^{2m+2}$). 因此,上式即

$$14 \leqslant h < 14(13^{2m}+13^2)-14^2 \quad ⑨$$

当 h 满足上式时,由式 ⑤ 及

$$r < h < 28 \times 13^{2m} < 13^{2m+2}-h$$

知,必有式 ① 成立(取 $a=13^{2m+2}$),即 13^{2m+2} 可表示为 $13^{2m+2}-h$(h 满足式 ⑨)个正整数平方和,亦即 13^{2m+2} 可表示为 k(k 满足式 ⑧)个正整数平方和. 这就证明了当 $l=m+1$ 时结论也成立. 所以(3)成立. 证毕.

本题看来证明繁琐,但思路并不复杂,这就是弄清楚从式 ① 到式 ⑤ 的内容. 请读者仔细考虑.

21 设 $f(x)=x^m+a_1x^{m-1}+a_2x^{m-2}+\cdots+a_{m-1}x+a_m$

$$g(x)=x^n+b_1x^{n-1}+b_2x^{n-2}+\cdots+b_{n-1}x+b_n$$

是两个实系数多项式. 对每个实数 x,$f(x)$ 为整数的平方当且仅当 $g(x)$ 是整数的平方.

证明:如果 $n+m>0$,则存在一个实系数多项式 $h(x)$,使得

$$f(x) \cdot g(x)=[h(x)]^2$$

解 先考虑 $m=0$,即 $f(x)=a$ 的情形.

① 如果 a 是一个整数的平方,则对每个实数 x,$g(x)$ 都是整数的平方,因此 $n=0$,此与 $n+m>0$ 矛盾.

② 如果 a 不是整数的平方,则对每个实数 x,$g(x)$ 都不是整数的平方,因此仍有 $n=0$. 亦与 $n+m>0$ 矛盾.

所以只需考虑 $m>0$,$n>0$ 的情形. 此时,导函数 $f'(x)$ 和 $g'(x)$ 都是首项系数为正的多项式. 因此,存在实数 x_0,使得对一切 $x \geqslant x_0$ 都有 $f'(x)>0$,$g'(x)>0$. 这表明 $f(x)$ 和 $g(x)$ 都是 $[x_0,\infty]$ 中的严格上升函数,且当 $x \to \infty$ 时都趋于 ∞. 设 α 和 β 是使得 $a^2 \geqslant f(x_0)$ 和 $\beta^2 \geqslant g(x_0)$ 的最小非负整数,则存在无穷的实数序列 $x_0<x_1<x_2<\cdots$,使得对一切 $k=1,2,3,\cdots$ 都有 $f(x_k)=(\alpha+k-1)^2$. 令

$$h(x)=\frac{1}{2}(f(x)+g(x)-(\alpha-\beta)^2)$$

则对一切 k,都有

$$[h(x_k)]^2=f(x_k) \cdot g(x_k)$$

亦即多项式 $f(x)g(x)-(h(x))^2$ 有无穷多个根,因而有

$$f(x) \cdot g(x)=(h(x))^2, x \in \mathbf{R}$$

22 设 $f(x)=x^8+4x^6+2x^4+28x^2+1$，$p>3$ 为质数，并设存在整数 z，使得 p 整除 $f(z)$. 证明：存在整数 $z_1,z_2,\cdots,z_8$，使得对于 $g(x)=(x-z_1)(x-z_2)\cdots(x-z_8)$，多项式 $f(x)-g(x)$ 的所有系数均可被 p 整除.

解 首先注意到

$$f(x)=(x^4+2x^2-1)^2+32x^2$$

由于 $p\mid f(z)$，故知存在整数 t，使得 $t^2\equiv -2 \pmod p$. 于是可写

$$z^4+2z^2-1\equiv 4zt \pmod p$$

必要时可用 $-t$ 代换 t. 从而

$$(z^2+1+t)^2\equiv 2+4zt+t^2+2t(z^2+1)\equiv 2t(z+1)^2 \pmod p$$

如果 $z\equiv -1 \pmod p$，则 $t\equiv -2 \pmod p$，从而 $-2\equiv 4 \pmod p$，这意味着 $p\leqslant 3$，故与已知条件相矛盾. 所以 $z\not\equiv -1 \pmod p$，因此存在整数 s，使得 $4s^2\equiv 2t \pmod p$. 于是 $4s^4\equiv -2 \pmod p$. 从而 $r=ts$ 满足 $r^4\equiv -2 \pmod p$. 于是可写

$$z^2+1+t\equiv 2s(z+1) \pmod p$$

从而 $(z-s)^2\equiv -(s-1)^2 \pmod p$.

由于 $z\not\equiv 1 \pmod p$，故知存在整数 m，使得 $m^2\equiv -1 \pmod p$. 注意到

$$[(x-m)^4+r^4][(x+m)^4+r^4]\equiv (x^2+1)^4+r^4[(x-m)^4+(x+m)^4]+r^2\equiv (x^2+1)^4-2[2x^4-12x^2+2]+4\equiv f(x) \pmod p$$

故知

$$f(x)\equiv [(x-m)^4-2][(x+m)^4-2] \pmod p$$

由于 $mt\not\equiv 0 \pmod p$，所以存在整数 u，使得 $mtu\equiv m+1 \pmod p$. 因此 $u^2\equiv m \pmod p$，$u^4=-1 \pmod p$. 故知 $v=ur$ 满足 $v^4\equiv 2 \pmod p$.

令 $z_1=m+v$，$z_2=m+mv$，$z_3=m-v$，$z_4=m-mv$，$z_5=-m+v$，$z_6=-m+mv$，$z_7=-m-v$，$z_8=-m-mv$，有

$$(x-z_1)(x-z_2)(x-z_3)(x-z_4)\equiv (x-m)^4-2 \pmod p$$

$$(x-z_5)(x-z_6)(x-z_7)(x-z_8)\equiv (x+m)^4-2 \pmod p$$

由此即得所需之结论.

第四编
第 34 届国际数学奥林匹克

第 34 届国际数学奥林匹克题解

土耳其,1993

爱尔兰命题

1 设整数 $n>1$,$f(x)=x^n+5x^{n-1}+3$. 证明:$f(x)$ 不能表示为两个次数都不低于一次的整数系数的多项式的乘积.

证明 用反证法. 设 $f(x)$ 可表示为两个次数都不低于一次的整数系数多项式的乘积,即

$$f(x)=g(x)h(x)$$
$$g(x)=x^l+a_{l-1}x^{l-1}+\cdots+a_1x+a_0$$
$$h(x)=x^m+b_{m-1}x^{m-1}+\cdots+b_1x+b_0 \quad ①$$

其中,$l\geqslant 1$,$m\geqslant 1$,a_i,b_i 均为整数.

由 $a_0b_0=3$ 知,不妨设 $a_0=\pm 1$,$b_0=\pm 3$. 显见 $f(\pm 1)\neq 0$,$f(\pm 3)\neq 0$,所以必有 $l\geqslant 2$,$m\geqslant 2$. 因此,$n\geqslant 4$.

下面来证明:若 $0\leqslant k<n-2$,b_0,…,b_k 都是 3 的倍数,则 b_{k+1} 也是 3 的倍数. 由于 $f(x)$ 的 x^{k+1} 的系数为 0,所以比较式 ① 两边 x^{k+1} 的系数即得(当 $j>l$ 时,$a_j=0$)

$$b_0a_{k+1}+b_1a_k+\cdots+b_ka_1+b_{k+1}a_0=0$$

由此及 $a_0=\pm 1$,由条件知 b_{k+1} 也是 3 的倍数.

由于 $b_0=\pm 3$,从以上所证结论立即推出必有 $m-1\geqslant n-2$,即 $m\geqslant n-1$,但这和 $l+m=n$,$l\geqslant 2$ 矛盾. 所以假设错误. 证毕.

注 有的解法要用代数基本定理:n 次复系数多项式有 n 个根. 虽很巧妙,但这里的解法较初等. 下面介绍该解法的步骤. $g(x)$,$h(x)$ 同上.

ⅰ $l\geqslant 2$.

ⅱ 设 α_1,…,α_l 是 $g(x)$ 的 l 个根,$|\alpha_1\cdots\alpha_l|=1$.

ⅲ $g(-5)$ 必是 3 的因数.

ⅳ $|g(-5)|=|(5+\alpha_1)\cdots(5+\alpha_l)|=|(\alpha_1\cdots\alpha_l)^{n-1}(5+\alpha_1)\cdots(5+\alpha_l)|=3^l$.

和 ⅲ,ⅰ 矛盾.

英国命题

2 设 D 是锐角 $\triangle ABC$ 内的一点，满足条件：

ⅰ $\angle ADB=\angle ACB+90°$；

ⅱ $AC\cdot BD=AD\cdot BC$.

(1) 计算比值 $(AB\cdot CD)/(AC\cdot BD)$；

(2) 证明：$\triangle ACD$ 的外接圆和 $\triangle BCD$ 的外接圆在点 C 的切线互相垂直.

解法 1 (1) 如图 34.1 所示，作 $\angle ADE=\angle ACB$ 及 $\angle BAE=\angle CAD$. 由此得 $\triangle ABC\backsim\triangle AED$ 及

$$BC:ED=AC:AD=AB:AE \quad ①$$

由 ① 及条件 ⅱ，ⅰ 就推出，$DB=DE$，$\triangle BED$ 为等腰直角三角形，及 $BE=\sqrt{2}BD$.

由 ① 及所作的 $\angle BAE=\angle CAD$ 得 $\triangle ACD\backsim\triangle ABE$. 因而有

$$AB:AC=BE:CD=(\sqrt{2}BD):CD$$

因此所求的比值为 $\sqrt{2}$.

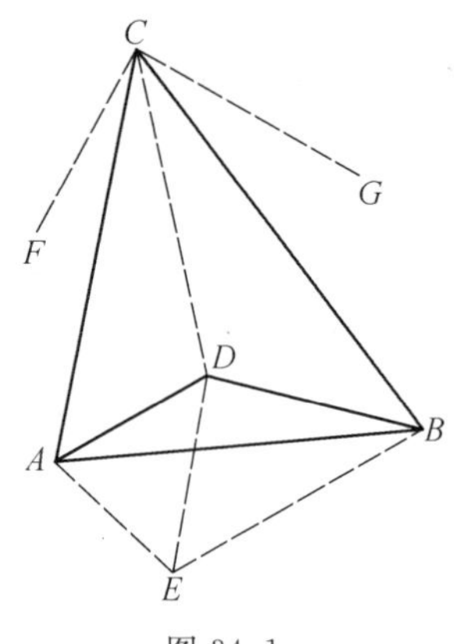

图 34.1

为证(2)，我们如图 34.1 作直线 CF，CG 使得 $\angle FCD=\angle CBD$，$\angle GCD=\angle CAD$. 由弦切角定理知 CF，CG 分别是 $\triangle BCD$，$\triangle ACD$ 的外接圆在点 C 的切线. 因此，结论(2)就是要证明 $\angle FCD+\angle GCD=90°$. 由所作的图及条件 ⅰ，我们有

$$\begin{aligned}\angle FCD+\angle GCD=\angle CBD+\angle CAD=&\\ 180°-(\angle ACB+\angle DAB+\angle DBA)=&\\ (180°-\angle DAB-\angle DBA)-\angle ACB=&\\ \angle ADB-\angle ACB=90°&\end{aligned}$$

证毕.

解法 2 如图 34.2 所示，作 $\triangle ABC$ 的外接圆，分别交 AD，BD 的延长线于 E，F，联结 BE，CE，AF，CF. 因为

$$\angle ADB=\angle ACB+90°$$

而
$$\angle ADB=\angle ACB+\angle 2+\angle 4$$

所以

$$\angle 2+\angle 4=90°$$

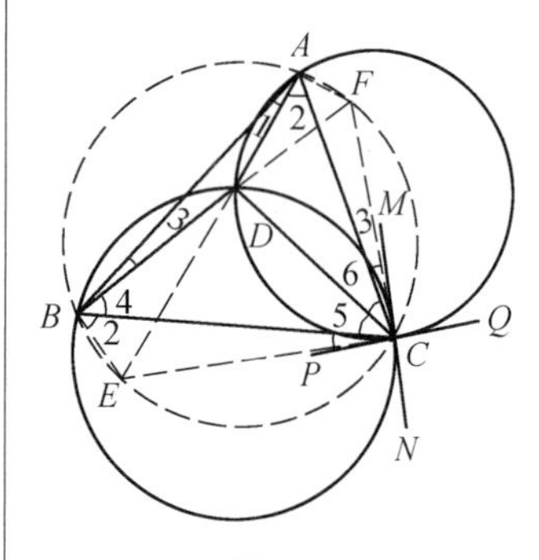

图 34.2

在 $\triangle DCE$，$\triangle DCF$ 中有

$$\angle DEC=\angle ABC,\angle DFC=\angle BAC$$

所以

$$\frac{DC}{\sin B}=\frac{DE}{\sin(\angle 1+\angle 5)}$$

$$\frac{DC}{\sin A}=\frac{DF}{\sin(\angle 3+\angle 6)}$$

故 $$\frac{DE}{DF}=\frac{\sin A}{\sin B}\cdot\frac{\sin(\angle 1+\angle 5)}{\sin(\angle 3+\angle 6)}$$

而 $$AD\cdot DE=BD\cdot DF$$

且 $$AC\cdot BD=AD\cdot BC$$

所以

$$\frac{DE}{DF}=\frac{BD}{AD}=\frac{BC}{AC}=\frac{\sin A}{\sin B}$$

有 $$\sin(\angle 1+\angle 5)=\sin(\angle 3+\angle 6)$$

又 $$\angle 1+\angle 5+\angle 3+\angle 6=\angle 1+\angle 3+\angle ACB=180^\circ-\angle ADB+\angle ACB=90^\circ$$

所以

$$\angle 1+\angle 5=\angle 3+\angle 6=45^\circ$$

因为

$$\angle DBE=\angle 2+\angle 4=90^\circ$$

$$\angle BED=\angle ACB$$

所以

$$DE=\frac{BD}{\sin C}$$

故 $$\frac{AB\cdot CD}{AC\cdot BD}=\frac{AB}{AC}\cdot\frac{1}{BD}\cdot\frac{DE\cdot\sin B}{\sin(\angle 1+\angle 5)}=\frac{\sin C}{\sin B}\cdot\frac{\sin B}{\sin C\cdot\sin(\angle 1+\angle 5)}=\frac{1}{\sin 45^\circ}=\sqrt{2}$$

(2) 设 MN，PQ 分别为 $\triangle BDC$，$\triangle ADC$ 的外接圆在点 C 的切线，则

$$\angle MCD=\angle 4,\angle PCD=\angle 2$$

因为

$$\angle 2+\angle 4=90^\circ$$

所以

$$\angle MCP=\angle MCD+\angle PCD=90^\circ$$

即 $$MN\perp PQ$$

推广 由 $$\angle ADB=\angle ACB+90^\circ$$

及 $$AC\cdot BD=AD\cdot BC$$

求得

$$\angle 1+\angle 5=\angle 3+\angle 6=45^\circ$$

于是

$$\angle BDC=\angle BAC+45^\circ,\angle ADC=\angle ABC+45^\circ$$

相反，由

$$\angle BDC=\angle BAC+45^\circ,\angle ADC=\angle ABC+45^\circ$$

也可求得

$$\angle ADB = \angle ACB + 90^\circ$$

及 $$AB \cdot CD = \sqrt{2} AC \cdot BC = \sqrt{2} BC \cdot AD$$

因此，原题第(1)问可变换如下(第(2)问仍成立).

命题 1 设 D 是锐角 $\triangle ABC$ 内一点，使得 $\angle BDC = \angle BAC + 45^\circ$，$\angle ADC = \angle ABC + 45^\circ$. 则 $AB \cdot CD = \sqrt{2} AC \cdot BD = \sqrt{2}\ BC \cdot AD$.

如果将命题 1 中的 45° 改为任意锐角 α，我们可得到

命题 2 设 D 是锐角 $\triangle ABC$ 内一点，α 为锐角，若 $\angle BDC = \angle BAC + \alpha$，$\angle ADC = \angle ABC + \alpha$，则 $BC \cdot AD = AC \cdot BD$.

特别地，若 $\alpha = 60^\circ$，则 $\angle ADB = \angle ACB + 60^\circ$. 于是可得

命题 3 设 D 是锐角 $\triangle ABC$ 内一点，且 $\angle BDC = \angle BAC + 60^\circ$，$\angle ADC = \angle ABC + 60^\circ$. 则 $BC \cdot AD = AC \cdot BD = AB \cdot CD$.

更一般地，我们可得下面的普遍情形.

命题 4 设 D 是锐角 $\triangle ABC$ 内一点，若 $\angle BDC = \angle BAC + \alpha$，$\angle CDA = \angle CBA + \beta$，$\angle ADB = \angle ACB + \gamma$. 则

(1) $BC \cdot AD : CA \cdot BD : AB \cdot CD = \sin\alpha : \sin\beta : \sin\gamma = \sin\alpha : \sin\beta : \sin(\alpha + \beta)$；

(2) $\triangle BDC$ 与 $\triangle CDA$ 的外接圆在点 C 的切线的夹角为 γ，$\triangle CDA$ 与 $\triangle ADB$ 的外接圆在点 A 的切线的夹角为 α，$\triangle ADB$ 与 $\triangle BDC$ 的外接圆在点 B 的切线的夹角为 β.

命题 4 的证明 (1) 如图 34.2 所示，易知

$$\angle 3 + \angle 6 = \alpha, \angle 1 + \angle 5 = \beta$$

$$AD \cdot DE = BD \cdot DF$$

$$\frac{DE}{\sin\beta} = \frac{DC}{\sin B}, \frac{DF}{\sin\alpha} = \frac{DC}{\sin A}$$

于是

$$\frac{AD}{BD} = \frac{DF}{DE} = \frac{\sin B \cdot \sin\alpha}{\sin A \cdot \sin\beta}$$

所以

$$\frac{BC \cdot AD}{CA \cdot BD} = \frac{BC}{CA} \cdot \frac{AD}{BD} = \frac{\sin A}{\sin B} \cdot \frac{\sin B \cdot \sin\alpha}{\sin A \cdot \sin\beta} = \frac{\sin\alpha}{\sin\beta}$$

同理可得

$$\frac{CA \cdot BD}{AB \cdot CD} = \frac{\sin\beta}{\sin\gamma}$$

从而

$$BC \cdot AD : CA \cdot BD : AB \cdot CD = \sin\alpha : \sin\beta : \sin\gamma$$

易知

$$\alpha + \beta + \gamma = 180^\circ$$

有 $$\sin\gamma = \sin(\alpha + \beta)$$

故 $BC \cdot AD : CA \cdot BD : AB \cdot CD = \sin\alpha : \sin\beta : \sin(\alpha+\beta)$

(2) 因为 $\angle MCD = \angle 4$，$\angle PCD = \angle 2$，所以

$$\angle MCP = \angle MCD + \angle PCD = \angle 2 + \angle 4$$

而
$$\angle 2 + \angle 4 + \alpha + \beta = 180^\circ$$

所以
$$\angle 2 + \angle 4 = \gamma$$

故
$$\angle MCP = \gamma$$

即 $\triangle BDC$ 与 $\triangle CDA$ 的外接圆在点 C 的切线的夹角为 γ.

同理可证另外两个夹角.

3 在一个无限的方格棋盘上，有 n^2 个棋子放在一个由 $n\times n$ 个小方格组成的正方块中，每个小方格放一个棋子. 按规则进行如下的游戏：每次必须这样移动一个棋子，先沿水平或垂直方向跳过相邻的一个必须放有棋子的小方格，然后，把这个棋子放在紧接着的下一个必须是空着的小方格中，并把被跳过的那个棋子拿走. 试求所有的 n，使得这种游戏一定存在一种玩法，导致棋盘上最后只剩下一个棋子.

芬兰命题

解 先把这无限方格棋盘上的方格自左至右，自下而上标号：$s(i,j)$ 表示第 i 行第 j 列处的小方格. 假定所给的 $n\times n$ 的方块由所有小方格 $s(i,j)$，$1\leqslant i,j\leqslant n$ 组成. 如图 34.3 所示，画有"•"的小方格表示其中一定有一个棋子，画有"∘"的小方格表示它一定是空的，不画的要么表示在移动过程中可确定其是否放有棋子，要么表示有无均可.

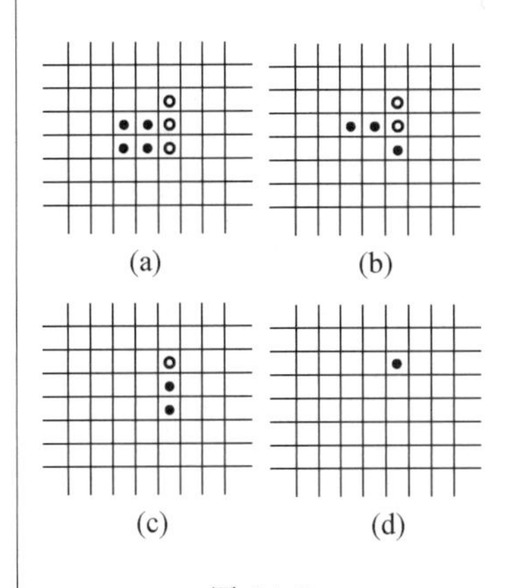

图 34.3

先来试验几个简单情形. $n=1$ 时显然成立. $n=2$ 时图 34.3 中 (a) ～ (d) 所示的玩法即满足要求.

若有四个棋子，如图 34.4 中(a) 所示. 那么图 34.4 给出的走法(a) ～ (d)，可使我们取走同一列中的三个棋子，而剩下的一个仍回到原来的位置. 显见，在成 T 型的五个小方格(可依任意位置放在这棋盘上) 中，放有保持这样相对位置的四个棋子时，均可有这样的走法. 利用这样的方法，当 $n>3$ 时，我们很容易把这放有 n^2 个棋子的 $n\times n$ 正方块，在移动若干步后，变为放有$(n-3)^2$ 个棋子的$(n-3)\times(n-3)$ 的正方块. 因为利用所说的走法，首先可依次把三个一组的小方格$\{s(n,j),s(n-1,j),s(n-2,j)\}$ 取走，$j=1,2,\cdots,n-3$. 其次依次把三个一组的小方格$\{s(j,n-2),s(j,n-1),s(j,n)\}$ 取走，$j=n,n-1,\cdots,4$. 最后依次把三个一组的小方格$\{s(1,j),s(2,j),s(3,j)\}$ 取走，$j=n,n-1,n-2$. 这样，剩下的就是$(n-3)\times(n-3)$ 的方块，由 $s(i,j)$，$1\leqslant i,j\leqslant n-3$，组成. 图 34.5 及图 34.6 就给出了 $n=4,5$ 时的走法. 这就表明：当 $n=3k+1,3k+2$ 时，一定可通过这样的走法，分别归结为 $n=1$，2 的情形. 所以题目要求的玩法是存在的.

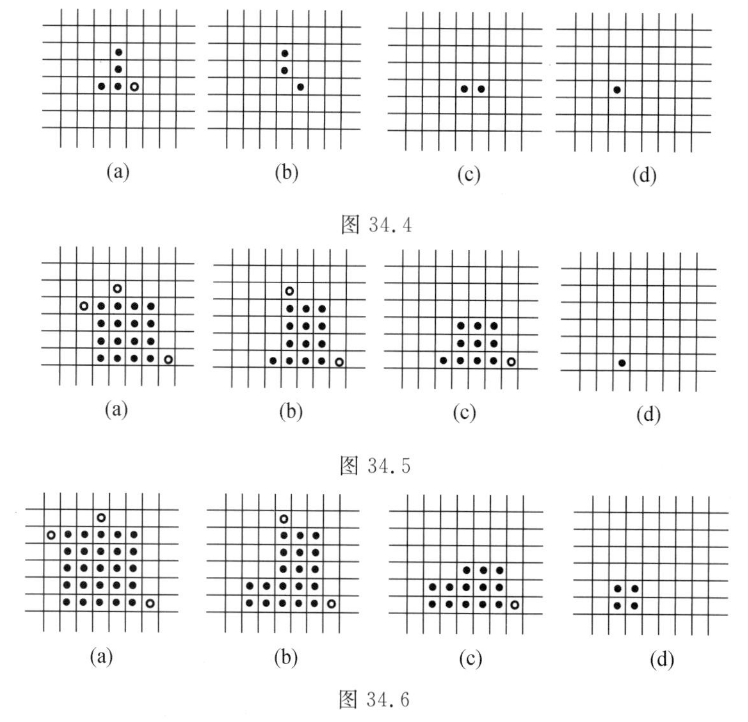

图 34.4

图 34.5

图 34.6

下面来证$n=3k$时，这样的玩法一定不存在. 证明的方法是对某种变化过程中存在的某种不变量的运用. 首先要指出的是：每移动一次棋子和且仅和水平或垂直的相连的三个小方格有关. 如果把每个小方格$s(i,j)$和数$T(i,j)=i+j$相联系，那么对应于上述三个相连小方格的这样三个数被3除后的余数恰好分别为0，1，2. 现把所有小方格$s(i,j)$以其相对应的数$T(i,j)$被3除后的余数(仅取0，1，2)来分类，余数相同的属于一类. 这样，全部小方格就被分为两两不相交的三类. 当在棋盘上放有若干个棋子时，这些棋子也就相应地分为这样三类. 如果我们按规定走一步棋子，那么前面的讨论表明：有两类中的棋子各减少1个，而另一类中的棋子增加1个. 也就是说，这三类棋子的数目同时改变奇偶性.

当$n=3k$，n^2个棋子放在$n\times n$的方块$s(i,j)$，$1\leqslant i,j\leqslant n$中时，我们来计算每一类棋子的个数. 容易算出使

$$T(i,j)=t,2\leqslant t\leqslant n+1$$

的棋子有$t-1$个；使

$$T(i,j)=t,n+2\leqslant t\leqslant 2n$$

的棋子有$2n-(t-1)$个. 因此当$n=3k$时，相应余数为0的棋子个数有

$((3-1)+(6-1)+\cdots+(3k-1))+((6k-(3k+3-1))+(6k-(3k+6-1))+\cdots+(6k-(6k-1)))=$

$(2+5+\cdots+(3k-1))+((3k-2)+(3k-5)+\cdots+1)=3k^2$

相应余数为 1 的棋子个数有

$$(3+6+\cdots+3k)+((6k-(3k+4-1))+$$
$$(6k-(3k+7-1))+\cdots+(6k-(6k-2-1)))=$$
$$(3+6+\cdots+3k)+((3k-3)+(3k-6)+\cdots+3)=3k^2$$

余下的就是相应余数为 2 的棋子，个数为

$$(3k)^2-3k^2-3k^2=3k^2$$

因此，三类棋子个数相同，奇偶性也相同. 因此，在 $n=3k$ 的情形，每移动一次棋子后，在三类中，余下的棋子的数目的奇偶性仍都相同. 因此，决不会出现只剩一个棋子 —— 两类为 0，一类为 1 的情形. 所以 $n=3k$ 时，所要的玩法不存在. 证毕.

4 对于平面上的三个点 P,Q,R，以 $m(PQR)$ 表示 $\triangle PQR$ 的三条高长的最小值，当 P,Q,R 共线时，令 $m(PQR)=0$. 设 A,B,C 是平面上给定的三点. 证明：对平面上任意一点 X，必有

$$m(ABC)\leqslant m(ABX)+m(AXC)+m(XBC)$$

马其顿命题

证明 以下 $S_{\triangle PQR}$ 表示 $\triangle PQR$ 的面积，并记 $\triangle PQR$ 由顶点 P 所引的高为 $h_P(PQR)$（P,Q,R 共线时它等于 0）. $m(ABC)=0$ 时结论显然成立.

如图 34.7 所示，把 $\triangle ABC$ 的三边双向延长后，全平面被分为 $T_0,T_1,\cdots,T_6$ 七个区域（边界可重复计）. 我们来证明点 X 位于任一区域时结论都成立.

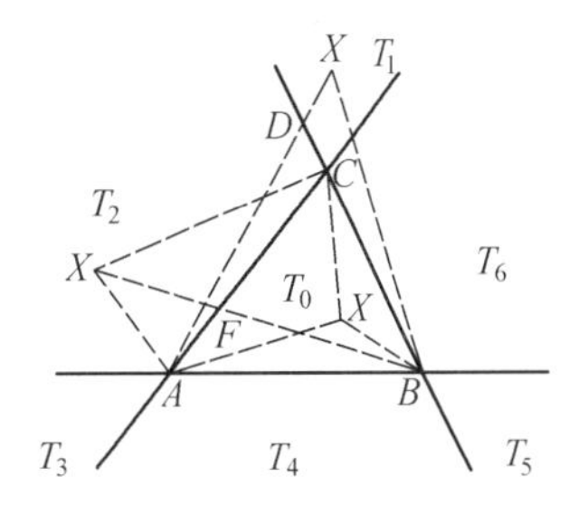

图 34.7

(1) $X\in T_0$，即在 $\triangle ABC$ 内（包括边界）. 不妨设 $\triangle ABC$ 最长的边是 AB，所以 $m(ABC)=h_C(ABC)$. 此外显然有

$$XC\leqslant AB,XB\leqslant AB,XA\leqslant AB$$

因此

$$m(ABC)\cdot AB=\triangle ABC=S_{\triangle ABX}+S_{\triangle AXC}+S_{\triangle XBC}\leqslant$$
$$m(ABX)\cdot AB+m(AXC)\cdot AB+$$
$$m(XBC)\cdot AB$$

由此即得所要结论.

为证其他各个情形先证一个引理. 如图 34.8 所示，点 E 在 $\triangle PQR$ 的边 PQ 上，我们有

$$m(PQR)\geqslant m(PER),m(PQR)\geqslant m(EQR)$$

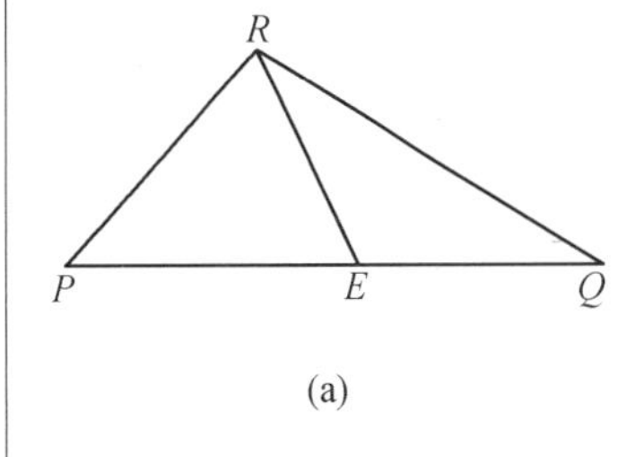

(a)

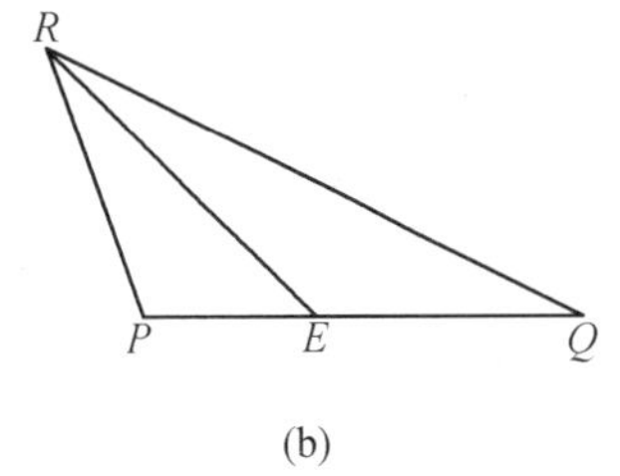

(b)

图 34.8

若 $\angle R$ 是 $\triangle PQR$ 中最大的角，如图 34.8(a) 所示，则有

$$m(PQR)=h_R(PQR)=h_R(PER)=h_R(EQR)$$

由此即得所要结论.

若 $\angle R$ 不是最大的角，不妨设 $\angle P$ 为最大的角，如图 34.8(b)

所示，那么必有 $\angle R < 90^\circ$，$\angle Q < 90^\circ$. 因此有

$$m(PQR) = h_P(PQR) \geqslant h_P(PER)$$

$$h_P(PQR) \geqslant h_E(EQR)$$

这也推出所要结论. 引理证毕.

(2) $X \in T_1$. 由引理知

$$m(ABC) \leqslant m(ABD) \leqslant m(ABX)$$

所以结论成立. $X \in T_3$，$X \in T_5$ 同理可证.

(3) $X \in T_2$. 由引理及已证明的情形(1) 得

$$m(ABC) \leqslant m(ABF) + m(BCF) \leqslant m(ABX) + m(XBC)$$

所以结论成立. $X \in T_4$，$X \in T_6$ 同理可证. 证毕.

5 设 $\mathbf{N} = \{1, 2, 3, \cdots\}$ 是全体正整数组成的集合. 是否存在一个定义在集合 $\mathbf{N}$ 上的函数 $f(n)$ 具有以下性质：

(1) 对一切 $n \in \mathbf{N}$，$f(n) \in \mathbf{N}$；

(2) 对一切 $n \in \mathbf{N}$，$f(n) < f(n+1)$；

(3) $f(1) = 2$；

(4) 对一切 $n \in \mathbf{N}$，$f(f(n)) = f(n) + n$.

德国命题

解法 1 如果满足条件的函数 $f(n)$ 存在，则由条件(3) 及(4) 确定了这样一个数列，即

$$a_1 = f(1) = 2, a_2 = f(a_1) = a_1 + 1 = 3$$

$$a_3 = f(a_2) = a_2 + a_1 = 5$$

$$a_j = f(a_{j-1}) = a_{j-1} + a_{j-2}, j \geqslant 3$$

这表明这样的函数 $f(n)$ 在初始项为 $a_0 = 1$，$a_1 = 2$ 的斐波那契数列 $a_0, a_1, a_2, \cdots$ 上的取值是完全确定的. 记数列 $\{a_j\} = A_0$. 这样，问题就变为当 $n \in \mathbf{N}$，$n \notin A_0$ 时如何定义 $f(n)$ 使其满足条件. 我们用如下的归纳方式来定义.

设 $f(n)$ 已在集合 $A_j \supseteq A_0$ 上有定义，$A_j \neq \mathbf{N}$. 设 b_0 是 $f(n)$ 还没有定义的最小正整数，显见 $b_0 \geqslant 3$，且 $n = b_0 - 1$ 时已有定义. 现定义

$$f(b_0) = f(b_0 - 1) + 1 = b_1$$

$$f(b_j) = f(b_{j-1}) + b_{j-1} = b_{j+1}, j \geqslant 1$$

这样就扩大了 $f(n)$ 的定义范围到集合 $A_{j+1} = A_j \cup \{b_i\}$. 容易验证这样的定义是合理的，不矛盾的，且在 A_{j+1} 上满足全部条件. 若 $A_{j+1} = \mathbf{N}$，则过程结束，不然就继续同样的过程. 这样，最终在 $\mathbf{N}$ 上定义了一个满足条件的函数 $f(n)$. 这一方法的缺点是不仅验证条件繁琐，而且 $f(n)$ 没有一个明确简便的表示式.

下面来介绍另一解法.

我们可以这样来分析：由条件(2)，(3) 知

$$f(n)/n > 1, n \geqslant 1$$

进而由条件(4)知

$$1 < \frac{f(f(n))}{f(n)} = 1 + \left(\frac{f(n)}{n}\right)^{-1} < 2$$

因此可猜测比值$\frac{f(n)}{n}$当 n 趋于无穷大(或者 n 有一列特殊值趋于无穷大)时,应该有一极限值 α. 显见,它应满足

$$\alpha = 1 + \alpha^{-1}, \alpha \geqslant 1$$

因此 $\alpha = (\sqrt{5}+1)/2$. 进而,就可猜想 $f(n)$ 是应和 αn 较接近的整数. 作为中学竞赛题,一般 $f(n)$ 不应有太复杂的形式,可以设想先用 $f(n) = [\alpha n + \beta]$ 来试一下,其中 β 为一待定常数. 显见,当

$$2 - \alpha \leqslant \beta < 3 - \alpha \tag{①}$$

时,条件(1),(2),(3)均成立. 下面用条件(4)来确定 β. 为此要计算

$$I(n) = f(f(n)) - f(n) - n$$

我们有(利用 $\alpha^2 - \alpha - 1 = 0$)

$$I(n) = [\alpha[\alpha n + \beta] + \beta] - [\alpha n + \beta] - n = [\alpha[\alpha n + \beta] + \beta] - \alpha[\alpha n + \beta] + (\alpha - 1)([\alpha n + \beta] - \alpha n)$$

由

$$\beta - 1 < [x + \beta] - x \leqslant \beta$$

有

$$\alpha(\beta - 1) < I(n) < \beta\alpha$$

右边不取等号是因为 α 是无理数,$\alpha n + \beta$ 与 $\alpha(\alpha n + \beta) + \beta$ 不能同时为整数. 因为 $I(n)$ 是整数,为使条件(4)成立,即对所有 n,$I(n) = 0$,只需 β 满足

$$1 - \alpha^{-1} \leqslant \beta \leqslant \alpha^{-1}$$

这时式①也一定成立. 这样,任取一满足上式的 β,$f(n) = [\alpha n + \beta]$ 均满足全部条件. 证毕.

这是求解一类函数方程的一种方法的特例. 本题与第 20 届第 3 题完全类似,且要容易些. 容易证明那道题中要求的函数满足

$$f(f(n)) = f(n) + n - 1, f(1) = 1$$

$$g(n) = f(n) + n$$

可以用这里的方法来解这道题. 但是,这两道题都不能算是好的竞赛题. 因为知道这种方法的很容易做出,不知道的就难以想到.

解法 2 从 $f(1) = 2$ 出发,利用 $f(f(n)) = f(n) + n$,我们得到

$$f(2) = 2 + 1 = 3, f(3) = 3 + 2 = 5, f(5) = 5 + 3 = 8,$$
$$f(8) = 8 + 5 = 13, \cdots$$

这表明每个斐波那契数的像是下一个斐波那契数,它可以用数学归纳法证明.

现在需要对剩下的数赋以其他的正整数值,使得满足所给的函数方程. 我们要用到 Zeckendorf 定理,它是说每个正整数 n 都

可以唯一地表示为若干个不相邻的斐波那契数之和. 现在将此表达式写成如下形式,即

$$n=\sum_{j=1}^{m}F_{i_j},\ |i_j-i_{j-1}|\geqslant 2$$

和式中下标递增排列. 我们要证明: $f(n)=\sum_{j=1}^{m}F_{i_j+1}$ 满足问题的所有条件. 事实上,1 本身就是一个斐波那契数,且 $f(1)=2$ 是下一个斐波那契数. 并且

$$f(f(n))=f(\sum_{j=1}^{m}F_{i_j+1})=\sum_{j=1}^{m}F_{i_j}+2=\sum_{j=1}^{m}(F_{i_j+1}+F_{i_j})=$$
$$\sum_{j=1}^{m}F_{i_j+1}+\sum_{j=1}^{m}F_{i_j}=f(n)+n$$

下面我们需要区分以下两种情形.

ⅰ 设 n 的斐波那契数表示中不含 F_1,也不含 F_2,则 $n+1$ 的表示为 n 的表示中加上一个 1. 从而 $f(n)$ 与 $f(n+1)$ 的表示中唯一的区别是 $f(n+1)$ 多一个和数,从而 $f(n)<f(n+1)$.

ⅱ 设 n 的斐波那契数表示中有 F_1 或 F_2,加上 1 时,和式中某一项将变为一个较大的斐波那契数. 在 $n+1$ 的表示中有一个"最大的斐波那契数"比 n 的表示中对应的数大(在斐波那契数表示中,下标最大的项与下标较小的项逐项对比——译者注). 这一性质在作用 f 之后仍然保持,所以 $f(n+1)>f(n)$(这是因为 $f(n)$ 的表示中没有相邻的斐波那契数出现,所有较小的斐波那契数之和都小于 $f(n+1)$ 中那个"最大的斐波那契数").

6 设整数 $n>1$. 有 n 盏灯 $L_0,L_1,\cdots,L_{n-1}$ 依次排列在一个圆周上,每盏灯可以有"开"或"关"两种状态. 现依次进行一系列步骤: $S_0,S_1,\cdots,S_j,\cdots$,每个步骤 S_j 按以下规则来影响灯 L_j 的状态:若它的前一盏灯 L_{j-1} 是"关",则 L_j 的状态不变;若灯 L_{j-1} 是"开",则 L_j 改变状态,即从"开"变为"关",或从"关"变为"开". 这里约定当 $h<0$ 或 $h\geqslant n$ 时,灯 L_h 就是灯 L_r,r 满足

$$h=qn+r,0\leqslant r<n$$

现假设开始时全部灯都是开着的. 证明:

(1) 一定存在正整数 $M(n)$,使得经过 $M(n)$ 个步骤 $S_0,S_1,\cdots,S_{M(n)-1}$ 后,全部灯也是开着的;

(2) 若 $n=2^k$,则可取(1)中的 $M(n)=n^2-1$;

(3) 若 $n=2^k+1$,则可取(1)中的 $M(n)=n^2-n+1$.

荷兰命题

证法 1 以 $L_i(j)$ 表示在施行步骤 S_j 之前灯 L_i 的状态,并约定

$$L_i(j)=\begin{cases}1, L_i(j)\text{ 为开}\\0, L_i(j)\text{ 为关}\end{cases}$$

这样，n 元数组（仅取值 0，1）

$$T_n(j)=T(j)=\{L_0(j), L_1(j), \cdots, L_{n-1}(j)\}$$

就表示施行步骤 S_j 之前这 n 盏灯的状态. 本题的条件就是

$$T(0)=\{1,1,\cdots,1\}$$

现约定以下的运算（即模 2 的加法），即

$$0+0=0, 1+0=0+1=1, 1+1=2$$

这样，施行步骤 S_j 后，这 n 盏灯的状态为

$$T(j+1)=\{L_0(j),\cdots,L_{j-1}(j), L_j(j)+L_{j-1}(j), L_{j+1}(j),\cdots,L_{n-1}(j)\}$$

这里灯 L_j 见题中约定. 容易看出

$$T(n)=\begin{cases}\{0,1,0,1,\cdots,0,1\}, n\text{ 为偶}\\\{0,1,0,1,\cdots,0,1,0\}, n\text{ 为奇}\end{cases}$$

（1）要证明对给定的 $n>1$，一定存在正整数 $M=M(n)$ 使得

$$T(M)=\{1,1,\cdots,1\}$$

由于对给定的 n，n 元数组 $T(j)$ 仅有有限种可能. 所以，在无穷序列 $T(0), T(1), T(2),\cdots$ 中一定会出现完全相同的两个 n 元数组，记为

$$T(M_1+K)=T(M_1)$$

其中，$M_1\geqslant 0, K>0$. 此外，对任一 $l\geqslant 1$，$T(l)$ 不仅唯一确定 $T(l+1)$ 及其以后各态，而且也唯一确定 $T(l-1)$ 及其以前的各态. 因此对任意的 $j\geqslant 0$ 必有

$$T(j+K)=T(j)$$

特别地 $T(K)=T(0)$，取 $M(n)=K$ 就证明了（1）.

下面用归纳法来证明（2）和（3）.

（2）先考查几个具体例子. $k=1, n=2$ 时

	$T(0)$	$T(2)$	$T(2^2-1)$
L_0	1	0	1
L_1	1	1	1

结论成立. 当 $k=2, n=2^2$ 时

	$T(0)$	$T(2^2)$	$T(2\cdot 2^2)$	$T(3\cdot 2^2)$	$T(2^4-1)$
L_0	1	0	1	0	1
L_1	1	1	0	0	1
L_2	1	0	0	0	1
L_3	1	1	1	1	1

结论也成立. 通过观察以上实例，启发我们来归纳证明以下结论：

对任意正整数 k 及 $n=2^k$,必有

$$L_{n-1}(j)=1,0\leqslant j\leqslant(n-1)n \quad ①$$

$$L_{n-2}(j)=0,n-1\leqslant j\leqslant(n-1)n \quad ②$$

以及

$$T_n((n-1)n)=\{0,0,\cdots,0,1\} \quad ③$$

显见,由上式立即推出 $T_n(n^2-1)=\{1,1,\cdots,1\}$,即证明了(2).下面用归纳法来证明这结论.

$k=1$ 时,由实例知结论成立.假设 $k=m,n=2^m$ 时结论成立.当 $k=m+1,n=2^{m+1}$ 时,我们有

	$T_{2^{m+1}}(0)$	$T_{2^{m+1}}(2^{m+1})$
L_0	1	0
L_1	1	1
$\vdots$	$\vdots$	$\vdots$
L_{2^m-2}	1	0
L_{2^m-1}	1	1
L_{2^m}	1	0
L_{2^m+1}	1	1
$\vdots$	$\vdots$	$\vdots$
$L_{2^{m+1}-2}$	1	0
$L_{2^{m+1}-1}$	1	1

其中,$T_{2^{m+1}}(2^{m+1})$ 是直接由题目条件写出的.把这 2^{m+1} 盏灯分为前面的 2^m 盏灯 $L_0,\cdots,L_{2^m-1}$,及后面的 2^m 盏灯 $L_{2^m},\cdots,L_{2^{m+1}-1}$.此后,前 2^m 盏灯的变化仅和灯 $L_{2^{m+1}-1}$ 的状态直接有关,而后 2^m 盏灯的变化仅和灯 L_{2^m-1} 的状态直接有关.由于

$$L_{2^{m+1}-1}(2^{m+1})=L_{2^m-1}(2^{m+1})=1$$

从归纳假设对 $k=m$ 成立可知,在

$$T_{2^{m+1}}(s\cdot 2^{m+1}),1\leqslant s\leqslant 2^m-1$$

各态中,前面与后面的 2^m 盏灯的状态都分别与只有 2^m 盏灯的情形,在

$$T_{2^m}(s\cdot 2^m),1\leqslant s\leqslant 2^m-1$$

各态中的状态相同.因此有(取 $s=2^m-1$)

	$T_{2^{m+1}}((2^m-1)2^{m+1})$	$T_{2^{m+1}}(2^m\cdot 2^{m+1})$
L_0	0	1
L_1	0	1
$\vdots$	$\vdots$	$\vdots$
L_{2^m-2}	0	1
L_{2^m-1}	1	0

L_{2^m}	0	0
L_{2^m+1}	0	0
$\vdots$	$\vdots$	$\vdots$
$L_{2^{m+1}-2}$	0	0
$L_{2^{m+1}-1}$	1	1

再由此及归纳假设(特别是式 ②) 成立,就推出 $L_0,L_1,\cdots,L_{2^m-2}$, $L_{2^{m+1}-1}$ 这 2^m 盏灯在

$$T_{2^{m+1}}(s\cdot 2^{m+1}),2^m\leqslant s\leqslant 2^{m+1}-1$$

各态中的状态同只有 2^m 盏灯的情形在

$$T_{2^m}((s-2^m)2^m),2^m\leqslant s\leqslant 2^{m+1}-1$$

各态中的状态相同. 特别当 $s=2^{m+1}-1$ 时有

	$T_{2^{m+1}}((2^{m+1}-1)2^{m+1})$
L_0	0
L_1	0
$\vdots$	$\vdots$
L_{2^m-2}	0
L_{2^m-1}	0
L_{2^m}	0
L_{2^m+1}	0
$\vdots$	$\vdots$
$L_{2^{m+1}-2}$	0
$L_{2^{m+1}-1}$	1

这就证明了当 $k=m+1$ 时结论也成立.(2) 证毕.

(3) 同样先考查几个实例. 当 $k=1,n=3$ 时,我们有

	$T(0)$	$T(3)$	$T(2\times 3)$	$T(2\times 3+1)$
L_0	1	0	0	1
L_1	1	1	1	1
L_2	1	0	1	1

结论成立. 当 $k=2,n=5$ 时,我们有

	$T(0)$	$T(5)$	$T(2\times 5)$	$T(3\times 5)$	$T(4\times 5)$	$T(4\times 5+1)$
L_0	1	0	0	0	0	1
L_1	1	1	1	1	1	1
L_2	1	0	1	0	1	1

L_3	1	1	0	0	1	1
L_4	1	0	0	0	1	1

结论也成立.由此启发我们来归纳证明以下结论:对任意正整数 k 及 $n=2^k+1$,必有

$$L_0(j)=0,1\leqslant j\leqslant (n-2)n \quad ④$$

$$L_{n-2}(j)=0,2n-1\leqslant j\leqslant (n-2)n \quad ⑤$$

$$L_{n-1}(j)=0,n\leqslant j\leqslant (n-2)n \quad ⑥$$

及

$$T_n((n-2)n)=\{0,1,0,\cdots,0\} \quad ⑦$$

显见,由式 ⑦ 立即推得

$$T_n((n-1)n)=\{0,1,1,\cdots,1\}$$

$$T_n((n-1)n+1)=\{1,1,1,\cdots,1\}$$

即(3) 成立.下面用归纳法来证明这结论.

由实例知 $k=1,2$ 时结论成立.假设结论当 $k=m(m\geqslant 2)$ 时成立.当 $k=m+1,n=2^{m+1}+1$ 时,有

	$T_{2^{m+1}+1}(0)$	$T_{2^{m+1}+1}(2^{m+1}+1)$
L_0	1	0
L_1	1	1
$\vdots$	$\vdots$	$\vdots$
L_{2^m-2}	1	0
L_{2^m-1}	1	1
L_{2^m}	1	0
L_{2^m+1}	1	1
$\vdots$	$\vdots$	$\vdots$
$L_{2^{m+1}-2}$	1	0
$L_{2^{m+1}-1}$	1	1
$L_{2^{m+1}}$	1	0

把这 $2^{m+1}+1$ 盏灯分为前面 $L_0,L_1,\cdots,L_{2^m}$ 及后面 $L_{2^m},L_{2^m+1},\cdots,L_{2^{m+1}}$ 各 2^m+1 盏灯,其中灯 L_{2^m} 重复出现.由此可看出,此后的变化,前面的 2^m+1 盏灯与灯 L_{2^m+1} 的状态直接相关,而后面的 2^m+1 盏灯与灯 L_{2^m-1} 的状态直接相关(要注意的是后面的 2^m+1 盏灯实际上与状态 $L_{2^m-1}(j)$ 有关,$j\geqslant 2^{m+1}+2^m+1$).由此及归纳假设知当 $k=m$ 时成立,特别是式 ⑤ 成立(注意 $m\geqslant 2$,j 的变化范围非空),就推出在

$$T_{2^{m+1}+1}(s(2^{m+1}+1)),1\leqslant s\leqslant (2^m+1)-2$$

各态中,这前后各 2^m+1 盏灯的状态都分别同只有 2^m+1 盏灯的情形,在

$$T_{2^m+1}(s(2^m+1)),1\leqslant s\leqslant(2^m+1)-2$$

各态中的状态相同. 因此有(取 $s=2^m-1, p=2^{m+1}+1$)

	$T_{2^{m+1}+1}(sp)$	$T_{2^{m+1}+1}(2^m p)$	$T_{2^{m+1}+1}((2^m+1)p)$
L_0	0	0	0
L_1	1	1	1
L_2	0	1	0
$\vdots$	$\vdots$	$\vdots$	$\vdots$
L_{2^m-1}	0	1	1
L_{2^m}	0	1	0
L_{2^m+1}	1	0	0
L_{2^m+2}	0	0	0
$\vdots$	$\vdots$	$\vdots$	$\vdots$
$L_{2^{m+1}}$	0	0	0

再利用归纳假设可知:前 2^m+1 盏灯 $L_0,L_1,\cdots,L_{2^m}$ 在

$$T_{2^{m+1}+1}(s(2^{m+1}+1)),2^m+1\leqslant s\leqslant 2^{m+1}-1$$

中的状态同只有 2^m+1 盏灯在

$$T_{2^m}((s-2^m)(2^m+1)),2^m+1\leqslant s\leqslant 2^{m+1}-1$$

中的状态一样. 此外后面的 2^m 盏灯总是关的,即取值 0. 因此有(取 $s=2^{m+1}-1$)

	$T_{2^{m+1}+1}((2^{m+1}-1)(2^{m+1}+1))$
L_0	0
L_1	1
L_2	0
$\vdots$	$\vdots$
$L_{2^{m+1}}$	0

即当 $k=m+1$ 时,式 ⑦ 成立,综合以上讨论知式 ④ ~ ⑦ 当 $k=m+1$ 时全部成立. 证毕.

证法 2　用 $x_j\in\{0,1\}$ 表示灯 L_j 的状态(0 表示"关",1 表示"开"). 操作 S_j 影响 L_j 的状态,在操作前 L_j 的状态为 x_{j-n}. 在 S_j 操作时,L_{j-1} 处于状态 x_{j-1},所以对 $j\geqslant 0$ 有

$$x_j\equiv x_{j-n}+x_{j-1}(\bmod 2) \tag{8}$$

注意到,初始状态下(所有的灯都是"开")有

$$x_{-n}=x_{-n+1}=x_{-n+2}=\cdots=x_{-2}=x_{-1}=1 \tag{9}$$

这表明在时刻 j 该系统可以用向量 $\boldsymbol{v}_j=\{x_{j-n},\cdots,x_{j-1}\}$ 表示,$\boldsymbol{v}_0=\{1,1,\cdots,1\}$. 由于只有 2^n 个不同的向量,在数列 $\boldsymbol{v}_0,\boldsymbol{v}_1,\boldsymbol{v}_2,\cdots$ 中必出现相同的向量. 注意到从 $\boldsymbol{v}_j$ 到 $\boldsymbol{v}_{j+1}$ 的操作是可逆的. 因此

此证法属于 G. N. de Bruijn,解答属于 Marcin Kuczma

$\boldsymbol{v}_{j+m}=\boldsymbol{v}_j$ 蕴含 $\boldsymbol{v}_m=\boldsymbol{v}_0$，故至多经过 2^n 次操作后，必有一次回到初始状态，这表明(1) 成立.

为证(2) 和(3)，利用式 ⑧ 有

$$x_j\equiv x_{j-n}+x_{j-1}\equiv(x_{j-2n}+x_{j-n-1})+(x_{j-1-n}+x_{j-2})\equiv$$
$$x_{j-2n}+2x_{j-n-1}+x_{j-2}\equiv x_{j-3n}+3x_{j-2n-1}+3x_{j-n-2}+x_{j-3}$$

如此等等. 对式 ⑧ 重复运用 r 次后，我们得到等式

$$x_j\equiv\sum_{i=0}^{r}\binom{r}{i}x_{j-(r-i)n-i}\pmod 2$$

对所有使得

$$j-(r-i)n-i\geqslant -n$$

的 j,r 均成立. 特别地，若 r 有形式 $r=2^k$，则二项式系数 $\binom{r}{i}$ 除最外面的两个外都是偶数. 从而得到

$$x_j\equiv x_{j-m}+x_{j-r}(对\ r=2^k\ 成立) \tag{⑩}$$

只要下标不小于 $-n$，即只要 $j\geqslant(r-1)n$，式 ⑩ 都成立.

现在如果 $n=2^k$，选取 $j\geqslant n^2-n$. 在 ⑩ 中令 $r=n$，结合 ⑧ 知

$$x_j\equiv x_{j-n^2}+x_{j-n}\equiv x_{j-n^2}+(x_j-x_{j-1})$$

因此 $x_{j-n^2}=x_{j-1}$. 这表明数列 x_j 有周期 n^2-1，从而数列 ⑨ 在经过恰好 n^2-1 步后重复出现，故(2) 成立.

如果 $n=2^k+1$，选下标 $j\geqslant n^2-2n$，在 ⑩ 中令 $r=n-1$. 结合 ⑧ 可得

$$x_j\equiv x_{j-n^2}+n+x_{j-n+1}\equiv x_{j-n^2+n}+(x_{j+1}-x_j)\equiv$$
$$x_{j-n^2+n}-x_{j+1}+x_j$$

(因为 $x\equiv -x\pmod 2$)，于是 $x_{j-n^2+n}=x_{j+1}$. 所以数列 x_j 有周期 n^2-n+1，(3) 获证.

第 34 届国际数学奥林匹克英文原题

The thirty-fourth International Mathematical Olympiad was held from July 13th to July 24th 1993 in Istanbul.

1 Let $n>1$ be an integer and let $f(x)=x^n+5x^{n-1}+3$. Prove that there do not exist polynomials $g(x)$, $h(x)$, each having integer coefficients and degree at least one, such that $f(x)=g(x)\cdot h(x)$.

(Ireland)

2 Let D be a point inside the acute-angle triangle ABC such that

$$\angle ADB=\angle ACB+90^\circ \text{ and } AC\cdot BD=AD\cdot BC$$

a) Find the ratio $\frac{AB\cdot CD}{AC\cdot BD}$;

b) Prove that the tangents at C to the circumscribed circles to ACD and BCD are perpendicular.

(United Kingdom)

3 On an infinite chessboard, a solitaire game is played as follows: at the start, we have n^2 pieces occupying a square of side n. The only allowed move is a jump over an occupied square to an unoccupied one, and the piece which has been jumped over is removed. Find those value of n for which the game can end with only one piece remaining on the board.

(Finland)

4 For three points P, Q, R in the plane we define $m(PQR)$ to be the smallest length of the three heights of the triangle PQR, where in the case P,Q,R are collinear, $m(PQR)=0$. Let A, B, C be given points in the plane. Prove that for any point X in the plane

$$m(ABC)\leqslant m(ABX)+m(AXC)+m(XBC)$$

(F. Y. R. Macedonia)

5 Let $\mathbf{N}=\{1,2,3,\cdots\}$. Determine whether or not there exists a function $f:\mathbf{N}\to\mathbf{N}$ with the properties $f(1)=2$, $f(f(n))=f(n)+n$, $f(n)$ belongs to $\mathbf{N}$ and $f(n)<f(n+1)$ for all $n\in\mathbf{N}$.

(Germany)

6 Let $n>1$ be an integer. There are n lamps $L_0, L_1, \cdots, L_{n-1}$ arranged in a circle. Each lamp is either ON or OFF. A sequence of steps $S_0, S_1, \cdots, S_i, \cdots$ is carried out. Step S_j affects the state of L_j only (leaving the state of all other lamps unaltered) as follows:

- if L_{j-1} is OFF, S_j leaves the state of L_j unchanged.
- if L_{j-1} is ON, S_j changes the state of L_j from ON to OFF or from OFF to ON;

The lamps are labelled mod n, that is

$$L_{-1}=L_{n-1}, L_0=L_n, L_1=L_{n+1} \text{ and so on}$$

Initially all lamps are ON. Show that:

a) There is a positive integer $M(n)$ such that after $M(n)$ steps all the lamps are ON again.

b) If n has the form 2^k then all the lamps are ON after n^2-1 steps.

c) If n has the form 2^k+1 then all the lamps are ON after n^2-n+1 steps.

(Netherlands)

第 34 届国际数学奥林匹克各国成绩表

1993，土耳其

名次	国家或地区	分数	奖牌			参赛队
		（满分 252）	金牌	银牌	铜牌	人数
1.	中国	215	6	—	—	6
2.	德国	189	4	2	—	6
3.	保加利亚	178	2	4	—	6
4.	俄国	177	4	1	1	6
5.	中国台湾	162	1	4	1	6
6.	伊朗	153	2	3	1	6
7.	美国	151	2	2	2	6
8.	匈牙利	143	3	1	2	6
9.	越南	138	1	4	1	6
10.	捷克	132	1	2	3	6
11.	罗巴尼亚	128	1	2	3	6
12.	斯洛文尼亚	126	1	3	1	6
13.	澳大利亚	125	1	2	3	6
14.	英国	118	—	3	3	6
15.	印度	116	—	4	1	6
16.	韩国	116	—	3	3	6
17.	法国	115	2	1	1	6
18.	加拿大	113	1	1	3	6
19.	以色列	113	1	2	2	6
20.	日本	98	—	2	3	6
21.	乌克兰	96	—	2	3	6
22.	奥地利	87	—	1	4	6
23.	意大利	86	1	—	2	6
24.	土耳其	81	—	1	2	6
25.	哈萨克斯坦	80	—	1	3	6
26.	哥伦比亚	79	—	—	4	6
27.	格鲁吉亚	79	—	1	3	6
28.	亚美尼亚	78	1	1	—	6
29.	波兰	78	—	2	1	6
30.	新加坡	75	—	1	3	6
31.	拉脱维亚	73	—	2	—	6
32.	丹麦	72	—	1	3	6
33.	中国香港	70	—	—	4	6
34.	巴西	60	—	—	3	6

续表

名次	国家或地区	分数（满分 252）	奖牌 金牌	银牌	铜牌	参赛队人数
35.	荷兰	58	—	—	1	6
36.	古巴	56	—	1	1	6
37.	比利时	55	—	—	1	6
38.	白俄罗斯	54	—	1	1	4
39.	瑞典	51	—	1	1	6
40.	摩洛哥	49	—	—	1	6
41.	泰国	47	—	—	2	6
42.	阿根廷	46	—	1	1	6
43.	瑞士	46	—	1	1	6
44.	挪威	44	—	—	2	6
45.	新西兰	43	—	—	2	6
46.	西班牙	43	—	1	1	6
47.	斯洛文尼亚	43	—	—	2	5
48.	马其顿	42	—	—	—	4
49.	立陶宛	41	—	—	—	6
50.	爱尔兰	39	—	—	1	6
51.	葡萄牙	35	—	—	1	6
52.	阿塞拜疆	33	—	—	1	6
53.	芬兰	33	—	—	—	6
54.	菲律宾	33	—	—	1	6
55.	克罗地亚	32	—	—	1	6
56.	爱沙尼亚	31	—	—	1	6
57.	南非	30	—	—	—	6
58.	特立尼达一多巴哥	30	—	—	—	6
59.	摩尔多瓦	29	—	—	—	6
60.	吉尔吉斯斯坦	28	—	—	—	6
61.	中国澳门	24	—	—	—	6
62.	墨西哥	24	—	—	1	6
63.	蒙古	24	—	—	1	4
64.	冰岛	23	—	—	—	4
65.	卢森堡	20	—	—	—	1
66.	阿尔巴尼亚	18	—	—	—	6
67.	北塞浦路斯	17	—	—	—	6
68.	巴林	16	—	—	—	6
69.	科威特	16	—	—	—	6
70.	印尼	15	—	—	—	6
71.	波斯尼亚一黑塞哥维那	14	—	—	1	2
72.	阿尔及利亚	9	—	—	—	6
73.	土库曼斯坦	9	—	—	—	2

第 34 届国际数学奥林匹克预选题

1 试证存在平面上的有限点集 A,使对每点 $X\in A$,都存在 A 中的点 $Y_1,Y_2,\cdots,Y_{1\,993}$,对每个 $i\in\{1,2,\cdots,1\,993\}$,$Y_i$ 与 X 的距离都等于 1.

注:此题是 1971 年第 13 届 IMO 第 5 题的特例.

试题如下:

求证:对于每一个正整数 m,在平面上存在着一个有限的非空点集 S,具有如下的性质:对于 S 中的任一点 A,在 S 中恰好有 m 个点,它们与 A 的距离皆为 1.

证明 对 m 用数学归纳法.

当 $m=1$ 时,取两个距离为 1 的点,它们构成的点集满足题意,即 $m=1$ 时命题成立.

假设 $m=k$ 时命题成立,即存在点集 S_k,对于 S_k 中的任一点 A,在 S_k 中恰好有 k 个点,它们与 A 的距离皆为 1.

将点集 S_k 平移一个单位得点集 S'_k,但平移方向与过 S_k 中任两点的连线不平行,且与以 S_k 中的每一点为圆心,1 为半径作圆,过这些圆的交点与圆心的连线不平行.令 $S_{k+1}=S_k\cup S'_k(S_k\cap S'_k=\varnothing)$,则点集 S_{k+1} 中任一点 A,在 S_{k+1} 中恰好有 $k+1$ 个点,它们与 A 的距离均为 1.

事实上,若 $A\in S_k$,则在 S_k 中恰有 k 个点与它的距离为 1,在 S'_k 中恰有一点与 A 的距离为 1,由于 $S_k\cap S'_k=\varnothing$,故 S_{k+1} 中恰有 $k+1$ 个点与 A 的距离均为 1.同理,若 $A\in S'_k$,S_{k+1} 中也恰有 $k+1$ 个点与 A 的距离为 1.

综上,当 $m=k+1$ 时,命题也成立.

所以,对每一个正整数 m,命题成立.

2 设 $\triangle ABC$ 的外接圆半径 $R=1$,内切圆半径为 r,它的垂足 $\triangle A'B'C'$ 的内切圆半径为 p.求证 $p\leqslant 1-\frac{1}{3}(1+r)^2$.

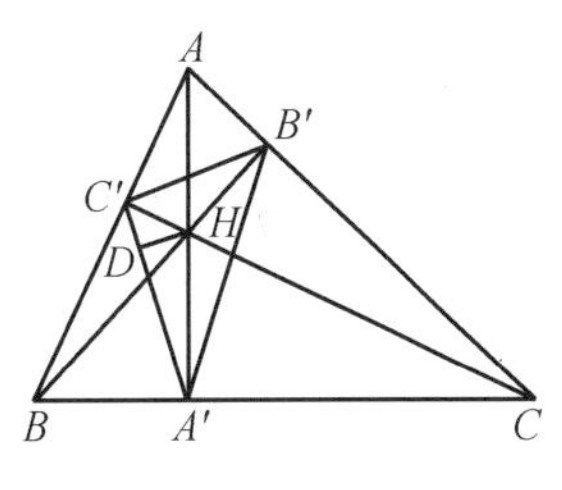

图 34.9

证明 设 $\triangle ABC$ 的垂心为 H,它又是垂足 $\triangle A'B'C'$ 的内心.如图 34.9,过 H 作 $HD\perp A'C'$ 于 D,则 $HD=p$.因为 C',B,

A',H 四点共圆,所以 $\angle HA'D=\angle HBC'=90^\circ-\angle A$.因此

$$\begin{aligned}p=HD=HA'\sin\angle HA'D=HA'\cos A=\\ BA'\tan\angle HBA'\cos A=\\ c\cdot\cos B\cdot\cos A\cdot\tan(90^\circ-C)=\\ c\cdot\cot C\cdot\cos A\cdot\cos B=2\cdot\cos A\cdot\cos B\cdot\cos C\end{aligned}\tag{1}$$

由积化和差公式有

$$\begin{aligned}2[2\cos A\cos B]\cos C=2[\cos(A+B)+\cos(A-B)]\cos C=\\ \cos(A+B+C)+\cos(A+B-C)+\\ \cos(A-B+C)+\cos(A-B-C)=\\ -1-\cos 2C-\cos 2B-\cos 2A=\\ 2-2\cos^2 A-2\cos^2 B-2\cos^2 C\end{aligned}\tag{2}$$

将 ② 代入 ① 得到

$$p=1-(\cos^2 A+\cos^2 B+\cos^2 C)\tag{3}$$

由柯西不等式有

$$\frac{1}{3}(\cos A+\cos B+\cos C)^2\leqslant\cos^2 A+\cos^2 B+\cos^2 C\tag{4}$$

将 ④ 代入 ③,得到

$$p\leqslant 1-\frac{1}{3}(\cos A+\cos B+\cos C)^2\tag{5}$$

由和差化积公式又有

$$\cos A+\cos B+\cos C=4\sin\frac{A}{2}\sin\frac{B}{2}\sin\frac{C}{2}+1\tag{6}$$

由半角公式和余弦定理有

$$\begin{cases}\sin\dfrac{A}{2}=\sqrt{\dfrac{(s-b)(s-c)}{bc}}\\ \sin\dfrac{B}{2}=\sqrt{\dfrac{(s-c)(s-a)}{ca}}\\ \sin\dfrac{C}{2}=\sqrt{\dfrac{(s-a)(s-b)}{ab}}\end{cases}\tag{7}$$

其中 $s=\frac{1}{2}(a+b+c)$.将 ⑦ 代入 ⑥ 再代入 ⑤,即得

$$p\leqslant 1-\frac{1}{3}\left(1+\frac{4(s-a)(s-b)(s-c)}{abc}\right)^2\tag{8}$$

由三角形的面积公式

$$S_{\triangle ABC}=\sqrt{s(s-a)(s-b)(s-c)}=\frac{abc}{4R}=rs$$

可得

$$(s-a)(s-b)(s-c)=\frac{S_{\triangle ABC}^2}{s}=S_{\triangle ABC}\cdot r=\frac{abcr}{4R}\tag{9}$$

将 ⑨ 代入 ⑧ 即得

$$p \leqslant 1-\frac{1}{3}(1+\frac{r}{R})^2=1-\frac{1}{3}(1+r)^2$$

3 已知$\triangle ABC$的外接圆k的圆心为O，半径为R，内切圆的圆心为I，半径为r. 另一个圆k_0与边CA，CB分别切于点D，E，且与圆k内切. 求证内心I是线段DE的中点.

证明 设圆k_0的圆心为O_1，半径为ρ，于是

$$CI=\frac{r}{\sin\frac{C}{2}}, CO_1=\frac{\rho}{\sin\frac{C}{2}}, IO_1=\frac{\rho-r}{\sin\frac{C}{2}}$$

因而有

$$\frac{IO_1}{CO_1}=\frac{\rho-r}{\rho}=1-\frac{r}{\rho} \quad ①$$

对于$\triangle COO_1$和线段OI，应用斯特瓦特定理，有

$$OO_1^2 \cdot CI+OC^2 \cdot IO_1=OI^2 \cdot CO_1+CI \cdot CO_1 \cdot IO_1$$

将$OO_1=R-\rho$，$OI^2=R(R-2r)$，$OC=R$代入上式，得到

$$\sin^2\frac{C}{2}=\frac{\rho-r}{\rho}=1-\frac{r}{\rho} \quad ②$$

由 ① 和 ② 得到

$$\frac{IO_1}{CO_1}=\sin^2\frac{C}{2}=(\frac{\rho}{CO_1})^2$$

$$IO_1 \cdot CO_1=\rho^2=O_1E^2 \quad ③$$

因为$O_1E \perp CE$，$CO_1 \perp DE$且平分DE，记DE的中点为I'，由射影定理有

$$I'O_1 \cdot CO_1=\rho^2=O_1E^2 \quad ④$$

比较 ③ 和 ④ 即知I与I'重合，即I为DE中点.

4 设点D和E是$\triangle ABC$的边BC上的两点，使得$\angle BAD=\angle CAE$. 又设M和N分别是$\triangle ABD$，$\triangle ACE$的内切圆与BC的切点. 求证

$$\frac{1}{MB}+\frac{1}{MD}=\frac{1}{NC}+\frac{1}{NE}$$

证明 因为

$$\frac{1}{MB}+\frac{1}{MD}=\frac{BD}{MB \cdot MD}, \frac{1}{NC}+\frac{1}{NE}=\frac{CE}{NC \cdot NE}$$

故只需证明

$$BD \cdot NE \cdot NC=CE \cdot MB \cdot MD \quad ①$$

因为M和N分别为$\triangle ABD$，$\triangle ACE$的内切圆与BC的切点，故有

$$MD=\frac{1}{2}(AD+BD-c),MB=\frac{1}{2}(c+BD-AD) \quad ②$$

$$NC=\frac{1}{2}(b+CE-AE),NE=\frac{1}{2}(AE+CE-b)$$

将 ② 代入 ① 得到

$$BD(AE+CE-b)(b+CE-AE)=$$
$$CE(c+BD-AD)\cdot(AD+BD-c)$$
$$BD(CE^2-b^2-AE^2+2b\cdot AE)=$$
$$CE(BD^2-c^2-AD^2+2c\cdot AD) \quad ③$$

记 $\angle BAD=\angle CAE=\alpha$，在 $\triangle ABD$ 和 $\triangle ACE$ 中分别应用正弦定理有

$$\frac{BD}{\sin\alpha}=\frac{AD}{\sin B},\frac{CE}{\sin\alpha}=\frac{AE}{\sin C}$$

因此又有

$$BD\cdot AE\cdot\sin B=CE\cdot AD\cdot\sin C$$
$$b\cdot BD\cdot AE=c\cdot CE\cdot AD \quad ④$$

将 ④ 代入 ③，便知只需证明

$$BD(CE^2-b^2-AE^2)=CE(BD^2-c^2-AD^2) \quad ⑤$$

在 $\triangle ABD$ 和 $\triangle ACE$ 中分别应用余弦定理，有

$$BD^2-c^2-AD^2=-2c\cdot AD\cdot\cos\alpha$$
$$CE^2-b^2-AE^2=-2b\cdot AE\cdot\cos\alpha$$

将两式结合起来，得到

$$\frac{CE^2-b^2-AE^2}{b\cdot AE}=\frac{BD^2-c^2-AD^2}{c\cdot AD} \quad ⑥$$

将式 ④ 与 ⑥ 两端分别相乘即得式 ⑤.

5 在一个无限的方格棋盘上，有 n^2 个棋子放在一个由 $n\times n$ 个小方格组成的正方块中，每个小方格放一个棋子. 按规则进行如下的游戏：每次必须这样移动一个棋子，先沿水平或垂直方向跳过相邻的一个必须放有棋子的小方格，然后，把这个棋子放在紧接着的下一个必须是空着的小方格中，并把被跳过的那个棋子拿走. 试求所有的 n，使得这种游戏一定存在一种玩法，导致棋盘上最后只剩下一个棋子.

解 此题为本届竞赛题 3.

6 设 $\mathbf{N}=\{1,2,3,\cdots\}$ 是全体正整数组成的集合.是否存在一个定义在集合 $\mathbf{N}$ 上的函数 $f(n)$ 具有以下性质：

(1) 对一切 $n\in\mathbf{N}, f(n)\in\mathbf{N}$；

(2) 对一切 $n\in\mathbf{N}, f(n)<f(n+1)$；

(3) $f(1)=2$；

(4) 对一切 $n\in\mathbf{N}, f(f(n))=f(n)+n$.

解 此题为本届竞赛题5.

7 设 a,b,c 都是整数，且 $a>0, ac-b^2=p=p_1\cdots p_n$，其中 $p_1,\cdots,p_n$ 是互异的素数.设 $M(n)$ 表示满足方程

$$ax^2+2bxy+cy^2=n$$

的整数解组 (x,y) 的组数.求证 $M(n)$ 为有限数且对每个非负整数 k 都有 $M(p^kn)=M(n)$.

证明 设整数对 (x,y) 满足方程

$$ax^2+2bxy+cy^2=p^kn \quad ①$$

将式①乘以 a 并注意 $ac-b^2=p$，得到

$$(ax+by)^2+py^2=ap^kn \quad ②$$

类似地，将式①乘以 c 又可得到

$$(bx+cy)^2+px^2=cp^kn \quad ③$$

由②和③知 $M(n)$ 为有限数，且 $(ax+by)^2$ 与 $(bx+cy)^2$ 都能被 p 整除.因为 $p=p_1\cdots p_n$，故 $ax+by$ 和 $bx+cy$ 都能被 p 整除，即存在整数 X 和 Y，使得

$$ax+by=-pY, bx+cy=pX \quad ④$$

反之，因为 $ac-b^2=p\neq 0$，故对任意给定的 Y,X，方程组④有唯一解

$$x=-bX-cY, y=aX+bY \quad ⑤$$

将⑤代入①，化简后得到

$$aX^2+2bXY+cY^2=p^{k-1}n \quad ⑥$$

这表明整数对 (x,y) 是①的解时，由④给出的整数对 (X,Y) 是⑥的解.反之亦然.于是，我们就在①与⑥的整数解组之间建立了一个双射.所以，两者的整数解组的组数相等，即有 $M(p^kn)=M(p^{k-1}n)$.依此类推便得所欲证.

8 正整数项的数列$\{f_n\}_{n=1}^{\infty}$定义如下：$f(1)=1$，且对$n\geqslant 2$，均有

$$f(n)=\begin{cases}f(n-1)-n,当 f(n-1)>n\\ f(n-1)+n,当 f(n-1)\leqslant n\end{cases}$$

设$S=\{n\in \mathbf{N}\mid f(n)=1\ 993\}$.

(1) 求证S是无穷集合；

(2) 求S中的最小正整数；

(3) 如果将S中的元素按递增顺序排成$n_1<n_2<n_3<\cdots$，则$\lim\limits_{k\to\infty}\dfrac{n_{k+1}}{n_k}=3$.

解 (i) 我们指出，若$f(n)=1$，则$f(3n+3)=1$. 由$f(n)=1$可以按定义依次得到

$$f(n+1)=n+2, f(n+2)=2n+4$$
$$f(n+3)=n+1, f(n+4)=2n+5$$
$$f(n+5)=n, f(n+6)=2n+6$$
$$f(n+7)=n-1,\cdots$$

易见，数列$f(n+1),f(n+3),f(n+5),\cdots,f(3n+3)$的值恰为数列$n+2,n+1,n,\cdots,1$；数列$f(n+2),f(n+4),f(n+6),\cdots,f(3n+2)$的值恰为数列$2n+4,2n+5,2n+6,\cdots,3n+4$. 可见，$f(3n+3)=1$且当$n<i<3n+3$时，$f(i)\neq 1$. 实际上，集合$\{f(i)\mid n+1\leqslant i\leqslant 3n+3\}$恰好就是集合$\{1,2,\cdots,n+2\}\cup\{2n+4,2n+5,2n+6,\cdots,3n+4\}$，且后者中每个值都恰好被前者中的$f$取值1次.

(ii) 其次，我们指出

$$\{n\in \mathbf{N}\mid f(n)=1\}=\{1,6,21,66,201,606,1\ 821,\cdots\}=\{b_n\mid n\in \mathbf{N}\}$$

其中$b_n=\dfrac{3}{2}(5\times 3^{n-2}-1),n=1,2,\cdots$.

当我们将所有使$f(i)=1$的自然数排成数列$i_1<i_2<i_3<\cdots<i_n<\cdots$时，因$f(1)=1$，故有$i_1=1=b_1$. 由(i)中结论便知

$$i_2=3i_1+3=3\times 1+3=6=b_2$$
$$i_3=3i_2+3=3^2+3^2+3=21+b_3$$
$$i_4=3^3+3^3+3^2+3=66=b_4$$
$$\vdots$$
$$i_n=3^{n-1}+(3^{n-1}+3^{n-2}+\cdots+3^2+3)=$$

$$\frac{3}{2}(5\times 3^{n-2}-1)=b_n$$

(iii) 若 $f(b_i)=1$，则由(i) 有

$$f(b_i+1)=b_i+2, f(b_i+2)=2b_i+4$$

$$f(b_i+3)=b_i+1, f(b_i+4)=2b_i+5$$

$$f(b_i+5)=b_i, f(b_i+6)=2b_i+6$$

$$f(b_i+2j-1)=b_i+3-j, j=1,2,\cdots,b_i+2$$

$$f(b_i+2j)=2b_i+3+j, j=1,2,\cdots,b_i+1$$

当 $b_i\leqslant n\leqslant b_{i+1}$ 时，$f(n)$ 的最大值为 $3b_i+4$. 所以，当 $n\leqslant b_7=1\ 821$ 时，$f(n)<1\ 993$. 当 $b_7\leqslant n\leqslant b_8$ 时，$f(n)$ 或者小于 1 824，或者大于 $2b_7+3=3\ 645$，也不能取值 1 993. $b_8=3b_7+3=5\ 466$. 于是，由

$$f(b_8+2j-1)=b_8+3-j=1\ 993$$

解得 $j=3\ 476$. 因 $b_8+2j-1=5\ 466+3\ 476\times 2-1=12\ 417$，所以，$S$ 中的最小正整数为 12 417. 又因为 $i\geqslant 8$ 时，$b_i>1\ 993$，而由上面的论证知在 $b_i<n\leqslant b_{i+1}$ 的所有自然数 n 中，恰有 1 个使 $f(n)=1\ 993$. 所以，S 为无穷集合.

(iv) 类似于(iii)，当 $i\geqslant 8$ 时，由

$$f(b_i+2j-1)=b_i+3-j=1\ 993$$

解得 $j=b_i-1\ 990$. 于是，使 $f(n_i)=1\ 993$ 的 n_i 的值为

$$n_i=b_i+2j-1=3b_i-3\ 981=$$

$$\frac{9}{2}(5\times 3^{i-2}-1)-3\ 981, i=8,9,\cdots$$

由此即得

$$\lim_{k\to\infty}\frac{n_{k+1}}{n_k}=\lim_{k\to\infty}\frac{\frac{9}{2}(5\times 3^{k-1}-1)-3\ 981}{\frac{9}{2}(5\times 3^{k-2}-1)-3\ 981}=3$$

9 (a) 试证所有正有理数的集合 $\mathbf{Q}^+$ 可以分成 3 个互不相交的子集 A,B,C，使得 $BA=B,B^2=C,BC=A$，其中对于 $\mathbf{Q}^+$ 的任何两个子集 H 和 K，$HK=\{hk\mid h\in H,k\in K\}$，且 H^2 表示 HH；

(b) 试证所有正有理数的立方都在上述分解的子集 A 中；

(c) 求作一个满足(a) 中要求的分解 $\mathbf{Q}^+=A\cup B\cup C$，使对每个正整数 $n\leqslant 34$，n 和 $n+1$ 不同在 A 中，即

$$\min\{n\in\mathbf{N}\mid n\in A,n+1\in A\}>34$$

证明 (a) 首先令 $1\in A$ 并将素数任意地分配到 A,B,C 中.

然后，对于任意有理数 x，将它写成质因数分解成

$$x=p_1^{\alpha_1}p_2^{\alpha_2}\cdots p_n^{\alpha_n}q_1^{\beta_1}q_2^{\beta_2}\cdots q_l^{\beta_l}s_1^{\gamma_1}s_2^{\gamma_2}\cdots s_m^{\gamma_m}$$

其中 $p_i\in A,i=1,2,\cdots,n;q_j\in B,j=1,2,\cdots,l,s_k\in C,k=1,2,\cdots,m$，且诸 p_i,q_j,s_k 都是素数，$\alpha_i,\beta_j,\gamma_k$ 都是非零整数. 按

$$(\beta_1+\beta_2+\cdots+\beta_l)+2(\gamma_1+\gamma_2+\cdots+\gamma_m)=\begin{cases}0\\1\\2\end{cases}\pmod 3$$

而分别将 x 划入子集 A,B,C 中. 容易验证，这个分解 $\mathbf{Q}^+=A\cup B\cup C$ 即满足题中的要求.

(b) 由定义知 $AC=C,C^2=B,A^2=A$. 当 $x\in\mathbf{Q}^+$ 时，还有如下性质：

(i) 若 $x\in A$，则 $x^2\in A^2=A$，且

$$x^3=x\cdot x^2\in A\cdot A=A$$

(ii) 若 $x\in B$，则 $x^2\in B^2=C$，且

$$x^3=x\cdot x^2\in B\cdot C=A$$

(iii) 若 $x\in C$，则 $x^2\in C^2=B$，且

$$x^3=x\cdot x^2\in C\cdot B=A$$

这就证明了所有正有理数的立方都在 A 中.

(c) 现在来构造满足(c) 中要求的分解. 由(b) 知，$1,8,27\in A$. 因为 2 与 1 相邻，故知 $2\notin A$. 令 $2\in B$，于是 $4\in C,16\in B,2\times 16=32\in C$.

因为 $8\in A$，故 $7\notin A$. 若 $7\in B$，因 $4\in C$，故 $28\in A,27\in A$，矛盾. 故 $7\in C$. 因而 $14\in A,28\in B$.

因为 $14\in A$，故 $13\notin A$；因为 $27\in A$，故 $26\notin A$. 又因 $2\in B$，所以 $13\notin C$. 故必有 $13\in B$. 因而 $26\in C$.

因为 $14\in A$，故 $15\notin A$. 所以，不能有 $3\in B,5\in C$ 或 $3\in C,5\in B$. 因为 $8\in A$，故 $9\notin A$，所以 $3\notin A$. 若 $3\in B,5\in B$，则因 $4\in C,7\in C$，故有 $20,21\in A$，矛盾. 所以，3 和 5 不能同属于 B. 若 $3\in C$，则 $6\in A$，所以 $5\notin A$，这样一来，可以进行下去的路子只有两条：(1)$3\in C,5\in C$；(2)$3\in B,5\in A$. 以下构造沿前者进行.

令 $3,5\in C$. 因 $4,7\in C$，所以，$9,12,15,20,21,25,35\in B$. 又因 $2\in B$，所以 $18,24,30\in C,6,10\in A$.

至此，不超过 35 的自然数还有 9 个未划定：11,17,19,22,23,29,31,33,34. 因为 $10\in A$，故 $11\notin A$. 为了避免 33,34 同在 A 中，应防止出现 $11\in B,17\in C$. 为此令 $11\in B,17\in B$. 因 $2\in B$，故有 $22,34\in C$. 又因 $3\in C$，所以 $33\in A$. 余下的 4 个数 19,23,29,31 都是素数，可任意地分到 A,B,C 中. 不妨将这 4 个数全分在 A 中. 最后再按(a) 中的原则将大于 35 的自然数和其他正有理数分

入 A,B,C 中，即得到满足要求的分解

$$A=\{1,6,8,10,14,19,23,27,29,31,33,\cdots\}$$
$$B=\{2,9,11,12,13,15,16,17,20,21,25,28,35,\cdots\}$$
$$C=\{3,4,5,7,18,22,24,26,30,32,34,\cdots\}$$

10 对于自然数 n，如果对于任何整数 a，只要 $n \mid a^n-1$，就有 $n^2 \mid a^n-1$，则称 n 具有性质 P.

(a) 求证每个素数 n 都具有性质 P；

(b) 求证有无穷多个合数也都具有性质 P.

证明 (a) 设 $n=p$ 为素数且 $p \mid (a^p-1)$，于是 $(a,p)=1$. 有

$$a^p-1=a(a^{p-1}-1)+(a-1)$$

由费马小定理知 $p \mid (a^{p-1}-1)$. 所以，$p \mid (a-1)$ 即 $a\equiv 1(\bmod p)$. 因而

$$a^i\equiv 1(\bmod p), i=0,1,2,\cdots,p-1$$

将这 p 个同余式加起来即得

$$a^{p-1}+a^{p-2}+\cdots+a+1\equiv 0(\bmod p)$$

所以

$$p^2 \mid (a-1)(a^{p-1}+a^{p-2}+\cdots+a+1)=a^p-1$$

(b) 设 n 是具有性质 P 的合数. 若 $n \mid (a^n-1)$，则 $(n,a)=1$. 所以，有 $a^{\varphi(n)}\equiv 1(\bmod n)$. 又因 $a^n\equiv 1(\bmod n)$，有 $a^{(n,\varphi(n))}\equiv 1(\bmod n)$. 如果 $(n,\varphi(n))=1$，则又有 $a\equiv 1(\bmod n)$. 于是，像(a)中一样地又可推得 $n^2 \mid (a^n-1)$. 因此，问题化为求无穷多个合数 n，使 $(n,\varphi(n))=1$.

对任何素数 $p\geqslant 5$，取 $p-2$ 的素因数 q，并令 $n=pq$. 这时 $\varphi(n)=(q-1)(p-1)$. 因为 $q \mid (p-2)$，所以 $q\nmid (p-1)$. 又因 $q\leqslant p-2<p$，故 $p\nmid (q-1)$. 因此，有 $(n,\varphi(n))=1$. 对于每个这样的合数 n，若 $n \mid (a^n-1)$，则 $n \mid (a-1)$. 因而，$a^k\equiv 1(\bmod n)$，$k=0,1,2,\cdots$.

注意到

$$a^n-1=(a-1)(a^{n-1}+a^{n-2}+\cdots+a+1)=$$
$$(a-1)((a^{n-1}-1)+(a^{n-2}-1)+\cdots+(a-1)+n)$$

便知 $n^2 \mid (a^n-1)$. 因为对于每个素数 $p\geqslant 5$ 都可接上述程序得到具有性质 P 的相应合数 $p<n(p)<p^2$，所以，有无穷多个合数 n 具有性质 P.

11 设整数 $n>1$，$f(x)=x^n+5x^{n-1}+3$. 证明：$f(x)$ 不能表示为两个次数都不低于一次的整数系数的多项式的乘积.

证明 用反证法.设 $f(x)$ 可表示为两个次数都不低于一次的整数系数多项式的乘积,即

$$f(x)=g(x)h(x)$$

$$g(x)=x^{l}+a_{l-1}x^{l-1}+\cdots+a_{1}x+a_{0} \quad ①$$

$$h(x)=x^{m}+b_{m-1}x^{m-1}+\cdots+b_{1}x+b_{0}$$

其中,$l\geqslant 1,m\geqslant 1,a_i,b_i$ 均为整数.

由 $a_0b_0=3$ 知,不妨设 $a_0=\pm 1,b_0=\pm 3$.显见 $f(\pm 1)\neq 0$,$f(\pm 3)\neq 0$,所以必有 $l\geqslant 2,m\geqslant 2$.因此,$n\geqslant 4$.

下面来证明:若 $0\leqslant k<n-2,b_0,\cdots,b_k$ 都是3的倍数,则 b_{k+1} 也是3的倍数.由于 $f(x)$ 的 x^{k+1} 的系数为0,所以比较式①两边 x^{k+1} 的系数即得(当 $j>l$ 时,$a_j=0$)

$$b_0a_{k+1}+b_1a_k+\cdots+b_ka_1+b_{k+1}a_0=0$$

由此及 $a_0=\pm 1$,由条件知 b_{k+1} 也是3的倍数.

由于 $b_0=\pm 3$,从以上所证结论立即推出必有 $m-1\geqslant n-2$,即 $m\geqslant n-1$,但这和 $l+m=n,l\geqslant 2$ 矛盾.所以假设错误.证毕.

12 设 $n,k\in\mathbf{N}$ 且 $k\leqslant n$ 并设 S 是含有 n 个互异实数的集合.设 T 是所有形如 $x_1+x_2+\cdots+x_k$ 的实数的集合,其中 x_1,$x_2,\cdots,x_k$ 是 S 中的 k 个互异元素.求证 T 至少有 $k(n-k)+1$ 个互异的元素.

证明 设 $s_1<s_2<\cdots<s_n$ 是 S 的 n 个元素并用数学归纳法来证明.首先,当 $k=1$ 和 $k=n$ 时,结论是平凡的.设 $k\leqslant n-1$,且结论对 $S_0=\{s_1,s_2,\cdots,s_{n-1}\}$ 成立,并设 T_0 是当把 S 换为 S_0 时与 T 相应的集合.于是由归纳假设知

$$|T_0|\geqslant k(n-k-1)+1$$

令 $x=s_n+s_{n-1}+\cdots+s_{n-k}$,并令 $y_i=x-s_{n-i},i=0,1,2,\cdots,k$.于是有 $y_i\in T$ 且 $y_0<y_1<y_2<\cdots<y_k$.因为 y_0 是 T_0 中的最大元素,所以

$$y_i\in T,y_i\notin T_0,i=1,2,\cdots,k$$

故有

$$|T|\geqslant|T_0|+k=k(n-k-1)+1+k=k(n-k)+1$$

这就完成了归纳证明.

13 设 $m,n\in\mathbf{N}$,m 与 n 互素,n 为偶数且 $m<n$,S 表示所有这样的数对 (m,n) 所成的集合. 对于 $(m,n)=s\in S$,写 $n=2^k n_0$,其中 $k,n_0\in\mathbf{N}$ 且 n_0 为奇数,定义 $f(s)=(n_0,m+n-n_0)$,求证 f 是由 S 到 S 的函数且对每个 $(m,n)=s\in S$,都存在正整数 $t\leqslant\frac{1}{4}(m+n+1)$. 使得 $f^t(s)=s$,其中

$$f^t(s)=(\underbrace{f\cdot f\cdot\cdots\cdot f}_{n\text{个}})(s)$$

如果 $m+n$ 是素数且不能整除 2^k-1,$k=1,2,\cdots,m+n-2$,则满足上述条件的 t 的最小值为 $[\frac{1}{4}(m+n+1)]$. 此处 $[x]$ 表示不超过 x 的最大整数.

解 对于奇数 M,令

$$S_M=\{(m,n)\in S\mid m+n=M\}$$

注意,当 $f(m,n)=(m_1,n_1)$ 时,$m_1+n_1=m+n$. 所以有 $f_2S_M\to S_M$. 易见,$|S_M|\leqslant\frac{M+1}{4}$,当且仅当 $M=3(\bmod 4)$ 时等号成立. 于是由抽屉原理知:当 $(m,n)\in S_M$ 时,必有 $1\leqslant t<r\leqslant\frac{M+5}{4}$,使得 $f^s(m,n)=f^r(m,n)$. 当 $f(m,n)=(m_1,n_1)$ 时,m_1 为奇数且 n 为形如 $2^k m_1$ 的数. 又因 $m_1+n_1=m+n$ 且 $n>m$,所以 $n>\frac{1}{2}\cdot(m+n)$. 因而 k 是满足不等式 $\frac{1}{2}(m_1+n_1)<2^k m_1<m_1+n_1$ 的唯一正整数. 因此,n 由给出的 (m_1,n_1) 唯一确定,从而 $m=m_1+n_1-n$ 也是唯一确定的. 所以,f 为双射. 于是由 $f^s(m,n)=f^r(m,n)$ 可得 $f^{r-t}(m,n)=(m,n)$ 且 $1\leqslant r-t\leqslant\frac{1}{4}(m+m+1)$.

设 $(m,n)\in S$ 且 t 是使 $f^t(m,n)=(m,n)$ 的最小正整数. 记 $(m,n)=(m_1,n_1)$,$f(m,n)=(m_2,n_2)$,$f^2(m,n)=(m_3,n_3)$,$\cdots$,$f^{t-l}(m,n)=(m_t,n_t)$. 于是存在正整数 $\alpha_1,\alpha_2,\cdots,\alpha_t$,使得

$$n_1=2^{\alpha_1}m_2 \tag{1}$$

$$n_2=2^{\alpha_2}m_3 \tag{2}$$

$$\vdots$$

$$n_{t-1}=2^{\alpha_{t-1}}m_t \tag{t-1}$$

$$n_t=2^{\alpha_t}m_1 \tag{t}$$

将式 (t) 两端同乘以 $2^{\alpha_1+\cdots+\alpha_{j-1}}$ $(j=2,3,\cdots,t)$,将偶数号的关系式两端互换然后将所得的 t 个关系式相加,得到

$n_1+2^{\alpha_1+\alpha_2}(m_3+n_3)+2^{\alpha_1+\alpha_2+\alpha_3+\alpha_4}(m_5+n_5)+\cdots+2^{\alpha_1+\alpha_2+\cdots+\alpha_s}m_1=$

$2^{\alpha_1}(m_2+n_2)+2^{\alpha_1+\alpha_2+\alpha_3}(m_4+n_4)+\cdots$

因为对所有 i 都有 $m_i+n_i=m_1+n_t$,所以有

$$(2^{\alpha_1+\alpha_2+\cdots+\alpha_s}\pm 1)m_1=Mv$$

其中 v 为某整数.数 $n_1,n_2,\cdots,n_t$ 全都是互异的偶数并在$\frac{M+1}{2}$到 $M-1$ 间取值,故有

$$\alpha_1+\alpha_2+\cdots+\alpha_t\leqslant K$$

其中 K 是能整除$\frac{(M-1)!}{[\frac{M-1}{2}]!}$的 2 的最高次幂的指数.所以有 $K=\frac{1}{2}(M-1)$.

设 M 是素数且满足 $2^h\not\equiv 1(\bmod M),1\leqslant h<M-1$.于是,$M$ 不整除 $2^l\pm 1,1\leqslant l<\frac{1}{2}(M-1)$,因而在这种情况下有 $\alpha_1+\alpha_2+\cdots+\alpha_t=K$.所以,$\{n_1,n_2,\cdots,n_t\}$ 是满足关系式 $\frac{1}{2}(M-1)<x<M$ 的所有偶数的集合,故有 $t=[\frac{M+1}{4}]$.

14 在 $\triangle ABC$ 的 3 条边 BC,CA,AB 上分别取点 D,E,F,使 $\triangle DEF$ 为等边三角形.a,b,c 分别表示 $\triangle ABC$ 的三边长而 S 表示它的面积.求证

$$DE\geqslant 2\sqrt{2}S\cdot\{a^2+b^2+c^2+4\sqrt{3}S\}^{-\frac{1}{2}}$$

证明 将 $\angle BAC,\angle CBA,\angle ACB$ 分别记为 α,β,γ 并设圆 DEF 与边 BC,AC 分别另交于点 H,G.显然,$\angle FGA=\angle FDE=60^\circ,\angle FHB=\angle FED=60^\circ$.因而有

$$\angle GFH=360^\circ-\angle FGC-\angle FHC-\gamma=360^\circ-120^\circ-120^\circ-\gamma=120^\circ-\gamma$$

设 $AF=x$,则由正弦定理有

$$\frac{FG}{x}=\frac{\sin\alpha}{\sin 60^\circ}=\frac{2}{\sqrt{3}}\sin\alpha,\frac{FH}{c-x}=\frac{2}{\sqrt{3}}\sin\beta$$

由余弦定理有

$$HG^2=\frac{4}{3}\{x^2\sin^2\alpha+(c-x)^2\sin^2\beta-2x(c-x)\cdot\sin\alpha\sin\beta\cos(120^\circ-\gamma)\}=\frac{4}{3}\{Lx^2-2Mcx+Nc^2\}\quad ①$$

其中

$$L=\sin^2\alpha+\sin^2\beta+2\sin\alpha\sin\beta\cos(120^\circ-\gamma)$$

$$M=\sin^2\beta+\sin\alpha\sin\beta\cos(120^\circ-\gamma) \quad ②$$

$$N=\sin^2\beta$$

于是,又有

$$HG^2=\frac{4L}{3}\left\{(x-\frac{Mc}{L})^2+(\frac{N}{L}-\frac{M^2}{L^2})c^2\right\}\geqslant$$

$$\frac{4Lc^2}{3}(\frac{N}{L}-\frac{M^2}{L^2})=\frac{4c^2}{3}\cdot\frac{NL-M^2}{L} \quad ③$$

设圆 DEF 的半径为 ρ,由正弦定理有

$$\frac{HG}{\sin\angle GFH}=2\rho=\frac{DE}{\sin 60^\circ},DE=\frac{\sqrt{3}}{2}\cdot\frac{HG}{\sin(120^\circ-\gamma)} \quad ④$$

由(2)有

$$NL-M^2=\sin^2\alpha\sin^2\beta\sin^2(120^\circ-\gamma) \quad ⑤$$

由正弦定理有 $\frac{\sin\alpha}{a}=\frac{\sin\beta}{b}=\frac{\sin\gamma}{c}=\frac{1}{2R}$,其中 R 为圆 ABC 的半径,因而有

$$L=\sin^2\alpha+\sin^2\beta-\sin\alpha\sin\beta(\cos\gamma-\sqrt{3}\sin\gamma)=$$

$$\frac{\left\{a^2+b^2-ab\cdot\frac{a^2+b^2-c^2}{2ab}+\sqrt{3}ab\sin\gamma\right\}}{4R^2}=$$

$$\frac{\{a^2+b^2+c^2+4\sqrt{3}S\}}{8R^2} \quad ⑥$$

由式 ③ ~ ⑥ 得

$$DE^2=\frac{3}{4}\cdot\frac{HG^2}{\sin^2(120^\circ-\gamma)}\geqslant\frac{3}{4}\cdot\frac{4c^2}{3}\cdot\frac{NL-M^2}{L}\csc^2(120^\circ-\gamma)=$$

$$c^2\cdot\frac{\sin^2\alpha\sin^2\beta\cdot 8R^2}{a^2+b^2+c^2+4\sqrt{3}S}=\frac{2a^2c^2\sin^2\beta}{a^2+b^2+c^2+4\sqrt{3}S}=$$

$$\frac{8S^2}{a^2+b^2+c^2+4\sqrt{3}S}$$

两端同时开方即得

$$DE\geqslant\frac{2\sqrt{2}S}{\{a^2+b^2+c^2+4\sqrt{3}S\}^{\frac{1}{2}}}$$

15 对于平面上的三个点 P,Q,R,以 $m(PQR)$ 表示 $\triangle PQR$ 的三条高长的最小值,当 P,Q,R 共线时,令 $m(PQR)=0$. 设 A,B,C 是平面上给定的三点. 证明:对平面上任意一点 X,必有

$$m(ABC)\leqslant m(ABX)+m(AXC)+m(XBC)$$

证明 以下 $S_{\triangle PQR}$ 表示 $\triangle PQR$ 的面积,并记 $\triangle PQR$ 由顶点 P 所引的高为 $h_P(PQR)$(P,Q,R 共线时它等于 0). $m(ABC)=0$

时结论显然成立.

如图 34.14 所示,把 $\triangle ABC$ 的三边双向延长后,全平面被分为 $T_0,T_1,\cdots,T_6$ 七个区域(边界可重复计).我们来证明点 X 位于任一区域时结论都成立.

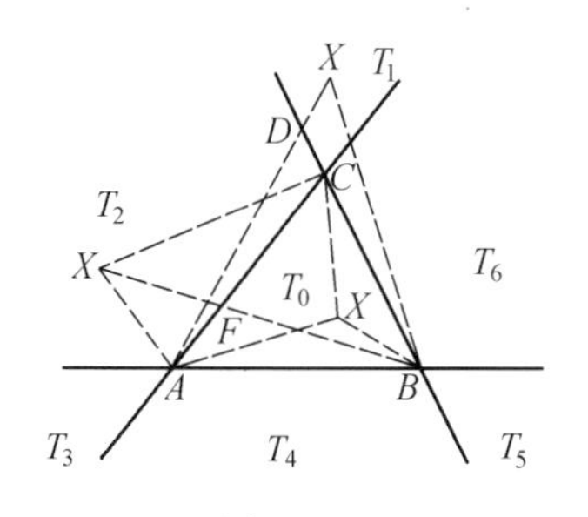

图 34.14

(1)$X\in T_0$,即在 $\triangle ABC$ 内(包括边界).不妨设 $\triangle ABC$ 最长的边是 AB,所以 $m(ABC)=h_C(ABC)$.此外显然有

$$XC\leqslant AB,XB\leqslant AB,XA\leqslant AB$$

因此

$$m(ABC)\cdot AB=\triangle ABC=S_{\triangle ABX}+S_{\triangle AXC}+S_{\triangle XBC}\leqslant m(ABX)\cdot AB+m(AXC)\cdot AB+m(XBC)\cdot AB$$

由此即得所要结论.

为证其他各个情形先证一个引理.如图 34.15(a) 所示,点 E 在 $\triangle PQR$ 的边 PQ 上,我们有

$$m(PQR)\geqslant m(PER),m(PQR)\geqslant m(EQR)$$

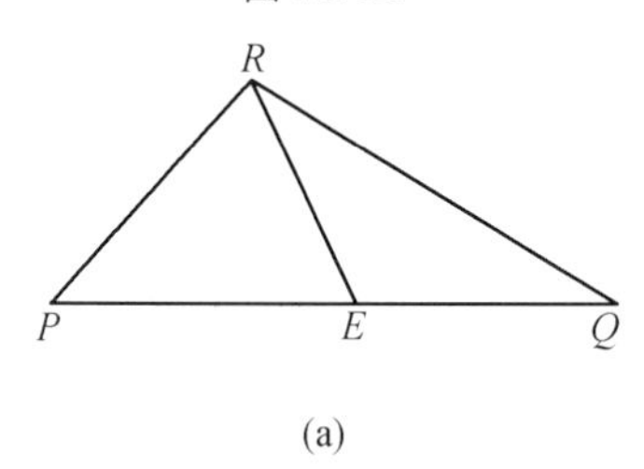

(a)

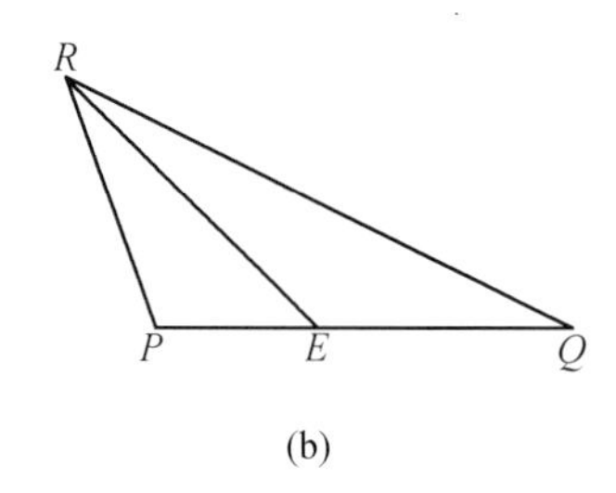

(b)

图 34.15

若 $\angle R$ 是 $\triangle PQR$ 中的最大的角,如图 34.15(a) 所示,则有

$$m(PQR)=h_R(PQR)=h_R(PER)=h_R(EQR)$$

由此即得所要结论.

若 $\angle R$ 不是最大的角,不妨设 $\angle P$ 为最大的角,如图 34.15(b) 所示,那么必有 $\angle R<90^\circ,\angle Q<90^\circ$.因此有

$$m(PQR)=h_P(PQR)\geqslant h_P(PER)$$
$$h_P(PQR)\geqslant h_E(EQR)$$

这也推出所要结论.引理证毕.

(2)$X\in T_1$.由引理知

$$m(ABC)\leqslant m(ABD)\leqslant m(ABX)$$

所以结论成立.$X\in T_3,X\in T_5$ 同理可证.

(3)$X\in T_2$.由引理及已证明的情形(1) 得

$$m(ABC)\leqslant m(ABF)+m(BCF)\leqslant m(ABX)+m(XBC)$$

所以结论成立.$X\in T_4,X\in T_6$ 同理可证.

16 设 $n\in\mathbf{N},n\geqslant 2$ 并设 $A_0=(a_{01},a_{02},\cdots,a_{0n})$ 是非负整数的 n 元数组,使得 $0\leqslant a_{0i}\leqslant i-1,i=1,2,\cdots,n$. n 元数组 $A_1=(a_{11},a_{12},\cdots,a_{1n}),A_2=(a_{21},a_{22},\cdots,a_{2n}),\cdots$,定义如下

$$a_{i+1,j}=|\{a_{i,l}\mid 1\leqslant l\leqslant j-1,a_{i,l}\geqslant a_{ij}\}|$$

其中 $i\in\mathbf{N},j=1,2,\cdots,n$ 且 $|S|$ 表示集合 S 中元素的个数.求证存在非负整数 k,使得 $A_{k+2}=A_k$.

证明 我们对 n 用数学归纳法来证明.当 $n=2$ 时,$A_0=(0,$

0) 或(0,1). 若 $A_0=(0,0)$,则 $A_1=(0,1)$,$A_2=(0,0)$;若 $A_0=(0,1)$,则 $A_1=(0,0)$,$A_2=(0,1)$. 可见,无论哪种情形,总有 $A_2=A_0$.

设对于 $m\in\mathbf{N}$,$m\geqslant 2$ 和任何 m 元数组 $A_0=(a_{01},a_{02},\cdots,a_{0m})$,其中 a_{0i} 为非负整数,$0\leqslant a_{0i}\leqslant i-1$,$i=1,2,\cdots,m$,都存在非负整数 k,使得 $A_{k+2}=A_k$.

当 $n=m+1$ 时,设有 $A_0=(a_{01},a_{02},\cdots,a_{0,m+1})$,其中 a_{0i} 都是整数且 $0\leqslant a_{0i}\leqslant i-1$,$i=1,2,\cdots,m+1$,使得结论不成立,即对任何非负整数 k,都有 $A_{k+2}\neq A_k$.

由定义知对所有 $i\in\mathbf{N}$ 和 $j=1,2,\cdots,m+1$,都有 $0\leqslant a_{i+1,j}\leqslant j-1$. 所以,所有 $m+1$ 元数组 A_i 都是与 A_0 同类型的. 特别地,$a_{i,m+1}\leqslant m$.

令 $B_0=(a_{01},a_{02},\cdots,a_{0m})$,于是可写 $A_0=(B_0,a_{0,m+1})$. 注意,元素 $a_{i+1,j}$ 仅仅依赖于 $m+1$ 元数组 A_i 中 a_{ij} 左边的那些元素,即第 2 个下标小于 j 的那些元素,所以有

$$A_s=(B_s,a_{s,m+1}),s\in\mathbf{N} \qquad ①$$

其中 B_s 是由 B_0 出发而得到的第 s 个 m 元数组. 由归纳假设知,存在非负整数 k,使得 $B_{k+2}=B_k$. 按定义可知 $B_{k+3}=B_{k+1}$,$B_{k+4}=B_{k+2}$,$\cdots$. 因而有

$$B_{k+2s}=B_k,B_{k+2s+1}=B_{k+1},t=1,2,\cdots \qquad ②$$

由 ① 和 ② 有

$$\begin{aligned}&A_{k+2t}=(B_k,a_{k+2s,m+1})\\&A_{k+2t+1}=(B_{k+1},a_{k+2t+1,m+1}),t=0,1,2,\cdots\end{aligned} \qquad ③$$

由反证假设知

$$a_{k+s+2,m+1}\neq a_{k+s,m+1},s=0,1,2,\cdots \qquad ④$$

设 $a_{k,m+1}>a_{k+2,m+1}$,于是按定义及 ② 有

$$\begin{aligned}a_{k+s,m+1}=&|\{a_{k+2,l}\mid 1\leqslant l\leqslant m,a_{k+2,l}\geqslant a_{k+s,m+1}\}|=\\&|\{(a_{s,l}\mid 1\leqslant l\leqslant m,a_{k,l}\geqslant a_{k+s,m+1})\}|\geqslant\\&|\{a_{k,l}\mid 1\leqslant l\leqslant m,a_{k,l}\geqslant a_{k,m+1}\}|=\\&a_{k+1,m+1}\end{aligned}$$

再由 ④ 知,$a_{k+s,m+1}>a_{k+1,m+1}$. 而由此又可类似地导出 $a_{k+4,m+1}<a_{k+2,m+1}$. 依此类推,可以得到

$$a_{k+2t,m+1}>a_{k+2t+2,m+1}$$
$$a_{k+2t+1,m+1}<a_{k+2t+3,m+1},t=0,1,2,\cdots$$

因为所有 $a_{i,m+1}$ 都是非负整数,故当 $t=m+1$ 时,就有 $a_{k+2t+1,m+1}\geqslant m+1$,此与 $a_{i,m+1}\leqslant m$ 矛盾. 这就证明了 $n=m+1$ 时结论成立.

17 设整数 $n>1$. 有 n 盏灯 $L_0, L_1, \cdots, L_{n-1}$ 依次列在一个圆周上，每盏灯可以有“开”或“关”两种状态. 现依次进行一系列步骤：$S_0, S_1, \cdots, S_j, \cdots$，每个步骤 S_j 按以下规则来影响灯 L_j 的状态：若它的前一盏灯 L_{j-1} 是“关”，则 L_j 的状态不变；若灯 L_{j-1} 是“开”，则 L_j 改变状态，即从“开”变为“关”，或从“关”变为“开”. 这里约定当 $h<0$ 或 $h\geqslant n$ 时，灯 L_h 就是灯 L_r，r 满足

$$h=qn+r, 0\leqslant r<n$$

现假设开始时全部灯都是开着的. 证明：

(1) 一定存在正整数 $M(n)$，使得经过 $M(n)$ 个步骤 $S_0, S_1, \cdots, S_{M(n)-1}$ 后，全部灯也是开着的；

(2) 若 $n=2^k$，则可取(1)中的 $M(n)=n^2-1$；

(3) 若 $n=2^k+1$，则可取(1)中的 $M(n)=n^2-n+1$.

证明 用 $x_j\in\{0,1\}$ 表示灯 L_j 的状态(0 表示“关”，1 表示“开”). 操作 S_j 控制 L_j 的状态，在操作前 L_j 的状态为 x_{j-n}. 在 S_j 操作时，L_{j-1} 处于状态 x_{j-1}，所以对 $j\geqslant 0$ 有

$$x_j\equiv x_{j-n}+x_{j-1} \pmod 2 \quad ①$$

注意到，初始状态下(所有的灯都是“开”)有

$$x_{-n}=x_{-n+1}=x_{-n+2}=\cdots=x_{-2}=x_{-1}=1 \quad ②$$

这表明在时刻 j 该系统可以用向量 $v_j=\{x_{j-n},\cdots,x_{j-1}\}$ 表示，$v_0=\{1,1,\cdots,1\}$. 由于只有 2^n 个不同的向量，在数列 $v_0, v_1, v_2, \cdots$ 中必出现相同的向量. 注意到从 v_j 到 v_{j+1} 的操作是可逆的. 因此 $v_{j+m}=v_j$ 蕴含 $v_m=v_0$，故至多经过 2^n 次操作后，必有一次回到初始状态，这表明 ① 成立.

为证 ② 和 ③，利用式 ① 有

$$\begin{aligned}x_j &\equiv x_{j-n}+x_{j-1}\equiv(x_{j-2n}+x_{j-n-1})+(x_{j-1-n}+x_{j-2})\equiv\\&x_{j-2n}+2x_{j-n-1}+x_{j-2}\equiv x_{j-3n}+3x_{j-2n-1}+\\&3x_{j-n-2}+x_{j-3}\end{aligned}$$

如此等等. 对式(1)重复运用 r 次后，我们得到等式

$$x_j\equiv\sum_{i=0}^{r}\binom{r}{i}x_{j-(r-i)n-i} \pmod 2$$

对所有使得

$$j-(r-i)n-i\geqslant -n$$

的 j, r 均成立. 特别地，若 r 有形式 $r=2^k$，则二项式系数 $\binom{r}{i}$ 除最外面的两个外都是偶数. 从而得到

$$x_j \equiv x_{j-m} + x_{j-r}(\text{对 } r=2^k \text{ 成立}) \quad ③$$

只要下标不小于 $-n$，即只要 $j \geqslant (r-1)n$，式 ③ 都成立.

现在如果 $n=2^k$，选取 $j \geqslant n^2-n$. 在 ③ 中令 $r=n-1$，结合 ① 知

$$x_j \equiv x_{j-n^2} + x_{j-n} \equiv x_{j-n^2} + (x_j - x_{j-1})$$

因此 $x_{j-n^2} = x_{j-1}$. 这表明数列 x_j 有周期 n^2-1，从而数列 ② 在经过恰好 n^2-1 步后重复出现，故 ② 成立.

如果 $n=2^k+1$，选下标 $j \geqslant n^2-2n$，在 ③ 中令 $r=n-1$. 结合 ① 可得

$$\begin{aligned} x_j &\equiv x_{j-n^2+n} + x_{j-n+1} \equiv \\ &x_{j-n^2+n} + (x_{j+1} - x_j) \equiv \\ &x_{j-n^2+n} - x_{j+1} + x_j \end{aligned}$$

(因为 $x \equiv -x \pmod 2$)，于是 $x_{j-n^2+n} = x_{j+1}$. 所以数列 x_j 有周期 n^2-n+1，③ 获证.

18 设 S_n 是数列 $(a_1, a_2, \cdots, a_n)$ 的个数，其中 $a_i \in \{0,1\}$ 且其中任何 6 个相邻数段都不全相同. 求证当 $n \to \infty$ 时，有 $S_n \to \infty$.

证明 设 B_n 是满足题中要求的所有数列的集合，于是，$S_n = |B_n|$. 我们将证明一个加强命题：

对所有 $n \in \mathbf{N}$，都有 $S_n \geqslant (\frac{3}{2})^n$. 因为 $S_1 = 2 > \frac{3}{2}$，故只需再证

$$S_{n+1} \geqslant \frac{3}{2} S_n, n=1,2,\cdots \quad ①$$

设对所有 $i \leqslant n$，式 ① 都成立，于是有

$$S_i \leqslant (\frac{2}{3})^{n-i} S_n, i \leqslant n \quad ②$$

将 B_n 中的每个数列都在尾部换上一项 0 或 1，共得到 $2S_n$ 个数列，每个数列都有 $n+1$ 项. 这些数列中不满足题中要求的数列一定具有如下形式：由 B_{n+1-6k} 中的某数列后面接上一个 k 项重复 6 次的数列. 这种数列的个数为 $2^k \cdot S_{n+1-6k}$. 因此，不满足题中要求的数列的总数不多于

$$\begin{aligned} \sum_{k=1}^{n} 2^k S_{n+1-6k} &\leqslant \sum_{k=1}^{n} 2^k (\frac{2}{3})^{n-(n+1-6k)} S_n \leqslant \\ &S_n \sum_{k=1}^{\infty} (\frac{2}{3})^{6k-1} \cdot 2^k = S_n \cdot \frac{3}{2} \sum_{k=1}^{\infty} [2(\frac{2}{3})^6]^k = \end{aligned}$$

$$\frac{3}{2}S_n \frac{2(\frac{2}{3})^6}{1-2(\frac{2}{3})^6}=\frac{3}{(\frac{3}{2})^4-2}S_n<\frac{1}{2}S_n$$

因此，$S_{n+1}\geqslant 2S_n-\frac{1}{2}S_n=\frac{3}{2}S_n$.

这就完成了归纳证明.

19 设 a,b,n 都是正整数且 $(b^n-1)\mid a$. 求证数 a 在 b 进制表示之下至少有 n 位数字异于 0.

证明 设能被 b^n-1 整除的所有数中，其 b 进制表示中出现的非 0 数字个数的最小值为 s，而在非零数字的个数为 s 的所有数中，我们选取所有数字之和最小的数 A. 设 $A=a_1b^{n_1}+a_2b^{n_2}+\cdots+a_sb^{n_s}$ 是 A 的 b 进制表示，其中 $n_1>n_2>\cdots>n_s\geqslant 0,1\leqslant a_i<b,i=1,2,\cdots,s$. 首先，我们证明 $n_i\not\equiv n_j \pmod n$. 若不然. 则可取 $n_i\equiv n_j\equiv r \pmod n$，其中 $0\leqslant r\leqslant n-1$ 并考察数

$$B=A-a_ib^{n_i}-a_jb^{n_j}+(a_i+a_j)b^{n_j+k_n}$$

显然，它可以被 b^n-1 整除. 如果 $a_i+a_j<b$，则 B 的非零数字的个数为 $s-1$，此与 s 的最小性矛盾. 所以，必有 $b\leqslant a_i+a_j<2b$. 令 $a_i+a_j=b+q,0\leqslant q<b$，于是 B 的 b 进制表示为

$$B=b^{mn_1+r+1}+qb^{nn_1+r}+a_2b^{n_1}+\cdots+a_{i-1}b^{n_{i-1}}+$$
$$a_{i+1}b^{n_{i+1}}+\cdots+a_{j-1}b^{n_{j-1}}+a_{j+1}b^{n_{j+1}}+\cdots+a_sb^{n_s}$$

易见，B 的所有数字之和是

$$\sum_{k=1}^{n}a_k-(a_i+a_j)+1+q=\sum_{k=1}^{s}a_k+1-b<\sum_{k=1}^{s}a_k$$

此与数 A 的数字和的最小性矛盾. 这就证明了 $n_1,n_2,\cdots,n_t$ 模 n 互异. 所以，有 $s\geqslant n$. 设 $n_i\equiv r_i \pmod n,0\leqslant r_i<n,i=1,2,\cdots,s$. 设 $s<n$ 并考察数

$$C=a_1b^{r_1}+a_2b^{r_2}+\cdots+a_sb^{r_s}$$

由于 $(b^n-1)\mid(b^{n_i}-b^{r_i})$，故有

$$(b^n-1)\mid\sum_{i=1}^{n}a_i(b^{n_i}-b^{r_i})$$

即有 $(b^n-1)\mid(A-C)$. 从而，$(b^n-1)\mid C$. 这时显然有 $C>0$. 但 $s<n$ 意味着

$$C\leqslant(b-1)b+(b-1)b^2+\cdots+(b-1)b^{n-1}=b^n-b<b^n-1$$

这表明 $(b^n-1)\nmid C$，矛盾. 可见必有 $s=n$.

20 设 $c_1,\cdots,c_n\in\mathbf{R}(n\geqslant 2)$，使得 $0\leqslant\sum_{i=1}^{n}c_i\leqslant n$.

求证：存在整数 $k_1,\cdots,k_n$，使得 $\sum_{i=1}^{n}k_i=0$ 且对每个 $i\in\{1,2,\cdots,n\}$，都有

$$1-n\leqslant c_i+nk_i\leqslant n$$

证明 对于每个实数 x，我们用 $\lfloor x\rfloor$ 来记不大于 x 的最大整数，而用 $\lceil x\rceil$ 来记不小于 x 的最小整数. 条件 $c+nk\in[1-n,n]$ 等价于 $k\in I_n(c)=\left[\frac{1-c}{n}-1,1-\frac{c}{n}\right]$. 对于每个 $c\in\mathbf{R}$ 和 $n\geqslant 2$，长度为 $2-\frac{1}{n}$ 的这个区间至多包含两个整数，即

$$p(c)=\left\lceil\frac{1-c}{n}-1\right\rceil\leqslant\left\lfloor 1-\frac{c}{n}\right\rfloor=q(c)$$

当然，$p(c)$ 与 $q(c)$ 可能重合为一点.

为证存在 $k_i\in I_n(c_i)\cap Z$ 满足 $\sum_{i=1}^{n}k_i=0$，只需证

$$\sum_{i=1}^{n}p(c_i)\leqslant 0\leqslant\sum_{i=1}^{n}q(c_i)$$

记 $a_i=\frac{1-c_i}{n}$，$i=1,2,\cdots,n$，于是，$\sum_{i=1}^{n}a_i=1-\frac{1}{n}\sum_{i=1}^{n}c_i\in[0,1]$.

因为 $\lceil a_i\rceil<a_i+1$，故有

$$\sum_{i=1}^{n}\lceil a_i\rceil<\sum_{i=1}^{n}a_i+n\leqslant n+1$$

因上式左端为整数，有 $\sum_{i=1}^{n}\lceil a_i\rceil-n\leqslant 0$.

为证 $\sum_{i=1}^{n}q(c_i)\geqslant 0$，记 $b_i=1-\frac{c_i}{n}$，$i=1,2,\cdots,n$，于是有 $\sum_{i=1}^{n}b_i=n-\frac{1}{n}\sum_{i=1}^{n}c_i\geqslant n-1$.

因为 $\lfloor b_i\rfloor>b_i-1$，故有

$$\sum_{i=1}^{n}\lfloor b_i\rfloor>\sum_{i=1}^{n}b_i-n\geqslant n-1-n=-1$$

因左端为整数，故有 $\sum_{i=1}^{n}\lfloor b_i\rfloor\geqslant 0$，所以有

$$\sum_{i=1}^{n} q(c_i) = \sum_{i=1}^{n} \lfloor b_i \rfloor \geqslant 0$$

这就完成了证明.

21 如果圆 S 与圆 $\sum$ 的公共弦是 $\sum$ 的直径，则称圆 S“径截”圆 $\sum$，设 A,B,C 是互异的 3 点，圆 S_A,S_B,S_C 是分别以 A,B,C 为圆心的 3 个圆. 求证 A,B,C 三点共线的充分必要条件是任何一个圆 S 都不能同时径截三圆 S_A,S_B,S_C，进一步地，如果存在多于 1 个圆 S，它们都同时径截圆 S_A,S_B,S_C，则这些圆 S 都过两个固定点. 对于圆 S_A,S_B,S_C，求出这样的两个点.

证明 我们用 1 个引理和 3 个定理来给出本题的证明.

引理 设 A 和 B 是不同的两点，S_A,S_B 是分别以 A 和 B 为圆心，以 a 和 b 为半径的两个圆. 则与圆 S_A,S_B 都径截的具有适当半径的圆 S_p 的圆心 P 的轨迹是直线 AB 的一条垂线，其垂足 N 满足条件

$$\overline{AN} : \overline{NB} = (AB^2 + b^2 - a^2) : (AB^2 + a^2 - b^2) \qquad (*)$$

其中左端的符号 $\overline{XY}$ 表示以 X 为起点，以 Y 为终点的有向线段的带有正负号的长度.

证明 首先设点 P 具有所论性质，并设 Q_A,Q_B 是圆 S_P 分别与圆 S_A,S_B 的交点之一. 于是，$PQ_A = PQ_B$ 且 $\angle PAQ_A = 90° = \angle PBQ_B$，设点 N 是由点 P 作直线 AB 的垂线的垂足，又有

$$PQ_A^2 = PA^2 + a^2 = PN^2 + AN^2 + a^2$$
$$PQ_B^2 = PB^2 + b^2 = PN^2 + NB^2 + b^2$$

所以，有 $AN^2 + a^2 = NB^2 + b^2$. 又因 $\overline{AN} + \overline{NB} = \overline{AB}$，故有 $(\overline{AN} - \overline{NB})\overline{AB} = AN^2 - NB^2 = b^2 - a^2$. 由此即得

$$\frac{\overline{AN}}{\overline{NB}} = \frac{2\overline{AB} \cdot \overline{AN}}{2\overline{AB} \cdot \overline{NB}} = \frac{\overline{AB}(\overline{AN} + \overline{AB} - \overline{NB})}{\overline{AB}(\overline{NB} + \overline{AB} - \overline{AN})} =$$
$$\frac{AB^2 + AN^2 - NB^2}{AB^2 + NB^2 - AN^2} = \frac{AB^2 + b^2 - a^2}{AB^2 + a^2 - b^2}$$

即点 N 满足式(*). 注意，这个比例式表明点 N 的位置与点 P 无关. 所以，具有所论性质的点 P 都在过点 N 所作的直线 AB 的垂线上.

反之，设点 N 使条件(*)成立，P 是过 N 所作直线 AB 的垂线上的任意一点，则前段论证可反推到关系式 $PA^2 + a^2 = PB^2 + b^2$.

分别过点 A 和 B 作 PA,PB 的垂线，分别交圆 S_A,S_B 于点 Q_A,Q_B. 于是，$\angle PAQ_A = 90° = \angle PBQ_B$. 由勾股定理有 $PQ_A =$

$PQ_B = p$. 以点 P 为圆心，p 为半径作圆 S_p，则它与圆 S_A，S_B 都径截，即点 P 具有所有性质.

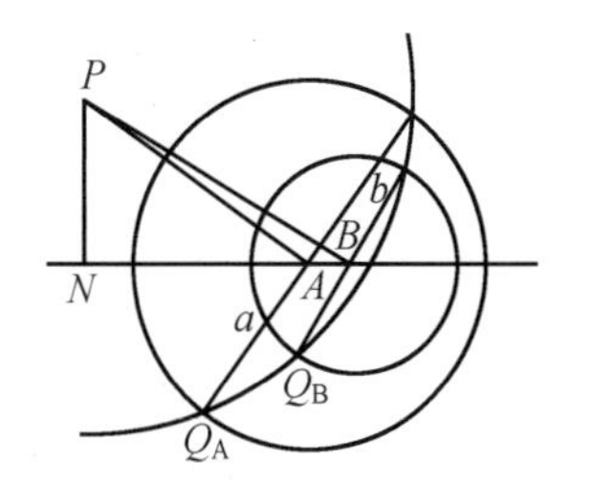

定理 1　设 A,B,C 三点不共线且 S_A,S_B,S_C 是题中所给的三个圆，所存在唯一的点 P 具有所论的性质.

证明　对于任意点 P 和以点 X 为圆心，以 x 为半径的圆 S_X，定义

$$f(P,S_X) = PX^2 + x^2$$

借助于函数 f，上述引理指出，点 P 对于圆 S_A，S_B 具有所论的性质，当且仅当 $f(P,S_A) = f(P,S_B)$，可这个条件成立又当且仅当点 P 在直线 AB 的某条确定的垂线上. 设 $f(P',S_A) = f(P',S_B)f(P'',S_A) = f(P'',S_C)$，于是，由引理知点 P' 的轨迹是 AB 的一条垂线. 而点 P'' 的轨迹应是直线 AC 的一条垂线. 因为 A,B,C 三点不共线，所以，作为轨迹的这两条垂线有唯一的交点 P，显然，点 P 是使得 $f(P,S_A) = f(P,S_B) = f(P,S_C)$ 的唯一点.

定理 2　如果 A,B,C 三点共线，则具有题中所论性质的点 P 不可能恰有一点.

证明　当 A,B,C 三点共线时，由三对圆 $\{S_A,S_B\}$，$\{S_A,S_C\}$，$\{S_B,S_C\}$ 所给出的三条轨迹(垂线)或者是 3 条互异的平行线或者重合为一条直线，因为由定理 1 的论证可知，两条线重合而第三条与它们平行而不重合的情形是不会出现的. 若为前者，满足题中要求的点 P 不存在，若为后者，这条重合直线上的所有点都满足题中的要求，即有无穷多点满足题中要求.

定理 3　在有无穷多点 P 满足题中要求的情况下，相应的圆 S_P 全都过两个固定点.

证明　这时，A,B,C 三点共线. 设 N 是直线 ABC 上一点，使得 $NA^2 + a^2 = NB^2 + b^2 = NC^2 + c^2 = r^2$，记 $PN = h$，$p^2 = PN^2 + AN^2 + a^2 = h^2 + r^2$，于是以 P 为圆心，p 为半径的圆 S_P 与直线 ABC 交于两点 E,F，使得 $\overline{EN} = \overline{NF} = r$. 由于 r 与 h 无关，故所有这样的圆 S_P 都过 E,F 两点，即它们都过两个固定点.

> **22** 设 D 是锐角 $\triangle ABC$ 内的一点，满足条件：
>
> (i) $\angle ADB = \angle ACB + 90°$；
>
> (ii) $AC \cdot BD = AD \cdot BC$.
>
> (1) 计算比值 $(AB \cdot CD)/(AC \cdot BD)$；
>
> (2) 证明：$\triangle ACD$ 的外接圆和 $\triangle BCD$ 的外接圆在点 C 的切线互相垂直.

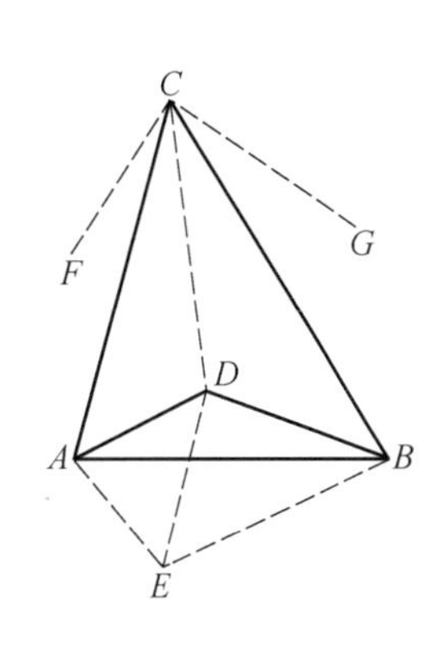

图 34.17

解法 1　(1) 如图 34.17 所示，作 $\angle ADE = \angle ACB$ 及

$\angle BAE=\angle CAD$. 由此得 $\triangle ABC\backsim\triangle AED$ 及

$$BC:ED=AC:AD=AB:AE$$

由第一等式及条件(ii),(i) 就推出,$DB=DE$,$\triangle BED$ 为等腰直角三角形,及 $BE=\sqrt{2}BD$.

由第二等式及所作的 $\angle BAE=\angle CAD$ 得 $\triangle ACD\backsim\triangle ABE$. 因而有

$$AB:AC=BE:CD=(\sqrt{2}BD):CD$$

因此所求的比值为$\sqrt{2}$.

为证(2),我们如图 34.17 作直线 CF,CG 使得 $\angle FCD=\angle CBD$,$\angle GCD=\angle CAD$. 由弦切角定理知 CF,CG 分别是 $\triangle BCD$,$\triangle ACD$ 的外接圆在点 C 的切线. 因此,结论(2) 就是要证明 $\angle FCD+\angle GCD=90^\circ$. 由所作的图及条件(i),我们有

$$\begin{aligned}\angle FCD+\angle GCD=\angle CBD+\angle CAD=\\180^\circ-(\angle ACB+\angle DAB+\angle DBA)=\\(180^\circ-\angle DAB-\angle DBA)-\angle ACB=\\\angle ADB-\angle ACB=90^\circ\end{aligned}$$

证毕.

解法 2　如图 34.18 所示,作 $\triangle ABC$ 的外接圆,分别交 AD,BD 的延长线于 E,F,联结 BE,CE,AF,CF. 因为

$$\angle ADB=\angle ACB+90^\circ$$

而
$$\angle ADB=\angle ACB+\angle 2+\angle 4$$

所以
$$\angle 2+\angle 4=90^\circ$$

在 $\triangle DCE$,$\triangle DCF$ 中有

$$\angle DEC=\angle ABC,\angle DFC=\angle BAC$$

所以
$$\frac{DC}{\sin B}=\frac{DE}{\sin(\angle 1+\angle 5)}$$

$$\frac{DC}{\sin A}=\frac{DF}{\sin(\angle 3+\angle 6)}$$

故
$$\frac{DE}{DF}=\frac{\sin A}{\sin B}\cdot\frac{\sin(\angle 1+\angle 5)}{\sin(\angle 3+\angle 6)}$$

而
$$AD\cdot DE=BD\cdot DF$$

且
$$AC\cdot BD=AD\cdot BC$$

所以
$$\frac{DE}{DF}=\frac{BD}{AD}=\frac{BC}{AC}=\frac{\sin A}{\sin B}$$

有
$$\sin(\angle 1+\angle 5)=\sin(\angle 3+\angle 6)$$

又
$$\begin{aligned}\angle 1+\angle 5+\angle 3+\angle 6=\angle 1+\angle 3+\angle ACB=\\180^\circ-\angle ADB+\angle ACB=90^\circ\end{aligned}$$

所以
$$\angle 1+\angle 5=\angle 3+\angle 6=45^\circ$$

因为
$$\angle DBE=\angle 2+\angle 4=90^\circ,\angle BED=\angle ACB$$

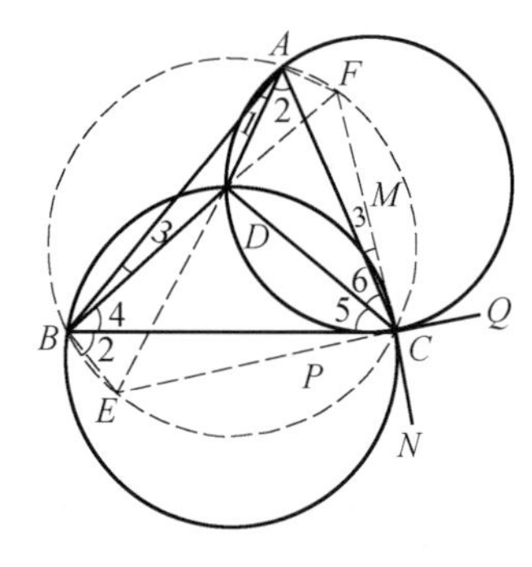

图 34.18

所以 $$DE=\frac{BD}{\sin C}$$

故 $$\frac{AB\cdot CD}{AC\cdot BD}=\frac{AB}{AC}\cdot\frac{1}{BD}\cdot\frac{DE\cdot\sin B}{\sin(\angle 1+\angle 5)}=$$

$$\frac{\sin C}{\sin B}\cdot\frac{\sin B}{\sin C\cdot\sin(\angle 1+\angle 5)}=\frac{1}{\sin 45^\circ}=\sqrt{2}$$

(2) 设 MN,PQ 分别为 $\triangle BDC$,$\triangle ADC$ 的外接圆在点 C 的切线,则

$$\angle MCD=\angle 4,\angle PCD=\angle 2$$

因为 $$\angle 2+\angle 4=90^\circ$$

所以 $$\angle MCP=\angle MCD+\angle PCD=90^\circ$$

即 $$MN\perp PQ$$

23 如果一个(互异)正整数的有限集合的所有元素之和是集合中所有数的公倍数,则称这个集合为"和倍集".求证正整数的每个有限集合都是某个和倍集的子集.

证明 设给定的有限集是 $S=\{a_1,a_2,\cdots,a_r\}$. 令 $s=a_1+a_2+\cdots+a_r$,$m=[a_1,a_2,\cdots,a_r]$. 写 $m=2^kn$,其中 n 和 k 都是非负整数且 n 为奇数. 设 n 的二进展开式为

$$n=\varepsilon_0+\varepsilon_1 2+\cdots+\varepsilon_t 2^t$$

其中 $\varepsilon_i\in\{0,1\}$,$i=0,1,\cdots,t$,且 $\varepsilon_0=\varepsilon_i=1$. 将集合

$$\{2^is\mid 1\leqslant i\leqslant t,\varepsilon_i=1\}$$

并入给定集合 S 中,于是扩充后的集合中所有数之和为 ns. 最后,再将集合

$$\{2^jns\mid j=0,1,\cdots,l-1\},l=\max\{k,t\}$$

并入上述集合,则所得的集合 T 中所有数之和为 2^lns. 这个和数可被 m 整除,从而可被每个 a_i 整除,同时又可被上述的诸 2^is 和 2^jns 整除,故知 T 为和倍集.

注 下面通过两个具体例子来说明这个扩充过程.

(i) 设 $S_1=\{1,3,7\}$. 这时,$s=11$,$k=0$,$m=n=21=1+2^2+2^4$. 第 1 次加入数 44,176,得到集合 $S_2=\{1,3,7,44,176\}$,其和为 231,又因 $t=4$,$k=0$,所以 $l=4$. 于是第 2 次再加入数 231,462,924,1 848 而得到集 S_3,则 S_3 中所有数之和为 3 696,它可被 S_3 中的每个数整除.

(ii) 设 $T_1=\{5,6,8\}$. 这时,$s=19$,$m=120$,$k=3$,$n=15=1+2+4+8$. 于是,第 1 次加入数 38,76,152 而得到 $T_2=\{5,6,8,38,76,152\}$,其和为 285. 又因 $l=3$,所以第 2 次加入数 285,570,1 140 而得到集合 $T_3=\{5,6,8,38,76,152,285,570,1140\}$. 易见,$T_3$ 中

所有数之和为 2 280,它可被 T_3 中每个数整除.

24 设 a,b,c,d 都是正实数,求证不等式

$$\frac{a}{b+2c+3d}+\frac{b}{c+2d+3a}+\frac{c}{d+2a+3b}+\frac{d}{a+2b+3c}\geqslant\frac{2}{3}$$

证明 当 x_1,x_2,x_3,x_4 和 y_1,y_2,y_3,y_4 都是正实数时,由柯西不等式有

$$\left(\sum_{i=1}^{4}\frac{x_i}{y_i}\right)\cdot\left(\sum_{i=1}^{4}x_iy_i\right)\geqslant\left(\sum_{i=1}^{4}x_i\right)^2$$

令 $(x_1,x_2,x_3,x_4)=(a,b,c,d)$,$(y_1,y_2,y_3,y_4)=(b+2c+3d,c+2d+3a,d+2a+3b,a+2b+3c)$,则上述不等式化为

$$\frac{a}{b+2c+3d}+\frac{b}{c+2d+3a}+\frac{c}{d+2a+3b}+\frac{d}{a+2b+3c}\geqslant$$

$$\frac{(a+b+c+d)^2}{4(ab+ac+ad+bc+bd+cd)} \quad ①$$

又因为 $(a-b)^2+(a-c)^2+(a-d)^2+(b-c)^2+(b-d)^2+(c-d)^2\geqslant 0$,故

$$ab+ac+ad+bc+bd+cd\leqslant\frac{3}{8}(a+b+c+d)^2 \quad ②$$

将 ① 与 ② 结合即得所欲证.

25 设 a 为已知数,$|a|>1$.求解方程组

$$\begin{cases}x_1^2=ax_2+1\\x_2^2=ax_3+1\\\quad\vdots\\x_{999}^2=ax_{1\,000}+1\\x_{1\,000}^2=ax_1+1\end{cases}$$

解 当 $a<-1$ 时,只需令 $a'=-a,x'_i=-x_i$,即可将问题化为 $a>1$ 的情形,故只需就 $a>1$ 的情形来求解.

因为方程式左端非负,故有 $x_i\geqslant-\frac{1}{a}>-1,i=1,2,\cdots,1\,000$.又因方程组是轮换对称的,故可设

$$x_1=\max\{x_1,x_2,\cdots,x_{1\,000}\} \quad ①$$

如果 $x_1\geqslant 0$,则由方程,组中最后一个方程式导出 $x_{1\,000}^2\geqslant 1$,亦即 $|x_{1\,000}|\geqslant 1$.但因 $x_{1\,000}>-1$,故只能有 $x_{1\,000}\geqslant 1$.由此又可同样地导出 $x_{999}\geqslant 1$,等等.所以,方程组的解仅有两种可能情形:$x_1,x_2,\cdots,x_{1\,000}$ 均不小于 1 或者均小于 0.

(i) 设 $x_i\geqslant 1,i=1,2,\cdots,1\,000$.条件 ① 意味着

$$x_1 \geqslant x_2 \Rightarrow x_1^2 \geqslant x_2^2 \Rightarrow ax_2 + 1 \geqslant ax_3 + 1 \Rightarrow x_2 \geqslant x_3$$

同理有

$$x_1 \geqslant x_2 \geqslant x_3 \geqslant x_4 \geqslant \cdots \geqslant x_{1\,000} \geqslant x_1$$

故有 $x_1 = x_2 = \cdots = x_{1\,000} = t_1$，其中 t_1 是方程

$$t^2 - at - 1 = 0 \qquad ②$$

的不小于 1 的根，即有 $t_1 = \frac{1}{2}(a + \sqrt{a^2 + 4})$.

(ii) 设 $x_i < 0, i = 1, 2, \cdots, 1\,000$. 这时由 ① 有

$$x_1 \geqslant x_3 \Rightarrow x_1^2 \leqslant x_3^2 \Rightarrow ax_2 + 1 \leqslant ax_4 + 1 \Rightarrow x_2 \leqslant x_4 \Rightarrow$$
$$x_2^2 \geqslant x_4^2 \Rightarrow ax_3 + 1 \geqslant ax_5 + 1 \Rightarrow x_3 \geqslant x_5$$

最后可以得到

(a)$x_1 \geqslant x_3 \geqslant x_5 \geqslant \cdots \geqslant x_{999} \geqslant x_1$，因此有

$$x_1 = x_3 = \cdots = x_{999}$$

(b)$x_2 \leqslant x_4 \leqslant x_6 \leqslant \cdots \leqslant x_{1\,000} \leqslant x_2$，因此有

$$x_2 = x_4 = \cdots = x_{1\,000}$$

这样一来，原方程组化为

$$\begin{cases} x_1^2 = ax_2 + 1 \\ x_2^2 = ax_1 + 1 \end{cases} \Rightarrow (x_1 - x_2)(x_1 + x_2) = -a(x_1 - x_2)$$

若 $x_1 = x_2$，则 $x_1 = x_2 = \cdots = x_{1\,000} = t_2$，其中 t_2 是方程 ② 的负根，即

$$t_2 = \frac{1}{2}(a - \sqrt{a^2 + 4})$$

若 $x_1 + x_2 = -a$，则 $x_2 = -a - x_1$，于是有 $x_1^2 = -a(a + x_1) + 1$，亦即有

$$x_1^2 + ax_1 + (a^2 - 1) = 0 \qquad ③$$

方程 ③ 的判别式 $\Delta = a^2 - 4(a^2 - 1) = 4 - 3a^2$. 所以

当 $a > \frac{2}{\sqrt{3}}$ 时，方程 ③ 无解；当 $1 < a \leqslant \frac{2}{\sqrt{3}}$ 时，解得

$$\begin{cases} x_1 = \frac{1}{2}(-a - \sqrt{4 - 3a^2}) \\ x_2 = \frac{1}{2}(-a + \sqrt{4 - 3a^2}) \end{cases}, \begin{cases} x'_1 = \frac{1}{2}(-a + \sqrt{4 - 3a^2}) \\ x'_2 = \frac{1}{2}(-a - \sqrt{4 - 3a^2}) \end{cases}$$

综合起来，得到

1) 当 $|a| > 1$ 时，方程组总有两组解

$$x_1 = x_2 = \cdots = x_{1\,000} = \frac{1}{2}(a \pm \sqrt{a^2 + 4})$$

2) 当 $1 < |a| \leqslant \frac{2}{\sqrt{3}}$ 时，方程组还另有两组解

$$\begin{cases} x_1 = x_3 = \cdots = x_{999} = \frac{1}{2}(-a + \sqrt{4-3a^2}) \\ x_2 = x_4 = \cdots = x_{1\,000} = \frac{1}{2}(-a - \sqrt{4-3a^2}) \end{cases}$$

$$\begin{cases} x_1 = x_3 = \cdots = x_{999} = \frac{1}{2}(-a - \sqrt{4-3a^2}) \\ x_2 = x_4 = \cdots = x_{1\,000} = \frac{1}{2}(a + \sqrt{4-3a^2}) \end{cases}$$

当 $|a| = \frac{2}{\sqrt{3}}$ 时，后两组解相同.

26 设 a, b, c, d 是 4 个非负实数且 $a+b+c+d=1$. 求证不等式

$$abc + bcd + cda + dab \leqslant \frac{1}{27} + \frac{176}{27}abcd$$

证明 由对称性知可设 $a \geqslant b \geqslant c \geqslant d$，于是有 $a \geqslant \frac{1}{4} \geqslant d$. 令

$F(a,b,c,d) = abc + bcd + cda + dab - \frac{176}{27}abcd$，并写

$$F(a,b,c,d) = bc(a+d) + ad(b+c-\frac{176}{27}bc) \qquad ①$$

若 $a=b=c=d=\frac{1}{4}$，则 $F(\frac{1}{4},\frac{1}{4},\frac{1}{4},\frac{1}{4}) = \frac{1}{27}$. 若 a,b,c,d 不全相等，则 $a > \frac{1}{4} > d$.

若 $b+c-\frac{176}{27}bc \leqslant 0$，则由 ① 及均值不等式有

$$F(a,b,c,d) \leqslant bc(a+d) \leqslant (\frac{1}{3})^3 = \frac{1}{27} \qquad ②$$

即所求证的不等式成立.

若 $b+c-\frac{176}{27}bc > 0$，则令

$$a' = \frac{1}{4}, b' = b, c' = c, d' = a+d-a' \qquad ③$$

于是，$a'+d' = a+d$，$a'd' > ad$. 由(1) 可得

$$F(a,b,c,d) = bc(a+d) + ad(b+c-\frac{176}{27}bc) \leqslant$$
$$b'c'(a'+d') + a'd'(b'+c'-\frac{176}{27}b'c') =$$
$$F(a',b',c',d') \qquad ④$$

将 $a'=\frac{1}{4}$，b'，c'，d' 按递减次序重排为 a_1，b_1，c_1，d_1，只要 a'，b'，c'，d' 不全相等，则 $a'=\frac{1}{4}$ 重排后的位置必在中间. 于是，有 $F(a,b,c,d)\leqslant F(a_1,b_1,c_1,d_1)$，其中 $a_1+b_1+c_1+d_1=1$，$a_1>\frac{1}{4}>d_1$. 从而，又可重复进行 ③ 中给出的变换并得到与 ④ 相同的关系式，且这时 4 个数中 $\frac{1}{4}$ 的个数又至少增加 1 个. 可见，至多进行 3 次这样的变换，即可化为 4 个数都是 $\frac{1}{4}$ 的情形. 从而得到

$$F(a,b,c,d)\leqslant F(\frac{1}{4},\frac{1}{4},\frac{1}{4},\frac{1}{4})=\frac{1}{27}$$

这就完成了全部证明.

第五编
第35届国际数学奥林匹克

第 35 届国际数学奥林匹克题解

中国香港,1994

法国命题

1 设 m 和 n 是正整数. $a_1,a_2,\cdots,a_m$ 是集合 $\{1,2,\cdots,n\}$ 中的不同元素. 每当 $a_i+a_j\leqslant n,1\leqslant i\leqslant j\leqslant m$ 时,就有某个 k, $1\leqslant k\leqslant m$,使得 $a_i+a_j=a_k$. 求证

$$\frac{1}{m}(a_1+a_2+\cdots+a_m)\geqslant\frac{1}{2}(n+1)$$

证法 1　不妨设 $a_1>a_2>\cdots>a_m$. 关键在于证明,对任意 i,当 $1\leqslant i\leqslant m$ 时,有

$$a_i+a_{m+1-i}\geqslant n+1 \quad ①$$

用反证法,假如存在某个 $i,1\leqslant i\leqslant m$,有

$$a_i+a_{m+1-i}\leqslant n \quad ②$$

由于 $a_1>a_2>\cdots>a_m>0$,得

$$a_i<a_i+a_m<a_i+a_{m-1}<\cdots<a_i+a_{m+1-i}\leqslant n \quad ③$$

$a_i+a_m,a_i+a_{m-1},\cdots,a_i+a_{m+1-i}$ 是 i 个不同的正整数. 由题目条件,它们中每一个都应是 a_k 形式,由于 ③,可以知道,必为 a_1, $a_2,\cdots,a_{i-1}$ 之一,但是, $a_1,a_2,\cdots,a_{i-1}$ 全部仅是 $i-1$ 个不同的正整数,这显然是一个矛盾. 所以,① 成立. 从而利用 ①,我们有

$$2(a_1+a_2+\cdots+a_m)=(a_1+a_m)+(a_2+a_{m-1})+\cdots+(a_m+a_1)\geqslant m(n+1)$$

即

$$\frac{1}{m}(a_1+a_2+\cdots+a_m)\geqslant\frac{1}{2}(n+1) \quad ④$$

对于本题,我们可以提一个问题:等号何时成立? 当 ④ 取等号时,① 必取等号. 即对任意 i,当 $1\leqslant i\leqslant m$ 时,有

$$a_i+a_{m+1-i}=n+1 \quad ⑤$$

在 ③ 中,取 $i=m$,有

$$a_m<a_m+a_m<a_m+a_{m-1}<\cdots<a_m+a_2<a_m+a_1=n+1 \quad ⑥$$

由于已知 a_m,a_1,a_2 皆为正整数,因此由 ⑥,有

$$a_m+a_2\leqslant n \quad ⑦$$

于是, $a_m+a_m,a_m+a_{m-1},\cdots,a_m+a_2$ 是 $(a_m,n]$ 内 $m-1$ 个不

同的正整数.由题目条件,它们中任一个都为 a_k 形式,在$(a_m,n]$内,全部 a_k 形式的正整数只有 $a_{m-1},a_{m-2},\cdots,a_2,a_1$ 这$m-1$个.因此,这两组正整数必对应相等.那么,有

$$a_m+a_m=a_{m-1}$$
$$a_m+a_{m-1}=a_{m-2}$$
$$\vdots$$
$$a_m+a_2=a_1 \tag{8}$$

由 ⑧,立即有

$$a_{m-1}=2a_m,a_{m-2}=3a_m,\cdots,a_2=(m-1)a_m,a_1=ma_m \tag{9}$$

这样,就有

$$\frac{1}{2}(n+1)=\frac{1}{m}(a_1+a_2+\cdots+a_{m-1}+a_m)=$$
$$\frac{1}{m}(m+m-1+\cdots+2+1)a_m=$$
$$\frac{1}{2}(m+1)a_m \tag{10}$$

由 ⑩,有

$$a_m=\frac{n+1}{m+1} \tag{11}$$

等式 ⑪ 和 ⑨ 完全确定了 m 个正整数 $a_1,a_2,\cdots,a_m$.当然,$n+1$ 必须是 $m+1$ 的倍数.显然,由等式 ⑪ 和 ⑨ 确定的 $a_1,a_2,\cdots,a_m$ 使不等式 ④ 取等号.

证法 2　可以假定 $a_1>a_2>\cdots>a_m$.这样,对每个 a_i 在集合 A 中有且仅有 $i-1$ 个元素 $a_1,\cdots,a_{i-1}$ 比它大.对任一个 a_j,若 $a_i+a_j\leqslant n$,则由假定知

$$n\geqslant a_i+a_j>a_i+a_{j+1}>\cdots>a_i+a_m$$

因此,由条件知,这 $m-j+1$ 个数 $a_i+a_j,\cdots,a_i+a_m$ 均属于集合 A 且都大于i.所以,必有 $m-j+1\leqslant i-1$,即 $j\geqslant m-i+2$.这也就是说,对每个 i 有

$$a_i+a_{m-i+1}\geqslant n+1$$

由此即得

$$2(a_1+a_2+\cdots+a_m)=(a_1+a_m)+(a_2+a_{m-1})+\cdots+$$
$$(a_m+a_1)\geqslant m(n+1)$$

证毕.

容易看出等号成立的充要条件是

$$a_i+a_{m-i+1}=n+1,1\leqslant i\leqslant(m+1)/2$$

由此可确定所有这样的子集.

亚美尼亚—澳大利亚命题

2 $\triangle ABC$ 是一个等腰三角形，$AB=AC$. 假如

（1）M 是 BC 的中点，O 是直线 AM 上的点，使得 OB 垂直于 AB；

（2）Q 是线段 BC 上不同于 B 和 C 的一个任意点；

（3）E 在直线 AB 上，F 在直线 AC 上，使得 E,Q,F 是不同的点且共线.

求证：$OQ\perp EF$ 当且仅当 $QE=QF$.

证法1 如图35.1所示，联结线段 OE,OF,OC. 如果 $OQ\perp EF$，由于 $OB\perp AE$，因此 O,Q,B,E 四点共圆，因此

$$\angle OEQ=\angle OBQ \qquad ①$$

由 $AB=AC,\angle BAO=\angle CAO,AO=AO$

得到

$$\triangle BAO\cong\triangle CAO \qquad ②$$

于是

$$\angle ACO=\angle ABO=\frac{\pi}{2} \qquad ③$$

这样一来

$$\angle FCO+\angle FQO=\frac{\pi}{2}+\frac{\pi}{2}=\pi \qquad ④$$

这导致 O,C,F,Q 四点共圆. 从而，有

$$\angle OCQ=\angle OFQ \qquad ⑤$$

而

$$\angle OBQ=\frac{\pi}{2}-\angle ABC=\frac{\pi}{2}-\angle ACB=\angle OCQ \qquad ⑥$$

利用①，⑤和⑥，有

$$\angle OEQ=\angle OFQ \qquad ⑦$$

所以 $\triangle OEF$ 是一个等腰三角形，$OE=OF$. 又 $OQ\perp EF$，于是 $QE=QF$.

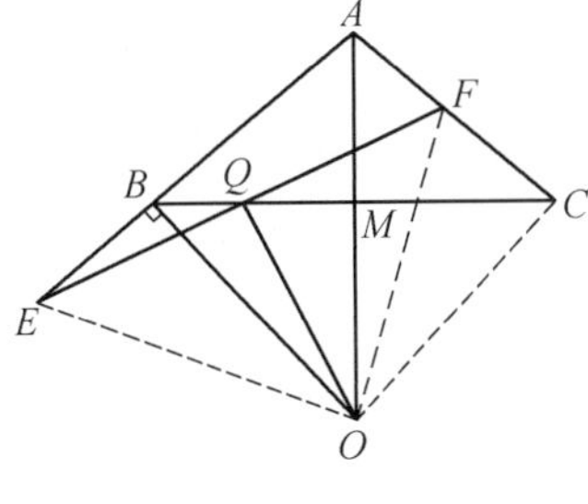

图35.1

反之，如果 $QE=QF$，四川省内江市安岳中学李挺同学用反证法很简洁地证明了 $OQ\perp EF$.

如果 OQ 不垂直于 EF，过点 Q 作直线 $E'F'$，如图35.2所示，使得 $OQ\perp E'F'$，点 E' 在直线 AB 上，点 F' 在直线 AC 上.

从前面证明，可以得到 $QE'=QF'$. 又 $QE=QF$，则四边形 $EE'FF'$ 是平行四边形，直线 EE' 平行于直线 FF'，但直线 EE' 与直线 FF' 相交于点 A. 矛盾.

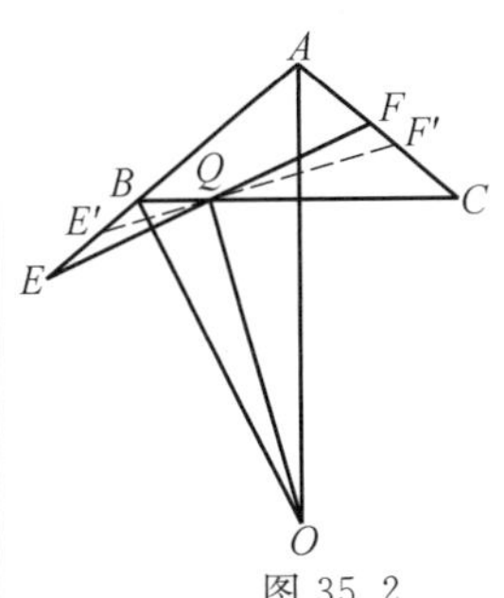

图35.2

此证法属于王根章

证法 2 设圆 O,圆 O_1 交于 C,P 两点,O 在圆 O_1 上,OO_1 交圆 O_1 于点 A,依已知作图,如图 35.3 所示,易知题设条件全部嵌入到图中.

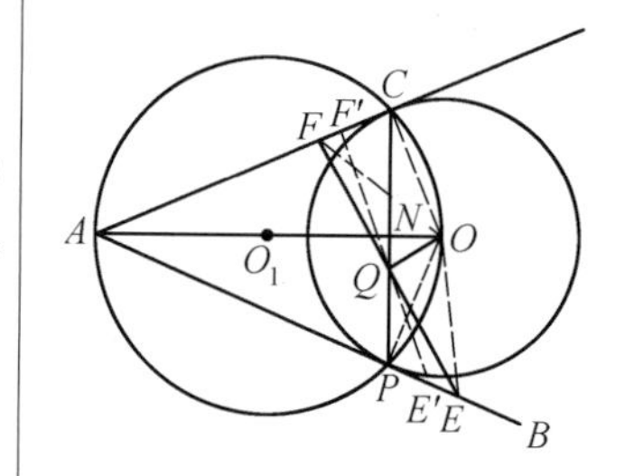

图 35.3

首先,设 $\angle OQE=90°$,联结 OP,OC,OE,OF,由 O,E,P,Q 和 O,C,F,Q 均四点共圆,知 $\angle OEQ=\angle OPQ=\angle OCQ=\angle OFQ$,从而 $OE=OF$,故 $QE=QF$.

其次,设 $QE=QF$,而 $\angle OQE\neq 90°$,过点 Q 作 OQ 的垂线交 AB,AC 于 E',F',由前述可证 $QE'=QF'$. 又 $QE=QF$,从而 $EE'FF'$ 为平行四边形,故 $AC\parallel AB$,这不成立,因而 $\angle OQE=90°$.

证法 3 如图 35.4 所示,取 N 为坐标原点,AN 为 x 轴. 设 AC 与 NP 所在直线即 y 轴交于点 S. 由已知条件可设各点的复数表示为

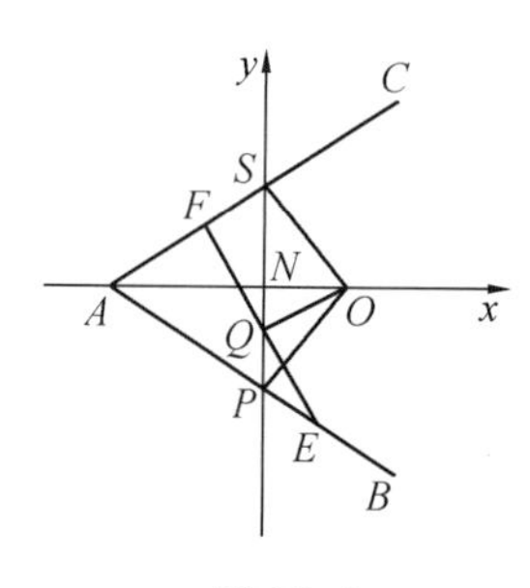

图 35.4

$$P:z_P=\mathrm{i}y_P,S:z_S=-\mathrm{i}y_P,O:z_O=x_O$$
$$E:z_E=x_E+\mathrm{i}y_E,F:z_F=x_F+\mathrm{i}y_F,Q:z_Q=\mathrm{i}y_Q$$

由条件 $\overrightarrow{PO}\perp\overrightarrow{PE}$,可知

$$\arg\frac{z_O-z_P}{z_E-z_P}=\frac{\pi}{2}$$

即
$$(z_O-z_P)\overline{(z_E-z_P)}+\overline{(z_O-z_P)}(z_E-z_P)=0$$
或
$$\mathrm{Re}\{\bar{z}_Pz_E-\bar{z}_Oz_E+\bar{z}_Oz_P\}=|z_P|^2$$
或
$$-x_Ox_E+y_Py_E=y_P^2 \quad ⑧$$

由已知有 $\overrightarrow{SO}\perp\overrightarrow{SF}$,注意 S 与 P 的对称关系,由 ⑧ 可得
$$-x_Ox_F-y_Py_F=y_P^2 \quad ⑨$$

首先假设 $\angle OQE=90°$,从而由 $\overrightarrow{QO}\perp\overrightarrow{QE}$ 可得
$$-x_Ox_E+y_Ey_Q=y_Q^2 \quad ⑩$$
由 $\overrightarrow{QO}\perp\overrightarrow{QF}$,可得
$$-x_Ox_F+y_Fy_Q=y_Q^2 \quad ⑪$$
由 ⑧,⑩ 得
$$x_E=\frac{y_Py_Q}{x_O},y_E=y_P+y_Q$$
由 ⑨,⑪ 得
$$x_F=-\frac{y_Py_Q}{x_O},y_F=y_Q-y_P$$
于是有
$$|\overrightarrow{QE}|=|z_E-z_Q|=\sqrt{\frac{y_P^2y_Q^2}{x_O^2}+y_P^2}=|z_F-z_Q|=|\overrightarrow{QF}|$$

其次,注意 $\angle OQE=90^{\circ}$ 等价于 $\arg\dfrac{z_O-z_Q}{z_E-z_Q}=\dfrac{\pi}{2}$,也等价于 $\arg\dfrac{z_O-z_Q}{z_E-z_F}=\dfrac{\pi}{2}$,同式 ⑧ 的推导可得其等价于

$$\frac{x_E-x_F}{y_E-y_F}=\frac{y_Q}{x_O} \quad ⑫$$

于是只需证明由 $|\overrightarrow{QE}|=|\overrightarrow{QF}|$ 可导出式 ⑫ 即可. 事实上,由 $|\overrightarrow{QE}|=|\overrightarrow{QF}|$,有 $z_Q=\dfrac{z_E+z_F}{2}$,即

$$x_E+x_F=0 \quad ⑬$$

$$y_E+y_F=2y_Q \quad ⑭$$

由 ⑧,⑨,⑬,⑭ 即得式 ⑫. 证毕.

证法 4 先证充分性,即由 $QE=QF\Rightarrow OQ\perp EF$.

如图 35.5 所示,作 $FN /\!/ CB$ 交 AB 于 N,联结 OC,OF,ON,OE. 由条件,四边形 $ABOC$ 是关于 AO 的轴对称图形,所以 $OF=ON$.

因为 $EQ=QF$,$BQ /\!/ NF$,所以 $EB=BN$,又 $OB\perp EN$,所以 $OE=ON$,所以 $OE=OF$,又 $QE=QF$,所以 $OQ\perp EF$.

再证必要性,即由 $OQ\perp EF\Rightarrow QE=QF$.

联结 OC,OF,OE,由 $OB\perp AB$,及对称性易得 $OC\perp AC$,又 $OQ\perp EF$,所以 O,Q,F,C 四点共圆,所以 $\angle QFO=\angle QCO$,又由四边形 $ABOC$ 是轴对称图形及 BM 是 $\mathrm{Rt}\triangle ABO$ 斜边上的高,所以

$$\angle QCO=\angle QBO=\angle BAO=\angle OAF$$

而由 $\angle QFO=\angle BAO$,所以 E,A,F,O 四点共圆,所以 $\angle OEF=\angle OAF$,而 $\angle QFO=\angle BAO$,所以 $\angle OEF=\angle QFO$,所以 $OE=OF$.

为方便,见图 35.6 中用数码表示的角,即圆中编号从 $\angle 1$ 到 $\angle 6$ 的 6 个角全相等,它们的传递关系是由 O,Q,F,C 共圆,$\angle 1=\angle 2=\angle 3=\angle 4=\angle 5$,又由 $\angle 4=\angle 1$,E,A,F,O 共圆,所以 $\angle 6=\angle 5$,所以 $\angle 6=\angle 1$.

又 $OQ\perp EF$,所以 $EQ=QF$.

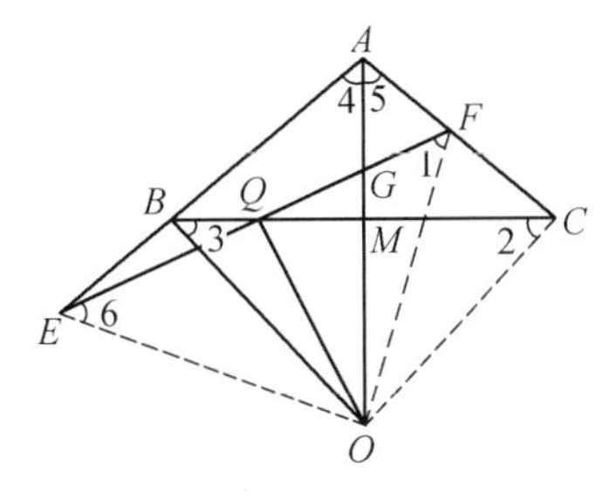

图 35.6

分析 为证 $OQ\perp EF$,而已有 $QE=QF$,只要证明 $OE=OF$. 又为了利用 $\triangle ABC$ 是等腰三角形,四边形 $ABOC$ 是轴对称图形的条件,可考虑过 F 作 BC 的平行线.

类似充分性,因为已有 $OQ\perp EF$,故要证 $OE=QF$,仍应证 $QE=OF$,原本想用证充分性类似的思路,逆向证明,即也添加平行辅助线,但未能成功. 探究原因,是因为未能充分利用 $OQ\perp EF$ 的条件,怎样利用这个条件呢? 联想到图中其他的垂直关系,可以想办法构造共圆的四点组,从而传递角之间的关系.

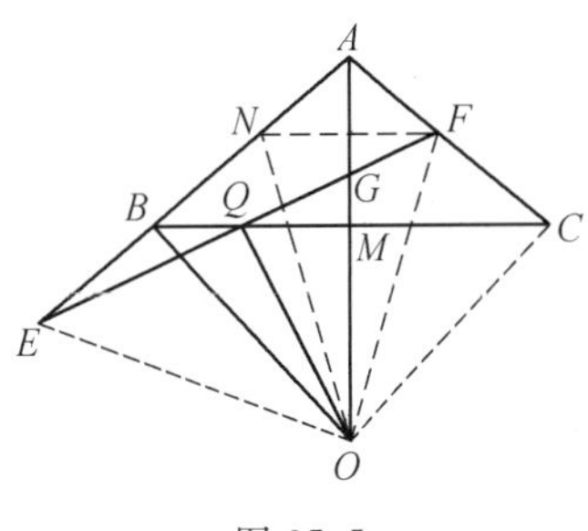

图 35.5

罗马尼亚命题

3 对任一正整数 k,以 A_k 表示集合 $\{k+1,k+2,\cdots,2k\}$ 中所有满足下述条件的元素组成的子集:它的二进制表示中恰好有三个数字是1.记 A_k 中的元素个数为 $f(k)$.

(1) 证明:对任一正整数 m,$f(k)=m$ 至少有一解.

(2) 求出所有正整数 m,使得 $f(k)=m$ 恰有一解.

解法1 一个正整数 n 的二进制表示中恰有三个数字为1时,就说 n 具有性质 α,并定义正整数变数 n 的函数

$$\delta(n)=\begin{cases}1, n\text{ 具有性质 }\alpha\\0, n\text{ 不具有性质 }\alpha\end{cases}\qquad ①$$

显见,存在无穷多个 n 使 $\delta(n)=1$,$f(1)=0$,以及

$$f(k)=\sum_{j=k+1}^{2k}\delta(j)\qquad ②$$

此外,由于 $2m$ 的二进制表示是 m 的二进制表示后加一个数字0,所以

$$\delta(2m)=\delta(m)\qquad ③$$

为讨论函数 $f(k)$ 的变化,我们来比较 $f(k+1)$ 和 $f(k)$.我们有

$$f(k+1)=\sum_{j=k+2}^{2(k+1)}f(j)=\sum_{j=k+1}^{2k}f(j)+\delta(2k+1)+\delta(2k+2)-\delta(k+1)=f(k)+\delta(2k+1)\qquad ④$$

最后一步用了式③.由此及前面的讨论就推出:$f(k)$ 是不减函数,$f(k+1)$ 要么和 $f(k)$ 相等,要么等于 $f(k)+1$,$f(k)$ 随 k 趋于无穷而趋于无穷,以及因 $f(1)=0$,所以 $f(k)$ 能取到每一个正整数值.这就证明了结论(1).

由以上所证知,对正整数 m 使 $f(k)=m$ 仅有一解 k 的充要条件是

$$f(k-1)=m-1, f(k)=m, f(k+1)=m+1\qquad ⑤$$

由此及式④知,亦即当且仅当

$$\delta(2k-1)=\delta(2k+1)=1$$

由于 $2k$ 的二进制表示必为

$$2k=1\times\times\cdots\times0$$

所以

$$2k+1=1\times\times\cdots\times1$$

因此 $\delta(2k+1)=1$ 当且仅当

$$2k=1\underbrace{0\cdots0}_{r\text{个}}1\underbrace{0\cdots0}_{s\text{个}}, r\geqslant 0, s\geqslant 1$$

这时

$$2k-1=1\underbrace{0\cdots00}_{(r+1)\text{个}}\underbrace{1\cdots1}_{s\text{个}}, r\geqslant 0, s\geqslant 1$$

因此,这时为使 $\delta(2k-1)=1$ 当且仅当 $s=2$.综上所述,当且仅当

$$2k = 1\underbrace{0\cdots0}_{r个}100, r \geqslant 0$$

时才有式 ⑤ 成立. 这时

$$k = 2^{r+2} + 2, r \geqslant 0 \quad ⑥$$

这样,为定出全体这样的 m,就是要求 $f(2^{r+2}+2)$ 的值. 由式 ④ 可得

$$f(2^{r+2}+2) = f(2^{r+2}+1) + \delta(2^{r+3}+3) =$$
$$f(2^{r+2}) + \delta(2^{r+3}+1) + \delta(2^{r+3}+3)$$

容易看出

$$\delta(2^{r+3}+1) = 0, \delta(2^{r+3}+3) = 1, r \geqslant 0$$

这样就归结为求 $f(2^{r+2})$ 的值. 由于从 0 到 $2^h - 1$ 的二进制表示是由二进制数

$$\underbrace{\times\times\cdots\times}_{h个}$$

中的数字 $\times, \times, \cdots, \times$ 任意取值 0,1 给出. 所以其中具有性质 α 的数恰好由组合数 $\binom{h}{3}$ 给出,由此及 $\delta(2^h) = 0$ 推出

$$\sum_{j=1}^{2^h} \delta(j) = \binom{h}{3}$$

由此即得

$$f(2^{r+2}) = \sum_{j=1}^{2^{r+3}} \delta(j) - \sum_{j=1}^{2^{r+2}} \delta(j) = \binom{r+3}{3} - \binom{r+2}{3} = \binom{r+2}{2}$$

综合以上讨论得

$$f(2^{r+2}+2) = 1 + \binom{r+2}{2}, r \geqslant 0$$

因此,使 $f(k) = m$ 仅有一解的全体 m 由整数

$$1 + \binom{r+2}{2}, r \geqslant 0$$

给出,且其解 $k = 2^{r+2} + 2$. 证毕.

解法 2　用 S 表示正整数集合内在二进制表示下恰有 3 个 1 的所有元素组成的集合. 首先证明

$$f(k+1) = \begin{cases} f(k), 当\ 2k+1 \notin S \\ f(k)+1, 当\ 2k+1 \in S \end{cases} \quad ⑦$$

由于 $f(k+1)$ 是集合 $\{k+2, k+3, \cdots, 2k+1, 2k+2\}$ 内在二进制表示下恰有 3 个 1 的所有元素组成的集合, $f(k)$ 是集合 $\{k+1, k+2, \cdots, 2k\}$ 内在二进制表示下恰有 3 个 1 的所有元素组成的集合. 在二进制表示下,在 $k+1$ 的个位数后面添加一个 0,恰为 $2(k+1)$ 在二进制表示下的数字. 于是, $k+1$ 与 $2(k+1)$ 同属于 S,

或者同时不属于 S,因此有公式 ⑦.

ⅰ 显然 $f(1)=0$,$f(2)=0$. 当 $k=2^s$,s 是大于或等于 2 的正整数时,$f(2^s)$ 表示集合 $\{2^s+1,2^s+2,\cdots,2^{s+1}\}$ 内在二进制表示下恰有 3 个 1 的所有元素的个数. 在二进制下

$$2^s+1=10\cdots01(\text{中间有 } s-1 \text{ 个 } 0)$$

$$2^{s+1}=10\cdots0(\text{后面有 } s+1 \text{ 个 } 0)$$

考虑所有形如 $1\times\times\cdots\times$ 的 $s+1$ 位数. 取 2 个 1 放入这 s 个 $\times$ 中的任两个 $\times$ 位置,其余 $\times$ 位置全部放入 0,就得到集合 $\{2^s+1,2^s+2,\cdots,2^{s+1}\}$ 内在二进制表示下恰有 3 个 1 的一个元素. 于是

$$f(2^s)=C_s^2=\frac{1}{2}s(s-1) \tag{8}$$

当 s 增大时,$\frac{1}{2}s(s-1)$ 显然无上界. 从 ⑦ 可知,$f(k)$ 无上界. 又从 $f(1)=0$,$f(k)$ 无上界及公式 ⑦ 可知,当 k 取遍所有正整数时,$f(k)$ 取遍所有非负整数. 于是,对于每个正整数 m,至少存在一个正整数 k,满足 $f(k)=m$.

ⅱ 由于对每一个(适当的)m,恰存在一个 k,满足 $f(k)=m$,则由公式 ⑦ 可知

$$f(k+1)=f(k)+1=m+1 \tag{9}$$

以及

$$f(k-1)=f(k)-1=m-1 \tag{10}$$

这表明

$$2k+1\in S,2(k-1)+1\in S$$

设在二进制下

$$k=2^s+k_12^{s-1}+k_22^{s-2}+\cdots+k_{s-1}2+k_s \tag{11}$$

其中,$k_1,k_2,\cdots,k_s\in\{1,0\}$,$s$ 是正整数

$$2k-1=2^{s+1}+k_12^s+k_22^{s-1}+\cdots+k_{s-1}2^2+k_s2-1 \tag{12}$$

$$2k+1=2^{s+1}+k_12^s+k_22^{s-1}+\cdots+k_s2+1 \tag{13}$$

由于在二进制下,$2k+1$ 恰有 3 个 1,则 $k_1,k_2,\cdots,k_s$ 中只有一个为 1,其余皆为 0. 于是

$$2k+1=2^{s+1}+2^t+1 \tag{14}$$

其中,t 是小于或等于 s 的正整数. 因此

$$k=2^s+2^{t-1} \tag{15}$$

于是,我们有

$$2k-1=2^{s+1}+2^t-1=2^{s+1}+2^{t-1}+\cdots+2+1 \tag{16}$$

由于在二进制下,$2k-1$ 也恰有 3 个 1,则 $t=2$,从而,$s\geqslant 2$. 由 ⑮,有

$$k=2^s+2 \tag{17}$$

$$k+1=2^s+2+1,2k=2^{s+1}+2^2 \tag{18}$$

在二进制下，$k+1$ 为 $10\cdots011$（中间有 $s-2$ 个 0），$2k$ 为 $10\cdots0100$（一共有 s 个 0）. 在 $k+1$ 与 $2k$ 之间的正整数为 $1\times\times\cdots\times$（有 s 个 $\times$，但排除 $10\cdots000$，$10\cdots001$，$10\cdots010$ 三个数），及 $s+2$ 位数 $10\cdots01$，$10\cdots010$，$10\cdots011$，$10\cdots0100$. 因此

$$f(2^s+2)=C_s^2+1=\frac{1}{2}s(s-1)+1 \tag{19}$$

从而，$f(k)=m$ 恰有惟一解时，必有 ⑰ 和

$$m=\frac{1}{2}s(s-1)+1 \tag{20}$$

其中，$s\geqslant 2$.

当 $m=\frac{1}{2}s(s-1)+1$ 时，这里正整数 $s\geqslant 2$，取 $k=2^s+2$，从上述证明可以得到 ⑲. 由于

$$2(2^s+2)-1=2^{s+1}+2+1$$
$$2(2^s+2)+1=2^{s+1}+2^2+1 \tag{21}$$

它们在二进制下都恰有 3 个 1，则由公式 ⑦，可以得到

$$f(2^s+2-1)=f(2^s+2)-1$$
$$f(2^s+2+1)=f(2^s+2)+1 \tag{22}$$

从而，$f(k)=\frac{1}{2}s(s-1)+1$ 的确有惟一解 $k=2^s+2$，其中正整数 $s\geqslant 2$.

4 求出所有的正整数对 $\{m,n\}$，使得 $\frac{n^3+1}{mn-1}$ 是整数.

澳大利亚命题

解法 1 记 $a\mid b$ 为 a 整除 b. 由

$$n^3+1=n(n^2+m)-(mn-1)$$

可推出

$$mn-1\mid n^3+1\Leftrightarrow mn-1\mid n(n^2+m)\Leftrightarrow mn-1\mid n^2+m\Leftrightarrow$$
$$mn-1\mid m(n^2+m)\Leftrightarrow mn-1\mid m^2+n$$

最后一步用到了

$$m(n^2+m)=m^2+n+n(mn-1)$$

由以上讨论可以看出 m,n 是对称的，问题可转化为求所有正整数

$$mn-1\mid n^2+m,m\geqslant n\geqslant 1$$

ⅰ $n=1$ 时，仅有 $m=2,3$；

ⅱ $m=n>1$ 时，由

$$\frac{n^2+m}{mn-1}=\frac{n}{n-1}=1+\frac{1}{n-1}$$

知，仅有 $m=n=2$；

ⅲ $m>n=2$ 时，仍利用原条件 $2m-1\mid 2^3+1$ 知，仅有 $m=5$；

ⅳ $m>n=3$ 时，由原条件 $3m-1\mid 3^3+1$ 知，仅有 $m=5$；

ⅴ 当 $m>n>3$ 时

$$\begin{aligned}mn-1=n^2+m+(mn-n^2-m-1)>\\ mn-n^2-m-1=\\ (m-(n+1))(n-1)-2\geqslant\\ -2>-(mn-1)\end{aligned}$$

因此，$mn-1\mid n^2+m$ 当且仅当

$$mn-n^2-m-1=0$$

即

$$m=(n+1)+\frac{2}{(n-1)}$$

现在 $n>3$，这不可能.

综上所述，全部解为

$$\{m,n\}=\{2,1\},\{3,1\},\{5,2\},\{5,3\},\{1,2\},\\ \{1,3\},\{2,5\},\{3,5\},\{2,2\}$$

解法2 容易看出，m^3 与 $mn-1$ 互素，所以 $mn-1\mid n^3+1$ 等价于 $mn-1\mid m^3(n^3+1)$. 由于

$$m^3(n^3+1)=(m^3n^3-1)+m^3+1$$

所以 $mn-1\mid n^3+1$ 等价于 $mn-1\mid m^3+1$. 因此，若 $m=a,n=b$ 是一组解，则 $m=b,n=a$ 亦是一组解，即 m,n 是对称的. 因此，可以仅讨论 $m\geqslant n$ 的情形，$m<n$ 的情形由对称性推出.

ⅰ 若 $m=n$，我们有

$$\frac{n^3+1}{mn-1}=\frac{n^3+1}{n^2-1}=n+\frac{1}{n-1}$$

因此，仅可能有 $m=n=2$ 一组解；

ⅱ 若 $m>n$. 显见，为使 $mn-1\mid n^3+1$，m 不能比 n 大太多. 当 $n=1$ 时

$$\frac{n^3+1}{mn-1}=\frac{2}{m-1}$$

因此，仅可能有 $m=2,n=1$；$m=3,n=1$ 两组解.

当 $n\geqslant 2$ 时，我们用带余数除法来确定 m,n 之间的关系. 设 $mn-1\mid n^3+1$. 我们有

$$\frac{n^3+1}{mn-1}=9n+r,0\leqslant r<n$$

因而有

$$n^3+1=(qmn-q+rm)n-r$$

所以，$n\mid r+1$，因此必有 $r=n-1$. 下面来定 q. 由此及 $m>n$ 得

$$(q+1)n-1=\frac{n^3+1}{mn-1}<\frac{n^3+1}{n^2-1}=n+\frac{1}{n-1}$$

所以

$$qn<1+\frac{1}{n-1}$$

由此及 $n\geqslant 2$ 得 $q=0$. 因此得

$$n^3+1=(mn-1)(n-1)$$

$$m=n+1+\frac{2}{n-1}$$

所以,这时仅有 $n=2,m=5$;$n=3,m=5$ 两组解.

综上所述,根据对称性知共有九组解,即

$$\{m,n\}=\{2,2\},\{2,1\},\{1,2\},\{3,1\},\{1,3\},$$
$$\{5,2\},\{2,5\},\{5,3\},\{3,5\}$$

5 求出满足以下条件的全部函数 f:

(1) f 的定义域为 $x>-1$,及 $f(x)>-1$;

(2) 对所有的 $x>-1,y>-1$ 有

$$f(x+f(y)+xf(y))=y+f(x)+yf(x)$$

(3) 在区间 $-1<x<0$ 及 $x>0$ 上,$f(x)/x$ 均为严格递增.

英国命题

解法 1 在条件(2)中取 $y=x$ 得

$$f(x+(1+x)f(x))=x+(1+x)f(x) \quad ①$$

设 u 是函数 f 的不动点,即 $f(u)=u$. 在式 ① 中取 $x=u$ 得

$$f(u^2+2u)=u^2+2u$$

即 u^2+2u 也是 f 的不动点. 若 $u>0$,则

$$u^2+2u>u>0$$

由条件(3)知

$$\frac{f(u^2+2u)}{u^2+2u}>\frac{f(u)}{u}$$

这与 u,u^2+2u 均为不动点矛盾. 若 $-1<u<0$,则

$$-1<u^2+2u<u<0$$

由条件(3)知

$$\frac{f(u^2+2u)}{u^2+2u}<\frac{f(u)}{u}$$

这也与 u,u^2+2u 均为不动点矛盾. 因此仅可能有 $u=0$. 条件 ① 不仅表明,只要满足题意的函数存在,这函数就一定有不动点,且对所有 $x>-1,u=x+(1+x)f(x)$ 均为不动点. 结合以上讨论就推出

$$x+(1+x)f(x)$$

恒为零,即必有

$$f(x)=-\frac{x}{1+x},x>-1$$

容易验证(也必须验证)这个函数满足全部条件(留给读者). 因此,满足条件的函数只有这一个. 证毕.

解法 2 在函数方程中，令 $y=x$，有

$$f(x+f(x)+xf(x))=x+f(x)+xf(x) \quad ②$$

如果能证明满足 $f(x)=x$ 的解只有一个 $x=0$，则由 ②，有

$$x+f(x)+xf(x)=0 \quad ③$$

即

$$f(x)=-\frac{x}{1+x} \quad ④$$

当 $-1<x<0$ 时，由于 $\frac{f(x)}{x}$ 是严格递增的，因此 $\frac{f(x)}{x}=1$ 至多有一个解 $x=u$，$u\in(-1,0)$，即至多存在一个 $u\in(-1,0)$，满足 $f(u)=u$.

如果这样的 u 存在，在方程 ② 中令 $x=u$，并利用 $f(u)=u$，有

$$f(2u+u^2)=2u+u^2 \quad ⑤$$

由 $u^2+2u=(u+1)^2-1, 0<u+1<1$

可知 $0<(u+1)^2<1, -1<(u+1)^2-1<0$

这表明 $u^2+2u\in(-1,0)$. 从 ⑤ 可以知道，记 $x=u^2+2u$，上述 x 也满足 $\frac{f(x)}{x}=1$，且在 $(-1,0)$ 内，于是利用 $(-1,0)$ 内 $\frac{f(x)}{x}=1$ 至多有一个解，可以得到

$$u^2+2u=u \quad ⑥$$

由 ⑥，立即有

$$u(u+1)=0 \quad ⑦$$

由于 $-1<u<0$，等式 ⑦ 是不成立的. 所以，当 $-1<x<0$ 时，不会有 x 满足 $f(x)=x$.

当 $x>0$ 时，由于 $\frac{f(x)}{x}$ 是严格递增的，因此当 $x>0$ 时，$\frac{f(x)}{x}=1$ 也至多有一解 $x=u$，其中，$u>0$. 类似地，在方程 ① 中令 $x=u$，并利用 $f(u)=u$，仍有 ⑤. 当 $u>0$ 时，显然 $u^2+2u>0$，从而仍然有 ⑥ 和 ⑦. 由于 $u>0$，等式 ⑦ 是不成立的. 所以，当 $x>0$ 时，不会有 x 满足 $f(x)=x$. 因此，由式 ②，必有式 ③，即必有式 ④.

当 ④ 成立时

$$x+f(y)+xf(y)=x-\frac{y}{1+y}-\frac{xy}{1+y}=\frac{x-y}{1+y} \quad ⑧$$

于是

$$f(x+f(y)+xf(y))=f\left(\frac{x-y}{1+y}\right)=-\frac{\frac{x-y}{1+y}}{1+\frac{x-y}{1+y}}=\frac{y-x}{1+x} \quad ⑨$$

而

$$y+f(x)+yf(x)=y-\frac{x}{1+x}-\frac{xy}{1+x}=\frac{y-x}{1+x} \qquad ⑩$$

所以,式 ④ 所表示的函数是满足题目条件的惟一解.

❻ 求证:存在一个具有下述性质的正整数的集合 A:对于任何由无限多个素数组成的集合 S,存在 $k\geqslant 2$ 及正整数 $m\in A$ 和 $n\notin A$,使得 m 和 n 均为 S 中 k 个不同元素的乘积.

芬兰命题

证法 1 设 $q_1,q_2,\cdots,q_n,\cdots$ 是全部素数从小到大的排列,即

$$q_1=2,q_2=3,q_3=5,q_4=7,q_5=11,q_6=13,q_7=17,\cdots$$

令 $$A_1=\{2\times 3,2\times 5,2\times 7,2\times 11,\cdots\}$$

即 A_1 是全部 $2q$ 的集合,其中,q 是大于 2 的素数;

$$A_2=\{3\times 5\times 7,3\times 5\times 11,\cdots,3\times 7\times 11,3\times 7\times 13,\cdots\}$$

即 A_2 是全部 $3\times q_i\times q_j$ 的集合,其中,$q_i<q_j$,q_i,q_j 都是大于 3 的素数;

……

简洁地写,对于任一个正整数 t_1,令

$$A_{t_1}=\bigcup_{q_{t_1}<q_{t_2}<\cdots<q_{t_{qt_1}}} q_{t_1}q_{t_2}\cdots q_{t_{qt1}} \qquad ①$$

其中,$q_{t_i}(i=1,2,\cdots,q_{t_1})$ 全部是素数. 该并集是满足 $q_{t_1}<q_{t_2}<\cdots<q_{t_{q_{t1}}}$ 条件的全部素数的并集.

再令

$$A=\bigcup_{t_1=1}^{\infty} A_{t_1} \qquad ②$$

对于由无限个素数组成的集合

$$S=\{p_1,p_2,\cdots,p_t,\cdots\} \qquad ③$$

其中,$p_1<p_2<\cdots<p_t<\cdots$,$p_1\geqslant 2$,$p_2\geqslant 3$,$p_3\geqslant 5$,$\cdots$. 因素数 p_i 是某个 $q_{t_i}(i=1,2,\cdots,p_1+2)$,由 ① 知

$$p_1p_2\cdots p_{p_1}=q_{t_1}q_{t_2}\cdots q_{t_{q_{t_1}}}\in A_{t_1}\subset A \qquad ④$$

令 $m=p_1p_2\cdots p_{p_1}$,则 $m\in A$.

由于

$$q_{t_3}-q_{t_1}=p_3-p_1\geqslant 3 \qquad ⑤$$

那么

$$p_{p_1+2}=q_{t_{p_1+2}}=q_{t_{q_{t_1}+2}}<q_{t_{q_{ts}}} \qquad ⑥$$

于是

$$p_3p_4\cdots p_{p_1+2}=q_{t_3}q_{t_4}\cdots q_{t_{q_{t_1}+2}}\notin A \qquad ⑦$$

令

$$n=p_3p_4\cdots p_{p_1+2},k=p_1 \quad ⑧$$

本题得证.

此证法属于张健

证法 2 首先,他证明了如下的引理.

引理:在正整数集合的所有有限子集上,可以涂黑色或白色,使得对正整数的任意一个无限集,总有两个 k 元子集,$k\geqslant 2$.一个子集是黑色,一个子集是白色.

引理的证明 对于正整数的一个 k 元子集,$k\geqslant 2$,如果在 $\bmod k$ 意义下,该 k 元子集属于同一个剩余类,那么将该子集涂黑色,否则涂白色.

由此,对于任意一个无限正整数的集合 $B=\{b_1,b_2,\cdots\}$,设

$$k=|b_1-b_2|+1$$

因为 $b_1-b_2\not\equiv 0(\bmod k)$,则 k 元子集 $\{b_1,b_2,\cdots,b_k\}$ 涂白色.

但是 B 是一个无限集,必存在一个无限子集 $\{b_{i_1},b_{i_2},\cdots\}$,这里 $i_1<i_2<\cdots$,使得

$$b_{i_j}\equiv b_{i_l}(\bmod k)$$

那么子集 $\{b_{i_1},b_{i_2},\cdots,b_{i_k}\}$ 涂黑色.引理成立.

假如 $p_1<p_2<p_3<\cdots<p_n<\cdots$ 是全部素数,即 $p_1=2$,$p_2=3$,$p_3=5$,等等.

用下述方法取集合 A,对于任意有限正整数集合 $\{i_1,i_2,\cdots,i_k\}$,其中,$i_1<i_2<\cdots<i_k$,如果集合 $\{i_1,i_2,\cdots,i_k\}$ 是黑色的,令 $p_{i_1}p_{i_2}\cdots p_{i_k}\in A$,否则 $p_{i_1}p_{i_2}\cdots p_{i_k}\notin A$.

下面证明集合 A 满足条件.

对于任意无限素数集合 $S=\{p_{s_1},p_{s_2},\cdots\}$,下标集合 $\{s_1,s_2,\cdots\}$ 是一个无限正整数集合.由引理,有两个 k 元子集 $\{i_1,i_2,\cdots,i_k\}$,$\{j_1,j_2,\cdots,j_k\}$,使得 $\{i_1,i_2,\cdots,i_k\}$ 是黑色的,$\{j_1,j_2,\cdots,j_k\}$ 是白色的.于是,$m=p_{i_1}p_{i_2}\cdots p_{i_k}\in A$,$n=p_{j_1}p_{j_2}\cdots p_{j_k}\notin A$.

第 35 届国际数学奥林匹克英文原题

The thirty-fifth International Mathematical Olympiad was held from July 8th to July 20th 1994 in Hong Kong.

1 Let m and n be positive integers. Let $a_1, a_2, \cdots, a_m$ be distinct elements of $\{1,2,\cdots,n\}$, such that whenever $a_i + a_j \leqslant n$ for some $i, j, 1 \leqslant i \leqslant j \leqslant m$ there exists $k, 1 \leqslant k \leqslant m$, with $a_i + a_j = a_k$.

(France)

Prove that: $\frac{a_1 + a_2 + \cdots + a_m}{m} \geqslant \frac{n+1}{2}$.

2 ABC is an isosceles triangle with $AB = AC$. Suppose that:

(Armenia-Australia)

(i) M is the midpoint of BC and O is the point on the line AM such that OB is perpendicular to AB;

(ii) Q is an arbitrary point on the segment BC different from B and C;

(iii) E lies on the line AB and F lies on the line AC such that E, Q and F are distinct and collinear.

Prove that OQ is perpendicular to EF if and only if $QE = QF$.

3 For any positive integer k, let A_k be the number of elements in the set $\{k+1, k+2, \cdots, 2k\}$ whose base 2 representation ahs precisely three 1s.

(Romania)

a) Prove that, for each positive integer m, there exists at least one positive integer k, such that $f(k) = m$.

b) Determine all positive integers m for which there exists exactly one m with $f(k) = m$.

4 Determine all ordered pairs (m,n) of positive integers such that

$$\frac{n^3+1}{mn-1}$$

is an integer.

(Australia)

5 Let S be the set of real numbers strictly greater than -1. Find all functions $f: S\to S$ satisfying the two conditions:

(i) $f(x+f(y)+xf(y))=y+f(x)+yf(x)$ for all x and y in S;

(ii) $\frac{f(x)}{x}$ is strictly increasing on each of the intervals

$$-1<x<0 \text{ and } 0<x$$

(United Kingdom)

6 Show that there exists a set A of positive integers with the following property: for any infinite set S of primes, there exist two positive integers $m\in A$ and $n\notin A$ each of which is a product of k distinct elements of S for some $k\geqslant 2$.

(Finland)

第 35 届国际数学奥林匹克各国成绩表

1994，中国香港

名次	国家或地区	分数		奖牌		参赛队
		（满分 252）	金牌	银牌	铜牌	人数
1.	美国	252	6	—	—	6
2.	中国	229	3	3	—	6
3.	俄罗斯	224	3	2	1	6
4.	保加利亚	223	3	2	1	6
5.	匈牙利	221	1	5	—	6
6.	越南	207	1	5	—	6
7.	英国	206	2	2	2	6
8.	伊朗	203	2	2	2	6
9.	罗马尼亚	198	—	5	1	6
10.	日本	180	1	2	3	6
11.	德国	175	1	2	3	6
12.	澳大利亚	173	—	2	3	6
13.	韩国	170	—	2	4	6
14.	波兰	170	2	—	3	6
15.	中国台湾	170	—	4	1	6
16.	印度	168	—	3	3	6
17.	乌克兰	163	1	1	2	6
18.	中国香港	162	—	4	2	6
19.	法国	161	1	1	3	6
20.	阿根廷	159	—	3	1	6
21.	捷克	154	—	2	2	6
22.	斯洛文尼亚	150	1	1	2	6
23.	白俄罗斯	144	—	1	4	6
24.	加拿大	143	1	—	3	6
25.	以色列	143	—	1	4	6
26.	哥伦比亚	136	—	2	2	6
27.	南非	120	—	3	—	6
28.	土耳其	118	—	—	4	6
29.	新西兰	116	—	—	4	6
30.	新加坡	116	—	2	—	6

续表

名次	国家或地区	分数（满分 252）	奖牌 金牌	银牌	铜牌	参赛队人数
31.	奥地利	114	1	—	—	6
32.	亚美尼亚	110	—	—	4	5
33.	泰国	106	—	—	3	6
34.	比利时	105	—	—	2	6
35.	摩洛哥	105	—	—	2	6
36.	意大利	102	—	—	2	6
37.	荷兰	99	—	—	2	6
38.	拉脱维亚	98	—	—	3	6
39.	巴西	95	—	2	—	5
40.	格鲁吉亚	95	—	—	1	6
41.	瑞典	92	—	—	1	6
42.	希腊	91	—	—	1	6
43.	克罗地亚	90	—	—	2	6
44.	爱沙尼亚	82	—	—	1	5
45.	挪威	80	—	1	1	6
46.	中国澳门	75	—	1	—	6
47.	立陶宛	73	—	—	1	6
48.	芬兰	70	—	—	—	6
49.	爱尔兰	68	—	—	—	6
50.	马其顿	67	—	—	1	4
51.	蒙古	65	—	1	—	6
52.	特立尼达一多巴哥	63	—	—	—	6
53.	菲律宾	53	—	—	—	6
54.	智利	52	—	1	—	2
55.	摩尔多瓦	52	—	—	1	6
56.	葡萄牙	52	—	—	—	6
57.	丹麦	51	—	—	2	6
58.	塞浦路斯	48	—	—	—	6
59.	斯洛文尼亚	47	—	—	—	5
60.	波斯尼亚一黑塞哥维那	44	—	—	1	5
61.	西班牙	41	—	—	—	6
62.	瑞士	35	—	—	1	3
63.	卢森堡	32	—	1	—	1
64.	冰岛	29	—	—	—	6
65.	墨西哥	29	—	—	—	6
66.	吉尔吉斯斯坦	24	—	—	—	6
67.	古巴	12	—	—	—	1
68.	科威特	12	—	—	—	6

第 35 届国际数学奥林匹克预选题

1 设 $a_0=1\,994$，对任何非负整数 n，$a_{n+1}=\dfrac{a_n^2}{a_n+1}$，求证：$1\,994-n$ 是小于或等于 a_n 的最大整数，这里 $0\leqslant n\leqslant 998$.

证明 $a_0=1\,994$，a_0 是一个正整数. 不妨考虑得稍广泛一些，对正整数 a_0 加以讨论，看看会有什么结果.

$a_0>0$，$a_{n+1}=\dfrac{a_n^2}{a_n+1}$，于是，对于任何正整数 n，$a_n>0$. 由于

$$a_n-a_{n+1}=a_n-\frac{a_n^2}{a_n+1}=\frac{a_n}{1+a_n}>0 \quad ①$$

因此，有 $a_0>a_1>a_2>\cdots>a_n>\cdots$. 当 n 为正整数时

$$\begin{aligned}a_n&=a_0+(a_1-a_0)+(a_2-a_1)+\cdots+(a_n-a_{n-1})=\\&a_0-\left(\frac{a_0}{1+a_0}+\frac{a_1}{1+a_1}+\cdots+\frac{a_{n-1}}{1+a_{n-1}}\right)=\\&a_0-\left(\left(1-\frac{1}{1+a_0}\right)+\left(1-\frac{1}{1+a_1}\right)+\cdots+\right.\\&\left.\left(1-\frac{1}{1+a_{n-1}}\right)\right)=\\&a_0-n+\left(\frac{1}{1+a_0}+\frac{1}{1+a_1}+\cdots+\frac{1}{1+a_{n-1}}\right)>a_0-n\end{aligned} \quad ②$$

如果 $1\leqslant n\leqslant\dfrac{1}{2}(a_0+2)$，则

$$a_0-(n-1)\geqslant(n-1)\geqslant0 \quad ③$$

在不等式 ② 中用 $n-1$ 代替 n，有

$$a_{n-1}>a_0-(n-1)\geqslant0 \quad ④$$

利用 ④ 及 $0<a_{n-1}<a_{n-2}<\cdots<a_1<a_0$，有

$$\begin{aligned}&\frac{1}{1+a_0}+\frac{1}{1+a_1}+\cdots+\frac{1}{1+a_{n-1}}\leqslant\frac{n}{1+a_{n-1}}\leqslant\\&\frac{n}{1+a_0-(n-1)}=\frac{n}{a_0-n+2}\end{aligned} \quad ⑤$$

当 $n=1$ 时，⑤ 为等式；当 $n\geqslant2$ 时，利用 ④，⑤ 为严格不等式. 又由于

$$\frac{1}{a_0+1}<1 \quad ⑥$$

当 $n\geqslant 2$ 时,利用 $n\leqslant \frac{1}{2}(a_0+2)$,有

$$n\leqslant a_0-n+2 \quad ⑦$$

由 ⑤,⑥,⑦,不论 $n=1$,或正整数 $n\geqslant 2$,都有

$$\frac{1}{1+a_0}+\frac{1}{1+a_1}+\cdots+\frac{1}{1+a_{n-1}}<1 \quad ⑧$$

由 ② 和 ⑧,当 $1\leqslant n\leqslant \frac{1}{2}(a_0+2)$ 时,有

$$a_0-n<a_n<a_0-n+1 \quad ⑨$$

从而,可以得到

$$[a_n]=a_0-n \quad ⑩$$

当 $n=0$ 时,上式仍然成立.因此,可以得到下述结论:

a_0 是一个正整数,对于任何非负整数 n,$a_{n+1}^2=\frac{a_n^2}{a_n+1}$,则 a_0-n 是小于或等于 a_n 的最大整数,这里 $0\leqslant n\leqslant \frac{1}{2}(a_0+2)$.

特别当 $a_0=1\ 994$ 时,这恰为本题.

❷ 设 m 和 n 是正整数.$a_1,a_2,\cdots,a_m$ 是集合 $\{1,2,\cdots,n\}$ 中的不同元素.每当 $a_i+a_j\leqslant n$,$1\leqslant i\leqslant j\leqslant m$,就有某个 k,$1\leqslant k\leqslant m$,使得 $a_i+a_j=a_k$.求证

$$\frac{1}{m}(a_1+a_2+\cdots+a_m)\geqslant \frac{1}{2}(n+1)$$

解 此题为本届竞赛题 1.

❸ 设 S 表示所有大于 -1 的实数组成的集合,确定所有的函数 $f:S\rightarrow S$,满足以下两个条件:

(1) 对于 S 内的所有 x 和 y,有

$$f(x+f(y)+xf(y))=y+f(x)+yf(x)$$

(2) 在区间 $-1<x<0$ 与 $x>0$ 的每一个内,$\frac{f(x)}{x}$ 是严格递增的.

解 此题为本届竞赛题 5.

4 设 **R** 是全体实数的集合，和 $\mathbf{R}^+$ 是所有正实数组成的子集合．α,β 是给定实数，寻找所有函数 $f:\mathbf{R}^+\to\mathbf{R}$，使得对 $\mathbf{R}^+$ 内所有 x 和 y，有

$$f(x)f(y)=y^{\alpha}f\left(\frac{x}{2}\right)+x^{\beta}f\left(\frac{y}{2}\right)$$

解　在题目所给函数方程中，令 $y=x$，有

$$f\left(\frac{x}{2}\right)=\frac{(f(x))^2}{x^{\alpha}+x^{\beta}} \qquad ①$$

在上式中将 x 改写成 y，有

$$f\left(\frac{y}{2}\right)=\frac{(f(y))^2}{y^{\alpha}+y^{\beta}} \qquad ②$$

将 ① 和 ② 代入原函数方程，有

$$f(x)f(y)=\frac{y^{\alpha}}{x^{\alpha}+x^{\beta}}(f(x))^2+\frac{x^{\beta}}{y^{\alpha}+y^{\beta}}(f(y))^2 \qquad ③$$

在上式中交换 x 与 y 的位置，有

$$f(y)f(x)=\frac{x^{\alpha}}{y^{\alpha}+y^{\beta}}(f(y))^2+\frac{y^{\beta}}{x^{\alpha}+x^{\beta}}(f(x))^2 \qquad ④$$

公式 ③ 与 ④ 相加，可以得到

$$2f(x)f(y)=\frac{x^{\alpha}+x^{\beta}}{y^{\alpha}+y^{\beta}}(f(y))^2+\frac{y^{\alpha}+y^{\beta}}{x^{\alpha}+x^{\beta}}(f(x))^2 \qquad ⑤$$

上式两端除以 $(x^{\alpha}+x^{\beta})(y^{\alpha}+y^{\beta})$，有

$$\left[\frac{f(x)}{x^{\alpha}+x^{\beta}}-\frac{f(y)}{y^{\alpha}+y^{\beta}}\right]^2=0 \qquad ⑥$$

那么，对于任何正实数 x 和 y，有

$$\frac{f(x)}{x^{\alpha}+x^{\beta}}-\frac{f(y)}{y^{\alpha}+y^{\beta}} \qquad ⑦$$

在上式中，令 $y=1$，且记

$$\lambda=\frac{1}{2}f(1) \qquad ⑧$$

有

$$f(x)=\lambda(x^{\alpha}+x^{\beta}) \qquad ⑨$$

当 $\lambda=0$ 时，$f(x)=0$，它显然是函数方程的一个解．下面设常数 $\lambda\neq 0$．

先考虑 $\alpha\neq\beta$ 的情况．由 ⑨，有

$$f(y)=\lambda(y^{\alpha}+y^{\beta})$$

$$f\left(\frac{x}{2}\right)=\lambda\left[\left(\frac{x}{2}\right)^{\alpha}+\left(\frac{x}{2}\right)^{\beta}\right]$$

$$f\left(\frac{y}{2}\right)=\lambda\left[\left(\frac{y}{2}\right)^{\alpha}+\left(\frac{y}{2}\right)\beta\right] \qquad ⑩$$

将 ⑨,⑩ 代入原函数方程,有

$$\lambda^2(x^\alpha+x^\beta)(y^\alpha+y^\beta)=$$

$$y^\alpha\lambda\left[\left(\frac{x}{2}\right)^\alpha+\left(\frac{x}{2}\right)^\beta\right]+$$

$$x^\beta\lambda\left[\left(\frac{y}{2}\right)^\alpha+\left(\frac{y}{2}\right)^\beta\right] \quad ⑪$$

由于现在 $\lambda\neq 0$,上式两端除以 λ,有

$$\left(\lambda-\frac{1}{2^\alpha}\right)x^\alpha y^\alpha+\left(\lambda-\frac{1}{2^\beta}-\frac{1}{2^\alpha}\right)x^\beta y^\alpha+\lambda x^\alpha y^\beta+\left(\lambda-\frac{1}{2^\beta}\right)x^\beta y^\beta=0 \quad ⑫$$

不妨设 $\alpha>\beta$($\alpha<\beta$ 完全类似).上式两端除以 $x^\alpha y^\alpha$,有

$$\left(\lambda-\frac{1}{2^\alpha}\right)+\left(\lambda-\frac{1}{2^\alpha}-\frac{1}{2^\beta}\right)x^{\beta-\alpha}+\lambda y^{\beta-\alpha}+\left(\lambda-\frac{1}{2^\beta}\right)x^{\beta-\alpha}y^{\beta-\alpha}=0 \quad ⑬$$

在 ⑬ 中,令 $x\to\infty$,$y\to\infty$,有

$$\lambda=\frac{1}{2^\alpha} \quad ⑭$$

将 ⑭ 代入(12),有

$$-\frac{1}{2^\beta}x^\beta y^\alpha+\frac{1}{2^\alpha}x^\alpha y^\beta+\left(\frac{1}{2^\alpha}-\frac{1}{2^\beta}\right)x^\beta y^\beta=0 \quad ⑮$$

令 $x=y$,且上式两端同除以 $y^{2\beta}$,有

$$-\frac{1}{2^\beta}y^{\alpha-\beta}+\frac{1}{2^\alpha}y^{\alpha-\beta}+\left(\frac{1}{2^\alpha}-\frac{1}{2^\beta}\right)=0 \quad ⑯$$

令 $y\to 0$,从上式有

$$\frac{1}{2^\alpha}-\frac{1}{2^\beta}=0 \quad ⑰$$

由于 $\alpha\neq\beta$,这是不可能成立的.从而当 $\alpha\neq\beta$ 时,除了平凡解 $f(x)=0$,没有其他解.

下面考虑 $\alpha=\beta$.由 ⑨,有

$$f(x)=2\lambda x^\alpha, f(y)=2\lambda y^\alpha$$

$$f\left(\frac{x}{2}\right)=2\lambda\left(\frac{x}{2}\right)^\alpha, f\left(\frac{y}{2}\right)=2\lambda\left(\frac{y}{2}\right)^\alpha \quad ⑱$$

将 ⑱ 代入题目中函数方程,并且利用 $\beta=\alpha$,有

$$4\lambda^2x^\alpha y^\alpha=2^{1-\alpha}\lambda x^\alpha y^\alpha+2^{1-\alpha}\lambda x^\alpha y^\alpha \quad ⑲$$

由于上式对任意正实数 x,y 成立,于是

$$4\lambda^2=2^{2-\alpha}\lambda \quad ⑳$$

由于现在 $\lambda\neq 0$,有

$$\lambda=\frac{1}{2^\alpha} \quad ㉑$$

从而,当 $\beta=\alpha$ 时,函数方程有解

$$f(x)=2^{1-\alpha}x^\alpha \quad ㉒$$

因此，本题有两解，一个是平凡解 $f(x)=0$，另一个是当 $\beta=\alpha$ 时，$f(x)=2^{1-\alpha}x^{\alpha}$.

5 对 $x\neq 0$，$f(x)=\dfrac{x^2+1}{2x}$，定义 $f^{(0)}=x$，和对所有正整数 n 和 $x\neq 0$，$f^{(n)}(x)=f(f^{(n-1)}(x))$，求证：对所有的非负整数 n 和 $x\neq -1,0,1$，有

$$\frac{f^{(n)}(x)}{f^{(n+1)}(x)}=1+\frac{1}{f\left(\left(\frac{x+1}{x-1}\right)^{2n}\right)}$$

证明 备选题(英文本)提供的解答很难. 本题可以用数学归纳法直接给以证明. 对非负整数 n 用数学归纳法.

当 $n=0$ 时，对于 $x\neq -1,0,1$，有

$$\frac{f^{(0)}(x)}{f^{(1)}(x)}=\frac{x}{f(x)}=\frac{2x^2}{x^2+1} \tag{①}$$

而

$$1+\frac{1}{f\left(\frac{x+1}{x-1}\right)}=1+\frac{2\left(\frac{x+1}{x-1}\right)}{\left(\frac{x+1}{x-1}\right)^2+1}=1+\frac{2(x+1)(x-1)}{(x+1)^2+(x-1)^2}=$$

$$1+\frac{2(x^2-1)}{2(x^2+1)}=\frac{2x^2}{x^2+1} \tag{②}$$

所以，当 $n=0$ 时，题目中等式成立.

设 $n=k$，这里 k 是某个非负整数，$x\neq -1,0,1$，有

$$\frac{f^{(k)}(x)}{f^{(k+1)}(x)}=1+\frac{1}{f\left(\left(\frac{x+1}{x-1}\right)^{2k}\right)} \tag{③}$$

由于 $f(x)=\dfrac{x^2+1}{2x}$，当 $x\neq -1,0,1$ 时，$f(x)\neq -1,0,1$. ($f(x)\neq 0$ 是明显的；如果 $f(x)=-1$，则 $(x+1)^2=0$，$x=-1$；如果 $f(x)=1$，则 $(x-1)^2=0$，$x=1$.) 于是，当 $n=k+1$ 时，利用 ③，有

$$\frac{f^{(k+1)}(x)}{f^{(k+2)}(x)}=\frac{f^{(k)}(f(x))}{f^{(k+1)}(f(x))}=1+\frac{1}{f\left(\left(\frac{f(x)+1}{f(x)-1}\right)^{2k}\right)} \tag{④}$$

而

$$\frac{f(x)+1}{f(x)-1}=\frac{\frac{x^2+1}{2x}+1}{\frac{x^2+1}{2x}-1}=\frac{(x+1)^2}{(x-1)^2} \tag{⑤}$$

将 ⑤ 代入 ④，有

$$\frac{f^{(k+1)}(x)}{f^{(k+2)}(x)}=1+\frac{1}{f\left(\left(\frac{x+1}{x-1}\right)^{2k+1}\right)} \quad ⑥$$

至此归纳法完成,题目结论成立.

6 在 5×5 的方格纸上,两个游戏者轮流在空格内填数,第一个游戏者总是填 1,第二个游戏者总是填 0,两人轮流填数,直到这方格纸填满数.在九个 3×3 方格纸的每一个中,3×3 方格上的 9 个数之和是可计算的,用 A 表示这九个数和的最大值,不管第二个游戏者怎样填数,问第一个游戏者适当填数,能得到的 A 值有多大?

解 从左到右,分别有 a,b,c,d,e 表示 5 列;从上到下,分别用 1,2,3,4,5 表示 5 行(图 35.7).然后轻轻擦掉第 1、第 2 行的分界线段,及第 3、第 4 行的分界线段,在图中用虚线表示这两条线段.于是,从第一行到第四行一共有 10 个 2×1 的长方形,每个 2×1 的长方形有上、下两个小方格.

首先证明第二个游戏者能适当填数,使得 $A\leqslant6$.

每当第一个游戏者在一个 2×1 的长方形内的一个小方格里填 1,紧接着第二个游戏者就在同一个 2×1 长方形的另一个小方格里填 0.

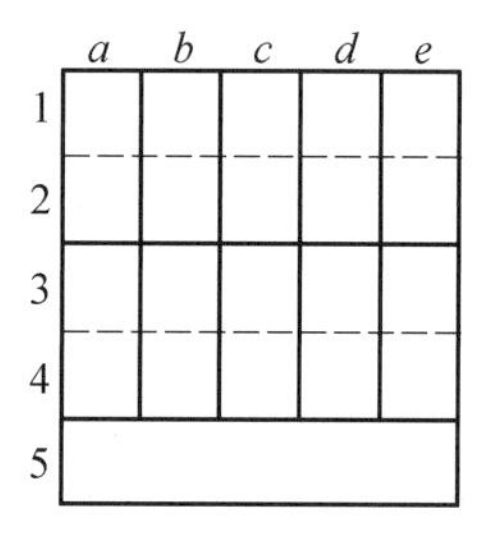

图 35.7

因为任何 3×3 正方形必定包含 3 个 2×1 长方形,那么第二个游戏者采用上述方法,在一个 3×3 正方形内至少可以填 3 个 0.于是,第二个游戏者采用适当的方法,可以使 $A\leqslant6$.

下面证明第一个游戏者可采用适当的方法,使 $A=6$,不管第二个游戏者怎样填数.

第一个游戏者在 $c3$(第 3 列第 3 行小方格)位置上首先填一个 1,紧接着第二个游戏者有两种选择:

(1) 在第 3 行的某一个小方格内填一个 0,当然不能在 $c3$ 位置;

(2) 在第 4 行或第 5 行的某一个小方格内,填一个 0.(如果在第 1 行或第 2 行的某一个小方格内填 0,由于图形的对称性,将从上到下第 1 行到第 5 行重新标为第 5 行到第 1 行,即将第 1,2,3,4,5 行改为第 5,4,3,2,1 行.)

不管(1)或(2)的哪一种情况,接着,第一个游戏者又可以填数了,他可以在 $c2$ 位置填一个 1.那么,作为第二个游戏者,可以有两种选择:

① 不在 $c1$ 位置填 0;

② 在 $c1$ 位置填 0.

如果是①,那么轮到第一个游戏者,他可以在 $c1$ 位置填 1. 于是在 c 列前三行就有 3 个 1. 然后第二个游戏者在某个空格填个 0,至此,第二个游戏者只填了 3 个 0,那么在 3×3 正方形$(a,b,c)\times(1,2,3)$(前 3 列与前 3 行组成的正方形)或 3×3 正方形$(c,d,e)\times(1,2,3)$(第 3,4,5 列与前 3 行组成的正方形)中至少存在一个 3×3 正方形,在这个 3×3 正方形内,第二个游戏者至多只填了一个 0. 不妨设$(a,b,c)\times(1,2,3)$ 内至多只含一个 0,尚有 5 个空格,而且是轮到第一个游戏者开始填数,那么不管第二个游戏者如何填数,第一个游戏者至少还可以在这 5 个空格内填 3 个 1. 因此,在$(a,b,c)\times(1,2,3)$ 这个 3×3 正方形内有 6 个 1,即 $A=6$.

如果是②,考虑第二个游戏者第一次填 0 的位置,有两种可能:在 $c4$ 位置填 0,或不在 $c4$ 位置填 0. 如第一次不在 $c4$ 位置填 0,则第三轮到第一个游戏者填数了,他可以在 $c4$ 位置填 1,那么 c 列第 2,3,4 行就有 3 个 1,类似前面证明,$(a,b,c)\times(2,3,4)$ 或$(c,d,e)\times(2,3,4)$ 中可以填 6 个 1. 如果第二个游戏者第一次在 $c4$ 填 0,那么 b 列是空白的,又轮到第一个游戏者填数,那么在 b 列前 3 行,即$(b)\times(1,2,3)$ 中,不管第二个游戏者如何填数,第一个游戏者在这 3 个小方格中可以填 2 个 1,那么在$(b,c)\times(1,2,3)$ 中已有 4 个 1,其中 $c1$ 位置是 0,注意 $c4$ 位置也是 0. 在$(a)\times(1,2,3)$,再加上 b 列前三行中没填 1 的方格 *,组成第一个四方格;$(d)\times(1,2,3)$,再加上 b 列方格 *,组成第二个四方格,这两个四方格有一个公共方格 *,在这两个四方格中,至多有两个 0,那么一定有一个四方格内至多只有一个 0,不妨设$(a)\times(1,2,3)$,再加上方格 * 内,至多只有一个 0,即这个四方格内还存在 3 个小空格,现又轮到第一个游戏者开始填 1 了,在剩下的 3 个小空格内,一定可以填 2 个 1,于是$(a,b,c)\times(1,2,3)$ 内有 6 个 1.

综上所述,不管第二个游戏者怎样填数,第一个游戏者适当填数,能得到的 A 值是 6.

	b	c
1	1	0
2	*	1
3	1	1
4		0

7 在某个城市,用实数计算年龄,不用整数. 每两个市民 x 和 x' 或者互相认识,或者互相不认识. 此外,如果他们互相不认识,那么一定存在一群市民 $x=x_0,x_1,\cdots,x_n=x'$,对某个整数 $n\geqslant 2$,使得 x_{i-1} 和 x_i 是互相认识的. 在一次人口普查中,所有男性市民公布了他们的年龄,和至少有一个男性市民. 每个女性市民只提供了以下信息,她的年龄是她认识的所有市民的年龄的平均值. 求证:这些信息足够唯一确定所有女性市民的年龄.

证明 用 $a_1,a_2,\cdots,a_m$ 表示这城市所有男性市民的年龄，这里 m 是一个正整数. 下面证明每个女性市民的年龄可以表示为 $c_1a_1+c_2a_2+\cdots+c_ma_m$，这里 c_i 是已知非负实数，$1\leqslant i\leqslant m$ 和 $c_1+c_2+\cdots+c_m=1$.

对女性市民(未知数) 的数目 n 用数学归纳法.

当 $n=1$ 时，即这个城市只有一个女性市民，由题目条件，她的年龄是她认识的所有市民的年龄的平均值，由于只有一个女性市民，她所认识的所有市民都是男性市民. 设她认识的所有男性市民的年龄为 $a_{i_1},a_{i_2},\cdots,a_{i_k}$，这些数全是已知数，这位女性市民的年龄为

$$\frac{1}{k}(a_{i_1}+a_{i_2}+\cdots+a_{i_k})=\sum_{i=1}^{m}c_ia_i \qquad ①$$

当 i 是某个 $i_j(1\leqslant j\leqslant k)$ 时，$c_{i_j}=\frac{1}{k}$，即

$$c_{i_1}=c_{i_2}=\cdots=c_{i_k}=\frac{1}{k} \qquad ②$$

其余 c_i 为 0. 从而 $c_1,c_2,\cdots,c_m$ 为已知非负实数. 易知

$$c_1+c_2+\cdots+c_m=k\cdot\frac{1}{k}=1 \qquad ③$$

假设这城市有 n 个女性市民时，结论成立，即当这城市内有 n 个市民的年龄未知时，结论成立，这里 n 是某个正整数.

现在考虑这城市有 $n+1$ 个女性市民，即城市内有 $n+1$ 个市民的年龄未知.

选择其中一个女性市民 M，设她年龄 x，M 认识 k 个市民，这里 k 是某个正整数，而且这 k 个市民中至少有一个男性市民. 由题目条件，先任取一女性市民 x，一男性市民 x'，如果他们认识，取 x 为 M. 如果他们不认识，必存在一群市民 $x=x_0,x_1,\cdots,x_n=x'$，这里正整数 $n\geqslant 2$，使得 x_{i-1} 和 x_i 是互相认识的，那么一定有正整数 i，使得 x_{i-1} 是女，x_i 是男，取 x_{i-1} 为 M. 因此，这样的女性市民 M 必存在.

把年龄 x(x 当成已知数) 的女性市民 M 归入男性市民集合，那么未知年龄的女性市民有 n 个. 由归纳法假设，除了 M 以外的每个女性市民的年龄都是形式

$$c_1a_1+c_2a_2+\cdots+c_ma_m+c_{m+1}x$$

这里 $c_j(1\leqslant j\leqslant m+1)$ 是已知非负实数，且

$$c_1+c_2+\cdots+c_m+c_{m+1}=1 \qquad ④$$

与女性市民 M 互相认识的 k 个市民的年龄的和应是 kx. 另外，这 k 个市民每一个的年龄应具有形式

$$b_1^*a_1+b_2^*a_2+\cdots+b_m^*a_m+b_{m+1}^*x$$

这里 b_i^* 也是已知非负实数，$1 \leqslant i \leqslant m+1$，且

$$b_1^* + b_2^* + \cdots + b_{m+1}^* = 1$$

由此，把这 k 个市民的年龄相加，得

$$b_1 a_1 + b_2 a_2 + \cdots + b_m a_m + b_{m+1} x$$

显然

$$b_1 + b_2 + \cdots + b_m + b_{m+1} = k \qquad ⑤$$

其中每个 $b_i (1 \leqslant i \leqslant m+1)$ 是已知非负实数. 从而，有

$$kx = b_1 a_1 + b_2 a_2 + \cdots + b_m a_m + b_{m+1} x \qquad ⑥$$

由于女性市民 M 至少认识一个男性市民 a_j，所以上述 k 个形式 $b_1^* a_1 + b_2^* a_2 + \cdots + b_m^* a_m + b_{m+1}^* x$ 中必有一个是 a_j，还可能有 a_l 等等. 于是，$b_j^* = 1$，从而 $b_j \geqslant 1$，于是，利用 ⑤，有

$$b_{m+1} \leqslant k - b_j \leqslant k - 1 \qquad ⑦$$

即

$$k - b_{m+1} \geqslant 1 \qquad ⑧$$

因此，有

$$x = \frac{1}{k - b_{m+1}} (b_1 a_1 + b_2 a_2 + \cdots + b_m a_m) \qquad ⑨$$

这里 $\frac{b_i}{k - b_{m+1}} (1 \leqslant i \leqslant m)$ 是已知非负实数. 利用 ⑤，有

$$\frac{1}{k - b_{m+1}} (b_1 + b_2 + \cdots + b_m) = 1 \qquad ⑩$$

对于除了 M 以外的所有其他女性市民，其年龄具有形式

$$\left(c_1 + \frac{c_{m+1} b_1}{k - b_{m+1}}\right) a_1 + \left(c_2 + \frac{c_{m+1} b_2}{k - b_{m+1}}\right) a_2 + \cdots + \left(c_m + \frac{c_{m+1} b_m}{k - b_{m+1}}\right) a_m$$

这里每个 $c_i + \frac{c_{m+1} b_i}{k - b_{m+1}}$ 是已知非负实数. 由 ⑩ 和 ④，有

$$\left(c_1 + \frac{c_{m+1} b_1}{k - b_{m+1}}\right) + \left(c_2 + \frac{c_{m+1} b_2}{k - b_{m+1}}\right) + \cdots + \left(c_m + \frac{c_{m+1} b_m}{k - b_{m+1}}\right) =$$

$$c_1 + c_2 + \cdots + c_m + c_{m+1} = 1 \qquad ⑪$$

所以，由数学归纳法，题目结论成立.

8 有 $n(n \geqslant 2)$ 堆硬币，只允许下面形式的搬动：每次搬动，选择两堆，从一堆搬动某些硬币到另一堆，使得后一堆硬币的数目增加了一倍.

(1) 当 $n=3$ 时，求证：可以经过有限次搬动，使得硬币合为两堆；

(2) 当 $n=2$ 时，用 r 和 s 表示两堆硬币的数目，求 r 和 s 的关系式的一个充分必要条件，使得硬币能合为一堆.

解 (1) 设 3 堆硬币的数目分别为 a, b, c，这里 $0 < a \leqslant b \leqslant$

c,数目为 a 的一堆硬币秒为第一堆硬币,数目为 b 的称为第二堆,数目为 c 的称为第三堆.

$b=aq+r$,这里 q 是一正整数,r 是一非负整数,$0\leqslant r\leqslant a-1$. 在 2 进制下,写出 q,有

$$q=m_0+2m_1+2^2m_2+\cdots+2^km_k \qquad ①$$

这里 k 是某个非负整数,$m_k=1$,其余 $m_i=0$ 或 $1,0\leqslant i\leqslant k-1$. 现进行若干次搬动如下:

在第一次搬动时,如果 $m_0=1$,从第二堆搬数目 a 的硬币到第一堆. 如果 $m_0=0$,从第三堆搬数目 a 的硬币到第一堆. 经过第一次搬动后,第一堆硬币的数目为 $2a$.

再进行第二次搬动,如果 $m_1=1$,从第二堆搬动 $2a$ 数目的硬币到第一堆. 如果 $m_1=0$,则从第三堆搬动 $2a$ 数目的硬币到第一堆. 经过第二次搬动后,第一堆硬币数目为 2^2a.

一般讲,经 $i(1<i<k)$ 次搬动后,第一堆硬币数目为 2^ia,这时第二堆硬币数目为

$$b^*=(2^im_i+2^{i+1}m_{i+1}+\cdots+2^km_k)a+r \qquad ②$$

第三堆硬币数目大于或等于(或严格大于)

$$\begin{aligned}&((2^im_i+2^{i+1}m_{i+1}+\cdots+2^km_k)-\\&(1+2+2^2+\cdots+2^{i-1}))a+r=\\&((2^im_i+2^{i+1}m_{i+1}+\cdots+2^km_k)-2^i+1)a+r\end{aligned} \qquad ③$$

现在开始进行第 $i+1$ 次搬动,如果 $m_i=1$,从第二堆搬动 2^ia 个硬币到第一堆. 如果 $m_i=0$,从第三堆搬动 2^ia 个硬币到第一堆. 这样一直进行到第 $k+1$ 次搬动完成. 这时第二堆硬币数目还剩 r 个. 因此,我们有了新的 3 堆硬币,最少的一堆硬币数目为 r 个,$r<a$. 如 $r>0$,再对这新的三堆硬币重复上述办法,又可得到新 3 堆硬币,最少的一堆硬币数目为 r^*,$r^*<r<a$,如此下去,经有限次搬动后,必可使最少的一堆硬币数目为 0,于是 3 堆硬币可合并为两堆硬币.

(2) 在两堆情形,用 (a,b) 表示正整数 a 和 b 的最大公约数. 需要寻找在每次搬动后,什么东西是不变的. 如果在某次搬动前,两堆硬币数目分别为 x,y,不妨设 $y\geqslant x$. 显然

$$x+y=r+s \qquad ④$$

经过搬动后,两堆硬币数目分别为 $2x,y-x$. 如果 p 是一个奇素数,a 是一个正整数,满足 $p^a\mid(2x,y-x)$,即 p^a 是能整除 $(2x,y-x)$ 的. 那么,有

$$p^a\mid 2x,p^a\mid(y-x) \qquad ⑤$$

从而有

$$p^a\mid x,p^a\mid((y-x)+x) \qquad ⑥$$

即 $p^a \mid (x,y)$.

反之,如果 $p^a \mid (x,y)$,易知 $p^a \mid (2x, y-x)$. 如果两堆能合并为一堆,在合并前的最后一次搬动前,两堆硬币数目应当一样,设都为 z 个,那么

$$r+s=2z \tag{7}$$

如奇素因子 p 的某个幂次 $p^a \mid z$,则 $p^a \mid (z,z)$,根据上面叙述,可知 $p^a \mid z$,当且仅当 $p^a \mid (r,s)$. 再利用 ⑦,有

$$\frac{r}{(r,s)}+\frac{s}{(r,s)}=\frac{2z}{(r,s)} \tag{8}$$

$\frac{2z}{(r,s)}$ 是一个正整数,且

$$\frac{2z}{(r,s)}=2^k \tag{9}$$

这里 k 是某个正整数(由于 ⑧ 左边大于 1,k 不可能为 0). 于是两堆硬币能合并为一堆的必要条件是

$$r+s=2^k(r,s) \tag{10}$$

这里 k 是某个正整数.

下面用数学归纳法(对正整数 k) 证明条件 ⑩ 是两堆硬币合并为一堆的充分条件.

当 $k=1$ 时,条件 ⑩ 为

$$\frac{r}{(r,s)}+\frac{s}{(r,s)}=2 \tag{11}$$

由于 $\frac{r}{(r,s)}$ 及 $\frac{s}{(r,s)}$ 都是正整数,则必有

$$\frac{r}{(r,s)}=1,\frac{s}{(r,s)}=1 \tag{12}$$

从而有 $r=(r,s)=s$. 于是只需搬动一次,两堆硬币就能合并为一堆.

设两堆硬币数目之和除以它们的最大公约数为 2^m 时,两堆硬币能合并为一堆,这里 m 是某个正整数.

现在考虑 $k=m+1$,即考虑

$$r+s=2^{m+1}(r,s) \tag{13}$$

的情况. 如果 $r=s$,则只需搬动一次,两堆就合为一堆. 下面讨论 $r\neq s$. 不妨设 $r>s$,记

$$r=(2^m+t)(r,s), s=(2^m-t)(r,s) \tag{14}$$

这里 $0<t<2^m$. 由于 2^m+t 与 2^m-t 互素,则 t 为奇数.

搬动一次后,两堆硬币数目分别为 r^*,s^*,这里

$$r^*=((2^m+t)-(2^m-t))(r,s)=2t(r,s) \tag{15}$$

$$s^*=2(2^m-t)(r,s)$$

于是,利用当 t 为奇数时,$(t,2^m-t)=1$,有

$$\frac{r^*+s^*}{(r^*,s^*)}=\frac{2^m}{(t,2^m-t)}=2^m \qquad ⑯$$

由此归纳法假设条件满足,数目分别为 r^*,s^* 的两堆能经过有限次搬动合为一堆,充分性得证.

9 在一行内有 $n+1$ 个固定位置,从右到左按递增顺序,记为第 0 位,第 1 位,……,第 n 位.有 $n+1$ 张卡片,上面分别写着 $0,1,\cdots,n$.在上述每个位置中放入一张卡片,如果对所有 $0\leqslant i\leqslant n$,写有 i 的卡片放入第 i 位时,游戏便结束.如果没有达到这点,则进行下述的搬动,确定最小的非负整数 k,使得第 k 位上放着写有 $l(l>k)$ 的卡片,拿掉这张卡片,从第 $k+1$ 位开始到第 l 位每张卡片向右搬动一个位置,在第 l 位放入写有 l 的卡片.上述整个过程称为一次搬动.

(1) 求证:这游戏至多进行 2^n-1 次搬动便结束;

(2) 求证:存在卡片的一个唯一的初始分布,对这分布,游戏恰进行了 2^n-1 次搬动才结束.

证明 (1) 如果写有 i 的卡片在第 i 个位置上,规定 $d_i=0$,否则规定 $d_i=1$,这里 $1\leqslant i\leqslant n$.令

$$b=d_1+2d_2+2^2d_3+\cdots+2^{n-1}d_n \qquad ①$$

显然 $0\leqslant b$,且

$$b\leqslant 1+2+2^2+\cdots+2^{n-1}=2^n-1 \qquad ②$$

$b=0$ 当且仅当所有 $d_i=0(1\leqslant i\leqslant n)$,即对于任意 $i,1\leqslant i\leqslant n$,写有 i 的卡片在第 i 个位置上,那么写有 0 的卡片必在第 0 个位置上,这游戏就结束了.

从题目条件可以知道,在每次搬动后,某个 d_l 由 1 变到 0,而 $d_{l+1},d_{l+2},\cdots,d_n$ 没有变动,在经过一次搬动后,上述 b 变为 b^*

$$\begin{aligned}b-b^*=&(d_1+2d_2+2^2d_3+\cdots+\\&2^{l-2}d_{l-1}+2^{l-1}+2^ld_{l+1}+\cdots+2^{n-1}d_n)-\\&(d_1^*+2d_2^*+2^2d_3^*+\cdots+\\&2^{l-2}d_{l-1}^*+2^ld_{l+1}+\cdots+2^{n-1}d_n)=\\&(d_1+2d_2+2^2d_3+\cdots+2^{l-2}d_{l-1}+2^{l-1})-\\&(d_1^*+2d_2^*+2^2d_3^*+\cdots+2^{l-2}d_{l-1}^*)\end{aligned} \qquad ③$$

这里 $d_1^*,d_2^*,\cdots,d_{l-1}^*$ 是 1 或 0.那么

$$b-b^*\geqslant 2^{l-1}-(1+2+2^2+\cdots+2^{l-2})=1 \qquad ④$$

因此,每搬动一次,搬动后与搬动前相比,相应的 b 至少减少 1.而开始时,$b\leqslant 2^n-1$,于是,至多搬动 2^n-1 次,相应的 b 就变为 0,因此,这游戏至多进行 2^n-1 次搬动便结束.

(2) 先证明存在性,再证明唯一性.

卡片的某个初始分布恰经过 2^n-1 次搬动才结束，从(1)的证明可以知道，开始时 b 必定为 2^n-1. 开始时，将写有 0 的卡片放在第 n 个位置上，将写有 i 的卡片放在第 $i-1$ 个位置上，这里 $1\leqslant i\leqslant n$. 下面对 n 用数学归纳法证明游戏将进行 2^n-1 次才结束.

当 $n=1$ 时，在 1，0 两个位置上分别放着写有 0，1 的卡片，因此只需搬动一次即可.

假设对某个正整数 n，结论成立，考虑 $n+1$ 的情况. 开始时，第 $n+1,n,n-1,\cdots,2,1,0$ 位置上分别放着写有 $0,n+1,n,\cdots,3,2,1$ 的卡片. 由于写有 0 的卡片放在第 $n+1$ 个位置上，因此在搬动这张卡片前，第 0 位上一定是某个写有非 0 数的卡片，按照题中搬动规则，只有当这个数为 $n+1$ 时，写有 0 的卡片才能从第 $n+1$ 个位置上被搬走. 因此，暂时不管这张写有 0 的卡片及第 $n+1$ 个位置，将写有 $n+1$ 的卡片涂改为 0^*，这里加 * 表示是涂改过的. (或者把写有 $n+1$ 的卡片当成写有 0 的卡片.) 由归纳法假设，经过 2^n-1 次搬动，写有 $i(1\leqslant i\leqslant n)$ 的卡片在第 i 个位置上，和写有 0^* 的卡片(实际上是写有 $n+1$ 的卡片)在第 0 个位置上，把 0^* 还原成 $n+1$，于是经过 2^n-1 次搬动后，为下述情况：

位置数　$n+1,n,n-1,\cdots,2,1,0$

卡片数　$0,n,n-1,\cdots,2,1,n+1$

再经过一次搬动后，为下述情况：

位置数　$n+1,n,n-1,\cdots,2,1,0$

卡片数　$n+1,0,n,\cdots,3,2,1$

现在第 $n,n-1,\cdots,2,1,0$ 位置上，分别放着写有 $0,n,\cdots,3,2,1$ 的卡片，再一次利用数学归纳法，经过 2^n-1 次搬动，可以使第 $i(0\leqslant i\leqslant n)$ 位置上放着写有 i 的卡片. 于是整个游戏结束，一共搬动了

$$(2^n-1)+1+(2^n-1)=2^{n+1}-1$$

次，数学归纳法完成.

现在来证明唯一性.

卡片的某个初始分布，恰经过 2^n-1 次搬动，才结束游戏. 从(1)可以知道，开始时，相应的 b 必为 2^n-1，每次搬动，b 恰下降 1，因此倒推搬动，从 b 为 0 的状态开始，每次倒推搬动，b 恰增加 1. 这决定了每次倒推搬动的规则：倒推搬动前，找出满足下述条件的最小数 $i\geqslant 1$，第 i 个位置上恰放着写有 i 的卡片. 拿掉这张卡片，将第 $0,1,\cdots,i-1$ 位置上的卡片分别往右搬动一个位置，然后将写有 i 的卡片放在第 0 位置上. 由于 i 的最小性，每次倒推搬动前，如果 $i\geqslant 2$，有

$$d_1=d_2=\cdots=d_{i-1}=1,d_i=0$$

倒推搬动后，变为

$$d_1 = d_2 = \cdots = d_{i-1} = 0, d_i = 1$$

其余 $d_j(i+1 \leqslant j \leqslant n)$ 不动. 那么倒推搬动前后，相应的 b 恰增加 1. 如果 $i=1$，由于每次倒推搬动，只交换第 0，1 位置上两张卡片，相应 b 恰增加 1. 所以，每次倒推搬动都是唯一的，倒推搬动 2^n-1 次后，其位置是唯一确定的，这就证明了唯一性.

10 1 994 个姑娘围着一张圆桌，玩一副 n 张牌的游戏. 开始时，一个姑娘手中握有所有牌. 如果至少有一个姑娘手中至少握有两张牌时，那么这些姑娘中的一个必须分给她左、右两个姑娘各一张牌. 当且仅当每个姑娘至多握有一张牌时，这游戏结束了.

(1) 如果 $n \geqslant 1\ 994$，求证：这游戏不能结束；

(2) 如果 $n < 1\ 994$，求证：这游戏必定结束.

证明 (1) 如果 $n > 1\ 994$，由于只有 1 994 个姑娘，那么至少有一个姑娘手中至少握有两张牌，游戏当然永远不会结束.

当 $n = 1\ 994$ 时，将姑娘由顺时针或逆时针依次分别编号为 $G_1, G_2, \cdots, G_{1\ 994}$，和开始时，$G_1$ 手中握有所有牌. 对于一张牌，如果它在姑娘 G_i 手中$(1 \leqslant i \leqslant 1\ 994)$，给一个流通值 i，用 S 表示所有牌上流通值的总和. 当然，S 值在不断变化着，开始时，$S = 1\ 994$.

现在考虑在分牌过程中，S 值的变化规律. 如果 G_1 和 $G_{1\ 994}$ 都不分牌给左、右两位姑娘，姑娘 $G_i(1 < i < 1\ 994)$ 手中两张牌，这两张牌上的流通值之和为 $2i$，一张牌分给姑娘 G_{i-1}，一张牌分给姑娘 G_{i+1}，在分牌后，这两张牌上的流通值之和为

$$(i-1)+(i+1)=2i$$

因此，在分牌前后，S 值没有变化. 如果 G_1 手中有两张牌. 她分给 $G_{1\ 994}$ 一张牌，分给 G_2 一张牌，分牌后，S 值增加 1 994. 如果姑娘 $G_{1\ 994}$ 手中两张牌，她给 G_1 一张牌，给 $G_{1\ 993}$ 一张牌，S 值在分牌后，减少 1 994. 因此，经过若干次分牌后，S 的值为 $1\ 994l$，这里 l 是某个正整数.

现在 $n = 1\ 994$. 用反证法，如果游戏到某一步结束了，则这时每个姑娘手中恰有一张牌，这时 S 值为

$$1+2+3+\cdots+1\ 994 = 997 \times 1\ 995$$

于是，应当有正整数 l，满足

$$1\ 994l = 997 \times 1\ 995$$

左边是偶数，右边是奇数. 矛盾.

(2) 当 $n < 1\ 994$ 时，用反证法，设这游戏可以无限次进行下去. 由于姑娘个数有限，一定至少有一个姑娘，她无限次地分牌给

左、右两个姑娘.由于牌总数有限,左、右两个姑娘必定也要无限次地分牌,否则至少有一个姑娘,手中的牌要无限地积累起来,这与牌总数有限矛盾.因此,这三个姑娘都要无限次地分牌给自己左、右两个姑娘,利用上述想法,可以知道:这 1 994 个姑娘中的每一个都要无限次地分牌给她左、右两个姑娘.

由于开始时,全部 n 张牌都在姑娘 G_1 手中,因此必定有姑娘的两个分牌序列为

$G_1 \to G_2 \to \cdots \to G_{i-1} \to G_i$,及 $G_1 \to G_{1\,994} \to \cdots \to G_{i+2} \to G_{i+1}$

G_i,G_{i+1} 每个姑娘手中至少有一张不同牌,而且 G_i,G_{i+1} 手中不同牌的总数至少有 3 张.不妨设 G_i 手中至少有一张牌,G_{i+1} 手中至少有两张不同牌.

G_i 姑娘手中至少有一张牌,由分牌规则,G_{i-1} 姑娘手中至少有过两张不同牌,G_{i-2} 姑娘手中至少有过 3 张不同牌,因为可能有同一张牌由 G_{i-2} 向 G_{i-3} 传两次,……,在第一个分牌序列中,G_2 姑娘手中至少有过 $i-1$ 张不同牌.在第二个分牌序列中,G_{i+1} 姑娘手中至少有两张不同牌,则 G_{i+2} 姑娘手中至少有 3 张不同牌,……,姑娘 $G_{1\,994}$ 手中至少有过 $1\,995-i$ 张不同牌.因此姑娘 G_1 手中至少应有

$$(i-1)+(1\,995-i)=1\,994$$

张不同牌,这与 $n<1\,994$ 矛盾.因此,当 $n<1\,994$ 时,这游戏必定会结束.

11 在一个无限大的正方形格子纸上,两个游戏者轮流在空格上填字母,第一个游戏者总是填 X,第二个游戏者总是填 O.每次填一个字母,如果在一行、一列或一条对角线上,有 11 个连续的 X,则第一个游戏者赢.求证:第二个游戏者总能设法防止第一个游戏者赢.

证明 将这无限大的正方形方格纸划分为无限多个 4×4 的填数 1,2,3,4 的正方形及无限多个 2×2 的空白正方形,见图 35.8.

在 4×4 填数的方格内,任取不涂深色的一个数,在这个数的同一行、同一列或同一对角线上相邻的方格中总有一个不涂深色的数和它相同,称这两个填有相同数的方格为一对多米诺方格,这一对相同数称为一对多米诺数.同样定义跨 4×4 方格的同一条对角线上相邻的一对多米诺数,用深色涂这两数所在的多米诺方格.从图上可以看出,在同一行、同一列或同一条对角线上连续 11 个方格中总有一对多米诺方格(至少一对).

第二个游戏者采用下列方法填数,当第一个游戏者在一个填

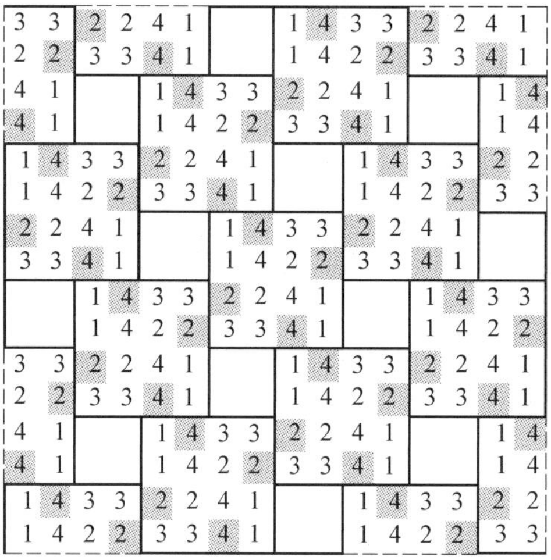

图 35.8

数的方格上填上 X 时，第二个游戏者就在同对多米诺方格上填 O. 如果第一个游戏者在 2×2 的空白正方形的一个空格上填 X，则第二个游戏者就在同一个 2×2 的空白正方形的其他某个空格上填 O. 如果第一个游戏者要在同一行、同一列或同一条对角线上得到连续 11 个 X，则必在某一对多米诺方格中都填上 X，但第二个游戏者现在采用策略，破坏了这一可能性，因此第一个游戏者永不可能得到题目中所要的结果.

12 对任何整数 $n\geqslant 2$，求证：在一个平面上存在 2^{n-1} 个点的一个集合，使得无三点在同一条直线上，且无 $2n$ 个点是一个凸 $2n$ 边形的顶点.

证明 用归纳的方法定义具有 2^{n-1} 个点的集合 $S_n(n\geqslant 2)$，使得 S_n 满足题目中的条件.

定义 $S_2=\{(0,0),(1,1)\}$.

如果 S_n 已知，这里 n 是某个大于或等于 2 的正整数. 取很大的正数 M_n，使得对于 S_n 内所有点 (x_i,y_i)，(x_j,y_j)，(x_k,y_k) 和 (x_l,y_l)，这里 $k\neq l$，满足

$$\frac{y_i+M_n-y_j}{x_i+2^{n-1}-x_j}>\frac{y_k-y_l}{x_k-x_l} \quad ①$$

特别地，在上式中，令 $i=j$，有

$$\frac{M_n}{2^{n-1}}>\frac{y_k-y_l}{x_k-x_l} \quad ②$$

令点集

$$T_n=\{(x+2^{n-1},y+M_n)\mid (x,y)\in S_n\} \quad ③$$

简记 $T_n=S_n+(2^{n-1},M_n)$.

S_n 具有 2^{n-1} 个点，T_n 也具有 2^{n-1} 个点，集合 T_n 实际上是把 S_n 的所有点作一个平移. 令集合

$$S_{n+1}=S_n \cup T_n \quad ④$$

利用②，我们知道，不存在 S_n 中两点 (x_k, y_k) 及 (x_l, y_l)，使得

$$x_k+2^{n-1}=x_l, y_k+M_n=y_l \quad ⑤$$

于是，S_{n+1} 恰是具有 2^n 个点的集合.

下面证明 S_n 满足题目条件：

当 $n=2$ 时，S_2 仅两点，当然满足条件.

当 $n \geqslant 3$ 时，先证明 S_n 无三点共线. 用反证法，设存在一个最小的正整数 $n, n \geqslant 3$，使得 S_n 包含三个共线点 P_1, P_2, P_3. 因为 $S_n=S_{n-1} \cup T_{n-1}$，由于 S_{n-1} 中无三点共线，则 T_{n-1} 中也无三点共线，于是点 $P_i(1 \leqslant i \leqslant 3)$ 中至少有一点属于 T_{n-1}，并至少有另外一点属于 S_{n-1}. 不妨设点 P_1 在 S_{n-1} 内，点 P_3 在 T_{n-1} 内，对于点 P_2，有以下两种情况：

(1) 如果点 P_2 在 S_{n-1} 内. 由数 M_n 及集合 T_n 的取法，保证集合 $T_n(n \geqslant 2)$ 内任一点及 S_n 内任一点连线的斜率大于 S_n 内任意不同两点连线的斜率，当然也大于 T_n 内任意不同两点连线的斜率. 利用这个结论，我们知道直线 P_1P_3 的斜率大于直线 P_1P_2 的斜率. 于是，点 P_1, P_2, P_3 不共线，矛盾.

(2) 如果点 P_2 在 T_{n-1} 内，用直线 P_1P_2 的斜率大于直线 P_2P_3 的斜率，也导出矛盾. 所以，这样构造的 S_n 内无三点共线.

现在证明，这样构造的 S_n 内无 $2n$ 个点是一个凸 $2n$ 边形的顶点. 也利用反证法.

设存在最小的正整数 $n, n \geqslant 3$，S_n 内有 $2n$ 个点，组成一个凸 $2n$ 边形的顶点. 记这个凸 $2n$ 边形为 M.

在 M 内，从横坐标最小的点到横坐标最大的点之间连一条对角线或边，记为 d. 先考虑 d 为对角线的情况. d 分 M 为两个凸多边形，这两个凸多边形一共有 $2n+2$ 条边. 于是，至少有一个凸多边形 M_1 至少有 $n+1$ 条边.

首先考虑这凸多边形 M_1 位于对角线 d 的下方，那么至少有 $n+1$ 个顶点 $P_i(x_i, y_i), 0 \leqslant i \leqslant n$，使得 $x_{i-1}<x_i$，这里 $1 \leqslant i \leqslant n$，和 P_0 是横坐标最小的点，不妨设 P_n 是 d 的另一端点，即横坐标最大的点，否则用点 $P_m(m>n)$ 代替点 P_n 讨论.

由于这凸多边形 M_1 在 d 的下方(见图 35.9)，则 M_1 各边所在直线的斜率在逐渐增加，即对于 $1 \leqslant i \leqslant n-1$，有

$$\frac{y_i-y_{i-1}}{x_i-x_{i-1}}<\frac{y_{i+1}-y_i}{x_{i+1}-x_i} \quad ⑥$$

现在证明所有点 $P_i(0 \leqslant i \leqslant n-1)$ 属于 S_{n-1}，由于 S_{n-1} 内无凸 $2(n-1)$ 边形的顶点，则 T_{n-1} 内也无凸 $2(n-1)$ 边形的顶点，

那么M的顶点既有S_{n-1}内点，也有T_{n-1}内点. 从S_2的构造，T_n及S_{n+1}的定义，极容易证明$S_n(n\geqslant 2)$内任意一点的横坐标小于2^{n-1}. 当$n=2$时，结论当然成立，设对于S_k成立，在S_{k+1}中

$$x=2^{k-1}+x^* \tag{7}$$

这里x^*是S_k中点横坐标的最大值，那么，利用归纳假设，有

$$x<2^{k-1}+2^{k-1}=2^k \tag{8}$$

由此可知S_n内任意一点的横坐标小于T_n内任意一点的横坐标.（注意，由S_n的构造可知，S_n中任意一点的横坐标非负.）

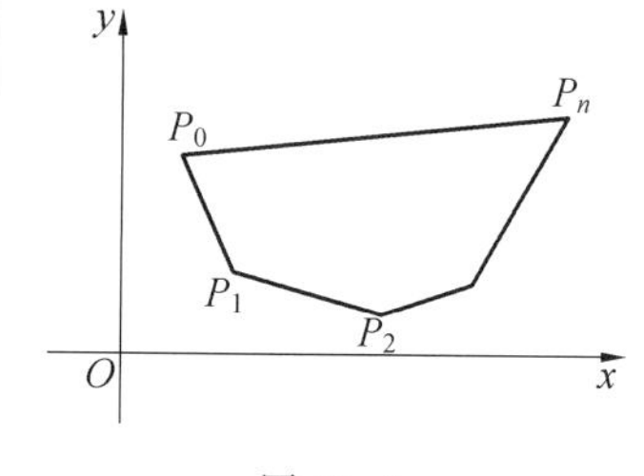

图 35.9

在M内，由于点$P_0(x_0,y_0)$的横坐标x_0最小，于是$P_0(x_0,y_0)\in S_{n-1}$. 由于$P_n(x_n,y_n)$的横坐标x_n最大，于是$P_n(x_n,y_n)\in T_{n-1}$.

下面证明，对于所有$1\leqslant i\leqslant n-1$，点$P_i$属于$S_{n-1}$. 用反证法，设存在某个$k$，$1\leqslant k\leqslant n-1$，使得点$P_{k-1}$在$S_{n-1}$内，点$P_k$及点$P_{k+1}$在$T_{n-1}$内.

于是，由T_{n-1}的定义，点P_k坐标(x_k,y_k)及点P_{k+1}坐标(x_{k+1},y_{k+1})满足

$$\begin{gathered}(x_k,y_k)=(x_k^*+2^{n-2},y_k^*+M_{n-1})\\(x_{k+1},y_{k+1})=(x_{k+1}^*+2^{n-2},y_{k+1}^*+M_{n-1})\end{gathered} \tag{9}$$

这里点(x_k^*,y_k^*)和(x_{k+1}^*,y_{k+1}^*)在S_{n-1}内

$$\begin{aligned}\frac{y_k-y_{k-1}}{x_k-x_{k-1}}&=\frac{y_k^*+M_{n-1}-y_{k-1}}{x_k^*+2^{n-2}-x_{k-1}}>\\&\frac{y_{k+1}^*-y_k^*}{x_{k+1}^*-x_k^*}=\frac{y_{k+1}-y_k}{x_{k+1}-x_k}\end{aligned} \tag{10}$$

不等式⑩与⑥矛盾. 所以，对所有$0\leqslant i\leqslant n-1$，点$P_i$属于集合$S_{n-1}$.

当d是M的一条边时，上述结论显然也成立，只不过n将被$2n$所替代.

由于$S_{n-1}=S_{n-2}\cup T_{n-2}$，如果对所有$0\leqslant i\leqslant n-1$，点$P_i$属于集合$S_{n-2}$，则对所有$0\leqslant i\leqslant n-2$，点$P_i$属于集合$S_{n-2}$；如果$n$个点$P_i(0\leqslant i\leqslant n-1)$既有$S_{n-2}$中点，也有$T_{n-2}$中点，完全类似上述证明，可以得到对所有$0\leqslant i\leqslant n-2$，点$P_i$属于集合$S_{n-2}$. 那么，采用同样办法，可以得到所有点$P_i(0\leqslant i\leqslant n-3)$属于$S_{n-3}$，……，所有点$P_i(0\leqslant i\leqslant 2)$属于$S_2$，但集合$S_2$只有两点，矛盾.

如果凸多边形M至少有$n+1$条边在d上方，类似证明，可以得到有n个点P_i，这里$n\leqslant i\leqslant 2n-1$，属于$T_{n-1}$；$n-1$个点$P_i$，这里$n\leqslant i\leqslant 2n-2$，属于$T_{n-2}$；$n-2$个点$P_i$，这里$n\leqslant i\leqslant 2n-3$，属于$T_{n-3}$；……；最后，有3个点$P_i$，这里$n\leqslant i\leqslant n+2$，属于$T_2$. 但是，$T_2$仅两个点，矛盾.

13 如图 35.10,在一条直线 l 的一侧画一个半圆 Γ,C 和 D 是 Γ 上两点,Γ 上过 C 和 D 的切线各自交 l 于 B 和 A,半圆的圆心在线段 BA 上.E 是线段 AC 和 BD 的交点,F 是 l 上点,EF 垂直于 l,求证:EF 平分 $\angle CFD$.

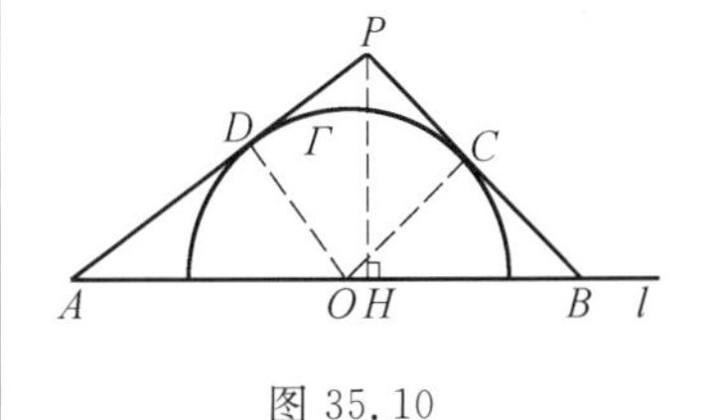

图 35.10

证明 设直线 AD,BC 相交于点 P,过点 P 作直线 l 的垂直线,交 l 于点 H.

用 O 表示半圆 Γ 的圆心.$\triangle OAD$ 是一个直角三角形,$\triangle PAH$ 也是一个直角三角形,$\angle A$ 是公共角,于是

$$\triangle OAD \backsim \triangle PAH \qquad ①$$

因此

$$\frac{AH}{AD}=\frac{HP}{DO} \qquad ②$$

类似地,$\mathrm{Rt}\triangle OCB$ 相似于 $\mathrm{Rt}\triangle PHB$,则得

$$\frac{BH}{BC}=\frac{HP}{CO} \qquad ③$$

因为 $DO=CO$,所以

$$\frac{AH}{AD}=\frac{BH}{BC} \qquad ④$$

又

$$CP=DP \qquad ⑤$$

利用 ④ 和 ⑤,有

$$\frac{AH}{HB}\cdot\frac{BC}{CP}\cdot\frac{PD}{DA}=1 \qquad ⑥$$

由塞瓦(Ceva)定理的逆定理,三条直线 AC,BD 和 PH 相交于一点,直线 PH 叠合于直线 EF,点 H 与点 F 重合.由于

$$\angle ODP=\frac{\pi}{2},\angle OCP=\frac{\pi}{2} \qquad ⑦$$

因此,O,D,P,C 四点共圆,此圆直径为 OP.又

$$\angle PHO=\frac{\pi}{2} \qquad ⑧$$

所以点 H 也在这个圆上,因此

$$\angle DFP=\angle DOP=\angle COP=\angle CFP \qquad ⑨$$

14 $ABCD$ 是一个四边形,BC 平行于 AD.M 是 CD 的中点,P 是 MA 的中点,Q 是 MB 的中点,直线 DP 和 CQ 交于点 N,求证:点 N 不在 $\triangle ABM$ 的外部的充要条件是 $\frac{1}{3}\leqslant\frac{AD}{BC}\leqslant 3$.

证明 采用平面解析几何方法,如图 35.11.设点 M 为坐标

原点,与 AD 平行的直线为 x 轴,建立直角坐标系.

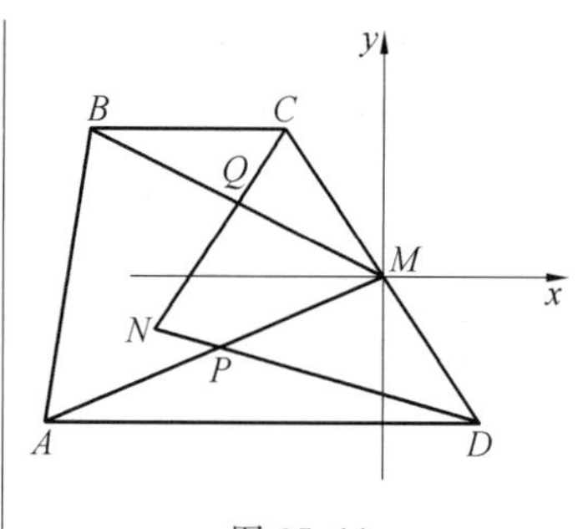

图 35.11

于是点 M 坐标为 $(0,0)$. 设点 C 坐标是 (a,b), $b>0$, 点 D 坐标为 $(-a,-b)$. 记点 B 坐标是 (c,b), 点 A 坐标为 $(d,-b)$. 线段 MA 的中点 P 坐标是 $\left(\frac{d}{2},-\frac{b}{2}\right)$, 线段 MB 的中点 Q 坐标是 $\left(\frac{c}{2},\frac{b}{2}\right)$.

直线 CQ 的方程是

$$y-b=\frac{b}{2a-c}(x-a) \qquad ①$$

直线 DP 的方程是

$$y+b=\frac{b}{2a+d}(x+a) \qquad ②$$

解 ① 和 ② 组成的联列方程组,可以求出点 N 的坐标为

$$\left(\frac{2(c-a)(2a+d)}{c+d}-a,\frac{b(c-d-2a)}{c+d}\right)$$

$$\overrightarrow{MN}=\left(\frac{2(c-a)(2a+d)}{c+d}-a,\frac{b(c-d-2a)}{c+d}\right) \qquad ③$$

$$\overrightarrow{MA}=(d,-b),\overrightarrow{MB}=(c,b) \qquad ④$$

求实数 λ,μ,使得

$$\overrightarrow{MN}=\lambda\overrightarrow{MB}+\mu\overrightarrow{MA} \qquad ⑤$$

由 ③,④ 和 ⑤ 知 λ,μ 满足下述方程组

$$\begin{cases}\lambda c+\mu d=\dfrac{2(c-a)(2a+d)}{c+d}-a\\ \lambda b-\mu b=\dfrac{b(c-d-2a)}{c+d}\end{cases} \qquad ⑥$$

解 ⑥,得

$$\begin{cases}\lambda=\dfrac{(a+d)(3c-4a-d)}{(c+d)^2}\\ \mu=\dfrac{(a-c)(c-4a-3d)}{(c+d)^2}\end{cases} \qquad ⑦$$

从图中可以知道

$$AD=-a-d,BC=a-c \qquad ⑧$$

利用 ⑦ 和 ⑧,可以得到

$$\begin{cases}\lambda=\dfrac{AD(3BC-AD)}{(AD+BC)^2}\\ \mu=\dfrac{BC(3AD-BC)}{(AD+BC)^2}\end{cases} \qquad ⑨$$

从平面解析几何及向量基本知识可以知道,点 N 不在 $\triangle ABM$ 的外部当且仅当上述 $\lambda\geqslant 0$, $\mu\geqslant 0$ 和 $\lambda+\mu\leqslant 1$ 同时成立. 有

$$\lambda+\mu=\frac{6AD\cdot BC-(AD^2+BC^2)}{(AD+BC)^2} \qquad ⑩$$

利用

$$2AD \cdot BC \leqslant AD^2 + BC^2 \tag{11}$$

及

$$4AD \cdot BC \leqslant (AD + BC)^2 \tag{12}$$

可以得到

$$\lambda + \mu \leqslant \frac{4AD \cdot BC}{(AD + BC)^2} \leqslant 1 \tag{13}$$

由 ⑨ 和 ⑬,点 N 不在 $\triangle ABM$ 的外部的充要条件是

$$3BC \geqslant AD, 3AD \geqslant BC \tag{14}$$

⑭ 等价于

$$\frac{1}{3} \leqslant \frac{BC}{AD} \leqslant 3 \tag{15}$$

这就是结论.

15 一个圆 ω 切于两条平行直线 l_1 和 l_2,第二个圆 ω_1 切 l_1 于点 A,外切 ω 于点 C;第三个圆 ω_2 切 l_2 于点 B,外切 ω 于点 D,外切 ω_1 于点 E,AD 交 BC 于点 Q. 求证:Q 是 $\triangle CDE$ 的外心.

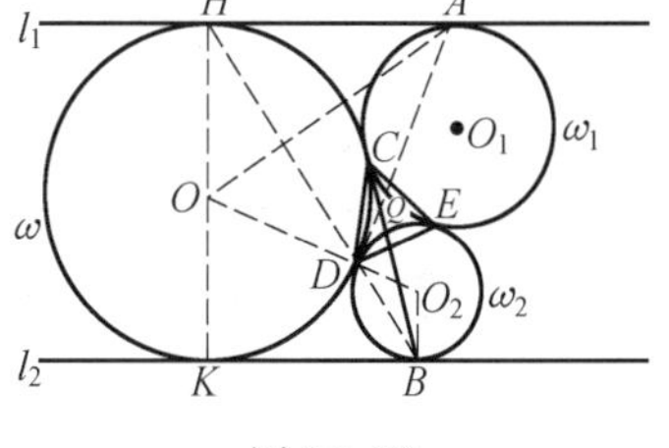

图 35.12

证明 如图 35.12,设点 O 是圆 ω 的圆心,圆 ω 半径是 r;点 O_1 是圆 ω_1 的圆心,圆 ω_1 半径是 r_1. 设圆 ω 切直线 l_1 于点 H,切直线 l_2 于点 K. 从点 A 作圆 ω 的另一条切线,切圆 ω 于点 D^*,连直线 HD^* 交直线 l_2 于点 B^*,过点 B^* 作直线垂直于 l_2,交线段 OD^* 的延长线于点 O_2^*,那么 $O_2^*B^* \parallel HO$,$\angle O_2^*B^*D^* = \angle OHD^* = \angle OD^*H = \angle O_2^*D^*B^*$.

因此,$O_2^*B^* = O_2^*D^*$. 用 r_2^* 表示线段 $O_2^*B^*$ 的长度,那么,以 O_2^* 为圆心,r_2^* 为半径,作一个圆 ω_2^* 切圆 ω 于点 D^*,切直线 l_2 于点 B^*. 如果能证明圆 ω_2^* 也与圆 ω_1 外切,那么圆 ω_2^* 与圆 ω_2 叠合,点 O_2^* 与 O_2 叠合.(圆 ω_2^* 与圆 ω_2 叠合的理由请读者给出.)

设 $HA = x$,$KB^* = y$,$\triangle AHO$ 与 $\triangle AD^*O$ 是两个全等的直角三角形,所以 HD^* 垂直于 AO

$$\angle B^*HD = \angle OAH \tag{1}$$

由 ① 可知 $\mathrm{Rt}\triangle OHA$ 与 $\mathrm{Rt}\triangle B^*KH$ 相似,因此,有

$$\frac{OH}{KB^*} = \frac{HA}{HK} \tag{2}$$

这导致 $xy - 2r^2$,而 $OO_1 = r + r_1$,于是

$$x^2 = (r + r_1)^2 - (r - r_1)^2 = 4rr_1 \tag{3}$$

类似地,有

$$y^2 = (r + r_2^*)^2 - (r - r_2^*)^2 = 4rr_2^* \tag{4}$$

而

$$O_2^*O_1^2 = (x - y)^2 + (2r - r_1 - r_2^*)^2 =$$

$$(x^2-2xy+y^2)+(4r^2+r_1^2+r_2^{*2}-4rr_1-4rr_2^*+2r_1r_2^*)=(4rr_1-4r^2+4rr_2^*)+(4r^2+r_1^2+r_2^{*2}-4rr_1-4rr_2^*+2r_1r_2^*)=(r_1+r_2^*)^2 \quad ⑤$$

于是，$O_2^*O_1=r_1+r_2^*$. 从而圆 ω_2^* 与圆 ω_1 外切，这导致圆 ω_2^* 与圆 ω_2 叠合，点 D^* 与点 D 重合，点 B^* 与点 B 重合，AD 是圆 ω 的切线. 由于 AD 垂直于 OD，则 AD 垂直于 DO_2，D 在圆 ω_2 上，则 AD 也是圆 ω_2 的切线，AD 是圆 ω 与圆 ω_2 的公切线.

类似可以证明 BC 是圆 ω 与圆 ω_1 的公切线.

利用点 Q 到圆 ω 的两条切线段长相等，有

$$QC=QD \quad ⑥$$

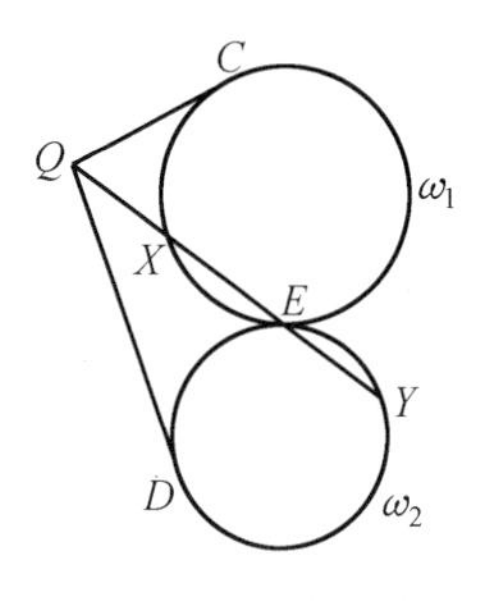

图 35.13

如果 QE 与圆 ω_1 相切，则 $QC=QE$. 如果 QE 与圆 ω_2 相切，则 $QD=QE$，本题结论成立.

如果 QE 既不是圆 ω_1 的切线，也不是圆 ω_2 的切线，下面证明这种情况不会产生，即这种情况将导致矛盾.

如果上述这种情况产生，如图 35.13 联结 QE，交圆 ω_1 于点 X，交圆 ω_2 于点 Y，点 E 在线段 XY 内，$QX\neq QY$.

又 $QX\cdot QE=QC^2=QD^2=QE\cdot QY$，则 $QX=QY$，矛盾.

16 ABC 是一个等腰三角形，$AB=AC$. 假如

(1) M 是 BC 的中点，O 是直线 AM 上的点，使得 OB 垂直于 AB；

(2) Q 是线段 BC 上不同于 B 和 C 的一个任意点；

(3) E 在直线 AB 上，F 在直线 AC 上，使得 E,Q,F 是不同的点且共线.

求证：$OQ\perp EF$ 当且仅当 $QE=QF$.

解 此题为本届竞赛题 2.

17 一条直线 l 与具圆心 O 的圆 ω 不相交，E 是 l 上一点，OE 垂直于 l，M 是 l 上任意不同于 E 的点，从 M 作 ω 的两条切线切 ω 于点 A 和 B，C 是 MA 上的点，使得 EC 垂直于 MA，D 是 MB 上的点，使得 ED 垂直于 MB，直线 CD 交 OE 于点 F. 求证：F 的位置不依赖于点 M 的位置.

证明 如图 35.14 用平面解析几何方法. 设点 E 为坐标原点，l 为 x 轴，圆 ω 的圆心 O 的坐标为 $(0,a)$，点 M 坐标为 $(b,0)$，圆

ω 的方程为

$$x^2+(y-a)^2=R^2 \tag{1}$$

这里 R 是圆 ω 的半径，$R<|a|$. 联结 OM，直线 OM 的斜率为

$$k_{OM}=-\frac{a}{b}$$

因此，直线 OM 与 x 轴正向的夹角为 $\arctan\left(-\frac{a}{b}\right)$.

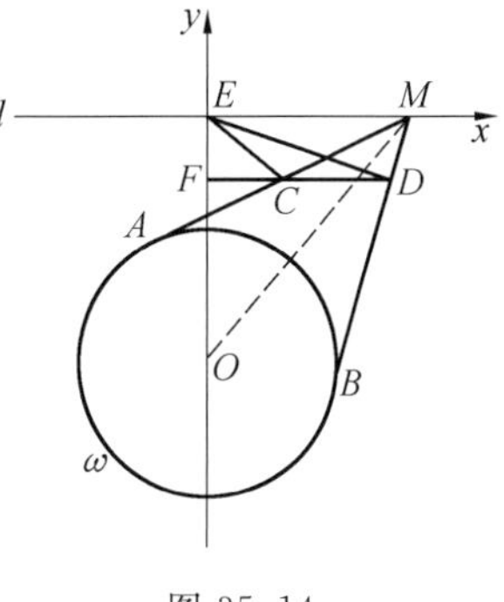

图 35.14

由于 $\angle AMO=\angle BMO$，设为 θ，$0<\theta<\frac{\pi}{2}$

$$\sin\theta=\frac{R}{\sqrt{a^2+b^2}} \tag{2}$$

于是

$$\cos\theta=\frac{\sqrt{a^2+b^2-R^2}}{\sqrt{a^2+b^2}} \tag{3}$$

且

$$\tan\theta=\frac{R}{\sqrt{a^2+b^2-R^2}} \tag{4}$$

切线 MB 的方程为

$$y=\tan\left(\arctan\left(-\frac{a}{b}\right)+\theta\right)(x-b) \tag{5}$$

切线 MA 的方程为

$$y=\tan\left(\arctan\left(-\frac{a}{b}\right)-\theta\right)(x-b) \tag{6}$$

由直接计算易得

$$\tan\left(\arctan\left(-\frac{a}{b}\right)+\theta\right)=\frac{Rb-a\sqrt{a^2+b^2-R^2}}{aR+b\sqrt{a^2+b^2-R^2}} \tag{7}$$

$$\tan\left(\arctan\left(-\frac{a}{b}\right)-\theta\right)=\frac{Rb+a\sqrt{a^2+b^2-R^2}}{aR-b\sqrt{a^2+b^2-R^2}} \tag{8}$$

因而，切线 MB 的方程为

$$y=\frac{Rb-a\sqrt{a^2+b^2-R^2}}{aR+b\sqrt{a^2+b^2-R^2}}(x-b) \tag{9}$$

切线 MA 的方程为

$$y=\frac{Rb+a\sqrt{a^2+b^2-R^2}}{aR-b\sqrt{a^2+b^2-R^2}}(x-b) \tag{10}$$

由于直线 ED 垂直于 MB，于是直线 ED 的方程为

$$y=\frac{aR+b\sqrt{a^2+b^2-R^2}}{a\sqrt{a^2+b^2-R^2}-Rb}x \tag{11}$$

解 ⑨ 和 ⑪ 组成的联列方程组，可以得到点 D 坐标为

$$\left(\frac{b(Rb-a\sqrt{a^2+b^2-R^2})^2}{(a^2+b^2)^2},\right.$$

$$\left.\frac{b(aR+b\sqrt{a^2+b^2-R^2})(a\sqrt{a^2+b^2-R^2}-Rb)}{(a^2+b^2)^2}\right)$$

完全类似地,可以得到点 C 的坐标为

$$\left(\frac{b(Rb+a\sqrt{a^2+b^2-R^2})^2}{(a^2+b^2)^2},\right.$$

$$\left.\frac{b(Rb+a\sqrt{a^2+b^2-R^2})(b\sqrt{a^2+b^2-R^2}-aR)}{(a^2+b^2)^2}\right)$$

因此,直线 CD 的斜率为

$$R_{CD}=\frac{b^2-a^2}{2ab} \tag{12}$$

由此,直线 CD 的方程是

$$\frac{(a^2+b^2)^2y-b(aR+b\sqrt{a^2+b^2-R^2})(a\sqrt{a^2+b^2-R^2}-Rb)}{(a^2+b^2)^2x-b(Rb-a\sqrt{a^2+b^2-R^2})^2}=\frac{b^2-a^2}{2ab} \tag{13}$$

由于点 F 横坐标为 0,记 F 纵坐标为 y_F,则由式 ⑬,有

$$y_F=\frac{a^2-R^2}{2a} \tag{14}$$

点 F 的纵坐标与 b 无关,于是点 F 不依赖于点 M 的位置变化.

18 M 是 $\{1,2,3,\cdots,15\}$ 的一个子集,使得 M 的任何 3 个不同元素的乘积不是一个平方数,确定 M 内全部元素的最多数目.

解 由于子集 $\{1,4,9\}$,$\{2,6,12\}$,$\{3,5,15\}$ 和 $\{7,8,14\}$ 是四个两两不相交的子集,且每个子集中 3 个正整数的乘积是一个完全平方数. 如果 M 的不同元素个数大于或等于 12,则 $\{1,2,3,\cdots,15\}$ 中不在 M 内的元素至多 3 个,上述四个子集中,至少有一个子集 3 个元素全在 M 内,这是题目结论所不允许的. 因此,M 的不同元素的个数至多 11 个,即从上述四个三元子集中各至少取一个元素,然后从 $\{1,2,3,\cdots,15\}$ 中删除这些元素,M 必是这种类型的子集. 注意上述四个三元子集,不包含 10.

如果 10 不在 M 内,则 M 内元素的个数小于或等于 10. 如果 10 在 M 内,下面证明 M 内元素的个数也小于或等于 10. 用反证法,设 M 内元素的个数大于 10,由于上述,则 M 内元素的个数恰为 11 个. 如果子集 $\{3,12\}$ 不在 M 内,即 3 与 12 两个数字中至少有一个不在 M 内,在 $\{1,2,3,\cdots,15\}$ 内再至多减去 3 个数,组成 M,当然

10 在 M 内. 由于$\{2,5\}$,$\{6,15\}$,$\{1,4,9\}$ 和$\{7,8,14\}$ 是四个两两不相交的子集,3 与 12 不在其中,于是,这四个子集中至少有一个子集在M内,这留在M内的一个子集,如果是一个一元子集,由于其三数之积为一个完全平方数,不合题意. 如果是一个二元子集,这两个元素与 10 三数之积为一个完全平方数,也不合题意. 如果子集$\{3,12\}$ 在 M 内,那么,由题意,$\{1\}$,$\{4\}$,$\{9\}$,$\{2,6\}$,$\{5,15\}$和$\{7,8,14\}$ 中任一个都不是 M 的一个子集,否则,M 内有 3 个数,乘积为一个完全平方数,同样不合题意. 这样一来,上述 6 个两两不相交的子集的每个子集中至少有一个元素不在M内,于是M的全部元素个数至多 9 个,与 M 恰有 11 个元素矛盾.

所以,满足题目条件的 M 的全部元素个数不会超过 10 个.

取 $M=\{1,4,5,6,7,10,11,12,13,14\}$,$M$ 恰含 10 个元素,而且 M 内任 3 个元素之积都不是完全平方数. 因此,M 的全部元素的最多数目是 10.

19 求出所有的有序正整数对(m,n),使得$\frac{n^3+1}{mn-1}$是一个整数.

解 由于 $mn-1$ 和 m^3 是互质的,因此,$mn-1$ 整除 n^3+1 等价于 $mn-1$ 整除 $m^3(n^3+1)$. 显然,有

$$m^3(n^3+1)=(m^3n^3-1)+(m^3+1) \quad ①$$

明显地,利用

$$m^3n^3-1=(mn)^3-1=(mn-1)(m^2n^2+mn+1) \quad ②$$

可以知道 $mn-1$ 整除 m^3n^3-1. 从上面叙述,可以得到下述结论

$mn-1$ 整除 n^3+1 等价于 $mn-1$ 整除 m^3+1 $\quad(*)$

如果 $m=n$,由

$$\frac{n^3+1}{n^2-1}=n+\frac{1}{n-1} \quad ③$$

可知$\frac{1}{n-1}$必为一个整数. 于是,$n=2$,即 $m=n=2$ 是一组解.

由于有结论$(*)$,不妨设$m>n$. 如果$n=1$,那么,从题目条件可知$\frac{2}{m-1}$是一个整数,从而有 $m=2$ 或 $m=3$. 即(m,n) 有解$(2,1)$,$(3,1)$. 对称地,$(1,2)$,$(1,3)$ 也是解.

如果 $n\geqslant 2$,由于

$$n^3+1\equiv 1(\bmod n),mn-1\equiv -1(\bmod n) \quad ④$$

则存在某个正整数 k,使得

$$\frac{n^3+1}{mn-1}=kn-1 \quad ⑤$$

由于 $m>n$,因此

$$kn-1=\frac{n^3+1}{mn-1}<\frac{n^3+1}{n^2-1}=n+\frac{1}{n-1} \quad ⑥$$

所以

$$(k-1)n<1+\frac{1}{n-1} \quad ⑦$$

又 $n\geqslant 2$,由上式,必有 $k=1$. 于是,再利用 ⑤,有

$$n^3+1=(mn-1)(n-1)=mn^2-n-mn+1 \quad ⑧$$

化简后,得

$$n^2=mn-1-m \quad ⑨$$

即

$$m=\frac{n^2+1}{n-1}=n+1+\frac{2}{n-1} \quad ⑩$$

其中 m,n 是正整数. 由上式,必有 $n=2$ 或 $n=3$. 当 $n=2$ 时,$m=5$;当 $n=3$ 时,也有 $m=5$.

利用结论(*),可以知道,当 $(m,n)=(a,b)$ 是所求的一组解时,$(m,n)=(b,a)$ 也是一组解. 所以,本题一共有九对有序正整数解:(2,2),(2,1),(3,1),(1,2),(1,3),(2,5),(3,5),(5,2),(5,3).

20 求证:存在一个具有下述性质的正整数的集合 A:对于任何由无限多个素数组成的集合 S. 存在 $k\geqslant 2$ 及正整数 $m\in A$ 和 $n\notin A$,使得 m 和 n 均为 S 中 k 个不同元素的乘积.

证法 1 设 $q_1,q_2,\cdots,q_n,\cdots$ 是全部素数从小到大的排列,即

$q_1=2,q_2=3,q_3=5,q_4=7,q_5=11,q_6=13,q_7=17,\cdots$

令 $A_1=\{2\times 3,2\times 5,2\times 7,2\times 11,\cdots\}$,即 A_1 是全部 $2\times q$ 的集合,这里 q 是大于 2 的素数;

令 $A_2=\{3\times 5\times 7,3\times 5\times 11,\cdots,3\times 7\times 11,3\times 7\times 13,\cdots\}$,即 A_2 是全部 $3\times q_i\times q_j$ 的集合,这里 $q_i<q_j$,q_i,q_j 都是大于 3 的素数;……

简洁地写,对于任一个正整数 t_1,令

$$A_{t_1}=\bigcup_{q_{t_1}<q_{t_2}<\cdots<q_{t_{q_{t_1}}}} q_{t_1}q_{t_2}\cdots q_{t_{q_{t_1}}} \quad ①$$

这里 $q_{t_i}(i=1,2,\cdots,q_{t_1})$ 全部是素数. 该并集是满足 $q_{t_1}<q_{t_2}<\cdots<q_{t_{q_{t_1}}}$ 条件全部素数并集.

再令 $A=\bigcup\limits_{t_1=1}^{\infty}A_{t_1}$. ②

对于由无限个素数组成的集合

$$S=\{p_1,p_2,\cdots,p_t,\cdots\} \quad ③$$

其中 $p_1 < p_2 < \cdots < p_t < \cdots, p_1 \geqslant 2, p_2 \geqslant 3, p_3 \geqslant 5, \cdots$. 因素数 p_i 是某个 $q_{t_i}(i=1,2,\cdots,p_1+2)$，由 ① 知

$$p_1 p_2 \cdots p_{p_1} = q_{t_1} q_{t_2} \cdots q_{t_{q_{t_1}}} \in A_{t_1} \subset A \quad ④$$

令 $m = p_1 p_2 \cdots p_{p_1}$，则 $m \in A$. 由于

$$q_{t_3} - q_{t_1} = p_3 - p_1 \geqslant 3 \quad ⑤$$

那么

$$p_{p_1+2} = q_{t_{p_1+2}} = q_{t_{q_{t_1}+2}} < q_{t_{q_{t_3}}} \quad ⑥$$

于是

$$p_3 p_4 \cdots p_{p_1+2} = q_{t_3} q_{t_4} \cdots q_{t_{q_{t_1}+3}} \notin A \quad ⑦$$

令

$$n = p_3 p_4 \cdots p_{p_1+2}, k = p_1 \quad ⑧$$

本题得证.

证法 2 （上海市建平中学张健同学）首先，他证明了如下的引理：

引理 在正整数集合的所有有限子集上，可以涂黑色或白色，使得对正整数的任意一个无限集，总有两个 k 元子集，$k \geqslant 2$. 一个子集是黑色，一个子集是白色.

引理的证明 对于正整数的一个 k 元子集，$k \geqslant 2$，如果在 $\bmod k$ 意义下，该 k 元子集属于同一个剩余类，那么将该子集涂黑色，否则涂白色.

由此，对于任意一个无限正整数的集合 $B = \{b_1, b_2, \cdots\}$，置

$$k = |b_1 - b_2| + 1 \quad ①$$

因为 $b_1 - b_2 \not\equiv 0 \pmod k$，则 k 元子集 $\{b_1, b_2, \cdots, b_k\}$ 涂白色.

但是 B 是一个无限集，必存在一个无限子集 $\{b_{i_1}, b_{i_2}, \cdots\}$，这里 $i_1 < i_2 < \cdots$，使得

$$b_{i_j} \equiv b_{i_l} \pmod k \quad ②$$

那么子集 $\{b_{i_1}, b_{i_2}, \cdots, b_{i_k}\}$ 涂黑色. 引理成立.

假如 $p_1 < p_2 < p_3 < \cdots < p_n < \cdots$ 是全部素数，即 $p_1 = 2$，$p_2 = 3, p_3 = 5$ 等.

用下述方法取集合 A，对于任意有限正整数集合 $\{i_1, i_2, \cdots, i_k\}$，其中 $i_1 < i_2 < \cdots < i_k$，如果集合 $\{i_1, i_2, \cdots, i_k\}$ 是黑色的，令 $p_{i_1} p_{i_2} \cdots p_{i_k} \in A$，否则 $p_{i_1} p_{i_2} \cdots p_{i_k} \notin A$.

下面证明集合 A 满足条件.

对于任意无限素数集合 $S = \{p_{s_1}, p_{s_2}, \cdots\}$，下标集合 $\{s_1, s_2, \cdots\}$ 是一个无限正整数集合. 由引理，有两个 k 元子集 $\{i_1, i_2, \cdots, i_k\}$，$\{j_1, j_2, \cdots, j_k\}$，使得 $\{i_1, i_2, \cdots, i_k\}$ 是黑色的，$\{j_1, j_2, \cdots, j_k\}$ 是白色的. 于是，$m = p_{i_1} p_{i_2} \cdots p_{i_k} \in A$，$n = p_{j_1} p_{j_2} \cdots p_{j_k} \notin A$.

21 对于任何正整数 x_0，三个序列$\{x_n\}$，$\{y_n\}$ 和$\{z_n\}$ 定义如下：

(1) $y_0=4$ 和 $z_0=1$；

(2) 对非负整数 n，如果 x_n 是偶数，$x_{n+1}=\frac{x_n}{2}$，$y_{n+1}=2y_n$ 和 $z_{n+1}=z_n$；

(3) 对非负整数 n，如果 x_n 是奇数，$x_{n+1}=x_n-\frac{y_n}{2}-z_n$，$y_{n+1}=y_n$ 和 $z_{n+1}=y_n+z_n$.

整数 x_0 称为一个好数当且仅当从某个正整数 n 开始，$x_n=0$，寻找小于或等于 1 994 的好数的数目.

解 从题目条件，立刻可以知道：对于任意正整数 n，$y_n=2^k$，这里 k 是某个与 n 有关的正整数，且 $k\geqslant 2$；$z_n\equiv 1 \pmod 4$. z_n 是正整数，x_n 是整数.

下面证明：

对于正整数 n，如果 x_{n-1} 是偶数，则 $y_n>z_n$；如果 x_{n-1} 是奇数，则 $2y_n>z_n$. (*)

对 n 用数学归纳法.

当 $n=1$ 时，由于 $y_0=4$ 和 $z_0=1$，则 $y_0>z_0$ 和 $2y_0>z_0$ 都成立.

设(*)对某个正整数 n 成立. 考虑 $n+1$ 的情况.

当 x_n 是偶数时，知道 $y_{n+1}=2y_n>z_n=z_{n+1}$.

当 x_n 是奇数时，首先确定 x_{n+1} 是奇数还是偶数. 如果 x_{n-1} 是奇数，利用

$$x_n=x_{n-1}-\frac{y_{n-1}}{2}-z_{n-1} \quad ①$$

以及 $y_{n-1}=2^k$，正整数 $k\geqslant 2$ 和 z_{n-1} 始终为奇数，可以得到 x_n 是偶数，这与 x_n 是奇数矛盾. 因此，x_{n-1} 必是偶数. 由题目条件及归纳法假设，可以知道

$$y_{n+1}=y_n>z_n, 2y_{n+1}=2y_n>y_n+z_n=z_{n+1} \quad ②$$

所以(*)对任何正整数 n 成立. 下面对好数 x_0 分情况讨论：

(1) 如果 x_0 是一个好数，当且仅当从 $n=1$ 开始，$x_n=0$. 在这种情况，$x_0=0$. 在这种情况，x_0 如何确定呢?

首先 $x_0\neq 0$. 如果 x_0 是偶数，由 $x_1=\frac{1}{2}x_0$，和 $x_1=0$，可以得到 $x_0=0$，这与 $x_0\neq 0$ 矛盾. 于是 x_0 必是奇数，利用 $y_0=4$，$z_0=1$ 和题目条件，有

$$0=x_1=x_0-\frac{1}{2}y_0-z_0=x_0-3 \quad ③$$

从而 $x_0=3$. 因此,$x_0=3$ 是一个好数.

(2) 如 x_0 是一个好数,当且仅当从某个 $n\geqslant 2$ 开始,$x_n=0$. 先确定 x_{n-2} 是奇数还是偶数. 如果 x_{n-2} 是一个奇数,由题目条件可知 x_{n-1} 必是偶数,利用 $x_n=\frac{1}{2}x_{n-1}$,可得出 $x_{n-1}=0$. 矛盾. 因此 x_{n-2} 必是一个偶数,而且 x_{n-1} 必是一个奇数. 由(*),可知 $y_{n-1}>z_{n-1}$.

由题目条件 ③ 和 $x_n=0$,有

$$\begin{cases}x_{n-1}=\frac{1}{2}y_{n-1}+z_{n-1}\\ y_n=y_{n-1}\\ z_n=y_{n-1}+z_{n-1}\end{cases} \quad ④$$

因而,当 y_{n-1},z_{n-1} 已知时,x_{n-1},y_n,z_n 可以唯一确定. 由于 x_{n-2} 是偶数,由题目条件 ②,有

$$x_{n-2}=2x_{n-1},y_{n-2}=\frac{1}{2}y_{n-1},z_{n-2}=z_{n-1} \quad ⑤$$

x_{n-2},y_{n-2},z_{n-2} 可以定出.

一般地,如果 x_k,y_k,z_k 已经求出,而且有序数组 $(y_k,z_k)\neq(4,1)$,那么 x_{k-1},y_{k-1},z_{k-1} 怎样来确定呢?

ⅰ 当 $y_k>z_k$ 时(y_k 偶,z_k 奇,两者不能相等),x_{k-1} 必定是偶数,因为当 x_{k-1} 是奇数时,由题目条件 ③ 可知 $y_k=y_{k-1}=z_k-z_{k-1}<z_k$,与 $y_k>z_k$ 矛盾. 再利用题目条件 ②,有

$$x_{k-1}=2x_k,y_{k-1}=\frac{1}{2}y_k,z_{k-1}=z_k \quad ⑥$$

ⅱ 当 $y_k<z_k$ 时,x_{k-1} 必定是奇数,因为当 x_{k-1} 是偶数时,由(*)可以知道 $y_k>z_k$. 矛盾. 再利用题目条件 ③,有

$$\begin{gathered}y_{k-1}=y_k,z_{k-1}=z_k-y_k\\ x_{k-1}=x_k+\frac{1}{2}y_{k-1}+z_{k-1}\end{gathered} \quad ⑦$$

由 ⑥ 和 ⑦ 可以知道,对于任何正整数 k,必有

$$y_k\geqslant y_{k-1},z_k\geqslant z_{k-1} \quad ⑧$$

而且等号不会同时成立. 因此,如果有序数组 $(y_k,z_k)=(4,1)$,即 $y_k=y_0,z_k=z_0$,那么相应的 x_k 就是所求的 x_0. 换言之,这时必有 $k=0$. 由上面叙述可以看出,从任一对正整数 $k(k\geqslant 2),t$ 出发,取

$$y_{n-1}=2^k,z_{n-1}=4t+1,x_n=0 \quad ⑨$$

反复利用⑥,⑦,那么全部 $x_k,y_k,z_k(0\leqslant k\leqslant n)$ 都可以算出,直到 $y_0=4,z_0=1$ 为止,这时 n 也可以算出. 记相应的 $x_0=f(y_{n-1},z_{n-1})$. 例如,前面已经计算过,当 $n=1$ 时,$f(4,1)=3$(见公式 ③).

取 $y_{n-1}=64, z_{n-1}=61$，利用上面方法，得到下列数表，并能定出 $n=9$.

$x_9=0, y_9=64, z_9=125; x_8=93, y_8=64, z_8=61;$

$x_7=186, y_7=32, z_7=61; x_6=231, y_6=32, z_6=29;$

$x_5=462, y_5=16, z_5=29; x_4=483, y_4=16, z_4=13;$

$x_3=966, y_3=8, z_3=13; x_2=975, y_2=8, z_2=5;$

$x_1=1\ 950, y_1=4, z_1=5; x_0=1\ 953, y_0=4, z_0=1.$ ⑩

另一个例子是：

$x_6=0, y_6=128, z_6=129; x_5=65, y_5=128, z_5=1;$

$x_4=130, y_4=64, z_4=1; x_3=260, y_3=32, z_3=1;$

$x_2=520, y_2=16, z_2=1, x_1=1\ 040, y_1=8, z_1=1;$

$x_0=2\ 080, y_0=4, z_0=1.$ ⑪

由 ⑩ 和 ⑪，有

$$f(64,61)=1\ 953, f(128,1)=2\ 080 \quad ⑫$$

从上面两个例子可以看出 1 953 是一个好数，而 $2\ 080>1\ 994$，不是要寻找的好数.

利用上面公式 ④，⑤，⑥，⑦ 等的叙述，由列表，容易看到

$$f(2y,z)>f(y,z), f(y,z+4)>f(y,z) \quad ⑬$$

有兴趣的读者可以列出数表，仔细证明上式，这留给读者作为练习.

由 ⑫ 和 ⑬，小于 1 994 的好数的集合是由下述正整数组成(注意 $y_{n-1}>z_{n-1}$)

$f(4,1), f(8,1), f(8,5), f(16,1), f(16,5), f(16,9), f(16,13), \cdots, f(64,1), f(64,5), f(64,9), \cdots, f(64,61)$

上述这个集合一共有 $1+2+4+8+16=31$(个) 元素.

22 对于任何正整数 k，$f(k)$ 表示集合 $\{k+1, k+2, \cdots, 2k\}$ 内在二进制下恰有 3 个 1 的所有元素的个数.

(1) 求证：对于每个正整数 m，至少存在一个正整数 k，使得 $f(k)=m$.

(2) 确定所有正整数 m，对每一个 m，恰存在一个 k，满足 $f(k)=m$.

解 此题为本届竞赛题 3.

23 设 x_1 和 x_2 是互质的正整数，对 $n \geqslant 2$，定义 $x_{n+1} = x_n x_{n-1} + 1$.

(1) 对每个正整数 $i > 1$，求证：存在正整数 $j > i$，使得 x_i^i 整除 x_j^j.

(2) x_1 是否必定整除某个 x_j^j，这里正整数 $j > 1$？

解 (1) 正整数 $i > 1$，p 是 x_i 的一个质因子. 对于任一正整数 n，引入一列非负整数 u_n，$0 \leqslant u_n \leqslant p-1$，使得

$$u_n \equiv x_n \pmod{p} \quad ①$$

显然

$$u_{n+1} \equiv u_n u_{n-1} + 1 \pmod{p} \quad ②$$

因为 $0 \leqslant u_{n-1} \leqslant p-1$，$0 \leqslant u_n \leqslant p-1$ 和 u_{n-1}，u_n 全是整数，则不同的有序非负整数对 (u_{n-1}, u_n) 只有有限个. 而当 $n \geqslant 2$，n 取遍全部大于或等于 2 的正整数时，(u_{n-1}, u_n) 有无限多对，因此，一定有正整数 k，$l(2 \leqslant k < l)$，使得

$$(u_{k-1}, u_k) = (u_{l-1}, u_l) \quad ③$$

即 $u_{k-1} = u_{l-1}$，$u_k = u_l$，再利用 ②，又有

$$u_{k+1} \equiv u_{l+1} \pmod{p} \quad ④$$

而 $0 \leqslant u_{k+1}, u_{l+1} \leqslant p-1$，则 $u_{k+1} = u_{l+1}$. 因此，在除去有限多个 u_1，u_2，$\cdots$，u_{k-2} 以后，易知 $\{u_n \mid n \geqslant k-1\}$ 是周期变化的.

由于 $p \mid x_i$，及 $u_i \equiv x_i \pmod{p}$，于是

$$u_i = 0 \quad ⑤$$

下面证明，存在某个正整数 k_p，使得

$$u_{i+k_p} = 0 \quad ⑥$$

用反证法，如果对于任意正整数 j，$u_{i+j} \neq 0$. 考虑第一、第二个周期序列 $\{u_k, u_{k+1}, \cdots, u_{k+s-1}\}$ 与 $\{u_{k+3}, u_{k+s+1}, \cdots, u_{k+2s-1}\}$，那 $u_k = u_{k+s}$，$u_{k+1} = u_{k+s+1}$，$\cdots$，$u_{k+s-1} = u_{k+2s-1}$，且 $\{u_k, u_{k+1}, \cdots, u_{k+s-1}\}$ 中无一对数相同. 上述两个序列中无一数为 0. 由于 ⑤，因此 $k \geqslant i+1 > 2$. 利用 ②，有

$$u_k u_{k-1} \equiv u_{k+1} - 1 \pmod{p} = u_{k+s+1} - 1 \equiv u_{k+s} u_{k+s-1} \pmod{p} \quad ⑦$$

因为 $u_k = u_{k+s} \neq 0$，则 $1 \leqslant u_k, u_{k+s} \leqslant p-1$，$p$ 是一个质数（即素数），由 ⑦，有

$$u_{k-1} \equiv u_{k+s-1} \pmod{p} \quad ⑧$$

于是，$u_{k-1} = u_{k+s-1}$. 这与 $\{u_k, u_{k+1}, \cdots, u_{k+s-1}\}$ 是第一个周期序列，矛盾，所以 ⑥ 成立.

由于固定的正整数 $i > 1$，u_{i-1} 存在，利用 ⑤ 及

$$u_{i+1} \equiv u_{i-1} u_i + 1 \pmod{p} \quad ⑨$$

可得 $u_{i+1}=1$,同理,有 $u_{i+k_p+1}=1$.由

$$u_i=u_{i+k_p}=0,u_{i+1}=u_{i+k_p+1}=1 \qquad ⑩$$

再利用 ②,有 $u_{i+2}=u_{i+k_p+2}$,$u_{i+3}=u_{i+k_p+3}$ 等.显然,对于所有正整数 l,有

$$u_{i+lk_p}=0 \qquad ⑪$$

因此,利用 ① 和 ⑪,有 $p \mid x_{i+lk_p}$,对应 x_i 的不同的质因子,用 m 表示相应的全部 k_p 是最小公倍数,那么,对于所有正整数 l,x_{i+lm} 整除 x_i 的每个质因子.用 t 表示 x_i 的质因子分解式中每个质因子的最高指数,选择正整数 l,使得 $j=i+lm>ti$,那么 x_i^i 整除 x_j^j.

(2) 结论不一定正确.下面举一个反例.

取 $x_1=22,x_2=9$,x_1,x_2 互素,即互质.22 的质因子有 2 个,2 与 11.先取 $p=2$,由公式 ②,可以求得

$$u_1=0,u_2=1,u_3=1,u_4=0,u_5=1,$$
$$u_6=1,u_7=0,u_8=1,u_9=1 \qquad ⑫$$

因此,我们知道 $\{u_n \mid n\in \mathbf{N}\}$ 是周期的,一个周期序列是 $\{0,1,1\}$.

再取 $p=11$,为表示区别,下面用 u_n^* 表示相应的 u_n

$$u_1^*=0,u_2^*=9,u_3^*=1,u_4^*=10,$$
$$u_5^*=0,u_6^*=1,u_7^*=1,u_8^*=2, \qquad (13)$$
$$u_9^*=3,u_{10}^*=7,u_{11}^*=0,u_{12}^*=1,\cdots$$

因此 $\{u_n^* \mid n\in \mathbf{N}\}$ 是 $\{0,9,1,10,0,1,1,2,3,7\}$(后 6 个数是周期出现的).

对于任意正整数 $n>1$,$u_n=0$,当且仅当 $n\equiv 1 \pmod 3$;$u_n^*\equiv 0$,当且仅当 $n\equiv 5 \pmod 6$.而对于任意正整数 k,l,不会有 $3k+1=6l+5$.因此,不存在 $x_j(j>1)$,它既能整除 2,又能整除 11.所以,对任意正整数 $j>1$,x_1 不能整除 x_j,故不会有 $x_1 \mid x_j^j$.

24 一个摆动数是一个正整数,它的各位数字,在十进制下,非零与零交替出现,个位数非零.确定所有正整数,它不能整除任何摆动数.

解 如果正整数 n 是 10 的一个倍数,那么 n 的任何倍数的最末一位数是 0,因此,这样的 n 不能整除任何摆动数.

如果正整数 n 是 25 的一个倍数,那么 n 的任何倍数的最末两位数只可能为下列四种情况

$$25,50,75 \text{ 或 } 00$$

因此,这样的 n 也不能整除任何摆动数.

下面证明上述两种数是不能整除任何摆动数的所有正整数.

我们首先考虑奇数 m，且 m 不是5的倍数，那么 m 与10互质，即 $(m,10)=1$. 于是，对于任何正整数 k

$$((10^k-1)m,10)=1 \quad ①$$

利用数论中著名的 Euler 定理，存在一个正整数 l，使得

$$10^l \equiv 1(\bmod (10^k-1)m) \quad ②$$

(Euler 定理的叙述与证明见本题附录.) 那么，对于任何正整数 t

$$10^{tl} \equiv 1(\bmod (10^k-1)m) \quad ③$$

现在

$$10^{tl}=(10^t-1)(10^{t(l-1)}+10^{t(l-2)}+\cdots+10^t+1)=(10^t-1)x_t \quad ④$$

这里 $x_t=10^{t(l-1)}+10^{t(l-2)}+\cdots+10^t+1$. 在④中令 $t=k$，由③和④，有 x_k 应当是 m 的一个倍数，这里 k 是任何正整数，特别 x_2 应当是 m 的一个倍数. 而

$$x_2=10^{2(l-1)}+10^{2(l-2)}+\cdots+10^2+1 \quad ⑤$$

可见 x_2 是一个摆动数. 因此奇数 m，当 m 不是5的倍数时，这种 m 不是题目中所求的数.

如果奇数 m，m 是5的倍数，但不是25的倍数，那么，$m=5m_1$，m_1 为奇数，m_1 不是5的倍数. 由刚才所证，存在由⑤定义的摆动数 x_2，x_2 是 m_1 的倍数(只不过⑤中正整数 l 有所不同而已)，于是，$5x_2$ 还是一个摆动数，$5x_2$ 为 $5m_1$ 的倍数，即 $5x_2$ 是 m 的倍数.

由上述可知，奇数 m，如果 m 不是25的倍数，这种 m 不是所求的数.

现在考虑2的幂次，对正整数 t 用数学归纳法，证明对 2^{2t+1}，有一个摆动数 w_t，为 2^{2t+1} 的倍数，而且 w_t 的各位数字中，恰有 t 个非零数字.

对 $t=1$，就取 $w_1=8$. 对 $t=2$，取 $w_2=608$. 设对某个正整数 $t\geqslant 2$，相应的摆动数 w_t 存在，那么，$w_t=2^{2t+1}d$，这里 d 是一个正整数. 取

$$w_{t+1}=10^{2t}c+w_t \quad ⑥$$

这里 $c\in\{1,2,3,\cdots,9\}$，c 待定. w_{t+1} 是一个摆动数，w_t 为 $2t-1$ 位数，w_{t+1} 为 $2t+1$ 位数，恰有 $t+1$ 个非零数字.

$$w_{t+1}=2^{2t}(5^{2t}c+2d) \quad ⑦$$

利用⑦，$2^{2t+3}\mid w_{t+1}$ 当且仅当 $8\mid(5^{2t}c+2d)$. 取 c 与 $6d$，在 mod 8 意义下，属于同一个同余类，集合 $\{1,2,3,\cdots,8\}$ 中这样的 c 必定存在，且 c 为偶数. 可记 $c=8s+6d$，这里 s 是一个整数.

$$5^{2t}c+2d=(8\times 3+1)^t(8s+6d)+2d\equiv 0(\bmod 8) \quad ⑧$$

取定上述 c 后，$8\mid(5^{2t}c+2d)$，从而 $2^{2t+3}\mid w_{t+1}$. 因此，2的任何一个幂次，都有一个摆动数作为它的倍数. 这样的数，不是我们所要

的.

现在考虑形式 $2^t m$ 的正整数,这里 t 是一个正整数,且 m 是一个奇数,m 不是 5 的倍数,由前面所述,存在一个摆动数 w_t,w_t 是 $2t-1$ 位数,使得 $2^{2t+1} \mid w_t$. 另外,还存在

$$x_{2t}=10^{2t(l-1)}+10^{2t(l-2)}+\cdots+10^{2t}+1 \quad ⑨$$

x_{2t} 是 m 的一个倍数,这只要在 ④ 中用 $2t$ 代替 t,并且令 $k=2t$,就能得到这样的正整数 x_{2t}. $w_t x_{2t}$ 是 $2^t m$ 的一个倍数,容易看出 $w_t x_{2t}$ 是一个摆动数.

附　录
IMO 背景介绍

第1章　引　言

第1节　国际数学奥林匹克

国际数学奥林匹克(IMO)是高中学生最重要和最有威望的数学竞赛。它在全面提高高中学生的数学兴趣和发现他们之中的数学尖子方面起了重要作用.

在开始时,IMO是(范围和规模)要比今天小得多的竞赛.在1959年,只有7个国家参加第一届IMO,它们是:保加利亚,捷克斯洛伐克,民主德国,匈牙利,波兰,罗马尼亚和苏联.从此之后,这一竞赛就每年举行一次.渐渐的,东方国家,西欧国家,直至各大洲的世界各地许多国家都加入进来(唯一的一次未能举办竞赛的年份是1980年,那一年由于财政原因,没有一个国家有意主持这一竞赛.今天这已不算一个问题,而且主办国要提前好几年排队).到第45届在雅典举办IMO时,已有不少于85个国家参加.

竞赛的形式很快就稳定下来并且以后就不变了.每个国家可派出6个参赛队员,每个队员都单独参赛(即没有任何队友协助或合作).每个国家也派出一位领队,他参加试题筛选并和其队员隔离直到竞赛结束,而副领队则负责照看队员.

IMO的竞赛共持续两天.每天学生们用四个半小时解题,两天总共要做6道题.通常每天的第一道题是最容易的而最后一道题是最难的,虽然有许多著名的例外(IMO1996—5是奥林匹克竞赛题中最难的问题之一,在700个学生中,仅有6人做出来了这道题!).每题7分,最高分是42分.

每个参赛者的每道题的得分是激烈争论的结果,并且,最终,判卷人所达成的协议由主办国签名,而各国的领队和副领队则捍卫本国队员的得分公平和利益不受损失.这一评分体系保证得出的成绩是相对客观的,分数的误差极少超过2或3点.

各国自然地比较彼此的比分,只设个人奖,即奖牌和荣誉奖,在IMO中仅有少于$\frac{1}{12}$的参赛者被授予金牌,少于$\frac{1}{4}$的参赛者被授予金牌或银牌以及少于$\frac{1}{2}$的参赛者被授予金牌,银牌或者铜牌.在没被授予奖牌的学生之中,对至少有一个问题得满分的那些人授予荣誉奖.这一确定得奖的系统运行的相当完好.一方面它保证有严格的标准并且对参赛者分出适当的层次使得每个参赛者有某种可以尽力争取的目标.另一方面,它也保证竞赛有不依赖于竞赛题的难易差别的很大程度的宽容度.

根据统计,最难的奥林匹克竞赛是1971年,然后依次是1996年,1993年和1999年.得分最低的是1977年,然后依次是1960年和1999年.

竞赛题的筛选分几步进行.首先参赛国向IMO的主办国提交他们提出的供选择用的候选题,这些问题必须是以前未使用过的,且不是众所周知的新鲜问题.主办国不提出备选问题.命题委员会从所收到的问题(称为长问题单,即第一轮预选题)中选出一些问题(称为短问题单)提交由各国领队组成的 IMO 裁判团,裁判团再从第二轮预选题中选出 6 道题作为 IMO 的竞赛题.

除了数学竞赛外,IMO 也是一次非常大型的社交活动.在竞赛之后,学生们有三天时间享受主办国组织的游览活动以及与世界各地的 IMO 参加者们互动和交往.所有这些都确实是令人难忘的体验.

第 2 节　IMO 竞赛

已出版了很多 IMO 竞赛题的书[65].然而除此之外的第一轮预选题和第二轮预选题尚未被系统加以收集整理和出版,因此这一领域中的专家们对其中很多问题尚不知道.在参考文献中可以找到部分预选题,不过收集的通常是单独某年的预选题.参考文献[1],[30],[41],[60]包括了一些多年的问题.大体上,这些书包括了本书的大约 50%的问题.

本书的目的是把我们全面收集的 IMO 预选题收在一本书中.它由所有的预选题组成,包括从第 10 届以及第 12 届到第 44 届的第二轮预选题和第 19 届竞赛中的第一轮预选题.我们没有第 9 届和第 11 届的第二轮预选题,并且我们也未能发现那两届 IMO 竞赛题是否是从第一轮预选题选出的或是否存在未被保存的第二轮预选题.由于 IMO 的组织者通常不向参赛国的代表提供第一轮预选题,因此我们收集的题目是不全的.在 1989 年题目的末尾收集了许多分散的第一轮预选题,以后有效的第一轮预选题的收集活动就结束了.前八届的问题选取自参考文献[60].

本书的结构如下:如果可能的话,在每一年的问题中,和第一轮预选题或第二轮预选题一起,都单独列出了 IMO 竞赛题.对所有的第二轮预选题都给出了解答.IMO 竞赛题的解答被包括在第二轮预选题的解答中.除了在南斯拉夫举行的两届 IMO (由于爱国原因)之外,对第一轮预选题未给出解答,由于那将使得本书的篇幅不合理的加长.由所收集的问题所决定,本书对奥林匹克训练营的教授和辅导教练是有益的和适用的.对每个问题,我们都用一组三个字母的编码指出了出题的国家.在附录中给出了全部的对应国的编码.我们也指出了第二轮预选题中有哪些题被选作了竞赛题.我们在解答中有时也偶尔直接地对其他问题做一些参考和注解.通过在题号上附加 LL,SL,IMO 我们指出了题目的年号,是属于第一轮预选题,第二轮预选题还是竞赛题,例如(SL89—15)表示这道题是 1989 年第二轮预选题的第 15 题.

我们也给出了一个在我们的证明中没有明显地引用和导出的所有公式和定理一个概略的列表.由于我们主要关注仅用于本书证明中的定理,我们相信这个列表中所收入的都是解决 IMO 问题时最有用的定理.

在一本书中收集如此之多的问题需要大量的编辑工作,我们对原来叙述不够确切和清楚的问题作了重新叙述,对原来不是用英语表达的问题做了翻译.某些解答是来自作者和其他资源,而另一些解是本书作者所做.

许多非原始的解答显然在收入本书之前已被编辑.我们不能保证本书的问题完全地对应于实际的第一轮预选题或第二轮预选题的名单.然而我们相信本书的编辑已尽可能接近于原来的名单.

第 2 章　基本概念和事实

下面是本书中经常用到的概念和定理的一个列表.我们推荐读者在(也许)进一步阅读其他文献前首先阅读这一列表并熟悉它们.

第 1 节　代数

2.1.1　多项式

定理 2.1　二次方程 $ax^2+bx+c=0(a,b,c\in\mathbf{R},a\neq 0)$ 有解

$$x_{1,2}=\frac{-b\pm\sqrt{b^2-4ac}}{2}$$

二次方程的判别式 D 定义为 $D^2=b^2-4ac$,当 $D<0$ 时,解是复数,并且是共轭的,当 $D=0$ 时,解退化成一个实数解,当 $D>0$ 时,方程有两个不同的实数解.

定义 2.2　二项式系数 $\binom{n}{k}$,$n,k\in\mathbf{N}_0,k\leqslant n$ 定义为

$$\binom{n}{k}=\frac{n!}{i!\ (n-i)!}$$

对 $i>0$,它们满足

$$\binom{n}{i}+\binom{n}{i-1}=\binom{n+1}{i}$$

以及

$$\binom{n}{0}+\binom{n}{1}+\cdots+\binom{n}{n}=2^n$$

$$\binom{n}{0}-\binom{n}{1}+\cdots+(-1)^n\binom{n}{n}=0$$

$$\binom{n+m}{k}=\sum_{i=0}^{k}\binom{n}{i}\binom{m}{k-i}$$

定理 2.3　((Newton) 二项式公式) 对 $x,y\in\mathbf{C}$ 和 $n\in\mathbf{N}$

$$(x+y)^n=\sum_{i=0}^{n}\binom{n}{i}x^{n-i}y^i$$

定理 2.4　(Bezout(裴蜀) 定理) 多项式 $P(x)$ 可被二项式 $x-a(a\in\mathbf{C})$ 整除的充分必要条件是 $P(a)=0$.

定理 2.5　(有理根定理) 如果 $x=\frac{p}{q}$ 是整系数多项式 $P(x)=a_nx^n+\cdots+a_0$ 的根,且 $(p,q)=1$,则 $p\mid a_0,q\mid a_n$.

定理 2.6　(代数基本定理) 每个非常数的复系数多项式有一个复根.

定理 2.7 （Eisenstein(爱森斯坦) 判据）设 $P(x)=a_nx^n+\cdots+a_1x+a_0$ 是一个整系数多项式，如果存在一个素数 p 和一个整数 $k\in\{0,1,\cdots,n-1\}$，使得 $p\mid a_0,a_1,\cdots,a_k,p\mid a_{k+1}$ 以及 $p^2\nmid a_0$，那么存在 $P(x)$ 的不可约因子 $Q(x)$，其次数至少是 k. 特别，如果 $k=n-1$，则 $P(x)$ 是不可约的.

定义 2.8 $x_1,\cdots,x_n$ 的对称多项式是一个在 $x_1,\cdots,x_n$ 的任意排列下不变的多项式，初等对称多项式是 $\sigma_k(x_1,\cdots,x_k)=\sum x_{i_1,\cdots,i_n}$（分别对 $\{1,2,\cdots,n\}$ 的 $k-$ 元素子集 $\{i_1,i_2,\cdots,i_k\}$ 求和）.

定理 2.9 （对称多项式定理）每个 $x_1,\cdots,x_n$ 的对称多项式都可用初等对称多项式 $\sigma_1,\cdots,\sigma_n$ 表出.

定理 2.10 （Vieta(韦达) 公式）设 $\alpha_1,\cdots,\alpha_n$ 和 $c_1,\cdots,c_n$ 都是复数，使得

$$(x-\alpha_1)(x-\alpha_2)\cdots(x-\alpha_n)=x^n+c_1x^{n-1}+c_2x^{n-2}+\cdots+c_n$$

那么对 $k=1,2,\cdots,n$

$$c_k=(-1)^k\sigma_k(\alpha_1,\cdots,\alpha_n)$$

定理 2.11 （Newton 对称多项式公式）设 $\sigma_k=\sigma_k(x_1,\cdots,x_k)$ 以及 $s_k=x_1^k+x_2^k+\cdots+x_n^k$，其中 $x_1,\cdots,x_n$ 是复数，那么

$$k\sigma_k=s_1\sigma_{k-1}+s_2\sigma_{k-2}+\cdots+(-1)^ks_{k-1}\sigma_1+(-1)^ks_k$$

2.1.2 递推关系

定义 2.12 一个递推关系是指一个由序列 $x_n,n\in\mathbf{N}$ 的前面的元素的函数确定的如下的关系

$$x_n+a_1x_{n-1}+\cdots+a_kx_{n-k}=0\ (n\geqslant k)$$

如果其中的系数 $a_1,\cdots,a_k$ 都是不依赖于 n 的常数，则上述关系称为 k 阶的线性齐次递推关系. 定义此关系的特征多项式为 $P(x)=x^k+a_1x^{k-1}+\cdots+a_k$.

定理 2.13 利用上述定义中的记号，设 $P(x)$ 的标准因子分解式为

$$P(x)=(x-\alpha_1)^{k_1}(x-\alpha_2)^{k_2}\cdots(x-\alpha_r)^{k_r}$$

其中 $\alpha_1,\cdots,\alpha_r$ 是不同的复数，而 $k_1,\cdots,k_r$ 是正整数，那么这个递推关系的一般解由公式

$$x_n=p_1(n)\alpha_1^n+p_2(n)\alpha_2^n+\cdots+p_r(n)\alpha_r^n$$

给出，其中 p_i 是次数为 k_i 的多项式. 特别，如果 $P(x)$ 有 k 个不同的根，那么所有的 p_i 都是常数.

如果 $x_0,\cdots,x_{k-1}$ 已被设定，那么多项式的系数是唯一确定的.

2.1.3 不等式

定理 2.14 平方函数总是正的，即 $x^2\geqslant 0(\forall x\in\mathbf{R})$. 把 x 换成不同的表达式，可以得出以下的不等式.

定理 2.15 （Bernoulli(伯努利) 不等式）

1. 如果 $n\geqslant 1$ 是一个整数，$x>-1$ 是实数，那么 $(1+x)^n\geqslant 1+nx$；
2. 如果 $\alpha>1$ 或 $\alpha<0$，那么对 $x>-1$ 成立不等式：$(1+x)^\alpha\geqslant 1+\alpha x$；
3. 如果 $\alpha\in(0,1)$，那么对 $x>-1$ 成立不等式：$(1+x)^\alpha\leqslant 1+\alpha x$.

定理 2.16 (平均不等式)对正实数 $x_1,\cdots,x_n$,成立 $QM \geqslant AM \geqslant GM \geqslant HM$,其中

$$QM=\sqrt{\frac{x_1^2+\cdots+x_n^2}{n}},\quad AM=\frac{x_1+\cdots+x_n}{n}$$

$$GM=\sqrt[n]{x_1\cdots x_n},\quad HM=\frac{n}{\frac{1}{x_1}+\cdots+\frac{1}{x_n}}$$

所有不等式的等号都当且仅当 $x_1=x_2=\cdots=x_n$,数 QM,AM,GM 和 HM 分别被称为平方平均,算术平均,几何平均以及调和平均.

定理 2.17 (一般的平均不等式).设 $x_1,\cdots,x_n$ 是正实数,对 $p\in\mathbf{R}$,定义 $x_1,\cdots,x_n$ 的 p 阶平均为

$$M_p=\left(\frac{x_1^p+\cdots+x_n^p}{n}\right)^{\frac{1}{p}},\quad 如果\ p\neq 0$$

以及

$$M_q=\lim_{p\to q}M_p,\quad 如果\ q\in\{\pm\infty,0\}$$

特别,$\max x_i,QM,AM,GM$, HM 和 $\min x_i$ 分别是 $M_\infty,M_2,M_1,M_0,M_{-1}$ 和 $M_{-\infty}$,那么

$$M_p\leqslant M_q,\quad 只要\ p\leqslant q$$

定理 2.18 (Cauchy-Schwarz(柯西-许瓦兹)不等式).设 $a_i,b_i,i=1,2,\cdots,n$ 是实数,则

$$\left(\sum_{i=1}^n a_ib_i\right)^2\leqslant\left(\sum_{i=1}^n a_i^2\right)\left(\sum_{i=1}^n b_i^2\right)$$

当且仅当存在 $c\in\mathbf{R}$ 使得 $b_i=ca_i,i=1,\cdots,n$ 时,等号成立.

定理 2.19 (Hölder(和尔窦)不等式)设 $a_i,b_i,i=1,2,\cdots,n$ 是非负实数,p,q 是使得 $\frac{1}{p}+\frac{1}{q}=1$ 的正实数,则

$$\sum_{i=1}^n a_ib_i\leqslant\left(\sum_{i=1}^n a_i^p\right)^{\frac{1}{p}}\left(\sum_{i=1}^n b_i^q\right)^{\frac{1}{q}}$$

当且仅当存在 $c\in\mathbf{R}$ 使得 $b_i=ca_i,i=1,\cdots,n$ 时,等号成立.Cauchy-Schwarz(柯西-许瓦兹)不等式是 Hölder(和尔窦)不等式在 $p=q=2$ 时的特殊情况.

定理 2.20 (Minkovski(闵科夫斯基)不等式)设 $a_i,b_i,i=1,2,\cdots,n$ 是非负实数,p 是任意不小于 1 的实数,则

$$\left(\sum_{i=1}^n (a_i+b_i)^p\right)^{\frac{1}{p}}\leqslant\left(\sum_{i=1}^n a_i^p\right)^{\frac{1}{p}}+\left(\sum_{i=1}^n b_i^p\right)^{\frac{1}{p}}$$

当 $p>1$ 时,当且仅当存在 $c\in\mathbf{R}$ 使得 $b_i=ca_i,i=1,\cdots,n$ 时,等号成立,当 $p=1$ 时,等号总是成立.

定理 2.21 (Chebyshev(切比雪夫)不等式).设 $a_1\geqslant a_2\geqslant\cdots\geqslant a_n$ 以及 $b_1\geqslant b_2\geqslant\cdots\geqslant b_n$ 是实数,则

$$n\sum_{i=1}^n a_ib_i\geqslant\left(\sum_{i=1}^n a_i\right)\left(\sum_{i=1}^n b_i\right)\geqslant n\sum_{i=1}^n a_ib_{n+1-i}$$

当 $a_1=a_2=\cdots=a_n$ 或 $b_1=b_2=\cdots=b_n$ 时,上面的两个不等式的等号同时成立.

定义 2.22 定义在区间 I 上的实函数 f 称为是凸的,如果对所有的 $x,y\in I$ 和所有使得 $\alpha+\beta=1$ 的 $\alpha,\beta>0$,都有 $f(\alpha x+\beta y)\leqslant\alpha f(x)+\beta f(y)$,函数 f 称为是凹的,如果成立

相反的不等式,即如果 $-f$ 是凸的.

定理 2.23　如果 f 在区间 I 上连续,那么 f 在区间 I 是凸函数的充分必要条件是对所有 $x,y\in I$,成立

$$f\left(\frac{x+y}{2}\right)\leqslant\frac{f(x)+f(y)}{2}$$

定理 2.24　如果 f 是可微的,那么 f 是凸函数的充分必要条件是它的导函数 f' 是不减的.类似的,可微函数 f 是凹函数的充分必要条件是它的导函数 f' 是不增的.

定理 2.25　(Jenson(琴生)不等式)如果 $f:I\rightarrow R$ 是凸函数,那么对所有的 $\alpha_i\geqslant 0$, $\alpha_1+\cdots+\alpha_n=1$ 和所有的 $x_i\in I$ 成立不等式

$$f(\alpha_1x_1+\cdots+\alpha_nx_n)\leqslant\alpha_1f(x_1)+\cdots+\alpha_nf(x_n)$$

对于凹函数,成立相反的不等式.

定理 2.26　(Muirhead(穆黑)不等式)设 $x_1,x_2,\cdots,x_n\in\mathbf{R}^+$,对正实数的 n 元组 $a=(a_1,a_2,\cdots,a_n)$,定义

$$T_a(x_1,\cdots,x_n)=\sum y_1^{a_1}\cdots y_n^{a_n}$$

是对 $x_1,x_2,\cdots,x_n$ 的所有排列 $y_1,y_2,\cdots,y_n$ 求和.称 n 元组 a 是优超 n 元组 b 的,如果

$$a_1+a_2+\cdots+a_n=b_1+b_2+\cdots+b_n$$

并且对 $k=1,\cdots,n-1$

$$a_1+\cdots+a_k\geqslant b_1+\cdots+b_k$$

如果不增的 n 元组 a 优超不增的 n 元组 b,那么成立以下不等式

$$T_a(x_1,\cdots,x_n)\geqslant T_b(x_1,\cdots,x_n)$$

等号当且仅当 $x_1=x_2=\cdots=x_n$ 时成立.

定理 2.27　(Schur(舒尔)不等式)利用对 Muirhead(穆黑)不等式使用的记号

$$T_{\lambda+2\mu,0,0}(x_1,x_2,x_3)+T_{\lambda,\mu,\mu}(x_1,x_2,x_3)\geqslant 2T_{\lambda+\mu,\mu,0}(x_1,x_2,x_3)$$

其中 $\lambda,\mu\in\mathbf{R}^+$,等号当且仅当 $x_1=x_2=x_3$ 或 $x_1=x_2,x_3=0$(以及类似情况)时成立.

2.1.4　群和域

定义 2.28　群是一个具有满足以下条件的运算 $*$ 的非空集合 G:

(1)对所有的 $a,b,c\in G,a*(b*c)=(a*b)*c$;

(2)存在一个唯一的加法元 $e\in G$ 使得对所有的 $a\in G$ 有 $e*a=a*e=a$;

(3)对每一个 $a\in G$,存在一个唯一的逆元 $a^{-1}=b\in G$ 使得 $a*b=b*a=e$.

如果 $n\in\mathbf{Z}$,则当 $n\geqslant 0$ 时,定义 a^n 为 $a*a*\cdots*a$(n 次),否则定义为 $(a^{-1})^{-n}$.

定义 2.29　群 $\Gamma=(G,*)$ 称为是交换的或阿贝尔群,如果对任意 $a,b\in G,a*b=b*a$.

定义 2.30　集合 A 生成群 $(G,*)$,如果 G 的每个元用 A 的元素的幂和运算 $*$ 得出.换句话说,如果 A 是群 G 的生成子,那么每个元素 $g\in G$ 就可被写成 $a_1^{i_1}*\cdots*a_n^{i_n}$,其中对 $j=1,2,\cdots,na_j\in A$ 而 $i_j\in\mathbf{Z}$.

定义 2.31　当存在使得 $a^n=e$ 的 n 时,$a\in G$ 的阶是使得 $a^n=e$ 成立的最小的 $n\in\mathbf{N}$.一个群的阶是指其元素的个数,如果群的每个元素的阶都是有限的,则称其为有限阶的.

定义 2.32　(Lagrange(拉格朗日)定理)在有限群中,元素的阶必整除群的阶.

定义 2.33　一个环是一个具有两种运算 $+$ 和 $\cdot$ 的非空集合 R 使得 $(R,+)$ 是阿贝尔群，并且对任意 $a,b,c\in R$，有

(1) $(a\cdot b)\cdot c=a\cdot(b\cdot c)$；

(2) $(a+b)\cdot c=a\cdot c+b\cdot c$ 以及 $c\cdot(a+b)=c\cdot a+c\cdot b$.

一个环称为是交换的，如果对任意 $a,b\in R$，$a\cdot b=b\cdot a$，并且具有乘法单位元 $i\in R$，使得对所有的 $a\in R$，$i\cdot a=a\cdot i$.

定义 2.34　一个域是一个具有单位元的交换环，在这种环中，每个不是加法单位元的元素 a 有乘法逆 a^{-1}，使得 $a\cdot a^{-1}=a^{-1}\cdot a=i$.

定理 2.35　下面是一些群，环和域的通常的例子：

群：$(\mathbf{Z}_n,+)$，$(\mathbf{Z}_p\backslash\{0\},\cdot)$，$(\mathbf{Q},+)$，$(\mathbf{R},+)$，$(\mathbf{R}\backslash\{0\},\cdot)$；

环：$(\mathbf{Z}_n,+,\cdot)$，$(\mathbf{Z},+,\cdot)$，$(\mathbf{Z}[x],+,\cdot)$，$(\mathbf{R}[x],+,\cdot)$；

域：$(\mathbf{Z}_p,+,\cdot)$，$(Q,+,\cdot)$，$(Q(\sqrt{2}),+,\cdot)$，$(\mathbf{R},+,\cdot)$，$(\mathbf{C},+,\cdot)$.

第 2 节　分析

定义 2.36　说序列 $\{a_n\}_{n=1}^{\infty}$ 有极限 $a=\lim\limits_{n\to\infty}a_n$（也记为 $a_n\to a$），如果对任意 $\varepsilon>0$，都存在 $n_\varepsilon\in\mathbf{N}$，使得当 $n\geqslant n_\varepsilon$ 时，成立 $|a_n-a|<\varepsilon$.

说函数 $f:(a,b)\to\mathbf{R}$ 有极限 $y=\lim\limits_{x\to c}f(x)$，如果对任意 $\varepsilon>0$，都存在 $\delta>0$，使得对任意 $x\in(a,b)$，$0<|x-c|<\delta$，都有 $|f(x)-y|<\varepsilon$.

定义 2.37　称序列 x_n 收敛到 $x\in\mathbf{R}$，如果 $\lim\limits_{n\to\infty}x_n=x$，级数 $\sum\limits_{n=1}^{\infty}x_n$ 收敛到 $s\in\mathbf{R}$ 的含义为 $\lim\limits_{m\to\infty}\sum\limits_{n=1}^{m}x_n=s$. 一个不收敛的序列或级数称为是发散的.

定理 2.38　如果序列 a_n 单调并且有界，则它必是收敛的.

定义 2.39　称函数 f 在区间 $[a,b]$ 上是连续的，如果对每个 $x_0\in[a,b]$，$\lim\limits_{x\to x_0}f(x)=f(x_0)$.

定义 2.40　称函数 $f:(a,b)\to\mathbf{R}$ 在点 $x_0\in(a,b)$ 是可微的，如果以下极限存在

$$f'(x_0)=\lim_{x\to x_0}\frac{f(x)-f(x_0)}{x-x_0}$$

称函数在 (a,b) 上是可微的，如果它在每一点 $x_0\in(a,b)$ 都是可微的. 函数 f' 称为是函数 f 的导数，类似的，可定义 f' 的导数 f''，它称为函数 f 的二阶导数，等等.

定理 2.41　可微函数是连续的. 如果 f 和 g 都是可微的，那么 fg，$\alpha f+\beta g$ $(\alpha,\beta\in\mathbf{R})$，$f\circ g$，$\frac{1}{f}$（如果 $f\neq 0$），f^{-1}（如果它可被有意义的定义）都是可微的. 并且成立

$$(\alpha f+\beta g)'=\alpha f'+\beta g'$$
$$(fg)'=f'g+fg'$$
$$(f\circ g)'=(f'\circ g)\cdot g'$$
$$\left(\frac{1}{f}\right)'=-\frac{f'}{f^2}$$

$$\left(\frac{f}{g}\right)'=\frac{f'g-fg'}{g^2}$$

$$(f^{-1})'=\frac{1}{(f'\circ f^{-1})}$$

定理 2.42　以下是一些初等函数的导数(a 表示实常数)

$$(x^a)'=ax^{a-1}$$

$$(\ln x)'=\frac{1}{x}$$

$$(a^x)'=a^x\ln a$$

$$(\sin x)'=\cos x$$

$$(\cos x)'=-\sin x$$

定理 2.43　(Fermat(费马)定理) 设 $f:[a,b]\to\mathbf{R}$ 是可微函数，且函数 f 在此区间内达到其极大值或极小值. 如果 $x_0\in(a,b)$ 是一个极值点(即函数在此点达到极大值或极小值)，那么 $f'(x_0)=0$.

定理 2.44　(Roll(罗尔)定理) 设 $f(x)$ 是定义在 $[a,b]$ 上的连续可微函数，且 $f(a)=f(b)=0$，则存在 $c\in(a,b)$，使得 $f'(c)=0$.

定义 2.45　定义在 $\mathbf{R}^n$ 的开子集 D 上的可微函数 $f_1,f_2,\cdots,f_k$ 称为是相关的，如果存在非零的可微函数 $F:\mathbf{R}^k\to\mathbf{R}$ 使得 $F(f_1,\cdots,f_k)$ 在 D 的某个开子集上恒同于 0.

定义 2.46　函数 $f_1,\cdots,f_k:D\to\mathbf{R}$ 是独立的充分必要条件为 $k\times n$ 矩阵 $\left[\frac{\partial f_i}{\partial x_j}\right]_{i,j}$ 的秩为 k，即在某个点，它有 k 行是线性无关的.

定理 2.47　(Lagrange(拉格朗日)乘数) 设 D 是 $\mathbf{R}^n$ 的开子集，且 $f,f_1,\cdots,f_k:D\to\mathbf{R}$ 是独立无关的可微函数. 设点 a 是函数 f 在 D 内的一个极值点，使得 $f_1=f_2=\cdots=f_n=0$，则存在实数 $\lambda_1,\cdots,\lambda_k$(所谓的拉格朗日乘数)使得 a 是函数 $F=f+\lambda_1f_1+\cdots+\lambda_kf_k$ 的平衡点，即在点 a 使得 F 的偏导数为 0 的点.

定义 2.48　设 f 是定义在 $[a,b]$ 上的实函数，且设 $a=x_0\leqslant x_1\leqslant\cdots\leqslant x_n=b$ 以及 $\xi_k\in[x_{k-1},x_k]$，和 $S=\sum\limits_{k=1}^{n}(x_k-x_{k-1})f(\xi_k)$ 称为 Darboux(达布)和，如果 $I=\lim\limits_{\delta\to 0}S$ 存在(其中 $\delta=\max\limits_{k}(x_k-x_{k-1})$)，则称 f 是可积的，并称 I 是它的积分. 每个连续函数在有限区间上都是可积的.

第 3 节　几何

2.3.1　三角形的几何

定义 2.49　三角形的垂心是其高线的交点.

定义 2.50　三角形的外心是其外接圆的圆心，它是三角形各边的垂直平分线的交点.

定义 2.51　三角形的内心是其内切圆的圆心，它是其各角的角平分线的交点.

定义 2.52　三角形的重心是其各边中线的交点.

定理 2.53　对每个非退化的三角形，垂心，外心，内心，重心都是良定义的.

定理 2.54 (Euler(欧拉)线)任意三角形的垂心 H,重心 G 和外心 O 位于一条直线上(欧拉线),且满足 $\overrightarrow{HG}=2\overrightarrow{GO}$.

定理 2.55 (9 点圆).三角形从顶点 A,B,C 向对边所引的垂足,AB,BC,CA,AH,BH,CH 各线段的中点位于一个圆上(9 点圆).

定理 2.56 (Feuerbach(费尔巴哈)定理)三角形的9点圆和其内切圆和三个外切圆相切.

定理 2.57 给了 $\triangle ABC$,设 $\triangle ABC'$,$\triangle AB'C$ 和 $\triangle A'BC$ 是向外的等边三角形,则 AA',BB',CC' 交于一点,称为 Torricelli(托里拆利)点.

定义 2.58 设 ABC 是一个三角形,P 是一点,而 X,Y,Z 分别是从 P 向 BC,AC,AB 所引垂线的垂足,则 $\triangle XYZ$ 称为 $\triangle ABC$ 的对应于点 P 的 Pedal(佩多)三角形.

定理 2.59 (Simson(西姆松)线)当且仅当点 P 位于 ABC 的外接圆上时,Pedal(佩多)三角形是退化的,即 X,Y,Z 共线,点 X,Y,Z 共线时,它们所在的直线称为 Simson(西姆松)线.

定理 2.60 (Carnot(卡农)定理)从 X,Y,Z 分别向 BC,CA,AB 所作的垂线共点的充分必要条件是

$$BX^2-XC^2+CY^2-YA^2+AZ^2-ZB^2=0$$

定理 2.61 (Desargue(戴沙格)定理)设 $A_1B_1C_1$ 和 $A_2B_2C_2$ 是两个三角形.直线 A_1A_2,B_1B_2,C_1C_2 共点或互相平行的充分必要条件是 $A=B_1C_2\cap B_2C_1$,$B=C_1A_2\cap A_1C_2$,$C=A_1B_2\cap A_2B_1$ 共线.

2.3.2 向量几何

定义 2.62 对任意两个空间中的向量 $\boldsymbol{a},\boldsymbol{b}$,定义其数量积(又称点积)为 $\boldsymbol{a}\cdot\boldsymbol{b}=|\boldsymbol{a}||\boldsymbol{b}|\cdot\cos\varphi$,而其向量积为 $\boldsymbol{a}\times\boldsymbol{b}=\boldsymbol{p}$,其中 $\varphi=\angle(\boldsymbol{a},\boldsymbol{b})$,而 $\boldsymbol{p}$ 是一个长度为 $|\boldsymbol{p}|=|\boldsymbol{a}||\boldsymbol{b}|\cdot|\sin\varphi|$ 的向量,它垂直于由 $\boldsymbol{a}$ 和 $\boldsymbol{b}$ 所确定的平面,并使得有顺序的三个向量 $\boldsymbol{a}$,$\boldsymbol{b}$,$\boldsymbol{p}$ 是正定向的(注意如果 $\boldsymbol{a}$ 和 $\boldsymbol{b}$ 共线,则 $\boldsymbol{a}\times\boldsymbol{b}=\boldsymbol{0}$).这些积关于两个向量都是线性的.数量积是交换的,而向量积是反交换的,即 $\boldsymbol{a}\times\boldsymbol{b}=-\boldsymbol{b}\times\boldsymbol{a}$.我们也定义三个向量 $\boldsymbol{a},\boldsymbol{b},\boldsymbol{c}$ 的混合积为 $[\boldsymbol{a},\boldsymbol{b},\boldsymbol{c}]=(\boldsymbol{a}\times\boldsymbol{b})\cdot\boldsymbol{c}$.

原书注:向量 $\boldsymbol{a}$ 和 $\boldsymbol{b}$ 的数量积有时也表示成 $\langle\boldsymbol{a},\boldsymbol{b}\rangle$.

定理 2.63 (Thale(泰勒斯)定理)设直线 AA' 和 BB' 交于点 O,$A'\neq O\neq B'$.那么 $AB /\!/ A'B' \Leftrightarrow \dfrac{\overrightarrow{OA}}{\overrightarrow{OA'}}=\dfrac{\overrightarrow{OB}}{\overrightarrow{OB'}}$,(其中 $\dfrac{\boldsymbol{a}}{\boldsymbol{b}}$ 表示两个非零的共线向量的比例).

定理 2.64 (Ceva(塞瓦)定理)设 ABC 是一个三角形,而 X,Y,Z 分别是直线 BC,CA,AB 上不同于 A,B,C 的点,那么直线 AX,BY,CZ 共点的充分必要条件是

$$\frac{\overrightarrow{BX}}{\overrightarrow{XC}}\cdot\frac{\overrightarrow{CY}}{\overrightarrow{YA}}\cdot\frac{\overrightarrow{AZ}}{\overrightarrow{ZB}}=1$$

或等价的

$$\frac{\sin\angle BAX}{\sin\angle XAC}\cdot\frac{\sin\angle CBY}{\sin\angle YBA}\cdot\frac{\sin\angle ACZ}{\sin\angle ZCB}=1$$

(最后的表达式称为三角形式的 Ceva(塞瓦)定理).

定理 2.65 (Menelaus(梅尼劳斯)定理)利用Ceva(塞瓦)定理中的记号,点 X,Y,Z 共线的充分必要条件是

$$\frac{\overrightarrow{BX}}{\overrightarrow{XC}}\cdot\frac{\overrightarrow{CY}}{\overrightarrow{YA}}\cdot\frac{\overrightarrow{AZ}}{\overrightarrow{ZB}}=-1$$

定理 2.66 (Stewart(斯特瓦尔特)定理)设 D 是直线 BC 上任意一点,则

$$AD^2=\frac{\overrightarrow{DC}}{\overrightarrow{BC}}BD^2+\frac{\overrightarrow{BD}}{\overrightarrow{BC}}CD^2-\overrightarrow{BD}\cdot\overrightarrow{DC}$$

特别,如果 D 是 BC 的中点,则

$$4AD^2=2AB^2+2AC^2-BC^2$$

2.3.3 重心

定义 2.67 一个质点 (A,m) 是指一个具有质量 $m>0$ 的点 A.

定义 2.68 质点系 (A_i,m_i), $i=1,2,\cdots,n$ 的质心(重心)是指一个使得 $\sum_i m_i\overrightarrow{TA_i}=0$ 的点.

定理 2.69 (Leibniz(莱布尼兹)定理)设 T 是总质量为 $m=m_1+\cdots+m_n$ 的质点系 $\{(A_i,m_i)\mid i=1,2,\cdots,n\}$ 的质心,并设 X 是任意一个点,那么

$$\sum_{i=1}^{n}m_iXA_i^{\ 2}=\sum_{i=1}^{n}m_iTA_i^{\ 2}+mXT^2$$

特别,如果 T 是 $\triangle ABC$ 的重心,而 X 是任意一个点,那么

$$AX^2+BX^2+CX^2=AT^2+BT^2+CT^2+3XT^2$$

2.3.4 四边形

定理 2.70 四边形 $ABCD$ 是共圆的(即 $ABCD$ 存在一个外接圆)的充分必要条件是

$$\angle ACB=\angle ADB$$

或

$$\angle ADC+\angle ABC=180^\circ$$

定理 2.71 (Ptolemy(托勒玫)定理)凸四边形 $ABCD$ 共圆的充分必要条件是

$$AC\cdot BD=AB\cdot CD+AD\cdot BC$$

对任意四边形 $ABCD$ 则成立 Ptolemy(托勒玫)不等式(见 2.3.7 几何不等式).

定理 2.72 (Casey(开世)定理)设四个圆 k_1,k_2,k_3,k_4 都和圆 k 相切.如果圆 k_i 和 k_j 都和圆 k 内切或外切,那么设 t_{ij} 表示由圆 k_i 和 $k_j(i,j\in\{1,2,3,4\})$ 所确定的外公切线的长度,否则设 t_{ij} 表示内公切线的长度.那么乘积 $t_{12}t_{34}$, $t_{13}t_{24}$ 以及 $t_{14}t_{23}$ 之一是其余二者之和.

圆 k_1,k_2,k_3,k_4 中的某些圆可能退化成一个点,特别设 A,B,C 是圆 k 上的三个点,圆 k 和圆 k' 在一个不包含点 B 的 AC 弧上相切,那么我们有 $AC\cdot b=AB\cdot c+BC\cdot a$,其中 a,b 和 c 分别是从点 A,B 和 C 向 AC 所作的切线的长度.Ptolemy(托勒玫)定理是 Casey(开世)定理在四个圆都退化时的特殊情况.

定理 2.73 凸四边形 $ABCD$ 相切(即 $ABCD$ 存在一个内切圆)的充分必要条件是

$$AB+CD=BC+DA$$

定理 2.74 对空间中任意四点 A,B,C,D, $AC\perp BD$ 的充分必要条件是

$$AB^2+CD^2=BC^2+DA^2$$

定理 2.75 (Newton(牛顿)定理)设 $ABCD$ 是四边形，$AD\cap BC=E$，$AB\cap DC=F$(那种点 A,B,C,D,E,F 构成一个完全四边形). 那么 AC，BD 和 EF 的中点是共线的. 如果 $ABCD$ 相切，那么其内心也在这条直线上.

定理 2.76 (Brocard(布罗卡)定理)设 $ABCD$ 是圆心为 O 的圆内接四边形，并设 $P=AB\cap CD$，$Q=AD\cap BC$，$R=AC\cap BD$，那么 O 是 $\triangle PQR$ 的垂心.

2.3.5 圆的几何

定理 2.77 (Pascal(帕斯卡)定理)如果 A_1,A_2,A_3,B_1,B_2,B_3 是圆 γ 上不同的点，那么点 $X_1=A_2B_3\cap A_3B_2$，$X_2=A_1B_3\cap A_3B_1$ 和 $X_3=A_1B_2\cap A_2B_1$ 是共线的. 在 γ 是两条直线的特殊情况下，这一结果称为 Pappus(帕普斯)定理.

定理 2.78 (Brianchon(布里安桑)定理)设 $ABCDEF$ 是任意圆内接凸六边形，那么 AD，BE 和 CF 交于一点.

定理 2.79 (蝴蝶定理)设 AB 是圆 k 上的一条线段，C 是它的中点. 设 p 和 q 是通过 C 的两条不同的直线，分别与圆 k 在 AB 的一侧交于 P 和 Q，而在另一侧交于 P' 和 Q'，设 E 和 F 分别是 PQ' 和 $P'Q$ 与 AB 的交点，那么 $CE=CF$.

定义 2.80 点 X 关于圆 $k(O,r)$ 的幂定义为 $P(X)=OX^2-r^2$. 设 l 是任一条通过 X 并交圆 k 于 A 和 B 的线(当 l 是切线时，$A=B$)，有 $P(X)=\overrightarrow{XA}\cdot\overrightarrow{XB}$.

定义 2.81 两个圆的根轴是关于这两个圆的幂相同的点的轨迹. 圆 $k_1(O_1,r_1)$ 和 $k_2(O_2,r_2)$ 的根轴垂直于 O_1O_2. 三个不同的圆的根轴是共点的或互相平行的. 如果根轴是共点的，则它们的交点称为根心.

定义 2.82 一条不通过点 O 的直线 l 关于圆 $k(O,r)$ 的极点是一个位于 l 的与 O 相反一侧的使得 $OA\perp l$，且 $d(O,l)\cdot OA=r^2$ 的点 A. 特别，如果 l 和 k 交于两点，则它的极点就是过这两个点的切线的交点.

定义 2.83 用上面的定义中的记号，称点 A 的极线是 l，特别，如果 A 是 k 外面的一点，而 AM，AN 是 k 的切线($M,N\in k$)，那么 MN 就是 A 的极线.

可以对一般的圆锥曲线类似的定义极点和极线的概念.

定理 2.84 如果点 A 属于点 B 的极线，则点 B 也属于点 A 的极线.

2.3.6 反演

定义 2.85 一个平面 π 围绕圆 $k(O,r)$(圆属于 π)的反演是一个从集合 $\pi\backslash\{O\}$ 到自身的变换，它把每个点 P 变为一个在 $\pi\backslash\{O\}$ 上使得 $OP\cdot OP'=r^2$ 的点. 在下面的叙述中，我们将默认排除点 O.

定理 2.86 在反演下，圆 k 上的点不动，圆内的点变为圆外的点，反之亦然.

定理 2.87 如果 A,B 两点在反演下变为 A',B' 两点，那么 $\angle OAB=\angle OB'A'$，$ABB'A'$ 共圆且此圆垂直于 k. 一个垂直于 k 的圆变为自身，反演保持连续曲线(包括直线和圆)之间的角度不变.

定理 2.88 反演把一条不包含 O 的直线变为一个包含 O 的圆，包含 O 的直线变成自身. 不包含 O 的圆变为不包含 O 的圆，包含 O 的圆变为不包含 O 的直线.

2.3.7 几何不等式

定理 2.89 （三角不等式）对平面上的任意三个点 A,B,C

$$AB+BC\geqslant AC$$

当等号成立时 A,B,C 共线，且按照这一次序从左到右排列时，等号成立.

定理 2.90 （Ptolemy（托勒玫）不等式）对任意四个点 A,B,C,D 成立

$$AC\cdot BD\leqslant AB\cdot CD+AD\cdot BC$$

定理 2.91 （平行四边形不等式）对任意四个点 A,B,C,D 成立

$$AB^2+BC^2+CD^2+DA^2\geqslant AC^2+BD^2$$

当且仅当 $ABCD$ 是一个平行四边形时等号成立.

定理 2.92 如果 $\triangle ABC$ 的所有的角都小于或等于120°时，那么当 X 是 Torricelli（托里拆利）点时，$AX+BX+CX$ 最小，在相反的情况下，X 是钝角的顶点. 使得 $AX^2+BX^2+CX^2$ 最小的点 X_2 是重心（见 Leibniz（莱布尼兹）定理）.

定理 2.93 （Erdös-Mordell（爱尔多斯－摩德尔不等式）. 设 P 是 $\triangle ABC$ 内一点，而 P 在 BC,AC,AB 上的投影分别是 X,Y,Z，那么

$$PA+PB+PC\geqslant 2(PX+PY+PZ)$$

当且仅当 $\triangle ABC$ 是等边三角形以及 P 是其中心时等号成立.

2.3.8 三角

定义 2.94 三角圆是圆心在坐标平面的原点的单位圆. 设 A 是点$(1,0)$ 而 $P(x,y)$ 是三角圆上使得 $\angle AOP=\alpha$ 的点. 那么我们定义

$$\sin\alpha=y,\cos\alpha=x,\tan\alpha=\frac{y}{x},\cot\alpha=\frac{x}{y}$$

定理 2.95 函数 sin 和 cos 是周期为 2π 的周期函数，函数 tan 和 cot 是周期为 π 的周期函数，成立以下简单公式

$$\sin^2x+\cos^2x=1,\sin 0=\sin\pi=0$$

$$\sin(-x)=-\sin x,\cos(-x)=\cos x$$

$$\sin\left(\frac{\pi}{2}\right)=1,\sin\left(\frac{\pi}{4}\right)=\frac{\sqrt{2}}{2},\sin\left(\frac{\pi}{6}\right)=\frac{1}{2}$$

$$\cos x=\sin\left(\frac{\pi}{2}-x\right)$$

从这些公式易于导出其他的公式.

定理 2.96 对三角函数成立以下加法公式

$$\sin(\alpha\pm\beta)=\sin\alpha\cos\beta\pm\cos\alpha\sin\beta$$

$$\cos(\alpha\pm\beta)=\cos\alpha\cos\beta\mp\sin\alpha\sin\beta$$

$$\tan(\alpha\pm\beta)=\frac{\tan\alpha\pm\tan\beta}{1\mp\tan\alpha\tan\beta}$$

$$\cot(\alpha\pm\beta)=\frac{\cot\alpha\cot\beta\mp 1}{\cot\alpha\pm\cot\beta}$$

定理 2.97 对三角函数成立以下倍角公式

$$\sin 2x = 2\sin x\cos x, \sin 3x = 3\sin x - 4\sin^3 x$$
$$\cos 2x = 2\cos^2 x - 1, \cos 3x = 4\cos^3 x - 3\cos x$$
$$\tan 2x = \frac{2\tan x}{1-\tan^2 x}, \tan 3x = \frac{3\tan x - \tan^3 x}{1 - 3\tan^2 x}$$

定理 2.98　对任意 $x \in \mathbf{R}$, $\sin x = \frac{2t}{1+t^2}$, $\cos x = \frac{1-t^2}{1+t^2}$, 其中 $t = \tan \frac{x}{2}$.

定理 2.99　积化和差公式

$$2\cos \alpha \cos \beta = \cos(\alpha + \beta) + \cos(\alpha - \beta)$$
$$2\sin \alpha \cos \beta = \sin(\alpha + \beta) + \sin(\alpha - \beta)$$
$$2\sin \alpha \sin \beta = \cos(\alpha - \beta) - \cos(\alpha - \beta)$$

定理 2.100　三角形的角 α,β,γ 满足

$$\cos^2\alpha + \cos^2\beta + \cos^2\gamma + 2\cos\alpha\cos\beta\cos\gamma = 1$$
$$\tan\alpha + \tan\beta + \tan\gamma = \tan\alpha\tan\beta\tan\gamma$$

定理 2.101　(De Moivre(棣(译者注:音立)模佛公式)

$$(\cos x + \mathrm{i}\sin x)^n = \cos nx + \mathrm{i}\sin nx$$

其中 $\mathrm{i}^2 = -1$.

2.3.9　几何公式

定理 2.102　(Heron(海伦)公式)设三角形的边长为 a,b,c,半周长为 s,则它的面积可用这些量表成

$$S = \sqrt{s(s-a)(s-b)(s-c)} = \frac{1}{4}\sqrt{2a^2b^2 + 2a^2c^2 + 2b^2c^2 - a^4 - b^4 - c^4}$$

定理 2.103　(正弦定理)三角形的边 a,b,c 和角 α,β,γ 满足

$$\frac{a}{\sin\alpha} = \frac{b}{\sin\beta} = \frac{c}{\sin\gamma} = 2R$$

其中 R 是 $\triangle ABC$ 的外接圆半径.

定理 2.104　(余弦定理)三角形的边和角满足

$$c^2 = a^2 + b^2 - 2ab\cos\gamma$$

定理 2.105　$\triangle ABC$ 的外接圆半径 R 和内切圆半径 r 满足

$$R = \frac{abc}{4S}$$

和
$$r = \frac{2S}{a+b+c} = R(\cos\alpha + \cos\beta + \cos\gamma - 1)$$

如果 x,y,z 表示一个锐角三角形的外心到各边的距离,则

$$x + y + z = R + r$$

定理 2.106　(Euler(欧拉)公式)设 O 和 I 分别是 $\triangle ABC$ 的外心和内心,则

$$OI^2 = R(R - 2r)$$

其中 R 和 r 分别是 $\triangle ABC$ 的外接圆半径和内切圆半径,因此 $R \geqslant 2r$.

定理 2.107　设四边形的边长为 a,b,c,d,半周长为 p,在顶点 A,C 处的内角分别为 α,γ,则其面积为

$$S=\sqrt{(p-a)(p-b)(p-c)(p-d)-abcd\cos^2\frac{\alpha+\gamma}{2}}$$

如果 $ABCD$ 是共圆的,则上述公式成为

$$S=\sqrt{(p-a)(p-b)(p-c)(p-d)}$$

定理 2.108 (pedal(匹多)三角形的 Euler(欧拉)定理)设 X,Y,Z 是从点 P 向 $\triangle ABC$ 的各边所引的垂足.又设 O 是 $\triangle ABC$ 的外接圆的圆心,R 是其半径,则

$$S_{\triangle XYZ}=\frac{1}{4}\left|1-\frac{OP^2}{R^2}\right|S_{\triangle ABC}$$

此外,当且仅当 P 位于 $\triangle ABC$ 的外接圆(见 Simson(西姆松)线)上时,$S_{\triangle XYZ}=0$.

定理 2.109 设 $\boldsymbol{a}=(a_1,a_2,a_3)$,$\boldsymbol{b}=(b_1,b_2,b_3)$,$\boldsymbol{c}=(c_1,c_2,c_3)$ 是坐标空间中的三个向量,那么

$$\boldsymbol{a}\cdot\boldsymbol{b}=a_1b_1+a_2b_2+a_3b_3$$

$$\boldsymbol{a}\times\boldsymbol{b}=(a_1b_2-a_2b_1,a_2b_3-a_3b_2,a_3b_1-a_1b_3)$$

$$[\boldsymbol{a},\boldsymbol{b},\boldsymbol{c}]=\left|\begin{vmatrix}a_1 & a_2 & a_3\\ b_1 & b_2 & b_3\\ c_1 & c_2 & c_3\end{vmatrix}\right|$$

定理 2.110 $\triangle ABC$ 的面积和四面体 $ABCD$ 的体积分别等于

$$|\overrightarrow{AB}\times\overrightarrow{AC}|$$

和

$$|[\overrightarrow{AB},\overrightarrow{AC},\overrightarrow{AD}]|$$

定理 2.111 (Cavalieri(卡瓦列里)原理)如果两个立体被同一个平面所截的截面的面积总是相等的,则这两个立体的体积相等.

第 4 节 数 论

2.4.1 可除性和同余

定义 2.112 $a,b\in\mathbf{N}$ 的最大公因数 $(a,b)=\gcd(a,b)$ 是可以整除 a 和 b 的最大整数.如果 $(a,b)=1$,则称正整数 a 和 b 是互素的.$a,b\in\mathbf{N}$ 的最小公倍数 $[a,b]=\mathrm{lcm}(a,b)$ 是可以被 a 和 b 整除的最小整数.成立

$$[a,b](a,b)=ab$$

上面的概念容易推广到两个数以上的情况,即我们也可以定义 $(a_1,a_2,\cdots,a_n)$ 和 $[a_1,a_2,\cdots,a_n]$.

定理 2.113 (Euclid(欧几里得)算法)由于 $(a,b)=(|a-b|,a)=(|a-b|,b)$,由此通过每次把 a 和 b 换成 $|a-b|$ 和 $\min\{a,b\}$ 而得出一条从正整数 a 和 b 获得 (a,b) 的链,直到最后两个数成为相等的数.这一算法可被推广到两个数以上的情况.

定理 2.114 (Euclid(欧几里得)算法的推论).对每对 $a,b\in\mathbf{N}$,存在 $x,y\in\mathbf{Z}$ 使得 $ax+by=(a,b)$,(a,b) 是使得这个式子成立的最小正整数.

定理 2.115 (Euclid(欧几里得)算法的第二个推论).设 $a,m,n\in\mathbf{N}$,$a>1$,则成立

$$(a^m-1,a^n-1)=a^{(m,n)}-1$$

定理 2.116 （算数基本定理）每个正整数当不计素数的次序时都可以用唯一的方式被表成素数的乘积.

定理 2.117 算数基本定理对某些其他的数环也成立，例如 $\mathbf{Z}[i]=\{a+bi \mid a,b\in\mathbf{Z}\}$，$\mathbf{Z}[\sqrt{2}]$，$\mathbf{Z}[\sqrt{-2}]$，$\mathbf{Z}[\omega]$（其中 ω 是 1 的 3 次复根）. 在这些情况下，因数分解当不计次序和 1 的因子时是唯一的.

定义 2.118 称整数 a,b 在模 n 下同余，如果 $n \mid a-b$，我们把这一事实记为 $a\equiv b \pmod n$.

定理 2.119 （中国剩余定理）如果 $m_1,m_2,\cdots,m_k$ 是两两互素的正整数，而 $a_1,a_2,\cdots,a_k$ 和 $c_1,c_2,\cdots,c_k$ 是使得 $(a_i,m_i)=1(i=1,2,\cdots,k)$ 的整数，那么同余式组

$$a_ix\equiv c_i(\bmod m_i),i=1,2,\cdots,k$$

在模 $m_1m_2\cdots m_k$ 下有唯一解.

2.4.2 指数同余

定理 2.120 （Wilson(威尔逊) 定理）如果 p 是素数，则 $p\mid(p-1)!+1$.

定理 2.121 （Fermat(费尔马) 小定理）设 p 是一个素数，而 a 是一个使得 $(a,p)=1$ 的整数，则

$$a^{p-1}\equiv 1 \pmod p$$

这个定理是 Euler(欧拉) 定理的特殊情况.

定义 2.122 对 $n\in\mathbf{N}$，定义 Euler(欧拉) 函数是在所有小于 n 的整数中与 n 互素的整数的个数. 成立以下公式

$$\varphi(n)=n\left(1-\frac{1}{p_1}\right)\cdots\left(1-\frac{1}{p_k}\right)$$

其中 $n=p_1^{\alpha_1}\cdots p_k^{\alpha_k}$ 是 n 的素因子分解式.

定理 2.113 （Euler(欧拉) 定理）设 n 是自然数，而 a 是一个使得 $(a,n)=1$ 的整数，那么

$$a^{\varphi(n)}\equiv 1 \pmod n$$

定理 2.114 （元根的存在性）. 设 p 是一个素数，则存在一个 $g\in\{1,2,\cdots p-1\}$（称为模 p 的元根）使得在模 p 下，集合 $\{1,g,g^2,\cdots,g^{p-2}\}$ 与集合 $\{1,2,\cdots p-1\}$ 重合.

定义 2.115 设 p 是一个素数，而 α 是一个非负整数，称 p^α 是 p 的可整除 a 的恰好的幂（而 α 是一个恰好的指数），如果 $p^\alpha\mid a$，而 $p^{\alpha+1}\mid a$.

定理 2.16 设 a,n 是正整数，而 p 是一个奇素数，如果 $p^\alpha(\alpha\in\mathbf{N})$ 是 p 的可整除 $a-1$ 的恰好的幂，那么对任意整数 $\beta\geqslant 0$，当且仅当 $p^\beta\mid n$ 时，$p^{\alpha+\beta}\mid a^n-1$（见 SL1997—14）.

对 $p=2$ 成立类似的命题. 如果 $2^\alpha(\alpha\in\mathbf{N})$ 是 p 的可整除 a^2-1 的恰好的幂，那么对任意整数 $\beta\geqslant 0$，当且仅当 $2^{\beta+1}\mid n$ 时，$2^{\alpha+\beta}\mid a^n-1$（见 SL1989—27）.

2.4.2 二次 Diophantine(丢番图) 方程

定理 2.127 $a^2+b^2=c^2$ 的整数解由 $a=t(m^2-n^2)$，$b=2tmn$，$c=t(m^2+n^2)$ 给出（假设 b 是偶数），其中 $t,m,n\in\mathbf{Z}$. 三元组 (a,b,c) 称为毕达哥拉斯数（译者注：在我国称为勾股数）（如果 $(a,b,c)=1$，则称为本原的毕达哥拉斯数（勾股数））.

定义 2.128　设 $D \in \mathbf{N}$ 是一个非完全平方数，则称不定方程

$$x^2 - Dy^2 = 1$$

是 Pell(贝尔) 方程，其中 $x, y \in \mathbf{Z}$.

定理 2.129　如果 (x_0, y_0) 是 Pell(贝尔) 方程 $x^2 - Dy^2 = 1$ 在 $\mathbf{N}$ 中的最小解，则其所有的整数解 (x, y) 由 $x + y\sqrt{D} = \pm(x_0 + y_0\sqrt{D})^n, n \in \mathbf{Z}$ 给出.

定义 2.130　整数 a 称为是模 p 的平方剩余，如果存在 $x \in \mathbf{Z}$，使得 $x^2 \equiv a \pmod p$，否则称为模 p 的非平方剩余.

定义 2.131　对整数 a 和素数 p 定义 Legendre(勒让德) 符号为

$$\left(\frac{a}{p}\right) = \begin{cases} 1, \text{如果 } a \text{ 是模 } p \text{ 的二次剩余，且 } p \mid a \\ 0, \text{如果 } p \mid a \\ -1, \text{其他情况} \end{cases}$$

显然如果 $p \mid a$ 则

$$\left(\frac{a}{p}\right) = \left(\frac{a+p}{p}\right), \left(\frac{a^2}{p}\right) = 1$$

Legendre(勒让德) 符号是积性的，即

$$\left(\frac{a}{p}\right)\left(\frac{b}{p}\right) = \left(\frac{ab}{p}\right)$$

定理 2.132　(Euler(欧拉) 判据) 对奇素数 p 和不能被 p 整除的整数 a

$$\left(\frac{a}{p}\right) \equiv a^{\frac{p-1}{2}} \pmod p$$

定理 2.133　对素数 $p > 3$，$\left(\frac{-1}{p}\right)$，$\left(\frac{2}{p}\right)$ 和 $\left(\frac{-3}{p}\right)$ 等于 1 的充分必要条件分别为 $p \equiv 1 \pmod 4$，$p \equiv \pm 1 \pmod 8$ 和 $p \equiv 1 \pmod 6$.

定理 2.134　(Gauss(高斯) 互反律) 对任意两个不同的奇素数 p 和 q，成立

$$\left(\frac{p}{q}\right)\left(\frac{q}{p}\right) = (-1)^{\frac{p-1}{2}\cdot\frac{q-1}{2}}$$

定义 2.135　对整数 a 和奇的正整数 b，定义 Jacobi(雅可比) 符号如下

$$\left(\frac{a}{b}\right) = \left(\frac{a}{p_1}\right)^{\alpha_1} \cdots \left(\frac{a}{p_k}\right)^{\alpha_k}$$

其中 $b = p_1^{\alpha_1} \cdots p_k^{\alpha_k}$ 是 b 的素因子分解式.

定理 2.136　如果 $\left(\frac{a}{b}\right) = -1$，那么 a 是模 b 的非二次剩余，但是逆命题不成立. 对 Jacobi(雅可比) 符号来说，除了 Euler(欧拉) 判据之外，Legendre(勒让德) 符号的所有其余性质都保留成立.

2.4.4　Farey(法雷) 序列

定义 2.137　设 n 是任意正整数，Farey(法雷) 序列 F_n 是由满足 $0 \leqslant a \leqslant b \leqslant n$，$(a, b) = 1$ 的所有从小到大排列的有理数 $\frac{a}{b}$ 所形成的序列. 例如 $F_3 = \left\{\frac{0}{1}, \frac{1}{3}, \frac{1}{2}, \frac{2}{3}, \frac{1}{1}\right\}$.

定理 2.138　如果 $\frac{p_1}{q_1}$，$\frac{p_2}{q_2}$ 和 $\frac{p_3}{q_3}$ 是 Farey(法雷) 序列中三个相继的项，则

$$p_2q_1-p_1q_2=1$$

$$\frac{p_1+p_3}{q_1+q_3}=\frac{p_2}{q_2}$$

第5节　组　合

2.5.1　对象的计数

许多组合问题涉及对满足某种性质的集合中的对象计数,这些性质可以归结为以下概念的应用.

定义 2.139　k 个元素的阶为 n 的选排列是一个从 $\{1,2,\cdots,k\}$ 到 $\{1,2,\cdots,n\}$ 的映射.对给定的 n 和 k,不同的选排列的数目是 $V_n^k=\frac{n!}{(n-k)!}$.

定义 2.140　k 个元素的阶为 n 的可重复的选排列是一个从 $\{1,2,\cdots,k\}$ 到 $\{1,2,\cdots,n\}$ 的任意的映射.对给定的 n 和 k,不同的可重复的选排列的数目是 $\overline{V}_n^k=k^n$.

定义 2.141　阶为 n 的全排列是 $\{1,2,\cdots,n\}$ 到自身的一个一对一映射(即当 $k=n$ 时的选排列的特殊情况),对给定的 n,不同的全排列的数目是 $P_n=n!$.

定义 2.142　k 个元素的阶为 n 的组合是 $\{1,2,\cdots,n\}$ 的一个 k 元素的子集,对给定的 n 和 k,不同的组合数是 $C_n^k=\binom{n}{k}$.

定义 2.143　一个阶为 n 可重复的全排列是一个 $\{1,2,\cdots,n\}$ 到 n 个元素的积集的一个一对一映射.一个积集是一个其中的某些元素被允许是不可区分的集合,(例如,$\{1,1,2,3\}$.

如果 $\{1,2,\cdots,s\}$ 表示积集中不同的元素组成的集合,并且在积集中元素 i 出现 α_i 次,那么不同的可重复的全排列的数目是

$$P_{n,\alpha_1,\cdots,\alpha_s}=\frac{n!}{\alpha_1!\ \alpha_2!\ \cdots\alpha_s!}$$

组合是积集有两个不同元素的可重复的全排列的特殊情况.

定理 2.144　(鸽笼原理)如果把元素数目为 $kn+1$ 的集合分成 n 个互不相交的子集,则其中至少有一个子集至少要包含 $k+1$ 个元素.

定理 2.145　(容斥原理)设 $S_1,S_2,\cdots,S_n$ 是集合 S 的一族子集,那么 S 中那些不属于所给子集族的元素的数目由以下公式给出

$$|S\backslash(S_1\cup\cdots\cup S_n)|=|S|-\sum_{k=1}^{n}\sum_{1\leqslant i_1<\cdots<i_k\leqslant n}(-1)^k|S_{i_1}\cap\cdots\cap S_{i_k}|$$

2.5.2　图论

定义 2.146　一个图 $G=(V,E)$ 是一个顶点 V 和 V 中某些元素对,即边的积集 E 所组成的集合.对 $x,y\in V$,当 $(x,y)\in E$ 时,称顶点 x 和 y 被一条边所连接,或称这一对顶点是这条边的端点.

一个积集为 E 的图可归结为一个真集合(即其顶点至多被一条边所连接),一个其中没

有一个定点是被自身所连接的图称为是一个真图.

有限图是一个 $|E|$ 和 $|V|$ 都有限的图.

定义 2.147　一个有向图是一个 E 中的有方向的图.

定义 2.148　一个包含了 n 个顶点并且每个顶点都有边与其连接的真图称为是一个完全图.

定义 2.149　k 分图(当 $k=2$ 时,称为 2－分图)$K_{i_1,i_2,\cdots,i_k}$ 是那样一个图,其顶点 V 可分成 k 个非空的互不相交的,元素个数分别为 $i_1,i_2,\cdots,i_k$ 的子集,使得 V 的子集 W 中的每个顶点 x 仅和不在 W 中的顶点相连接.

定义 2.150　顶点 x 的阶 $d(x)$ 是 x 作为一条边的端点的次数(那样,自连接的边中就要数两次). 孤立的顶点是阶为 0 的顶点.

定理 2.151　对图 $G=(V,E)$,成立等式

$$\sum_{x\in V} d(x)=2\mid E\mid$$

作为一个推论,有奇数阶的顶点的个数是偶数.

定义 2.152　图的一条路径是一个顶点的有限序列,使得其中每一个顶点都与其前一个顶点相连. 路径的长度是它通过的边的数目. 一条回路是一条终点与起点重合的路径. 一个环是一条在其中没有一个顶点出现两次(除了起点 / 终点之外) 的回路.

定义 2.153　图 $G=(V,E)$ 的子图 $G'=(V',E')$ 是那样一个图,在其中 $V'\subset V$ 而 E' 仅包含 E 的连接 V' 中的点的边. 图的一个连通分支是一个连通的子图,其中没有一个顶点与此分之外的顶点相连.

定义 2.154　一个树是一个在其中没有环的的连通图.

定理 2.155　一个有 n 个顶点的树恰有 $n-1$ 条边且至少有两个阶为 2 的顶点.

定义 2.156　Euler(欧拉) 路是其中每条边恰出现一次的路径. 与此类似,Euler(欧拉) 环是环形的 Euler(欧拉) 路.

定理 2.157　有限连通图 G 有一条 Euler(欧拉) 路的充分必要条件是:

(1) 如果每个顶点的阶数是偶数,那么 G 包含一条 Euler(欧拉) 环;

(2) 如果除了两个顶点之外,所有顶点的阶数都是偶数,那么 G 包含一条不是环路的 Euler(欧拉) 路(其起点和终点就是那两个奇数阶的顶点).

定义 2.158　Hamilton(哈密尔顿) 环是一个图 G 的每个顶点恰被包含一次的回路(一个平凡的事实是,这个回路也是一个环).

目前还没有发现判定一个图是否是 Hamilton(哈密尔顿) 环的简单法则.

定理 2.159　设 G 是一个有 n 个顶点的图,如果 G 的任何两个不相邻顶点的阶数之和都大于 n,则 G 有一个 Hamilton(哈密尔顿) 回路.

定理 2.160　(Ramsey(雷姆塞) 定理). 设 $r\geqslant 1$ 而 $q_1,q_2,\cdots,q_s\geqslant r$. 如果 K_n 的所有子图 K_r 都分成了 s 个不同的集合,记为 $A_1,A_2,\cdots,A_s$,那么存在一个最小的正整数 $N(q_1,q_2,\cdots,q_s;r)$ 使得当 $n>N$ 时,对某个 i,存在一个 K_{q_i} 的完全子图,它的子图 K_r 都属于 A_i. 对 $r=2$,这对应于把 K_n 的边用 s 种不同的颜色染色,并寻求子图 K_{q_i} 的第 i 种颜色的单色子图[73].

定理 2.161　利用上面定理的记号,有

$$N(p,q;r) \leqslant N(N(p-1,q;r),N(p,q-1;r);r-1)+1$$

特别

$$N(p,q,2) \leqslant N(p-1,q;2)+N(p,q-1;2)$$

已知 N 的以下值

$$N(p,q;1)=p+q-1$$

$$N(2,p;2)=p$$

$$N(3,3;2)=6,N(3,4;2)=9,N(3,5;2)=14,N(3,6;2)=18$$

$$N(3,7;)=23,N(3,8;2)=28,N(3,9;2)=36$$

$$N(4,4;2)=18,N(4,5;2)=25$$[73]

定理 2.162 (Turan(图灵)定理)如果一个有 $n=t(p-1)+r$ 个顶点的简单图的边多于 $f(n,p)$ 条,其中 $f(n,p)=\dfrac{(p-1)n^2-r(p-1-r)}{2(p-1)}$,那么它包含子图 K_p. 有 $f(n,p)$ 个顶点而不含 K_p 的图是一个完全的多重图,它有 r 个元素个数为 $t+1$ 的子集和 $p-1-r$ 个元素个数为 t 的子集[73].

定义 2.163 平面图是一个可被嵌入一个平面的图,使得它的顶点可用平面上的点表示,而边可用平面上连接顶点的的线(不一定是直的)来表示,而各边互不相交.

定理 2.164 一个有 n 个顶点的平面图至多有 $3n-6$ 条边.

定理 2.165 (Kuratowski(库拉托夫斯基)定理)K_5 和 $K_{3,3}$ 都不是平面图. 每个非平面图都包含一个和这两个图之一同胚的子图.

定理 2.166 (Euler(欧拉公式))设 E 是凸多面体的边数,F 是它的面数,而 V 是它的顶点数,则

$$E+2=F+V$$

对平面图成立同样的公式(这时 F 代表平面图中的区域数).

参考文献

[1] 洛桑斯基 E，鲁索 C. 制胜数学奥林匹克[M]. 候文华，张连芳，译. 刘嘉焜，校. 北京：科学出版社，2003.

[2] 王向东，苏化明，王方汉. 不等式・理论・方法[M]. 郑州：河南教育出版社，1994.

[3] 中国科协青少年工作部，中国数学会. 1978～1986 年国际奥林匹克数学竞赛题及解答[M]. 北京：科学普及出版社，1989.

[4] 单墫，等. 数学奥林匹克竞赛题解精编[M]. 南京：南京大学出版社；上海：学林出版社，2001.

[5] 顾可敬. 1979～1980 中学国际数学竞赛题解[M]. 长沙：湖南科学技术出版社，1981.

[6] 顾可敬. 1981 年国内外数学竞赛题解选集[M]. 长沙：湖南科学技术出版社，1982.

[7] 石华，卫成. 80 年代国际中学生数学竞赛试题详解[M]. 长沙：湖南教育出版社，1990.

[8] 梅向明. 国际数学奥林匹克 30 年[M]. 北京：中国计量出版社，1989.

[9] 单墫，葛军. 国际数学竞赛解题方法[M]. 北京：中国少年儿童出版社，1990.

[10] 丁石孙. 乘电梯・翻硬币・游迷宫・下象棋[M]. 北京：北京大学出版社，1993.

[11] 丁石孙. 登山・赝币・红绿灯[M]. 北京：北京大学出版社，1997.

[12] 黄宣国. 数学奥林匹克大集[M]. 上海：上海教育出版社，1997.

[13] 常庚哲. 国际数学奥林匹克三十年[M]. 北京：中国展望出版社，1989.

[14] 丁石孙. 归纳・递推・无字证明・坐标・复数[M]. 北京：北京大学出版社，1995.

[15] 裘宗沪. 数学奥林匹克试题集锦[M]. 上海：华东师范大学出版社，2005.

[16] 裘宗沪. 数学奥林匹克试题集锦[M]. 上海：华东师范大学出版社，2004.

[17] 数学奥林匹克工作室. 最新竞赛试题选编及解析(高中数学卷)[M]. 北京：首都师范大学出版社，2001.

[18] 第 31 届 IMO 选题委员会. 第 31 届国际数学奥林匹克试题、备选题及解答[M]. 济南：山东教育出版社，1990.

[19] 常庚哲. 数学竞赛(2)[M]. 长沙：湖南教育出版社，1989.

[20] 常庚哲. 数学竞赛(20)[M]. 长沙：湖南教育出版社，1994.

[21] 杨森茂，陈圣德. 第一届至第二十二届国际中学生数学竞赛题解[M]. 福州：福建科学技术出版社，1983.

[22] 江苏师范学院数学系. 国际数学奥林匹克[M]. 南京：江苏科学技术出版社，1980.

[23] 恩格尔 A. 解决问题的策略[M]. 舒五昌，冯志刚，译. 上海：上海教育出版社，2005.

[24] 王连笑. 解数学竞赛题的常用策略[M]. 上海：上海教育出版社，2005.

[25] 江仁俊，应成璟，蔡训武. 国际数学竞赛试题讲解[M]. 武汉：湖北人民出版社，1980.

[26] 单墫. 第二十五届国际数学竞赛[J]. 数学通讯，1985(3).

[27] 付玉章. 第二十九届 IMO 试题及解答[J]. 中学数学，1988(10).

[28] 苏亚贵. 正则组合包含连续自然数的个数[J]. 数学通报,1982(8).
[29] 王根章. 一道 IMO 试题的嵌入证法[J]. 中学数学教学. 1999(5).
[30] 舒五昌. 第 37 届 IMO 试题解答[J]. 中等数学,1996(5).
[31] 杨卫平,王卫华. 第 42 届 IMO 第 2 题的再探究[J]. 中学数学研究,2005(5).
[32] 陈永高. 第 45 届 IMO 试题解答[J]. 中等数学,2004(5).
[33] 周金峰,谷焕春. IMO 42－2的进一步推广[J]. 数学通讯,2004(9).
[34] 魏维. 第 42 届国际数学奥林匹克试题解答集锦[J]. 中学数学,2002(2).
[35] 程华. 42 届 IMO 两道几何题另解[J]. 福建中学数学,2001(6).
[36] 张国清. 第 39 届 IMO 试题第一题充分性的证明[J]. 中等数学,1999(2).
[37] 傅善林. 第 42 届 IMO 第五题的推广[J]. 中等数学,2003(6).
[38] 龚浩生,宋庆. IMO 42－2的推广[J]. 中学数学,2002(1).
[39] 厉倩. 一道 IMO 试题的推广[J]. 中学数学研究,2002(10).
[40] 邹明. 第 40 届 IMO 一赛题的简解[J]. 中等数学,2001(3).
[41] 许以超. 第 39 届国际数学奥林匹克试题及解答[J]. 数学通报,1999(3).
[42] 余茂迪,宫宋家. 用解析法巧解一道 IMO 试题[J]. 中学数学教学,1997(4).
[43] 宋庆. IMO5－5 的推广[J]. 中学数学教学,1997(5).
[44] 余世平. 从 IMO 试题谈公式 $C_{2n}^{n}=\sum_{i=0}^{n}(C_n^i)^2$ 之应用[J]. 数学通讯,1997(12).
[45] 徐彦明. 第 42 届 IMO 第 2 题的另一种推广[J]. 中学教研(数学). 2002(10).
[46] 张伟军. 第 41 届 IMO 两赛题的证明与评注[J]. 中学数学月刊,2000(11).
[47] 许静,孔令恩. 第 41 届 IMO 第 6 题的解析证法[J]. 数学通讯,2001(7).
[48] 魏亚清. 一道 IMO 赛题的九种证法[J]. 中学教研(数学),2002(6).
[49] 陈四川. IMO－38 试题 2 的纯几何解法[J]. 福建中学数学,1997(6).
[50] 常庚哲,单墫,程龙. 第二十二届国际数学竞赛试题及解答[J]. 数学通报,1981(9).
[51] 李长明. 一道 IMO 试题的背景及证法讨论[J]. 中学数学教学,2000(1).
[52] 王凤春. 一道 IMO 试题的简证[J]. 中学数学研究,1998(10).
[53] 罗增儒. IMO 42－2的探索过程[J]. 中学数学教学参考,2002(7).
[54] 嵇仲韶. 第 39 届 IMO 一道预选题的推广[J]. 中学数学杂志(高中),1999(6).
[55] 王杰. 第 40 届 IMO 试题解答[J]. 中等数学,1999(5).
[56] 舒五昌. 第三十七届 IMO 试题及解答(上)[J]. 数学通报,1997(2).
[57] 舒五昌. 第三十七届 IMO 试题及解答(下)[J]. 数学通报,1997(3).
[58] 黄志全. 一道 IMO 试题的纯平几证法研究[J]. 数学教学通讯,2000(5).
[59] 段智毅,秦永. IMO－41 第 2 题另证[J]. 中学数学教学参考,2000(11).
[60] 杨仁宽. 一道 IMO 试题的简证[J]. 数学教学通讯,1998(3).
[61] 相生亚,裘良. 第 42 届 IMO 试题第 2 题的推广、证明及其它[J]. 中学数学研究,2002(2).
[62] 熊斌. 第 46 届 IMO 试题解答[J]. 中等数学,2005(9).
[63] 谢峰,谢宏华. 第 34 届 IMO 第 2 题的解答与推广[J]. 中等数学,1994(1).
[64] 熊斌,冯志刚. 第 39 届国际数学奥林匹克[J]. 数学通讯,1998(12).

[65] 朱恒杰.一道 IMO 试题的推广[J].中学数学杂志,1996(4).
[66] 肖果能,袁平之.第 39 届 IMO 一道试题的研究(I)[J].湖南数学通讯,1998(5).
[67] 肖果能,袁平之.第 39 届 IMO 一道试题的研究(Ⅱ)[J].湖南数学通讯,1998(6).
[68] 杨克昌.一个数列不等式——IMO23－3 的推广[J].湖南数学通讯,1998(3).
[69] 吴长明,胡根宝.一道第 40 届 IMO 试题的探究[J].中学数学研究,2000(6).
[70] 仲翔.第二十六届国际数学奥林匹克(续)[J].数学通讯,1985(11).
[71] 程善明.一道 IMO 赛题的纯几何证法与推广[J].中学数学教学,1998(4).
[72] 刘元树.一道 IMO 试题解法的再探讨[J].中学数学研究,1998(12).
[73] 刘连顺,仝瑞平.一道 IMO 试题解法新探[J].中学数学研究,1998(8).
[74] 王凤春.一道 IMO 试题的简证[J].中学数学研究,1998(10).
[75] 李长明.一道 IMO 试题的背景及证法讨论[J].中学数学教学,2000(1).
[76] 方廷刚.综合法简证一道 IMO 预选题[J].中学生数学,1999(2).
[77] 吴伟朝.对函数方程 $f(x^l\cdot f^{[m]}(y)+x^n)=x^l\cdot y+f^n(x)$ 的研究[M]//湖南教育出版社编.数学竞赛(22).长沙:湖南教育出版社,1994.
[78] 湘普.第 31 届国际数学奥林匹克试题解答[M]//湖南教育出版社编.数学竞赛(6～9).长沙:湖南教育出版社,1991.
[79] 陈永高.第 45 届 IMO 试题解答[J].中等数学,2004(5).
[80] 程俊.一道 IMO 试题的推广及简证[J].中等数学,2004(5).
[81] 蒋茂森.$2k$ 阶银矩阵的存在性和构造法[J].中等数学,1998(3).
[82] 单墫.散步问题与银矩阵[J].中等数学,1999(3).
[83] 张必胜. 初等数论在 IMO 中应用研究[D].西安:西北大学研究生院,2010.
[84] 刘宝成,刘卫利. 国际奥林匹克数学竞赛题与费马小定理[J] .河北北方学院学报;自然科学版, 2008,24(1):13－15,20.
[85] 卓成海. 抓住“关键” 把握“异同”——对一道国际奥赛题的再探究[J].中学数学; 高中版,2013(11):77－78.
[86] 李耀文. 均值代换在解竞赛题中的应用[J]. 中等数学;2010(8) :2－5.
[87] 吴军. 妙用广义权方和不等式证明 IMO 试题[J]. 数理化解体研究;高中版,2014(8).16.
[88] 王庆金. 一道 IMO 平面几何题溯源[J]. 中学数学研究;2014(1):50.
[89] 秦建华. 一道 IMO 试题的另解与探究[J]. 中学教学参考;2014(8):40.
[90] 张上伟,陈华梅,吴康. 一道取整函数 IMO 试题的推广[J]. 中学数学研究;华南师范大学版,2013(23) :42－43
[91] 尹广金. 一道美国数学奥林匹克试题的引伸[J].中学数学研究.2013(11) :50.
[92] 熊斌,李秋生. 第 54 届 IMO 试题解答[J].中等数学.2013(9) :20－27.
[93] 杨同伟. 一道 IMO 试题的向量解法及推广[J]. 中学生数学.2012(23) :30.
[94] 李凤清,徐志军. 第 42 届 IMO 第二题的证明与加强[J] 四川职业技术学院学报. 2012(5) :153－154.
[95] 熊斌. 第 52 届 IMO 试题解答[J].中等数学.2011(9) :16－20.
[96] 董志明. 多元变量 局部调整——一道 IMO 试题的新解与推广[J].中等数学.2011

(9):96－98.

[97] 李建潮.一道 IMO 试题的再加强与猜想的加强[J]. 河北理科教学研究. 2011(1):43－44.

[98] 边欣. 一道 IMO 试题的加强[J]. 数学通讯. 下半月,2012.(22):59－60.

[99] 郑日锋.一个优美不等式与一道 IMO 试题同出一辙[J] 中等数学. 2011(3):18－19.

[100] 李建潮. 一道 IMO 试题的再加强与猜想的加强[J] 河北理科教学研究. 2011(1):43-44.

[101] 李长朴. 一道国际数学奥林匹克试题的拓展[J]. 数学学习与研究. 2010(23):95.

[102] 李歆. 对一道 IMO 试题的探究[J]. 数学教学. 2010(11):47-48.

[103] 王淼生. 对一道 IMO 试题猜想的再加强及证明[J]. 福建中学数学. 2010(10):48.

[104] 郝志刚.一道国际数学竞赛题的探究[J]. 数学通讯. 2010(Z2):117-118.

[105] 王业和. 一道 IMO 试题的证明与推广[J]. 中学教研(数学) . 2010(10):46-47.

[106] 张蕾. 一道 IMO 试题的商榷与猜想[J]. 青春岁月. 2010(18):121.

[107] 张俊. 一道 IMO 试题的又一漂亮推广[J]. 中学数学月刊. 2010(8):43.

[108] 秦庆雄,范花妹. 一道第 42 届 IMO 试题加强的另一简证[J]. 数学通讯. 2010(14):59.

[109] 李建潮. 一道 IMO 试题的引申与瓦西列夫不等式[J] 河北理科教学研究 2010(3):1-3.

[110] 边欣. 一道第 46 届 IMO 试题的加强[J]. 数学教学. 2010(5):41-43.

[111] 杨万芳. 对一道 IMO 试题的探究[J] 福建中学数学. 2010(4):49.

[112] 熊睿. 对一道 IMO 试题的探究[J]. 中等数学. 2010(4):23.

[113] 徐国辉,舒红霞. 一道第 42 届 IMO 试题的再加强[J]. 数学通讯. 2010(8):61.

[114] 周峻民,郑慧娟. 一道 IMO 试题的证明及其推广[J]. 中学教研. 数学,2011(12):41-43.

[115] 陈鸿斌. 一道 IMO 试题的加强与推广[J]. 中学数学研究. 2011(11):49-50.

[116] 袁安全. 一道 IMO 试题的巧证[J]. 中学生数学. 2010(8):35.

[117] 边欣. 一道第 50 届 IMO 试题的探究[J]. 数学教学. 2010(3):10-12.

[118] 陈智国.关于 IMO25-1 的推广[J]. 人力资源管理. 2010(2):112-113.

[119] 薛相林. 一道 IMO 试题的类比拓广及简解[J].中学数学研究. 2010(1):49.

[120] 王增强. 一道第 42 届 IMO 试题加强的简证[J].数学通讯. 2010(2):61.

[121] 邵广钱.一道 IMO 试题的另解[J].中学数学月刊. 2009(10):43-44.

[122] 侯典峰.一道 IMO 试题的加强与推广[J] 中学数学. 2009(23):22-23.

[123] 朱华伟,付云皓. 第 50 届 IMO 试题解答[J].中等数学. 2009(9):18-21.

[124] 边欣.一道 IMO 试题的推广及简证[J]. 数学教学. 2009(9):27,29.

[125] 朱华伟.第 50 届 IMO 试题[J]. 中等数学. 2009(8):50.

[126] 刘凯峰,龚浩生.一道 IMO 试题的隔离与推广[J]. 中等数学. 2009(7):19-20.

[127] 宋庆.一道第 42 届 IMO 试题的加强[J]. 数学通讯. 2009(10):43.

[128] 李建潮.偶得一道 IMO 试题的指数推广[J]. 数学通讯. 2009(10):44.

[129] 吴立宝,李长会. 一道 IMO 竞赛试题的证明[J]. 数学教学通讯. 2009(12):64.

[130] 徐章韬. 一道 30 届 IMO 试题的别解[J]. 中学数学杂志. 2009(3):45.
[131] 张俊. 一道 IMO 试题引发的探索[J]. 数学通讯. 2009(4):31.
[132] 曹程锦. 一道第 49 届 IMO 试题的解题分析[J]. 数学通讯. 2008(23):41.
[133] 刘松华,孙明辉,刘凯年. "化蝶"——一道 IMO 试题证明的探索[J]. 中学数学杂志. 2008(12):54-55.
[134] 安振平. 两道数学竞赛试题的链接[J]. 中小学数学. 高中版. 2008(10):45.
[135] 李建潮. 一道 IMO 试题引发的思索[J]. 中小学数学. 高中版, 2008(9);44-45.
[136] 熊斌,冯志刚. 第 49 届 IMO 试题解答[J] 中等数学. 2008(9):封底.
[137] 边欣. 一道 IMO 试题结果的加强及应用[J]. 中学数学月刊. 2008(9):29-30.
[138] 熊斌,冯志刚. 第 49 届 IMO 试题[J] 中等数学. 2008(8):封底.
[139] 沈毅. 一道 IMO 试题的推广[J]. 中学数学月刊. 2008(8):49.
[140] 令标. 一道 48 届 IMO 试题引申的别证[J]. 中学数学杂志. 2008(8):44-45.
[141] 吕建恒. 第 48 届 IMO 试题 4 的简证[J]. 中学数学月刊 . 2008(7):40.
[142] 熊光汉. 对一道 IMO 试题的探究[J]. 中学数学杂志. 2008(6):56.
[143] 沈毅,罗元建. 对一道 IMO 赛题的探析[J]. 中学教研. 数学,2008(5):42-43
[144] 厉倩. 两道 IMO 试题探秘[J] 数理天地. 高中版, 2008(4):21-22.
[145] 徐章韬. 从方差的角度解析一道 IMO 试题[J]. 中学数学杂志. 2008(3):29.
[146] 令标. 一道 IMO 试题的别证[J]. 中学数学教学. 2008(2):63-64.
[147] 李耀文. 一道 IMO 试题的别证[J] . 中学数学月刊 . 2008(2):52.
[148] 张伟新. 一道 IMO 试题的两种纯几何解法[J]. 中学数学月刊. 2007(11):48.
[149] 朱华伟. 第 48 届 IMO 试题解答[J]. 中等数学. 2007(9):20-22.
[150] 朱华伟. 第 48 届 IMO 试题 [J]. 中等数学. 2007(8):封底.
[151] 边欣. 一道 IMO 试题结果的加强[J]. 数学教学. 2007(3):49.
[152] 丁兴春. 一道 IMO 试题的推广[J]. 中学数学研究. 2006(10):49-50.
[153] 李胜宏. 第 47 届 IMO 试题解答[J]. 中等数学 . 2006(9):22-24.
[154] 李胜宏. 第 47 届 IMO 试题 [J]. 中等数学 . 2006(8):封底.
[155] 傅启铭. 一道美国 IMO 试题变形后的推广[J]. 遵义师范学院学报 . 2006(1):74-75.
[156] 熊斌. 第 46 届 IMO 试题[J] 中等数学 . 2005(8):50
[157] 文开庭. 一道 IMO 赛题的新隔离推广及其应用[J] . 毕节师范高等专科学校学报. 综合版, 2005(2):59-62.
[158] 熊斌,李建泉. 第 53 届 IMO 预选题(四)[J]. 中等数学;2013(12):21-25.
[159] 熊斌,李建泉. 第 53 届 IMO 预选题(三)[J]. 中等数学;2013(11):22-27.
[160] 熊斌,李建泉. 第 53 届 IMO 预选题(二)[J]. 中等数学;2013(10):18-23
[161] 熊斌,李建泉. 第 53 届 IMO 预选题(一)[J]. 中等数学;2013(9):28-32.
[162] 王建荣,王旭. 简证一道 IMO 预选题[J]. 中等数学;2012(2):16-17.
[163] 熊斌,李建泉. 第 52 届 IMO 预选题(四) [J]. 中等数学;2012(12):18-22.
[164] 熊斌,李建泉. 第 52 届 IMO 预选题(三) [J]. 中等数学;2012(11):18-22.
[165] 李建泉. 第 51 届 IMO 预选题(四) [J]. 中等数学;2011(11):17-20.
[166] 李建泉. 第 51 届 IMO 预选题(三) [J]. 中等数学;2011(10):16-19.

[167] 李建泉. 第 51 届 IMO 预选题(二) [J]. 中等数学;2011(9):20-27.
[168] 李建泉. 第 51 届 IMO 预选题(一) [J]. 中等数学;2011(8):17-20.
[169] 高凯. 浅析一道 IMO 预选题[J]. 中等数学;2011(3):. 16-18.
[170] 娄姗姗. 利用等价形式证明一道 IMO 预选题[J]. 中等数学;2011(1):13,封底.
[171] 李奋平. 从最小数入手证明一道 IMO 预选题[J]. 中等数学;2011(1):14.
[172] 李赛. 一道 IMO 预选题的另证[J]. 中等数学;2011(1):15.
[173] 李建泉. 第 50 届 IMO 预选题(四) [J]. 中等数学;2010(11):19-22.
[174] 李建泉. 第 50 届 IMO 预选题(三) [J]. 中等数学;2010(10):19-22.
[175] 李建泉. 第 50 届 IMO 预选题(二) [J]. 中等数学;2010(9):21-27.
[176] 李建泉. 第 50 届 IMO 预选题(一) [J]. 中等数学;2010(8):19-22.
[177] 沈毅. 一道 49 届 IMO 预选题的推广[J]. 中学数学月刊. 2010(04):45.
[178] 宋强. 一道第 47 届 IMO 预选题的简证[J]. 中等数学 2009(11):12.
[179] 李建泉. 第 49 届 IMO 预选题(四) [J]. 中等数学 2009(11):19-23.
[180] 李建泉. 第 49 届 IMO 预选题(三) [J]. 中等数学;2009(10):19-23.
[181] 李建泉. 第 49 届 IMO 预选题(二) [J]. 中等数学;2009(9):22-25.
[182] 李建泉. 第 49 届 IMO 预选题(一) [J]. 中等数学;2009(8):18-22.
[183] 李慧,郭璋. 一道 IMO 预选题的证明与推广[J]. 数学通讯;2009(22):45-47.
[184] 杨学枝. 一道 IMO 预选题的拓展与推广[J]. 中等数学;2009(7):18-19.
[185] 吴光耀,李世杰. 一道 IMO 预选题的推广[J]. 上海中学数学;2009(05):48.
[186] 李建泉. 第 48 届 IMO 预选题(四) [J]. 中等数学 2008(11):18-24.
[187] 李建泉. 第 48 届 IMO 预选题(三) [J]. 中等数学;2008(10):18-23.
[188] 李建泉. 第 48 届 IMO 预选题(二) [J]. 中等数学;2008(9):21-24.
[189] 李建泉. 第 48 届 IMO 预选题(一) [J]. 中等数学;2008(8):22-26.
[190] 苏化明. 一道 IMO 预选题的探讨[J]. 中等数学;2007(9):46-48.
[191] 李建泉. 第 47 届 IMO 预选题(下) [J]. 中等数学;2007(11):17-22.
[192] 李建泉. 第 47 届 IMO 预选题(中) [J]. 中等数学;2007(10):18-23.
[193] 李建泉. 第 47 届 IMO 预选题(上) [J]. 中等数学;2007(9):24-27.
[194] 沈毅. 一道 IMO 预选题的再探索[J]. 中学数学教学;2008(1):58-60;
[195] 刘才华. 一道 IMO 预选题的简证[J]. 中等数学;2007(8):24.
[196] 苏化明. 一道 IMO 预选题的探讨[J]. 中等数学;2007(9):19-20.
[197] 李建泉. 第 46 届 IMO 预选题(下) [J]. 中等数学;2006(11):19-24.
[198] 李建泉. 第 46 届 IMO 预选题(中) [J]. 中等数学;2006(10):22-25.
[199] 李建泉. 第 46 届 IMO 预选题(上) [J]. 中等数学;2006(9):25-28.
[200] 贯福春. 吴娃双舞醉芙蓉——一道 IMO 预选题赏析[J]. 中学生数学;2006(18):21,18.
[201] 杨学枝. 一道 IMO 预选题的推广[J]. 中等数学;2006(5):17.
[202] 邹宇,沈文选. 一道 IMO 预选题的再推广[J]. 中学数学研究;2006(4):49-50.
[203] 苏炜杰. 一道 IMO 预选题的简证[J]. 中等数学;2006(2):21.
[204] 李建泉. 第 45 届 IMO 预选题(下) [J]. 中等数学;2005(11):28-30.

[205] 李建泉. 第 45 届 IMO 预选题(中) [J]. 中等数学;2005(10):32-36.
[206] 李建泉. 第 45 届 IMO 预选题(上) [J]. 中等数学;2005(9):23-29.
[207] 苏化明. 一道 IMO 预选题的探索[J]. 中等数学;2005(9):9-10.
[208] 谷焕春,周金峰. 一道 IMO 预选题的推广[J]. 中等数学;2005(2):20.
[209] 李建泉. 第 44 届 IMO 预选题(下) [J]. 中等数学;2004(6):25-30.
[210] 李建泉. 第 44 届 IMO 预选题(上) [J]. 中等数学;2004(5):27-32.
[211] 方廷刚. 复数法简证一道 IMO 预选题[J]. 中学数学月刊; 2004(11):42.
[212] 李建泉. 第 43 届 IMO 预选题(下) [J]. 中等数学;2003(6):28-30.
[213] 李建泉. 第 43 届 IMO 预选题(上) [J]. 中等数学;2003(5):25-31.
[214] 孙毅. 一道 IMO 预选题的简解[J]. 中等数学;2003(5):19.
[215] 宿晓阳. 一道 IMO 预选题的推广[J]. 中学数学月刊; 2002(12):40.
[216] 李建泉. 第 42 届 IMO 预选题(下) [J]. 中等数学;2002(6):32-36.
[217] 李建泉. 第 42 届 IMO 预选题(上) [J]. 中等数学;2002(5):24-29.
[218] 宋庆,黄伟民. 一道 IMO 预选题的推广[J]. 中等数学;2002(6):43.
[219] 李建泉. 第 41 届 IMO 预选题(下) [J]. 中等数学;2002(1):33-39.
[220] 李建泉. 第 41 届 IMO 预选题(中) [J]. 中等数学;2001(6):34-37.
[221] 李建泉. 第 41 届 IMO 预选题(上) [J]. 中等数学;2001(5):32-36.
[222] 方廷刚. 一道 IMO 预选题再解[J]. 中学数学月刊; 2002(05):43.
[223] 蒋太煌. 第 39 届 IMO 预选题 8 的简证[J]. 中等数学;2001(5):22-23.
[224] 张赟. 一道 IMO 预选题的推广[J]. 中等数学;2001(2):26.
[225] 林运成. 第 39 届 IMO 预选题 8 别证[J]. 中等数学;2001(1):22.
[226] 李建泉. 第 40 届 IMO 预选题(上) [J]. 中等数学;2000(5):33-36.
[227] 李建泉. 第 40 届 IMO 预选题(中) [J]. 中等数学;2000(6):35-37.
[228] 李建泉. 第 41 届 IMO 预选题(下) [J]. 中等数学;2001(1):35-39.
[229] 李来敏.一道 IMO 预选题的三种初等证法及推广[J]. 中学数学教学;2000(3):38-39.
[230] 李来敏. 一道 IMO 预选题的两种证法[J]. 中学数学月刊; 2000(3):48.
[231] 张善立. 一道 IMO 预选题的指数推广[J]. 中等数学;1999(5):24.
[232] 云保奇. 一道 IMO 预选题的另一个结论[J]. 中等数学;1999(4):21.
[233] 辛慧. 第 38 届 IMO 预选题解答(上) [J]. 中等数学;1998(5):28-31.
[234] 李直. 第 38 届 IMO 预选题解答(中) [J]. 中等数学;1998(6):31-35.
[235] 冼声. 第 38 届 IMO 预选题解答(中) [J]. 中等数学;1999(1):32-38.
[236] 石卫国. 一道 IMO 预选题的推广[J]. 陕西教育学院学报;1998(4): 72-73.
[237] 张赟. 一道 IMO 预选题的引申[J]. 中等数学;1998(3):22-23.
[238] 安金鹏,李宝毅. 第 37 届 IMO 预选题及解答(上) [J]. 中等数学;1997(6): 33-37.
[239] 安金鹏,李宝毅. 第 37 届 IMO 预选题及解答(下) [J]. 中等数学;1998(1): 34-40.
[240] 刘江枫,李学武. 第 37 届 IMO 预选题[J]. 中等数学;1997(5): 30-32.
[241] 党庆寿. 一道 IMO 预选题的简解[J]. 中学数学月刊;1997(8):43-44.
[242] 黄汉生. 一道 IMO 预选题的加强[J]. 中等数学;1997(3):17.

[243] 贝嘉禄.一道国际竞赛预选题的加强[J].中学数学月刊;1997(6):26-27.
[244] 王富英.一道IMO预选题的推广及其应用[J].中学数学教学参;1997(8～9):74-75.
[245] 孙哲.一道IMO预选题的简证与加强[J].中等数学;1996(3):18.
[246] 李学武.第36届IMO预选题及解答(下)[J].中等数学;1996(6):26-29,37.
[247] 张善立.一道IMO预选题的简证[J].中等数学;1996(10):36.
[248] 李建泉.利用根轴的性质解一道IMO预选题[J].中等数学;1996(4):14.
[249] 黄虎.一道IMO预选题妙解及推广[J].中等数学;1996(4):15.
[250] 严鹏.一道IMO预选题探讨[J].中等数学;1996(2):16.
[251] 杨桂芝.第34届IMO预选题解答(上)[J].中等数学;1995(6):28-31.
[252] 杨桂芝.第34届IMO预选题解答(中)[J].中等数学;1996(1):29-31.
[253] 杨桂芝.第34届IMO预选题解答(下)[J].中等数学;1996(2):21-23.
[254] 舒金银.一道IMO预选题简证[J].中等数学;1995(1):16-17.
[255] 黄宣国,夏兴国.第35届IMO预选题[J].中等数学;1994(5):19-20.
[256] 苏淳,严镇军.第33届IMO预选题[J].中等数学;1993(2):19-20.
[257] 耿立顺.一道IMO预选题的简单解法[J].中学教研;1992(05):26.
[258] 苏化明.谈一道IMO预选题[J].中学教研;1992(05):28-30.
[259] 黄玉民.第32届IMO预选题及解答[J].中等数学;1992(1):22-34.
[260] 朱华伟.一道IMO预选题的溯源及推广[J].中学数学;1991(03):45-46.
[261] 蔡玉书.一道IMO预选题的推广[J].中等数学;1990(6):9.
[262] 第31届IMO选题委员会.第31届IMO预选题解答[J].中等数学;1990(5):7-22,封底.
[263] 单墫,刘亚强.第30届IMO预选题解答[J].中等数学;1989(5):6-17.
[264] 苏化明.一道IMO预选题的推广及应用[J].中等数学;1989(4):16-19.

后记 | Postscript

行为的背后是动机，编一部洋洋80万言的书一定要有很强的动机才行，借后记不妨和盘托出.

首先，这是一本源于"匮乏"的书.1976年编者初中一年级，时值"文化大革命"刚刚结束，物质产品与精神产品极度匮乏，学校里薄薄的数学教科书只有几个极简单的习题，根本满足不了学习的需要.当时全国书荒，偌大的书店无书可寻，学生无题可做，在这种情况下，笔者的班主任郭清泉老师便组织学生自编习题集.如果说忠诚党的教育事业不仅仅是一个口号的话，那么郭老师确实做到了.在其个人生活极为困顿的岁月里，他拿出多年珍藏的数学课外书领着一批初中学生开始选题、刻钢板、推油辊.很快一本本散发着油墨清香的习题集便发到了每个同学的手中，喜悦之情难以名状，正如高尔基所说："像饥饿的人扑到了面包上."当时电力紧张经常停电，晚上写作业时常点蜡烛，冬夜，烛光如豆，寒气逼人，伏案演算着自己编的数学题，沉醉其中，物我两忘.30年后同样的冬夜，灯光如昼，温暖如夏，坐拥书城，竟茫然不知所措，此时方觉匮乏原来也是一种美(想想西南联大当时在山洞里、在防空洞中，学数学学成了多少大师级人物.日本战后恢复期产生了三位物理学诺贝尔奖获得者，如汤川秀树等，以及高木贞治、小平邦彦、广中平佑的成长都证明了这一点)，可惜现在的学生永远也体验不到那种意境了(中国人也许是世界上最讲究意境的，所谓"雪夜闭门读禁书"，也是一种意境)，所以编此书颇有怀旧之感.有趣的是后来这次经历竟在笔者身上产生了"异化”，抄习题的乐趣多于做习题，比为买椟还珠不以为过，四处收集含有习题的数学著作，从吉米多维奇到菲赫金哥尔茨，从斯米尔诺夫到维诺格拉朵夫，从笹部贞市郎到哈尔莫斯，乐此不疲．凡30年几近偏执，朋友戏称：“这是一种不需治疗的精神病．”虽然如此，毕竟染此“病症”后容易忽视生活中那些原本的乐趣．这有些像葛朗台用金币碰撞的叮当声取代了花金币的真实快感一样．匮乏带给人的除了美感之外，更多的是恐惧．中国科学院数学研究所数论室主任徐广善先生来哈尔滨工业大学讲课，课余时曾透露过陈景润先生生前的一个小秘密（曹珍富教授转述，编者未加核实）．陈先生的一只抽屉中存有多只快生锈的上海牌手表．这个不可思议的现象源于当年陈先生所经历过的可怕的匮乏．大学刚毕业，分到北京四中，后被迫离开，衣食无着，生活窘迫，后虽好转，但那次经历给陈先生留下了深刻记忆，为防止以后再次陷于匮乏，就买了当时陈先生认为在中国最能保值增值的上海牌手表，以备不测．像经历过饥饿的田鼠会疯狂地往洞里搬运食物一样，经历过如饥似渴却无题可做的编者在潜意识中总是觉得题少，只有手中有大量习题集，心里才觉安稳．所以很多时候表面看是一种热爱，但更深层次却是恐惧，是缺少富足感的体现．

其次，这是一本源于“传承”的书．哈尔滨作为全国解放最早的城市，开展数学竞赛活动也是很早的，早期哈尔滨工业大学的吴从炘教授、黑龙江大学的颜秉海教授、船舶工程学院（现哈尔滨工程大学）的戴遗山教授、哈尔滨师范大学的吕庆祝教授作为先行者为哈尔滨的数学竞赛活动打下了基础，定下了格调．中期哈尔滨市教育学院王翠满教授、王万祥教授、时承权教授，哈尔滨师专的冯宝琦教授、陆子采教授，哈尔滨师范大学的贾广聚教授，黑龙江大学的王路群教授、曹重光教授，哈三中的周建成老师，哈一中的尚杰老师，哈师大附中的沙洪泽校长，哈六中的董乃培老师，为此作出了长期的努力．上世纪80年代中期开始，一批中青年数学工作者开始加入，主要有哈尔滨工业大学的曹珍富教授、哈师大附中的李修福老师及笔者．90年代中期，哈尔滨的数学奥林匹克活动渐入佳境，又有像哈师大附中刘利益等老师加入进来，但在高等学校中由于搞数学竞赛研究既不算科研又不计入工作量，所以再坚持难免会被边缘化，于是研究人员逐渐以中学教师为主，在高校中近乎绝迹．2008年**CMO**即将在哈尔滨举行，振兴迫在眉睫，本书算是一个序曲，后面会有大型专业杂志《数学奥林匹克与数学文化》创刊，定会好戏连台，让哈尔滨的数学竞赛事业再度辉煌．

第三，这是一本源于“氛围”的书．很难想像速滑运动员产生于非洲，也无法相信深山古刹之外会有高僧．环境与氛围至关重要．在整个社会日益功利化、世俗化、利益化、平面化的大背景下，编者师友们所营造的小的氛围影响着其中每个人的道路选择，以学有专长为荣，不学无术为耻的价值观点互相感染、共同坚守，用韩波博士的话讲，这已是我们这台计算机上的硬件．赖于此，本书的出炉便在情理之中，所以理应致以敬意，借此向王忠玉博士、张本祥博士、郭梦书博士、吕书臣博士、康大臣博士、刘孝廷博士、刘晓燕博士、王延青博士、钟德寿博士、薛小平博士、韩波博士、李龙锁博士、刘绍武博士对笔者多年的关心与鼓励致以诚挚的谢意，特别是尚琥教授在编者即将放弃之际给予的坚定的支持．

第四，这是一个“蝴蝶效应”的产物．如果说人的成长过程具有一点动力系统迭代的特征的话，那么其方程一定是非线性的，即对初始条件具有敏感依赖的，俗称“蝴蝶效应”．简单说就是一个微小的“扰动”会改变人生的轨迹，如著名拓扑学家，纽结大师王诗宬 1977 年时还是一个喜欢中国文学史的插队知青，一次他到北京去游玩，坐 332 路车去颐和园，看见“北京大学”四个字，就跳下车进入校门，当时他的脑子中正在想一个简单的数学问题(大多数时候他都是在推敲几句诗)，就是六个人的聚会上总有三个人认识或三个人不认识(用数学术语说就是 6 阶 2 色完全图中必有单色 3 阶子图存在)，然后碰到一个老师，就问他，他说你去问姜伯驹老师(我国著名数学家姜亮夫之子)，姜伯驹老师的办公室就在我办公室对面．而当他找到姜伯驹教授时，姜伯驹说为什么不来试试学数学，于是一句话，一辈子，有了今天北京大学数学所的王诗宬副所长(《世纪大讲堂》，第 2 辑，辽宁人民出版社，2003：128—149)．可以设想假如他遇到的是季羡林或俞平伯，今天该会是怎样．同样可以设想，如果编者初中的班主任老师是一位体育老师，足球健将的话，那么今天可能会多一位超级球迷“罗西”，少一位执着的业余数学爱好者，也绝不会有本书的出现．

第五，这也是一本源于“尴尬”的书．编者高中就读于一所具有数学竞赛传统的学校，班主任是学校主抓数学竞赛的沙洪泽老师．当时成立数学兴趣小组时，同学们非常踊跃，但名额有限，可能是沙老师早已发现编者并无数学天分所以不被选中，再次申请并请姐姐(在同校高二年级)去求情均未果．遂产生逆反心理，后来坚持以数学谋生，果真由于天资不足，屡战屡败，虽自我鼓励，屡败再屡战，但其结果仍如寒山子诗所说：“用力磨碌砖，那堪将作镜．”直至而立之年，幡然悔悟，但

"贼船"既上,回头已晚,彻底告别又心有不甘,于是以业余身份尴尬地游走于业界近15年,才有今天此书问世.

看来如果当初沙老师增加一个名额让编者尝试一下,后再知难而退,结果可能会皆大欢喜.但有趣的是当年竞赛小组的人竟无一人学数学专业,也无一人从事数学工作.看来教育是很值得研究的,"欲擒故纵"也不失为一种好方法.沙老师后来也放弃了数学教学工作,从事领导工作,转而研究教育,颇有所得,还出版了专著《教育——为了人的幸福》(教育科学出版社,2005),对此进行了深入研究.

最后,这也是一本源于"信心"的书.近几年,一些媒体为了吸引眼球,不惜把中国在国际上处于领先地位的数学奥林匹克妖魔化且多方打压,此时编写这本题集是有一定经济风险的.但编者坚信中国人对数学是热爱的.利玛窦、金尼阁指出:"多少世纪以来,上帝表现了不只用一种方法把人们吸引到他身边.垂钓人类的渔人以自己特殊的方法吸引人们的灵魂落入他的网中,也就不足为奇了.任何可能认为伦理学、物理学和数学在教会工作中并不重要的人,都是不知道中国人的口味的,他们缓慢地服用有益的精神药物,除非它有知识的佐料增添味道."(利玛窦,金尼阁,著.《利玛窦中国札记》.何高济,王遵仲,李申,译.何兆武,校.中华书局,1983,**P**347).中国的广大中学生对数学竞赛活动是热爱的,是能够被数学所吸引的,对此我们有充分的信心.而且,奥林匹克之于中国就像围棋之于日本,足球之于巴西,瑜珈之于印度一样,在世界上有品牌优势.2001年笔者去新西兰探亲,在奥克兰的一份中文报纸上看到一则广告,赫然写着中国内地教练专教奥数,打电话过去询问,对方声音甜美,颇富乐感,原来是毕业于沈阳音乐学院的女学生,在新西兰找工作四处碰壁后,想起在大学念书期间勤工俭学时曾辅导过小学生奥数,所以,便想一试身手,果真有家长把小孩送来,她便也以教练自居,可见数学奥林匹克已经成为一种类似于中国制造的品牌.出版这样的书,担心何来呢!

数学无国界,它是人类最共性的语言.数学超理性多呈冰冷状,所以一个个性化的,充满个体真情实感的后记是需要的,虽然难免有自恋之嫌,但毕竟带来一丝人气.

刘培杰

2014年9月

哈尔滨工业大学出版社刘培杰数学工作室 已出版(即将出版)图书目录

书　　名	出版时间	定　价	编号
新编中学数学解题方法全书(高中版)上卷	2007—09	38.00	7
新编中学数学解题方法全书(高中版)中卷	2007—09	48.00	8
新编中学数学解题方法全书(高中版)下卷(一)	2007—09	42.00	17
新编中学数学解题方法全书(高中版)下卷(二)	2007—09	38.00	18
新编中学数学解题方法全书(高中版)下卷(三)	2010—06	58.00	73
新编中学数学解题方法全书(初中版)上卷	2008—01	28.00	29
新编中学数学解题方法全书(初中版)中卷	2010—07	38.00	75
新编中学数学解题方法全书(高考复习卷)	2010—01	48.00	67
新编中学数学解题方法全书(高考真题卷)	2010—01	38.00	62
新编中学数学解题方法全书(高考精华卷)	2011—03	68.00	118
新编平面解析几何解题方法全书(专题讲座卷)	2010—01	18.00	61
新编中学数学解题方法全书(自主招生卷)	2013—08	88.00	261
数学眼光透视	2008—01	38.00	24
数学思想领悟	2008—01	38.00	25
数学应用展观	2008—01	38.00	26
数学建模导引	2008—01	28.00	23
数学方法溯源	2008—01	38.00	27
数学史话览胜	2008—01	28.00	28
数学思维技术	2013—09	38.00	260
从毕达哥拉斯到怀尔斯	2007—10	48.00	9
从迪利克雷到维斯卡尔迪	2008—01	48.00	21
从哥德巴赫到陈景润	2008—05	98.00	35
从庞加莱到佩雷尔曼	2011—08	138.00	136
数学奥林匹克与数学文化(第一辑)	2006—05	48.00	4
数学奥林匹克与数学文化(第二辑)(竞赛卷)	2008—01	48.00	19
数学奥林匹克与数学文化(第二辑)(文化卷)	2008—07	58.00	36′
数学奥林匹克与数学文化(第三辑)(竞赛卷)	2010—01	48.00	59
数学奥林匹克与数学文化(第四辑)(竞赛卷)	2011—08	58.00	87
数学奥林匹克与数学文化(第五辑)	2015—06	98.00	370

哈尔滨工业大学出版社刘培杰数学工作室已出版(即将出版)图书目录

书　　名	出版时间	定　价	编号
世界著名平面几何经典著作钩沉——几何作图专题卷(上)	2009-06	48.00	49
世界著名平面几何经典著作钩沉——几何作图专题卷(下)	2011-01	88.00	80
世界著名平面几何经典著作钩沉(民国平面几何老课本)	2011-03	38.00	113
世界著名平面几何经典著作钩沉(建国初期平面三角老课本)	2015-08	38.00	507
世界著名解析几何经典著作钩沉——平面解析几何卷	2014-01	38.00	273
世界著名数论经典著作钩沉(算术卷)	2012-01	28.00	125
世界著名数学经典著作钩沉——立体几何卷	2011-02	28.00	88
世界著名三角学经典著作钩沉(平面三角卷Ⅰ)	2010-06	28.00	69
世界著名三角学经典著作钩沉(平面三角卷Ⅱ)	2011-01	38.00	78
世界著名初等数论经典著作钩沉(理论和实用算术卷)	2011-07	38.00	126

书　　名	出版时间	定　价	编号
发展空间想象力	2010-01	38.00	57
走向国际数学奥林匹克的平面几何试题诠释(上、下)(第1版)	2007-01	68.00	11,12
走向国际数学奥林匹克的平面几何试题诠释(上、下)(第2版)	2010-02	98.00	63,64
平面几何证明方法全书	2007-08	35.00	1
平面几何证明方法全书习题解答(第1版)	2005-10	18.00	2
平面几何证明方法全书习题解答(第2版)	2006-12	18.00	10
平面几何天天练上卷·基础篇(直线型)	2013-01	58.00	208
平面几何天天练中卷·基础篇(涉及圆)	2013-01	28.00	234
平面几何天天练下卷·提高篇	2013-01	58.00	237
平面几何专题研究	2013-07	98.00	258
最新世界各国数学奥林匹克中的平面几何试题	2007-09	38.00	14
数学竞赛平面几何典型题及新颖解	2010-07	48.00	74
初等数学复习及研究(平面几何)	2008-09	58.00	38
初等数学复习及研究(立体几何)	2010-06	38.00	71
初等数学复习及研究(平面几何)习题解答	2009-01	48.00	42
几何学教程(平面几何卷)	2011-03	68.00	90
几何学教程(立体几何卷)	2011-07	68.00	130
几何变换与几何证题	2010-06	88.00	70
计算方法与几何证题	2011-06	28.00	129
立体几何技巧与方法	2014-04	88.00	293
几何瑰宝——平面几何500名题暨1000条定理(上、下)	2010-07	138.00	76,77
三角形的解法与应用	2012-07	18.00	183
近代的三角形几何学	2012-07	48.00	184
一般折线几何学	2015-08	48.00	203
三角形的五心	2009-06	28.00	51
三角形的六心及其应用	2015-10	68.00	542
三角形趣谈	2012-08	28.00	212
解三角形	2014-01	28.00	265
三角学专门教程	2014-09	28.00	387

哈尔滨工业大学出版社刘培杰数学工作室已出版(即将出版)图书目录

书名	出版时间	定价	编号
距离几何分析导引	2015-02	68.00	446
圆锥曲线习题集(上册)	2013-06	68.00	255
圆锥曲线习题集(中册)	2015-01	78.00	434
圆锥曲线习题集(下册)	即将出版		
近代欧氏几何学	2012-03	48.00	162
罗巴切夫斯基几何学及几何基础概要	2012-07	28.00	188
罗巴切夫斯基几何学初步	2015-06	28.00	474
用三角、解析几何、复数、向量计算解数学竞赛几何题	2015-03	48.00	455
美国中学几何教程	2015-04	88.00	458
三线坐标与三角形特征点	2015-04	98.00	460
平面解析几何方法与研究(第1卷)	2015-05	18.00	471
平面解析几何方法与研究(第2卷)	2015-06	18.00	472
平面解析几何方法与研究(第3卷)	2015-07	18.00	473
解析几何研究	2015-01	38.00	425
初等几何研究	2015-02	58.00	444
俄罗斯平面几何问题集	2009-08	88.00	55
俄罗斯立体几何问题集	2014-03	58.00	283
俄罗斯几何大师——沙雷金论数学及其他	2014-01	48.00	271
来自俄罗斯的5000道几何习题及解答	2011-03	58.00	89
俄罗斯初等数学问题集	2012-05	38.00	177
俄罗斯函数问题集	2011-03	38.00	103
俄罗斯组合分析问题集	2011-01	48.00	79
俄罗斯初等数学万题选——三角卷	2012-11	38.00	222
俄罗斯初等数学万题选——代数卷	2013-08	68.00	225
俄罗斯初等数学万题选——几何卷	2014-01	68.00	226
463个俄罗斯几何老问题	2012-01	28.00	152
超越吉米多维奇.数列的极限	2009-11	48.00	58
超越普里瓦洛夫.留数卷	2015-01	28.00	437
超越普里瓦洛夫.无穷乘积与它对解析函数的应用卷	2015-05	28.00	477
超越普里瓦洛夫.积分卷	2015-06	18.00	481
超越普里瓦洛夫.基础知识卷	2015-06	28.00	482
超越普里瓦洛夫.数项级数卷	2015-07	38.00	489
初等数论难题集(第一卷)	2009-05	68.00	44
初等数论难题集(第二卷)(上、下)	2011-02	128.00	82,83
数论概貌	2011-03	18.00	93
代数数论(第二版)	2013-08	58.00	94
代数多项式	2014-06	38.00	289
初等数论的知识与问题	2011-02	28.00	95
超越数论基础	2011-03	28.00	96
数论初等教程	2011-03	28.00	97
数论基础	2011-03	18.00	98
数论基础与维诺格拉多夫	2014-03	18.00	292
解析数论基础	2012-08	28.00	216
解析数论基础(第二版)	2014-01	48.00	287
解析数论问题集(第二版)	2014-05	88.00	343

哈尔滨工业大学出版社刘培杰数学工作室已出版(即将出版)图书目录

书　名	出版时间	定　价	编号
数论入门	2011－03	38.00	99
代数数论入门	2015－03	38.00	448
数论开篇	2012－07	28.00	194
解析数论引论	2011－03	48.00	100
Barban Davenport Halberstam 均值和	2009－01	40.00	33
基础数论	2011－03	28.00	101
初等数论 100 例	2011－05	18.00	122
初等数论经典例题	2012－07	18.00	204
最新世界各国数学奥林匹克中的初等数论试题(上、下)	2012－01	138.00	144,145
初等数论(Ⅰ)	2012－01	18.00	156
初等数论(Ⅱ)	2012－01	18.00	157
初等数论(Ⅲ)	2012－01	28.00	158
平面几何与数论中未解决的新老问题	2013－01	68.00	229
代数数论简史	2014－11	28.00	408
代数数论	2015－09	88.00	532
数论导引提要及习题解答	2016－01	48.00	559

书　名	出版时间	定　价	编号
谈谈素数	2011－03	18.00	91
平方和	2011－03	18.00	92
复变函数引论	2013－10	68.00	269
伸缩变换与抛物旋转	2015－01	38.00	449
无穷分析引论(上)	2013－04	88.00	247
无穷分析引论(下)	2013－04	98.00	245
数学分析	2014－04	28.00	338
数学分析中的一个新方法及其应用	2013－01	38.00	231
数学分析例选:通过范例学技巧	2013－01	88.00	243
高等代数例选:通过范例学技巧	2015－06	88.00	475
三角级数论(上册)(陈建功)	2013－01	38.00	232
三角级数论(下册)(陈建功)	2013－01	48.00	233
三角级数论(哈代)	2013－06	48.00	254
三角级数	2015－07	28.00	263
超越数	2011－03	18.00	109
三角和方法	2011－03	18.00	112
整数论	2011－05	38.00	120
从整数谈起	2015－10	18.00	538
随机过程(Ⅰ)	2014－01	78.00	224
随机过程(Ⅱ)	2014－01	68.00	235
算术探索	2011－12	158.00	148
组合数学	2012－04	28.00	178
组合数学浅谈	2012－03	28.00	159
丢番图方程引论	2012－03	48.00	172
拉普拉斯变换及其应用	2015－02	38.00	447
高等代数.上	2016－01	38.00	548
高等代数.下	2016－01	38.00	549
数学解析教程.上卷.1	2016－01	58.00	546
数学解析教程.上卷.2	2016－01	38.00	553
函数构造论.上	2016－01	38.00	554
函数构造论.下	即将出版		555
数与多项式	2016－01	38.00	558
概周期函数	2016－01	48.00	572
变叙的项的极限分布律	2016－01	18.00	573

哈尔滨工业大学出版社刘培杰数学工作室已出版(即将出版)图书目录

书　　名	出版时间	定　价	编号
同余理论	2012－05	38.00	163
[x]与{x}	2015－04	48.00	476
极值与最值.上卷	2015－06	38.00	486
极值与最值.中卷	2015－06	38.00	487
极值与最值.下卷	2015－06	28.00	488
整数的性质	2012－11	38.00	192
多项式理论	2015－10	88.00	541
历届美国中学生数学竞赛试题及解答(第一卷)1950－1954	2014－07	18.00	277
历届美国中学生数学竞赛试题及解答(第二卷)1955－1959	2014－04	18.00	278
历届美国中学生数学竞赛试题及解答(第三卷)1960－1964	2014－06	18.00	279
历届美国中学生数学竞赛试题及解答(第四卷)1965－1969	2014－04	28.00	280
历届美国中学生数学竞赛试题及解答(第五卷)1970－1972	2014－06	18.00	281
历届美国中学生数学竞赛试题及解答(第七卷)1981－1986	2015－01	18.00	424
历届 IMO 试题集(1959—2005)	2006－05	58.00	5
历届 CMO 试题集	2008－09	28.00	40
历届中国数学奥林匹克试题集	2014－10	38.00	394
历届加拿大数学奥林匹克试题集	2012－08	38.00	215
历届美国数学奥林匹克试题集:多解推广加强	2012－08	38.00	209
历届波兰数学竞赛试题集.第1卷,1949～1963	2015－03	18.00	453
历届波兰数学竞赛试题集.第2卷,1964～1976	2015－03	18.00	454
保加利亚数学奥林匹克	2014－10	38.00	393
圣彼得堡数学奥林匹克试题集	2015－01	48.00	429
历届国际大学生数学竞赛试题集(1994－2010)	2012－01	28.00	143
全国大学生数学夏令营数学竞赛试题及解答	2007－03	28.00	15
全国大学生数学竞赛辅导教程	2012－07	28.00	189
全国大学生数学竞赛复习全书	2014－04	48.00	340
历届美国大学生数学竞赛试题集	2009－03	88.00	43
前苏联大学生数学奥林匹克竞赛题解(上编)	2012－04	28.00	169
前苏联大学生数学奥林匹克竞赛题解(下编)	2012－04	38.00	170
历届美国数学邀请赛试题集	2014－01	48.00	270
全国高中数学竞赛试题及解答.第1卷	2014－07	38.00	331
大学生数学竞赛讲义	2014－09	28.00	371
亚太地区数学奥林匹克竞赛题	2015－07	18.00	492
高考数学临门一脚(含密押三套卷)(理科版)	2015－01	24.80	421
高考数学临门一脚(含密押三套卷)(文科版)	2015－01	24.80	422
新课标高考数学题型全归纳(文科版)	2015－05	72.00	467
新课标高考数学题型全归纳(理科版)	2015－05	82.00	468
王连笑教你怎样学数学:高考选择题解题策略与客观题实用训练	2014－01	48.00	262
王连笑教你怎样学数学:高考数学高层次讲座	2015－02	48.00	432
高考数学的理论与实践	2009－08	38.00	53
高考数学核心题型解题方法与技巧	2010－01	28.00	86
高考思维新平台	2014－03	38.00	259
30分钟拿下高考数学选择题、填空题(第二版)	2012－01	28.00	146
高考数学压轴题解题诀窍(上)	2012－02	78.00	166
高考数学压轴题解题诀窍(下)	2012－03	28.00	167
北京市五区文科数学三年高考模拟题详解:2013～2015	2015－08	48.00	500
北京市五区理科数学三年高考模拟题详解:2013～2015	2015－09	68.00	505

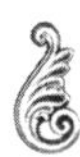

哈尔滨工业大学出版社刘培杰数学工作室已出版(即将出版)图书目录

书　　名	出版时间	定　价	编号
向量法巧解数学高考题	2009－08	28.00	54
高考数学万能解题法	2015－09	28.00	534
高考物理万能解题法	2015－09	28.00	537
高考化学万能解题法	2015－11	25.00	557
2011～2015 年全国及各省市高考数学文科精品试题审题要津与解法研究	2015－10	68.00	539
2011～2015 年全国及各省市高考数学理科精品试题审题要津与解法研究	2015－10	88.00	540
整函数	2012－08	18.00	161
近代拓扑学研究	2013－04	38.00	239
多项式和无理数	2008－01	68.00	22
模糊数据统计学	2008－03	48.00	31
模糊分析学与特殊泛函空间	2013－01	68.00	241
受控理论与解析不等式	2012－05	78.00	165
解析不等式新论	2009－06	68.00	48
建立不等式的方法	2011－03	98.00	104
数学奥林匹克不等式研究	2009－08	68.00	56
不等式研究(第二辑)	2012－02	68.00	153
不等式的秘密(第一卷)	2012－02	28.00	154
不等式的秘密(第一卷)(第 2 版)	2014－02	38.00	286
不等式的秘密(第二卷)	2014－01	38.00	268
初等不等式的证明方法	2010－06	38.00	123
初等不等式的证明方法(第二版)	2014－11	38.00	407
不等式・理论・方法(基础卷)	2015－07	38.00	496
不等式・理论・方法(经典不等式卷)	2015－07	38.00	497
不等式・理论・方法(特殊类型不等式卷)	2015－07	48.00	498
谈谈不定方程	2011－05	28.00	119
数学奥林匹克在中国	2014－06	98.00	344
数学奥林匹克问题集	2014－01	38.00	267
数学奥林匹克不等式散论	2010－06	38.00	124
数学奥林匹克不等式欣赏	2011－09	38.00	138
数学奥林匹克超级题库(初中卷上)	2010－01	58.00	66
数学奥林匹克不等式证明方法和技巧(上、下)	2011－08	158.00	134,135
新编 640 个世界著名数学智力趣题	2014－01	88.00	242
500 个最新世界著名数学智力趣题	2008－06	48.00	3
400 个最新世界著名数学最值问题	2008－09	48.00	36
500 个世界著名数学征解问题	2009－06	48.00	52
400 个中国最佳初等数学征解老问题	2010－01	48.00	60
500 个俄罗斯数学经典老题	2011－01	28.00	81
1000 个国外中学物理好题	2012－04	48.00	174
300 个日本高考数学题	2012－05	38.00	142
500 个前苏联早期高考数学试题及解答	2012－05	28.00	185
546 个早期俄罗斯大学生数学竞赛题	2014－03	38.00	285
548 个来自美苏的数学好问题	2014－11	28.00	396
20 所苏联著名大学早期入学试题	2015－02	18.00	452
161 道德国工科大学生必做的微分方程习题	2015－05	28.00	469
500 个德国工科大学生必做的高数习题	2015－06	28.00	478
德国讲义日本考题. 微积分卷	2015－04	48.00	456
德国讲义日本考题. 微分方程卷	2015－04	38.00	457

哈尔滨工业大学出版社刘培杰数学工作室已出版(即将出版)图书目录

书　　名	出版时间	定　价	编号
几何变换(Ⅰ)	2014-07	28.00	353
几何变换(Ⅱ)	2015-06	28.00	354
几何变换(Ⅲ)	2015-01	38.00	355
几何变换(Ⅳ)	2015-12	38.00	356
中国初等数学研究　2009 卷(第 1 辑)	2009-05	20.00	45
中国初等数学研究　2010 卷(第 2 辑)	2010-05	30.00	68
中国初等数学研究　2011 卷(第 3 辑)	2011-07	60.00	127
中国初等数学研究　2012 卷(第 4 辑)	2012-07	48.00	190
中国初等数学研究　2014 卷(第 5 辑)	2014-02	48.00	288
中国初等数学研究　2015 卷(第 6 辑)	2015-06	68.00	493
博弈论精粹	2008-03	58.00	30
博弈论精粹. 第二版(精装)	2015-01	88.00	461
数学 我爱你	2008-01	28.00	20
精神的圣徒　别样的人生——60 位中国数学家成长的历程	2008-09	48.00	39
数学史概论	2009-06	78.00	50
数学史概论(精装)	2013-03	158.00	272
数学史选讲	2016-01	48.00	544
斐波那契数列	2010-02	28.00	65
数学拼盘和斐波那契魔方	2010-07	38.00	72
斐波那契数列欣赏	2011-01	28.00	160
数学的创造	2011-02	48.00	85
数学中的美	2011-02	38.00	84
数论中的美学	2014-12	38.00	351
数学王者　科学巨人——高斯	2015-01	28.00	428
振兴祖国数学的圆梦之旅:中国初等数学研究史话	2015-06	78.00	490
二十世纪中国数学史料研究	2015-10	48.00	536
数字谜、数阵图与棋盘覆盖	2016-01	58.00	298
时间的形状	2016-01	38.00	556
最新全国及各省市高考数学试卷解法研究及点拨评析	2009-02	38.00	41
2011 年全国及各省市高考数学试题审题要津与解法研究	2011-10	48.00	139
2013 年全国及各省市高考数学试题解析与点评	2014-01	48.00	282
全国及各省市高考数学试题审题要津与解法研究	2015-02	48.00	450
全国中考数学压轴题审题要津与解法研究	2013-04	78.00	248
新编全国及各省市中考数学压轴题审题要津与解法研究	2014-05	58.00	342
全国及各省市 5 年中考数学压轴题审题要津与解法研究	2015-04	58.00	462
新课标高考数学——五年试题分章详解(2007～2011)(上、下)	2011-10	78.00	140,141
中考数学专题总复习	2007-04	28.00	6
数学解题——靠数学思想给力(上)	2011-07	38.00	131
数学解题——靠数学思想给力(中)	2011-07	48.00	132
数学解题——靠数学思想给力(下)	2011-07	38.00	133
我怎样解题	2013-01	48.00	227
数学解题中的物理方法	2011-06	28.00	114
数学解题的特殊方法	2011-06	48.00	115
中学数学计算技巧	2012-01	48.00	116
中学数学证明方法	2012-01	58.00	117
数学趣题巧解	2012-03	28.00	128
高中数学教学通鉴	2015-05	58.00	479
和高中生漫谈:数学与哲学的故事	2014-08	28.00	369

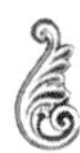

哈尔滨工业大学出版社刘培杰数学工作室
已出版(即将出版)图书目录

书　　名	出版时间	定　价	编号
自主招生考试中的参数方程问题	2015－01	28.00	435
自主招生考试中的极坐标问题	2015－04	28.00	463
近年全国重点大学自主招生数学试题全解及研究.华约卷	2015－02	38.00	441
近年全国重点大学自主招生数学试题全解及研究.北约卷	即将出版		
自主招生数学解证宝典	2015－09	48.00	535

书　　名	出版时间	定　价	编号
格点和面积	2012－07	18.00	191
射影几何趣谈	2012－04	28.00	175
斯潘纳尔引理——从一道加拿大数学奥林匹克试题谈起	2014－01	28.00	228
李普希兹条件——从几道近年高考数学试题谈起	2012－10	18.00	221
拉格朗日中值定理——从一道北京高考试题的解法谈起	2015－10	18.00	197
闵科夫斯基定理——从一道清华大学自主招生试题谈起	2014－01	28.00	198
哈尔测度——从一道冬令营试题的背景谈起	2012－08	28.00	202
切比雪夫逼近问题——从一道中国台北数学奥林匹克试题谈起	2013－04	38.00	238
伯恩斯坦多项式与贝齐尔曲面——从一道全国高中数学联赛试题谈起	2013－03	38.00	236
卡塔兰猜想——从一道普特南竞赛试题谈起	2013－06	18.00	256
麦卡锡函数和阿克曼函数——从一道前南斯拉夫数学奥林匹克试题谈起	2012－08	18.00	201
贝蒂定理与拉姆贝克莫斯尔定理——从一个拣石子游戏谈起	2012－08	18.00	217
皮亚诺曲线和豪斯道夫分球定理——从无限集谈起	2012－08	18.00	211
平面凸图形与凸多面体	2012－10	28.00	218
斯坦因豪斯问题——从一道二十五省市自治区中学数学竞赛试题谈起	2012－07	18.00	196
纽结理论中的亚历山大多项式与琼斯多项式——从一道北京市高一数学竞赛试题谈起	2012－07	28.00	195
原则与策略——从波利亚"解题表"谈起	2013－04	38.00	244
转化与化归——从三大尺规作图不能问题谈起	2012－08	28.00	214
代数几何中的贝祖定理(第一版)——从一道 IMO 试题的解法谈起	2013－08	18.00	193
成功连贯理论与约当块理论——从一道比利时数学竞赛试题谈起	2012－04	18.00	180
磨光变换与范·德·瓦尔登猜想——从一道环球城市竞赛试题谈起	即将出版		
素数判定与大数分解	2014－08	18.00	199
置换多项式及其应用	2012－10	18.00	220
椭圆函数与模函数——从一道美国加州大学洛杉矶分校(UCLA)博士资格考题谈起	2012－10	28.00	219
差分方程的拉格朗日方法——从一道 2011 年全国高考理科试题的解法谈起	2012－08	28.00	200
力学在几何中的一些应用	2013－01	38.00	240
高斯散度定理、斯托克斯定理和平面格林定理——从一道国际大学生数学竞赛试题谈起	即将出版		
康托洛维奇不等式——从一道全国高中联赛试题谈起	2013－03	28.00	337
西格尔引理——从一道第 18 届 IMO 试题的解法谈起	即将出版		
罗斯定理——从一道前苏联数学竞赛试题谈起	即将出版		
拉克斯定理和阿廷定理——从一道 IMO 试题的解法谈起	2014－01	58.00	246

哈尔滨工业大学出版社刘培杰数学工作室 已出版(即将出版)图书目录

书　　名	出版时间	定　价	编号
毕卡大定理——从一道美国大学数学竞赛试题谈起	2014—07	18.00	350
贝齐尔曲线——从一道全国高中联赛试题谈起	即将出版		
拉格朗日乘子定理——从一道 2005 年全国高中联赛试题的高等数学解法谈起	2015—05	28.00	480
雅可比定理——从一道日本数学奥林匹克试题谈起	2013—04	48.00	249
李天岩一约克定理——从一道波兰数学竞赛试题谈起	2014—06	28.00	349
整系数多项式因式分解的一般方法——从克朗耐克算法谈起	即将出版		
布劳维不动点定理——从一道前苏联数学奥林匹克试题谈起	2014—01	38.00	273
压缩不动点定理——从一道高考数学试题的解法谈起	即将出版		
伯恩赛德定理——从一道英国数学奥林匹克试题谈起	即将出版		
布查特一莫斯特定理——从一道上海市初中竞赛试题谈起	即将出版		
数论中的同余数问题——从一道普特南竞赛试题谈起	即将出版		
范・德蒙行列式——从一道美国数学奥林匹克试题谈起	即将出版		
中国剩余定理:总数法构建中国历史年表	2015—01	28.00	430
牛顿程序与方程求根——从一道全国高考试题解法谈起	即将出版		
库默尔定理——从一道 IMO 预选试题谈起	即将出版		
卢丁定理——从一道冬令营试题的解法谈起	即将出版		
沃斯滕霍姆定理——从一道 IMO 预选试题谈起	即将出版		
卡尔松不等式——从一道莫斯科数学奥林匹克试题谈起	即将出版		
信息论中的香农熵——从一道近年高考压轴题谈起	即将出版		
约当不等式——从一道希望杯竞赛试题谈起	即将出版		
拉比诺维奇定理	即将出版		
刘维尔定理——从一道《美国数学月刊》征解问题的解法谈起	即将出版		
卡塔兰恒等式与级数求和——从一道 IMO 试题的解法谈起	即将出版		
勒让德猜想与素数分布——从一道爱尔兰竞赛试题谈起	即将出版		
天平称重与信息论——从一道基辅市数学奥林匹克试题谈起	即将出版		
哈密尔顿一凯莱定理:从一道高中数学联赛试题的解法谈起	2014—09	18.00	376
艾思特曼定理——从一道 CMO 试题的解法谈起	即将出版		
一个爱尔特希问题——从一道西德数学奥林匹克试题谈起	即将出版		
有限群中的爱丁格尔问题——从一道北京市初中二年级数学竞赛试题谈起	即将出版		
贝克码与编码理论——从一道全国高中联赛试题谈起	即将出版		
帕斯卡三角形	2014—03	18.00	294
蒲丰投针问题——从 2009 年清华大学的一道自主招生试题谈起	2014—01	38.00	295
斯图姆定理——从一道"华约"自主招生试题的解法谈起	2014—01	18.00	296
许瓦兹引理——从一道加利福尼亚大学伯克利分校数学系博士生试题谈起	2014—08	18.00	297
拉格朗日中值定理——从一道北京高考试题的解法谈起	2014—01		298
拉姆塞定理——从王诗宬院士的一个问题谈起	2014—01		299
坐标法	2013—12	28.00	332
数论三角形	2014—04	38.00	341
毕克定理	2014—07	18.00	352
数林掠影	2014—09	48.00	389
我们周围的概率	2014—10	38.00	390
凸函数最值定理:从一道华约自主招生题的解法谈起	2014—10	28.00	391
易学与数学奥林匹克	2014—10	38.00	392

哈尔滨工业大学出版社刘培杰数学工作室已出版(即将出版)图书目录

书　　名	出版时间	定　价	编号
生物数学趣谈	2015—01	18.00	409
反演	2015—01		420
因式分解与圆锥曲线	2015—01	18.00	426
轨迹	2015—01	28.00	427
面积原理:从常庚哲命的一道 CMO 试题的积分解法谈起	2015—01	48.00	431
形形色色的不动点定理:从一道 28 届 IMO 试题谈起	2015—01	38.00	439
柯西函数方程:从一道上海交大自主招生的试题谈起	2015—02	28.00	440
三角恒等式	2015—02	28.00	442
无理性判定:从一道 2014 年"北约"自主招生试题谈起	2015—01	38.00	443
数学归纳法	2015—03	18.00	451
极端原理与解题	2015—04	28.00	464
法雷级数	2014—08	18.00	367
摆线族	2015—01	38.00	438
函数方程及其解法	2015—05	38.00	470
含参数的方程和不等式	2012—09	28.00	213
希尔伯特第十问题	2016—01	38.00	543
无穷小量的求和	2016—01	28.00	545

书　　名	出版时间	定　价	编号
中等数学英语阅读文选	2006—12	38.00	13
统计学专业英语	2007—03	28.00	16
统计学专业英语(第二版)	2012—07	48.00	176
统计学专业英语(第三版)	2015—04	68.00	465
幻方和魔方(第一卷)	2012—05	68.00	173
尘封的经典——初等数学经典文献选读(第一卷)	2012—07	48.00	205
尘封的经典——初等数学经典文献选读(第二卷)	2012—07	38.00	206
代换分析:英文	2015—07	38.00	499

书　　名	出版时间	定　价	编号
实变函数论	2012—06	78.00	181
复变函数论	2015—08	38.00	504
非光滑优化及其变分分析	2014—01	48.00	230
疏散的马尔科夫链	2014—01	58.00	266
马尔科夫过程论基础	2015—01	28.00	433
初等微分拓扑学	2012—07	18.00	182
方程式论	2011—03	38.00	105
初级方程式论	2011—03	28.00	106
Galois 理论	2011—03	18.00	107
古典数学难题与伽罗瓦理论	2012—11	58.00	223
伽罗华与群论	2014—01	28.00	290
代数方程的根式解及伽罗瓦理论	2011—03	28.00	108
代数方程的根式解及伽罗瓦理论(第二版)	2015—01	28.00	423
线性偏微分方程讲义	2011—03	18.00	110
几类微分方程数值方法的研究	2015—05	38.00	485
N 体问题的周期解	2011—03	28.00	111
代数方程式论	2011—05	18.00	121
动力系统的不变量与函数方程	2011—07	48.00	137
基于短语评价的翻译知识获取	2012—02	48.00	168
应用随机过程	2012—04	48.00	187
概率论导引	2012—04	18.00	179
矩阵论(上)	2013—06	58.00	250
矩阵论(下)	2013—06	48.00	251
对称锥互补问题的内点法:理论分析与算法实现	2014—08	68.00	368
抽象代数:方法导引	2013—06	38.00	257

哈尔滨工业大学出版社刘培杰数学工作室已出版(即将出版)图书目录

书　　名	出版时间	定　价	编号
函数论	2014—11	78.00	395
反问题的计算方法及应用	2011—11	28.00	147
初等数学研究(Ⅰ)	2008—09	68.00	37
初等数学研究(Ⅱ)(上、下)	2009—05	118.00	46,47
数阵及其应用	2012—02	28.00	164
绝对值方程—折边与组合图形的解析研究	2012—07	48.00	186
代数函数论(上)	2015—07	38.00	494
代数函数论(下)	2015—07	38.00	495
偏微分方程论:法文	2015—10	48.00	533
闵嗣鹤文集	2011—03	98.00	102
吴从炘数学活动三十年(1951～1980)	2010—07	99.00	32
吴从炘数学活动又三十年(1981～2010)	2015—07	98.00	491
趣味初等方程妙题集锦	2014—09	48.00	388
趣味初等数论选美与欣赏	2015—02	48.00	445
耕读笔记(上卷):一位农民数学爱好者的初数探索	2015—04	28.00	459
耕读笔记(中卷):一位农民数学爱好者的初数探索	2015—05	28.00	483
耕读笔记(下卷):一位农民数学爱好者的初数探索	2015—05	28.00	484
几何不等式研究与欣赏.上卷	2016—01	88.00	547
几何不等式研究与欣赏.下卷	2016—01	48.00	552
初等数列研究与欣赏·上	2016—01	48.00	570
初等数列研究与欣赏·下	即将出版		571
数贝偶拾——高考数学题研究	2014—04	28.00	274
数贝偶拾——初等数学研究	2014—04	38.00	275
数贝偶拾——奥数题研究	2014—04	48.00	276
集合、函数与方程	2014—01	28.00	300
数列与不等式	2014—01	38.00	301
三角与平面向量	2014—01	28.00	302
平面解析几何	2014—01	38.00	303
立体几何与组合	2014—01	28.00	304
极限与导数、数学归纳法	2014—01	38.00	305
趣味数学	2014—03	28.00	306
教材教法	2014—04	68.00	307
自主招生	2014—05	58.00	308
高考压轴题(上)	2015—01	48.00	309
高考压轴题(下)	2014—10	68.00	310
从费马到怀尔斯——费马大定理的历史	2013—10	198.00	Ⅰ
从庞加莱到佩雷尔曼——庞加莱猜想的历史	2013—10	298.00	Ⅱ
从切比雪夫到爱尔特希(上)——素数定理的初等证明	2013—07	48.00	Ⅲ
从切比雪夫到爱尔特希(下)——素数定理 100 年	2012—12	98.00	Ⅲ
从高斯到盖尔方特——二次域的高斯猜想	2013—10	198.00	Ⅳ
从库默尔到朗兰兹——朗兰兹猜想的历史	2014—01	98.00	Ⅴ
从比勃巴赫到德布朗斯——比勃巴赫猜想的历史	2014—02	298.00	Ⅵ
从麦比乌斯到陈省身——麦比乌斯变换与麦比乌斯带	2014—02	298.00	Ⅶ
从布尔到豪斯道夫——布尔方程与格论漫谈	2013—10	198.00	Ⅷ
从开普勒到阿诺德——三体问题的历史	2014—05	298.00	Ⅸ
从华林到华罗庚——华林问题的历史	2013—10	298.00	Ⅹ
吴振奎高等数学解题真经(概率统计卷)	2012—01	38.00	149
吴振奎高等数学解题真经(微积分卷)	2012—01	68.00	150
吴振奎高等数学解题真经(线性代数卷)	2012—01	58.00	151
钱昌本教你快乐学数学(上)	2011—12	48.00	155
钱昌本教你快乐学数学(下)	2012—03	58.00	171

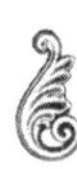

哈尔滨工业大学出版社刘培杰数学工作室已出版(即将出版)图书目录

书　　名	出版时间	定　价	编号
第19～23届"希望杯"全国数学邀请赛试题审题要津详细评注(初一版)	2014－03	28.00	333
第19～23届"希望杯"全国数学邀请赛试题审题要津详细评注(初二、初三版)	2014－03	38.00	334
第19～23届"希望杯"全国数学邀请赛试题审题要津详细评注(高一版)	2014－03	28.00	335
第19～23届"希望杯"全国数学邀请赛试题审题要津详细评注(高二版)	2014－03	38.00	336
第19～25届"希望杯"全国数学邀请赛试题审题要津详细评注(初一版)	2015－01	38.00	416
第19～25届"希望杯"全国数学邀请赛试题审题要津详细评注(初二、初三版)	2015－01	58.00	417
第19～25届"希望杯"全国数学邀请赛试题审题要津详细评注(高一版)	2015－01	48.00	418
第19～25届"希望杯"全国数学邀请赛试题审题要津详细评注(高二版)	2015－01	48.00	419
高等数学解题全攻略(上卷)	2013－06	58.00	252
高等数学解题全攻略(下卷)	2013－06	58.00	253
高等数学复习纲要	2014－01	18.00	384
三角函数	2014－01	38.00	311
不等式	2014－01	38.00	312
数列	2014－01	38.00	313
方程	2014－01	28.00	314
排列和组合	2014－01	28.00	315
极限与导数	2014－01	28.00	316
向量	2014－09	38.00	317
复数及其应用	2014－08	28.00	318
函数	2014－01	38.00	319
集合	即将出版		320
直线与平面	2014－01	28.00	321
立体几何	2014－04	28.00	322
解三角形	即将出版		323
直线与圆	2014－01	28.00	324
圆锥曲线	2014－01	38.00	325
解题通法(一)	2014－07	38.00	326
解题通法(二)	2014－07	38.00	327
解题通法(三)	2014－05	38.00	328
概率与统计	2014－01	28.00	329
信息迁移与算法	即将出版		330
物理奥林匹克竞赛大题典——力学卷	2014－11	48.00	405
物理奥林匹克竞赛大题典——热学卷	2014－04	28.00	339
物理奥林匹克竞赛大题典——电磁学卷	2015－07	48.00	406
物理奥林匹克竞赛大题典——光学与近代物理卷	2014－06	28.00	345
历届中国东南地区数学奥林匹克试题集(2004～2012)	2014－06	18.00	346
历届中国西部地区数学奥林匹克试题集(2001～2012)	2014－07	18.00	347
历届中国女子数学奥林匹克试题集(2002～2012)	2014－08	18.00	348
美国高中数学竞赛五十讲.第1卷(英文)	2014－08	28.00	357
美国高中数学竞赛五十讲.第2卷(英文)	2014－08	28.00	358
美国高中数学竞赛五十讲.第3卷(英文)	2014－09	28.00	359
美国高中数学竞赛五十讲.第4卷(英文)	2014－09	28.00	360
美国高中数学竞赛五十讲.第5卷(英文)	2014－10	28.00	361
美国高中数学竞赛五十讲.第6卷(英文)	2014－11	28.00	362
美国高中数学竞赛五十讲.第7卷(英文)	2014－12	28.00	363
美国高中数学竞赛五十讲.第8卷(英文)	2015－01	28.00	364
美国高中数学竞赛五十讲.第9卷(英文)	2015－01	28.00	365
美国高中数学竞赛五十讲.第10卷(英文)	2015－02	38.00	366

哈尔滨工业大学出版社刘培杰数学工作室已出版(即将出版)图书目录

书　　名	出版时间	定　价	编号
IMO 50 年. 第 1 卷(1959—1963)	2014—11	28.00	377
IMO 50 年. 第 2 卷(1964—1968)	2014—11	28.00	378
IMO 50 年. 第 3 卷(1969—1973)	2014—09	28.00	379
IMO 50 年. 第 4 卷(1974—1978)	即将出版		380
IMO 50 年. 第 5 卷(1979—1984)	2015—04	38.00	381
IMO 50 年. 第 6 卷(1985—1989)	2015—04	58.00	382
IMO 50 年. 第 7 卷(1990—1994)	即将出版		383
IMO 50 年. 第 8 卷(1995—1999)	即将出版		384
IMO 50 年. 第 9 卷(2000—2004)	2015—04	58.00	385
IMO 50 年. 第 10 卷(2005—2008)	即将出版		386
历届美国大学生数学竞赛试题集. 第一卷(1938—1949)	2015—01	28.00	397
历届美国大学生数学竞赛试题集. 第二卷(1950—1959)	2015—01	28.00	398
历届美国大学生数学竞赛试题集. 第三卷(1960—1969)	2015—01	28.00	399
历届美国大学生数学竞赛试题集. 第四卷(1970—1979)	2015—01	18.00	400
历届美国大学生数学竞赛试题集. 第五卷(1980—1989)	2015—01	28.00	401
历届美国大学生数学竞赛试题集. 第六卷(1990—1999)	2015—01	28.00	402
历届美国大学生数学竞赛试题集. 第七卷(2000—2009)	2015—08	18.00	403
历届美国大学生数学竞赛试题集. 第八卷(2010—2012)	2015—01	18.00	404
新课标高考数学创新题解题诀窍:总论	2014—09	28.00	372
新课标高考数学创新题解题诀窍:必修 1～5 分册	2014—08	38.00	373
新课标高考数学创新题解题诀窍:选修 2—1,2—2,1—1,1—2分册	2014—09	38.00	374
新课标高考数学创新题解题诀窍:选修 2—3,4—4,4—5 分册	2014—09	18.00	375
全国重点大学自主招生英文数学试题全攻略:词汇卷	2015—07	48.00	410
全国重点大学自主招生英文数学试题全攻略:概念卷	2015—01	28.00	411
全国重点大学自主招生英文数学试题全攻略:文章选读卷(上)	即将出版		412
全国重点大学自主招生英文数学试题全攻略:文章选读卷(下)	即将出版		413
全国重点大学自主招生英文数学试题全攻略:试题卷	2015—07	38.00	414
全国重点大学自主招生英文数学试题全攻略:名著欣赏卷	即将出版		415
数学物理大百科全书. 第 1 卷	2016—01	408.00	508
数学物理大百科全书. 第 2 卷	2016—01	418.00	509
数学物理大百科全书. 第 3 卷	2016—01	396.00	510
数学物理大百科全书. 第 4 卷	2016—01	408.00	511
数学物理大百科全书. 第 5 卷	2016—01	368.00	512

哈尔滨工业大学出版社刘培杰数学工作室已出版(即将出版)图书目录

书　名	出版时间	定　价	编号
劳埃德数学趣题大全.题目卷.1:英文	2016－01	18.00	516
劳埃德数学趣题大全.题目卷.2:英文	2016－01	18.00	517
劳埃德数学趣题大全.题目卷.3:英文	2016－01	18.00	518
劳埃德数学趣题大全.题目卷.4:英文	2016－01	18.00	519
劳埃德数学趣题大全.题目卷.5:英文	2016－01	18.00	520
劳埃德数学趣题大全.答案卷:英文	2016－01	18.00	521
李成章教练奥数笔记.第1卷	2016－01	48.00	522
李成章教练奥数笔记.第2卷	2016－01	48.00	523
李成章教练奥数笔记.第3卷	2016－01	38.00	524
李成章教练奥数笔记.第4卷	2016－01	38.00	525
李成章教练奥数笔记.第5卷	2016－01	38.00	526
李成章教练奥数笔记.第6卷	2016－01	38.00	527
李成章教练奥数笔记.第7卷	2016－01	38.00	528
李成章教练奥数笔记.第8卷	2016－01	48.00	529
李成章教练奥数笔记.第9卷	2016－01	28.00	530
zeta函数,q-zeta函数,相伴级数与积分	2015－08	88.00	513
微分形式:理论与练习	2015－08	58.00	514
离散与微分包含的逼近和优化	2015－08	58.00	515
艾伦·图灵:他的工作与影响	2016－01	98.00	560
测度理论概率导论,第2版	2016－01	88.00	561
带有潜在故障恢复系统的半马尔可夫模型控制	2016－01	98.00	562
数学分析原理	2016－01	88.00	563
随机偏微分方程的有效动力学	2016－01	88.00	564
图的谱半径	2016－01	58.00	565
量子机器学习中数据挖掘的量子计算方法	2016－01	98.00	566
运输过程的统一非局部理论:广义波尔兹曼物理动力学,第2版	2016－01	198.00	567
量子物理的非常规方法	2016－01	118.00	568
量子力学与经典力学之间的联系在原子、分子及电动力学系统建模中的应用	2016－01	58.00	569

联系地址:哈尔滨市南岗区复华四道街10号　哈尔滨工业大学出版社刘培杰数学工作室
网　　址:http://lpj.hit.edu.cn/
邮　　编:150006
联系电话:0451－86281378　　13904613167
E-mail:lpj1378@163.com